高等职业学校"十四五"规划土建类专业立体化新形态教材

建设工程材料与检测

主　编　李　文　熊　伟
副主编　唐　璠　蒋　为　谭弘俊　刘　洋　高丹萍
参　编　袁　帅　彭瑞文　张长科　管玲凤　李　英
主　审　魏秀瑛

华中科技大学出版社
中国·武汉

内 容 简 介

本书共分为13个模块,分别为认识建设工程材料,建筑材料的基本性质,砂、石材料的检测,气硬性胶凝材料的选用,水泥的检测与选用,混凝土的检测与配制,建筑砂浆的检测与配制,墙体材料的检测与选用,建筑钢材的检测与选用,铝合金建筑型材的检测与选用,防水材料的检测与选用,铁路工程材料选用,其他种类建筑材料。本书以直观生动的立体化形式呈现,辅以丰富的图片资料,深入浅出地讲解了基本原理的应用、材料的辨识与选择、材料的应用实践与质量检验等内容。

图书在版编目(CIP)数据

建设工程材料与检测 / 李文,熊伟主编. -- 武汉 : 华中科技大学出版社,2024.11. -- (高等职业学校"十四五"规划土建类专业立体化新形态教材). -- ISBN 978-7-5772-1315-6

Ⅰ. TU502

中国国家版本馆 CIP 数据核字第 20246AD243 号

建设工程材料与检测　　　　　　　　　　　　　　　　　　　　　　　李文　熊伟　主编
Jianshe Gongcheng Cailiao yu Jiance

策划编辑：胡天金
责任编辑：狄宝珠
封面设计：金　刚
责任监印：朱　玢
出版发行：华中科技大学出版社(中国·武汉)　　电话：(027)81321913
　　　　　武汉市东湖新技术开发区华工科技园　　邮编：430223
录　　排：华中科技大学惠友文印中心
印　　刷：武汉市洪林印务有限公司
开　　本：787mm×1092mm　1/16
印　　张：24
字　　数：582千字
版　　次：2024年11月第1版第1次印刷
定　　价：59.80元

　　　　　本书若有印装质量问题,请向出版社营销中心调换
　　　　　全国免费服务热线：400-6679-118　　竭诚为您服务
　　　　　版权所有　侵权必究

前　言

本教材作为高等职业学校"十四五"规划土建类专业的重要组成部分,采用立体化新形态设计,紧密围绕"质量、安全、节能、环保"的核心理念,以习近平新时代中国特色社会主义思想为引领,深入贯彻党的教育方针,坚定执行立德树人根本任务,积极弘扬大国工匠精神,并有效融入社会主义核心价值观的培育与实践。在传授学生专业技能的同时,本教材致力于塑造学生科学严谨、爱岗敬业、团结协作、吃苦耐劳的职业素养与创新精神,紧密对接建筑工程技术领域职业岗位需求,嵌入"1＋X"证书(八大员)体系相关知识,彰显我国职业教育的鲜明特色。

依据最新颁布的国家和行业规范、标准及规程,本教材遵循《建设工程分类标准》(GB/T 50841—2013)等相关标准,系统而全面地介绍了混凝土结构、砌体结构、钢结构、防水工程、给排水工程、装饰装修工程、路基填筑、公路路面及铁路轨道工程等常用材料的基本概念、种类、规格、特性、技术要求、质量标准、应用实践、验收流程、性能检测方法及施工管理策略。其知识范畴广泛覆盖建筑、市政、公路及铁道建设工程领域,既适用于相关专业的教学需求,包括设计、施工、管理、装饰装修及造价等方向,也为相关技术领域从业人员提供了宝贵的参考资源。

本教材以直观生动的立体化形式呈现,辅以丰富的图片资料,深入浅出地讲解了基本原理的应用、材料的辨识与选择、材料的应用实践与质量检验等关键内容。为方便学生自学与教师指导,特将常用材料的检测流程、所需仪器设备及其操作步骤详尽编入,如水泥、混凝土、钢筋、砂浆、砖与砌块、沥青及其混合料的物理力学性能检测,以及回弹法检测结构混凝土抗压强度的技术方法、结果计算与评定标准,均作了详尽阐述。

本教材由湖南高速铁路职业技术学院李文、熊伟担任主编和统稿,湖南高速铁路职业技术学院魏秀瑛担任主审,湖南高速铁路职业技术学院唐璠、蒋为、谭弘俊、刘洋、高丹萍任副主编,袁帅、彭瑞文、张长科、管玲凤、李英任参编。具体分工如下:模块一、模块二、模块三由李文编写,模块四由熊伟编写,模块五由蒋为、彭瑞文编写,模块六由高丹萍、袁帅编写,模块七由张长科、唐璠编写,模块八由唐璠编写,模块九由刘洋、管玲凤编写,模块十由谭弘俊、李英编写,模块十一由唐璠、彭瑞文编写,模块十二由李文编写,模块十三由熊伟、蒋为编写。

在编写过程中,本教材得到了百度网(http://www.baidu.com)等平台的图片支持,并吸收了众多同行专家的最新研究成果。在此,我们向所有文献的原创者及平台提供者致以最诚挚的感谢。鉴于建设工程领域技术的日新月异与编者水平有限,本教材中难免存在疏漏与不足之处,我们诚挚邀请广大教师及读者提出宝贵意见与批评,以便我们不断修订完善,为职业教育事业贡献更大力量。

编　者
2024 年 6 月

目　录

模块一　认识建设工程材料 ………………………………………………………… 1
模块二　建筑材料的基本性质 ……………………………………………………… 10
　　任务一　建筑材料的基本物理性质 …………………………………………… 11
　　任务二　建筑材料的力学性质 ………………………………………………… 24
　　任务三　建筑材料的耐久性 …………………………………………………… 25
模块三　砂、石材料的检测 ………………………………………………………… 28
　　任务一　砂、石的含水率测定 ………………………………………………… 29
　　任务二　砂、石的级配测定 …………………………………………………… 31
模块四　气硬性胶凝材料的选用 …………………………………………………… 40
　　任务一　石灰的选用与质量评定 ……………………………………………… 41
　　任务二　建筑石膏的应用 ……………………………………………………… 48
　　任务三　水玻璃的应用 ………………………………………………………… 53
模块五　水泥的检测与选用 ………………………………………………………… 57
　　任务一　硅酸盐水泥的认知 …………………………………………………… 57
　　任务二　硅酸盐水泥的性质检测 ……………………………………………… 70
　　任务三　水泥的选用 …………………………………………………………… 81
模块六　混凝土的检测与配制 ……………………………………………………… 98
　　任务一　普通混凝土组成材料的验收 ………………………………………… 101
　　任务二　混凝土拌合物的性能检测 …………………………………………… 118
　　任务三　混凝土强度的检测与评定 …………………………………………… 127
　　任务四　混凝土的长期性与耐久性检测 ……………………………………… 141
　　任务五　普通混凝土的配制 …………………………………………………… 151
模块七　建筑砂浆的检测与配制 …………………………………………………… 164
　　任务一　新拌砂浆的性能检测 ………………………………………………… 164
　　任务二　建筑砂浆强度的检测 ………………………………………………… 170
　　任务三　建筑砂浆的配制 ……………………………………………………… 174
模块八　墙体材料的检测与选用 …………………………………………………… 186
　　任务一　砌墙砖的检测与选用 ………………………………………………… 187
　　任务二　墙用砌块的选用 ……………………………………………………… 205
　　任务三　墙用板材的选用 ……………………………………………………… 210
模块九　建筑钢材的检测与选用 …………………………………………………… 219
　　任务一　建筑钢材的性能检测 ………………………………………………… 222
　　任务二　钢材的冷加工强化与处理 …………………………………………… 232

  任务三 建筑钢材的选用 ……………………………………………………… 236

模块十 铝合金建筑型材的检测与选用 ………………………………………… 255
  任务一 建筑铝材的基本性能及分类 ………………………………………… 256
  任务二 铝合金建筑型材 …………………………………………………… 262

模块十一 防水材料的检测与选用 …………………………………………… 266
  任务一 沥青材料检测与选用 …………………………………………………… 267
  任务二 防水卷材检测与选用 …………………………………………………… 279
  任务三 防水涂料、防水油膏和防水粉的选用 ………………………………… 293

模块十二 铁路工程材料选用 …………………………………………………… 304
  任务一 铁路轨道工程材料的组成 ………………………………………… 306
  任务二 无砟轨道用水泥乳化沥青砂浆及自密实混凝土 …………………… 327

模块十三 其他种类建筑材料 ……………………………………………………… 334
  任务一 木材的选用 ……………………………………………………………… 335
  任务二 建筑塑料、涂料及胶黏剂的选用 …………………………………… 349
  任务三 绝热材料和吸声与隔声材料的选用 …………………………………… 359
  任务四 建筑石材的选用 ……………………………………………………… 367
  任务五 建筑玻璃与建筑陶瓷的选用 ………………………………………… 372

模块一 认识建设工程材料

【知识目标】
1. 了解建筑材料在人类社会的发展情况及其在建筑工程中的地位;
2. 掌握建筑材料的定义和分类;
3. 掌握建筑材料标准化的意义、标准的分级及其表示方法;
4. 掌握与建筑材料基本性质有关术语的定义、表达式及单位;
5. 熟悉建筑材料课程的研究内容和任务;
6. 归纳总结建筑材料课程的学习方法。

【能力目标】
1. 能对建筑材料进行分类并识别;
2. 能查找建筑材料的技术标准;
3. 能对建筑材料基本性质进行应用;
4. 能通过建筑材料的物理性质、力学性质、耐久性的考核。

【素质目标】
1. 具备正确的理想和坚定的信念;
2. 具备良好的职业道德和职业素养;
3. 能按时上课,遵守课堂纪律;
4. 具备建筑材料职业技能的专业理论知识和技术应用能力;
5. 具备解决工作岗位中涉及的建筑材料问题的能力;
6. 具备团队合作能力及吃苦耐劳的精神。

【案例引入】
1. 用于建造房屋的材料如果质量不合格,房屋会怎样?
2. 传统的砖木结构房屋和现代的高楼大厦在使用材料方面有哪些不同?
3. 如何确保不同厂家生产的水泥能够为用户提供使用保障?
4. 建筑物的不同组成构件常用的材料有哪些?

"建设工程材料与检测"这门课讨论的主要对象是在建筑上使用的材料。广义的建筑材料包括除建筑物本身的各种材料,还包括给水排水(含消防)、暖通(含通风、空调)、供电、供燃气、电信及楼宇控制等配套工程所需设备与器材,另外,施工过程中的临时工程,如围墙、脚手架、板桩、模板等所涉及的器具与材料,也都属于广义建筑材料的范畴。本课程讨论的是狭义的建筑材料,即构成建筑物本身的地基基础、承重构件(梁、板、柱等)、墙体、屋面、地面等所需用的土建及装饰工程材料。建筑材料是建筑工程由设计图纸转化为建筑实物作品的物质基础,也是建设项目"三大生产要素"之一。在工程总造价中,材料费的占比较重,同时建筑材料的性能表现直接决定建筑工程的质量和使用性能。为使建筑物获得结构安全、性能可靠、耐久、美观、经济适用的综合品质,必须合理选择和正确使用建筑材料。

建筑材料的特点主要体现为:①强度高,耐久性好,主要体现在建筑物受力构件和结构所用的材料,如梁、板、框架等所使用的材料,必须具备足够的强度,能够承受设计荷载。②特殊部位特殊功能,主要体现在用于建筑物围护结构的材料,如墙体、门窗、屋面等部位所使用的材料,应具备良好的绝热、隔声、节能性能等。③广泛的环境适应性,耐久性及使用功能适应性好,以减少建筑后期维修费用。

一、建筑材料的分类

建筑材料的品种繁多、组分各异、用途不一,可按多种方法进行分类。

1. 按材料化学成分分类

按材料化学成分分类,建筑材料通常可分为有机材料、无机材料和复合材料三大类。

1) 有机材料

有机材料是以有机物为主所构成的材料。这类材料具有有机物的一系列特性,如密度小、加工性好、易燃烧、易老化等。根据其来源又可划分为天然有机材料(如木材、天然纤维、天然橡胶等)和人工合成有机材料(如合成纤维、合成橡胶、合成树脂及胶黏剂等),详见表1-1。

表1-1 建筑材料按化学成分分类

建筑材料	无机材料	非金属材料	天然石料:大理石、花岗岩、石子、砂等。 陶瓷和玻璃:砖、瓦、陶瓷、平板玻璃等。 无机胶凝材料:水泥、石灰、石膏、水玻璃等。 混凝土及砂浆:普通混凝土、硅酸盐制品、各种砂浆等。 绝热材料:石棉、矿棉、玻璃棉、膨胀珍珠岩等
		金属材料	黑色金属:生铁、碳素钢、合金钢等。 有色金属:铝、锌、铜及其合金等
	有机材料	植物质材料	木材、竹材等
		沥青材料	石油沥青、煤沥青、沥青制品等
		合成高分子材料	塑料、橡胶、有机涂料、胶黏剂等
	复合材料	金属-非金属复合材料	钢筋混凝土、钢纤维混凝土等
		有机与无机复合材料	聚合物混凝土、沥青混凝土、水泥刨花板、玻璃钢等
		金属-有机复合材料	轻质金属夹芯板

2) 无机材料

无机材料是以无机物为主构成的材料。无机材料中又包括金属材料（如各种钢材、铝材等）和非金属材料（如天然石材、水泥、石灰、石膏、陶瓷、玻璃与其他无机矿物质材料及其制品等）。与有机材料相比，无机材料具有不老化、不燃烧、组分构成相对稳定等一系列特性，但其物理力学性能受构成成分与结构的影响，差别很大。

3) 复合材料

复合材料是由两种或两种以上不同类别的材料按照一定组分结构所构成的材料。复合材料往往在制造时对其组成和结构进行优化，以克服单一材料的某些弱点而发挥其复合后材料在某些方面的综合优异特性，从而满足建筑工程对材料性能更高的要求。因此，复合材料已成为目前土木工程中应用最多的材料。

根据其构成不同，复合材料又可分为有机-有机复合材料（复合木地板、橡胶改性沥青、树脂改性沥青）；有机-无机复合材料（如沥青混凝土、聚合物混凝土、金属增强塑料、金属增强橡胶、玻璃纤维增强塑料等）；金属-无机非金属复合材料（如钢筋混凝土、钢纤维混凝土、夹丝玻璃、金属夹芯复合板）；无机非金属-无机非金属复合材料（如玻璃纤维增强石膏、玻璃纤维增强水泥、普通混凝土与砂浆等）。

2. 按材料在建筑物中的功能分类

按材料在建筑物中的功能分，建筑材料可分为承重材料、非承重材料、保温和隔热材料、吸声和隔声材料、防水材料、装饰材料等。

3. 按使用部位分类

建筑材料按使用部位可分为结构材料、装饰材料和专用材料，具体如表1-2所示。

表1-2 建筑物构件常用材料

序号	分类	通常使用的材料	建筑物组成部位
1	结构材料	木材、竹材、石材、水泥、混凝土、金属、砖瓦、陶瓷、玻璃、工程塑料、复合材料等	基础、墙、梁、柱、楼梯、屋顶、楼板、门窗等
2	装饰材料	各种涂料、油漆、镀层、贴面、各色瓷砖、具有特殊效果的玻璃等	墙、楼板、屋顶、门窗等
3	专用材料	用于防水、防潮、防腐、防火、阻燃、隔音、隔热、保温、密封等的材料	梁、柱、楼板、门窗、楼梯等

二、建筑材料对建筑工程的影响

建筑物的构建过程，主要是依据材料性能精心设计出恰当的结构形式，随后遵循设计要求将所选材料进行有效构筑或精准组合。在此过程中，材料选择的恰当性、使用的科学性以及构筑或组合方式的合理性，不仅直接关乎建筑物的质量与使用性能，还深刻影响着工程项目的整体成本。因此，建筑材料的性能不仅是工程设计方法与准则的基石，也指引着工程的建造技术与具体构筑方式，对建筑工程的各个方面均产生着至关重要的影响。

1. 材料对建筑工程质量的影响

材料范畴广泛，涵盖了工程材料与施工所需的一切物资，包括构成工程实体的各类建筑材料、构配件、半成品等，其种类纷繁，规格更是数以万计。作为工程建设的基石，材料的质量直接奠定了工程质量的基础。工程材料的选用合理性、产品的合格性、材质的检验严格性以及保管使用的恰当性，均对建设工程的质量产生深远影响，不仅关乎工程外观与观感，还影响其使用功能与寿命。一旦材料质量不达标，工程质量便无从谈起。因此，强化对材料的质量控制，是确保工程质量不可或缺的物质保障。

材料的品种、成分、结构、规格及使用方法，均直接关联到建筑工程的安全性、耐久性及适用性等核心质量指标。工程实践深刻揭示，从材料的甄选、生产、应用到检验评定，乃至其储存、运输与保管，每一环节均需遵循科学原则，严谨操作；任何环节的疏忽，都可能成为工程质量隐患的源头，甚至引发重大质量事故。国内外众多建筑工程质量问题的案例，往往与材料质量不佳或使用不当紧密相关。

在建筑工程设计中，质量始终被置于首位。鉴于建筑材料的多样性、复杂性及使用环境的多变性，要实现高质量的建筑工程，就必须深入掌握材料知识，精准选择并合理使用材料。同时，材料在工程中的表现往往成为工程质量信息的直接载体，通过对材料性能表现的评价，我们能够客观评估工程的质量状况，为工程质量的持续改进提供有力依据。

2. 材料对建筑工程造价及资源消耗的影响

在建筑工程的总体造价构成中，与材料直接相关的费用往往占据一半以上的比例。因此，材料的选择、使用与管理策略是否合理，对控制工程成本具有举足轻重的影响。在某些工程项目或特定工程部位，存在众多可选的材料品种，即便是同种材料，也可能因采用不同的使用方式而展现出多样化的应用效果。尽管这些差异在最终工程成果中的表现可能相去不远，但它们背后所隐含的成本支出、资源及能源消耗却可能大相径庭。

鉴于此，深入掌握并灵活运用建筑材料知识显得尤为重要。通过精准选材与合理使用，我们能够最大化地发挥材料的各项功能特性，在满足工程项目各项使用需求的同时，有效降低材料的资源消耗和能源消耗，进而实现与材料相关的费用节约。

3. 材料对建筑工程技术的影响

在建筑工程的整个生命周期中，工程的设计思路与施工方法均与材料特性紧密相连，材料的性能直接塑造着工程所采用的结构布局、运用方式及施工技艺。一般而言，结构设计形式的创新或设计策略的变革，均需以材料性能的适配与潜能的最大化为前提。施工过程中，为确保设计意图的完美呈现，必须精心挑选最优的材料品种与规格，并依据材料的独特属性，制定最佳的应用策略或工艺路线，以期全方位满足工程性能的高标准要求。若材料性能未能得到充分挖掘或使用方法有失妥当，将不可避免地限制施工技术优势的全面展现。

纵观建筑工程发展的历史长河，材料品种与性能的每一次飞跃，都是推动建筑技术革新与建造方法演进的不竭动力。新型建筑材料的问世，往往引领着工程设计理念的更新与施工技术的飞跃。在当代建筑工程领域，所用材料的多样性更是成为决定工程结构设计理论先进性与施工技术水平高低的关键因素之一。

三、建筑材料的技术性能

在建筑物或构筑物的构建过程中，建筑材料需承受多样化的作用力，因此，它们必须具备一系列与之相适应的性能特性。具体而言，结构材料需展现出卓越的力学性能，以确保结构的稳固与安全；墙体材料则需具备优良的绝热与隔声性能，营造舒适的室内环境；屋面材料则需具备强大的抗渗防水能力，保护建筑免受雨水侵袭；而地面材料则需具备出色的耐磨损性能，以应对日常使用的磨损挑战。

此外，鉴于建筑物长期暴露于复杂多变的自然环境中，如风吹、雨淋、日晒、冰冻等，建筑材料还需展现出优异的耐久性能，以抵抗这些不利因素的侵蚀。因此，在工程建设中，对材料的选择、应用、分析及评价，均以其性能为核心考量标准。

为确保工程材料的质量，我们必须严格控制其力学性能、化学性能及物理性能，确保它们符合既定的标准规范。为此，所有进入施工现场的工程材料，均必须附带产品合格证或质量保证书，以及性能检测报告，并需满足设计标准的各项要求。对于需要现场抽样检测的材料，必须待检测合格后方可投入使用。同时，对于进口的工程材料，除需符合我国相应的质量标准外，还需持有商检部门签发的合格证书，以确保其质量与安全性。

建筑材料的基本性能涵盖多个关键方面，具体阐述如下：

（1）物理性能：涵盖了材料的物理常数，如真实密度、表观密度、堆积密度、孔隙率与空隙率等，以及与水相互作用的特性，包括亲水性、憎水性及含水率等，这些特性共同决定了材料在物理环境中的表现。

（2）力学性能：指的是材料在承受静态及动态荷载作用下的抵抗能力。静态力学性能主要通过抗拉、抗压、抗弯、抗剪等强度指标来评估；而动态力学性能则通过材料的抗磨损性、抗冲击性等特性来衡量。

（3）耐久性能：耐久性是评估材料在长期使用过程中，面对气候与环境综合作用时，能否保持其原始设计性能的能力。这包括材料的耐候性、耐化学侵蚀性以及抗渗性等关键方面。

（4）化学性能：反映了材料与各类化学试剂发生反应的可能性及其反应速度，这一性能直接影响材料的耐久性、力学性能及热工性能等多个方面。

（5）工艺性能：是指材料在特定加工条件下，能否顺利进行加工处理的能力。例如，混凝土在成型前需具备良好的流动性，以便于塑造成所需形状；钢材则需具备一定的可焊性，以满足焊接工艺的需求。

（6）其他性能：如热工性能（涉及热导率、比热容等参数）、装饰性能等，这些性能同样对材料的应用范围及效果产生重要影响。

四、建筑材料的发展

在人类建筑历史的浩瀚长河中，建筑材料作为社会进步与生产力发展的直接见证，其演变历程深刻地烙印着时代的印记。回溯至远古时代，人类最初栖息于自然赋予的山洞与树巢之中，随后逐渐学会了利用黏土、石块、木材等天然资源构筑居所。例如，18000年前的北京周口店龙骨山山顶洞人,仍处于依赖天然岩洞生活的旧石器时代晚期阶段。

时间流转至距今约 6000 年的新石器时代后期,西安半坡遗址的发掘揭示了木骨泥墙建筑技术的兴起,以及制陶业的初步发展,标志着人类在建筑与工艺领域的显著进步。而河南安阳殷墟,作为商朝后期的都城(约公元前 1401 年至公元前 1060 年),不仅展现了建筑技术的飞跃,还见证了制陶与冶铜技术的高度成熟,青铜工艺更是达到了炉火纯青的地步。

进入西周时期(公元前 1060 年至公元前 711 年),陕西凤雏遗址中发现了烧土瓦及三合土(由石灰、细砂、黏土混合而成)抹面的土坯墙,这有力证明了早在 3000 年前,中国劳动人民就已掌握了烧制石灰、砖瓦等人造建筑材料的技术,同时冶铜技术也达到了相当高的水平。

至战国时期(公元前 475 年至公元前 221 年),建筑材料的革新进一步加速,筒瓦、板瓦得到了广泛应用,大块空心砖及用于墙壁装修的砖块相继出现。此外,在齐都临淄遗址(活动时期涵盖公元前 850 年至公元前 221 年)中发现的炼铜、冶铁作坊遗迹,更是铁器时代到来的有力证据,标志着建筑材料与建筑技术迎来了全新的发展阶段。

人类文明的初始阶段,人们穴居巢处,几乎未形成建筑材料的概念。随着石器时代与铁器时代的到来,人类开始挖掘土壤、开凿岩石建造洞穴,砍伐树木、搭建竹棚,利用最质朴的自然材料构筑起最初级的居所。随后,技术的进步引领人类步入了一个新时代,通过烧制黏土制成砖瓦,利用岩石提炼石灰与石膏,建筑材料从完全依赖天然转变为人工制造,为建造更为宏大的建筑奠定了基础。

在欧洲,早在公元前 2 世纪,人们就已巧妙地将天然火山灰、石灰与碎石混合制成混凝土,应用于建筑之中。直至 19 世纪初,人工配料技术兴起,结合煅烧与研磨工艺,诞生了水泥这一革命性材料。因其硬化后色泽酷似英国波特兰岛的石灰石,故得名波特兰水泥(即中国所称的硅酸盐水泥)。这一创举由英国人阿斯普定(J. Aspdin)于 1824 年申请专利,并于 1925 年成功应用于泰晤士河水下公路隧道的建设之中。同时期,钢材作为建筑材料的应用也逐渐兴起,而钢筋混凝土的出现更是建筑史上的里程碑。1850 年,法国人朗波打造了首艘钢筋混凝土小船,随后在 1872 年,纽约见证了第一座钢筋混凝土房屋的诞生。水泥与钢材的联袂,为高层建筑与大跨度桥梁的建造奠定了坚实的物质基础。

进入 20 世纪,预应力混凝土技术的问世进一步推动了建筑领域的革新。步入 21 世纪,高强高性能混凝土作为主导结构材料,其应用范围日益广泛。此外,为满足多样化的需求,一系列具备特殊功能的材料如雨后春笋般涌现,包括保温隔热、吸声隔声、耐热耐磨、耐腐蚀及防辐射等新型材料。

随着科学技术的飞速发展与学科间的深度融合,建筑材料的研发与制造迎来了前所未有的机遇。前沿技术与工艺的引入,不仅显著提升了材料的耐久性、力学性能等传统指标,更在强度、节能、隔音、防水、美观等多方面实现了综合优化。同时,社会对于建筑材料的需求不断升级,可持续发展理念深入人心,促使建筑材料向节能、环保、绿色、健康等方向转型。未来,建筑材料将更加注重功能多样性、全寿命周期经济性以及可循环再生利用性,持续推动建筑行业的绿色发展与进步。

五、建筑材料的检测与技术标准

在建筑施工的全链条中，为确保事前规划、事中执行与事后评估的有效控制，实现科学化管理，建筑工程质量检测工作显得尤为关键。而建筑材料性能的全面检测，则是这一环节中不可或缺且至关重要的部分。

1. 建筑材料的检测

建筑材料的检测过程，严格遵循现行技术标准和规范，运用规定的测试仪器与方法，采取科学严谨的检测手段，旨在精确检验和测定建筑材料的各项性能参数。这一过程不仅是评估与控制建筑材料质量的核心手段，也是合理选材、降低成本、提升企业经济效益及促进科技进步的重要路径。

（1）建筑材料检测的目的具有双重性：一方面，对于生产单位而言，检测旨在通过测量材料的关键性能参数，验证其是否满足既定的技术标准，进而评定产品质量等级，确保产品合格并符合出厂条件。另一方面，施工单位进行检测的目的在于确认所采购材料的性能是否达标，即是否满足工程质量要求，以此为依据决定是否将该批材料投入工程使用。施工单位的检测流程需严格遵循抽样规则，确保样本具有代表性，并委托具备相应资质的检测机构进行专业检测。

（2）建筑材料检测的步骤精炼为两大环节：首先是抽样环节，此环节需严格依据相关标准执行，确保所抽取的样品能够真实反映整批材料的技术特性；其次是试验室检测环节，由具备合法资质的检测机构依据现行技术标准和规范，对送检样品进行全面而精确的试验分析。

2. 建筑材料的技术标准

为了确保建筑材料的品质与土木工程建设的整体质量，我国针对各类建筑材料设立了详尽的技术标准体系。这些技术标准，作为衡量技术与产品性能的统一基准，要求所有产品的技术指标必须符合既定标准方可投入使用。建筑材料的技术指标不仅是评估建材在工程应用中质量优劣的关键依据，也是指导材料选择、验收与应用的科学准则。

依据其适用范围的不同，我国现行的技术标准主要划分为以下三大类别：

第一类是国家标准，涵盖强制性标准（以 GB 为代号）与推荐性标准（以 GB/T 为代号）。强制性国家标准是全国范围内必须遵循的技术规范，任何产品的技术指标均不得低于其规定要求。国家标准的结构包括标准代号（GB）、编号、制定或修订年份以及标准名称，如《通用硅酸盐水泥》(GB 175—2023)，其中详细标注了标准类型、编号、发布年份及标准名称。推荐性国家标准则如《建设用砂》(GB/T 14684—2022)，同样清晰标注了所有必要信息，同时表明其为推荐性质。此外，与建筑材料紧密相关的国家标准还涵盖国家建设工程标准（GBJ）及中国工程建设标准化协会标准（CECS）。

第二类是行业标准，由特定行业制定并在该领域内强制执行。其构成包括行业标准代号、各级类目代号、顺序号、制定或修订年份及标准名称，如《陶瓷砖胶粘剂》(JC/T 547—2017)，其中"JC/T"代表建材行业的推荐性标准，其余部分则详细说明了标准的具体信息。

第三类是企业标准,由企业自主制定并经相关机构审批的产品或技术标准。企业标准以"Q/"为代号,后接企业代码、标准顺序号、制定及修订年代号。依据国家标准化法,企业标准的技术指标水平不得低于国家或行业标准。

此外,我国部分地区还制定了适用于本地的地方标准,以统一规范区域内特定产品或技术的要求,其代号格式为"地方标准代号+标准顺序号+制定年代号+产品(技术)名称"。

在国际合作与交流中,工程中还可能采纳来自不同国家的技术标准,如国际标准ISO、美国国家标准 ANSI、美国材料与实验学会标准 ASTM、英国标准 BS、德国工业标准 DIN、日本工业标准 JIS 以及法国标准 NF 等,这些国际标准为全球建筑行业的技术交流与协作提供了重要依据。

六、课程的性质、目的、任务和学习方法

"建设材料与检测"是建筑工程技术专业不可或缺的核心课程,它深入探讨了建筑工程所需各类材料的构成、特性、应用范畴及其性能评估技术。该课程不仅作为基础理论课程奠定坚实基础,更兼具专业课程的实用导向,与物理学、化学及材料力学等学科紧密相连,是深入理解混凝土结构与施工、钢结构与施工等高级专业课程的前提。

本课程的宗旨在于,通过系统学习,使学生扎实掌握建筑材料的基础理论知识,精通材料的技术特性、应用策略及性能检测技巧,同时,对材料的储存、运输与保护措施亦有所涉猎。这样的知识储备旨在帮助学生未来在职场中能够精准选材、科学应用建筑材料,从而优化工程质量、推动技术革新并有效控制工程成本。此外,本课程还为后续专业课程的深入学习铺设了坚实的基石。

针对课程特性与教学目标,本书采用任务导向的教学模式,围绕建筑材料的识别、性能检测与合理选用等核心任务构建教学内容。通过实践操作,学生不仅能够深刻理解常见建筑材料的成分、结构及其形成原理,还能熟练掌握其关键性能与正确使用方法。同时,本书注重培养学生的实验能力,使学生能够独立完成建筑材料的质量检测,准确判断材料是否合格,并具备分析实验数据、评估实验结果的科学素养。在此过程中,学生将逐步形成严谨求实的治学态度与实事求是的工作作风。

在学习进程中,请务必重视并遵循以下几点建议:

(1)材料检测作为本课程的核心组成部分,其重要性不言而喻。务必以严谨的态度完成这一任务,并详尽填写检测报告。通过亲身参与材料检测,不仅能够锻炼实践操作能力,还能直观获取感性知识,深入理解技术标准与检验流程。

(2)材料的性质深受其组成与构造的内在影响。因此,要深刻把握材料的性质,就必须建立对材料性质与组成构造之间关系的清晰认识。这种理解是掌握材料性质的关键所在。

(3)认识到同类材料间的共性是基础,而区分不同品种材料所特有的性质则是深化学习的关键。建议采用对比学习法,先掌握各类材料的共通之处,再逐一对比不同品种间的独特性质。这种方法有助于条理清晰地把握知识要点,促进理解和记忆。

（4）材料的性质在实际应用中往往受到外界环境条件的显著影响。因此，在学习时，应灵活运用已掌握的物理、化学等基础知识，对所学内容进行深入剖析。同时，借助内因与外因相互作用的哲学原理，提升分析复杂问题、制订解决方案的能力，从而在实际应用中更加得心应手。

模块二　建筑材料的基本性质

【知识目标】
1. 熟悉建筑材料与水、热、声有关的性质；
2. 熟悉材料的力学性质和耐久性；
3. 掌握表观密度、堆积密度、孔隙率、密实度的概念和计算方法。

【能力目标】
1. 能测定常见建筑材料的表观密度、堆积密度，并计算空隙率；
2. 能区分并计算建筑材料的密度、体积密度、堆积密度；
3. 能理解并区分材料的孔隙率和空隙率；
4. 能掌握测定常见建筑材料的力学性质的试验方法。

【素质目标】
1. 具备正确的理想和坚定的信念；
2. 具备良好的职业道德和职业素质；
3. 能按时上课，遵守课堂纪律；
4. 具备建筑材料职业技能的专业理论知识和技术应用能力；
5. 具备解决工作岗位中涉及的建筑材料问题的能力；
6. 具备团队合作能力及吃苦耐劳的精神。

【案例引入】
1. 已知一块标准的混凝土立方体试块尺寸是 150 mm×150 mm×150 mm，那么其质量是多少？
2. 黏土砖墙和水泥混凝土墙比较，哪个可能先被压碎？
3. 房屋的墙体厚度会对房屋保温隔声产生什么影响？

建筑物或构筑物是由各种建筑材料堆砌而成的，因此建筑材料是一切土木工程建设的物质基础。实际工程中，依据建筑材料的功能、用途、所处的环境不同，选用的材料也有所不同。为了能正确选择、合理运用、准确分析和评价建筑材料，作为工程技术人员，必须熟悉建筑材料的基本性质。建筑材料的基本性质可以归纳为如下几类：物理性质，包括基本物理性质及与各种物理过程相关的性质；力学性质，包括材料的强度及变形性能；耐久性，材料抵抗内部和外部综合因素影响的稳定性。

任务一　建筑材料的基本物理性质

【工作任务】

能正确陈述和区分材料的三种密度(密度、体积密度、堆积密度),正确理解材料的密实度和孔隙率,并掌握相关计算方法;能正确理解和表述材料与水、热、声相关的性质。

【相关知识】

一、密度、表观密度与堆积密度

广义密度的概念是指物质单位体积的质量。从质量和体积的物理观点出发,材料主要是由固体物质和孔隙(包括与外界连通的开口孔隙和内部的闭口孔隙)所组成。因此依据不同的结构状态,材料的体积可以采用不同的参数来表示:绝对密实体积 V(即固体物质体积 V_S)、自然状态下体积 V_0(V+闭口孔隙体积 V_b+开口孔隙体积 V_k)、堆积体积 V_0'(V_0+空隙体积 $V_空$),如图 2-1 所示。

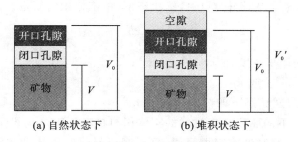

图 2-1　材料体积组成示意图

在研究建筑材料的密度时,由于对体积的测试方法不同和实际应用的需要,根据不同的体积的内涵,可引出不同的密度概念。

1. 密度

密度是指材料在绝对密实状态下,单位体积的干质量。可用式(2-1)表达:

$$\rho = \frac{m}{V} \tag{2-1}$$

式中: ρ——材料的密度,g/cm³ 或 kg/m³;

m——材料在干燥状态下(105 ℃±5 ℃烘干至恒重)的质量,g 或 kg;

V——材料在绝对密实状态下的体积,cm³ 或 m³。

绝对密实状态下的体积是指材料的实体矿物质所占的体积,不包括任何孔隙在内的体积。建筑材料中除钢材、玻璃、沥青等外,绝大多数材料均含有一定的孔隙。对于绝对密实的固体材料的密实体积,可用量尺测量计算(具有规则形状的固体材料)或用排水法

(对于具有不规则形状且不溶于水中的固体材料,其浸没于水中后,会排开与其相等体积的水)测定;但对于有孔材料的密实体积,须将其磨成细粉(粒径小于 0.2 mm),干燥后用李氏瓶(图 2-2)测其粉末的排水体积,并将此体积作为材料的密实体积。材料磨得越细,测得的密度就越精确。砖、石材等块状材料的密度即用此法测得。

图 2-2 李氏瓶

2. 表观密度

表观密度(原称容重)是指材料在自然状态下,单位体积的质量。用下式表达:

$$\rho_0 = \frac{m}{V_0} \tag{2-2}$$

式中:ρ_0——材料的体积密度,g/cm^3 或 kg/m^3;

m——材料的质量,g 或 kg;

V_0——材料在自然状态下的体积,cm^3 或 m^3。

材料在自然状态下的体积是指材料的实体积与材料内所含全部孔隙体积之和。对于外形规则的材料,其表观密度测定很简便,只要测得材料的质量和体积(用尺测量),即可算得。不规则材料的体积可采用排水法求得,但材料表面应预先涂上蜡,以防水渗入材料内部而使测值不准。

工程上常用的砂、石材料,其颗粒内部孔隙极少,用排水法测出的颗粒体积与其实体积基本相同,所以,砂、石的表观密度可近似地视作其密度,常称视密度。

材料表观密度的大小与其含水情况有关。当材料含水时,其质量增大,体积也会发生不同程度的变化。因此测定材料表观密度时,须同时测定其含水率,并予以注明。通常材料的表观密度是指气干状态下的表观密度。材料在烘干状态下的表观密度称为干表观密度。

表观密度是整体材料在自然状态下的物理参数,由于表观体积中包含了材料内部孔隙的体积,故一般材料的表观密度总是小于其密度。

3. 堆积密度

堆积密度是指粉状、颗粒状或纤维状材料在堆积状态下单位体积的质量。用下式表达:

$$\rho'_0 = \frac{m}{V'_0} \tag{2-3}$$

式中：ρ'_0——材料的堆积密度，g/cm³ 或 kg/m³；

m——材料的质量，g 或 kg；

V'_0——材料的堆积体积，cm³ 或 m³。

散粒材料在自然堆积下的体积不但包括材料的表观体积，而且还包括颗粒间的空隙体积，如图 2-3 所示。

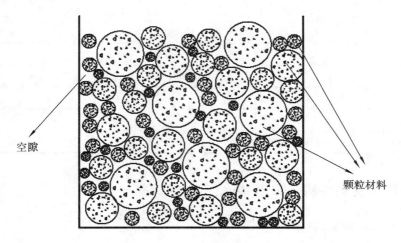

图 2-3　散粒材料体积

材料的堆积体积可以采用容量筒来量测。根据装填方法的不同，砂、石的堆积密度分为自然堆积密度（也称松散堆积密度）和紧密堆积密度。自然堆积密度是指以自由落入方式装填集料，如图 2-4 所示；紧密堆积密度是将石子分 3 层（砂子分 2 层）装入容量筒中，在容量筒底部放置一根直径为 25 mm 的圆钢筋（测砂子时钢筋直径为 10 mm），每装一层集料后，将容量筒左右交替颠击地面 25 次，直至装满容量筒。

图 2-4　材料堆积体积测定

（注：将容量筒内材料刮平，容量筒的容积即为材料堆积体积）

在建筑工程中，计算构件自重、设计配合比、测算堆放场地以及材料用量时，经常要用到材料的密度、表观密度和堆积密度等数据。常用建筑材料的有关密度数据见表 2-1。

表 2-1　常用建筑材料的密度 ρ、表观密度 ρ_0、堆积密度 ρ_0' 和孔隙率 P

材料	ρ/(g/cm³)	ρ_0/(g/cm³)	ρ_0'/(g/cm³)	P/(%)
石灰岩	2.60	1.80~2.60	—	0.2~4
花岗岩	2.60~2.80	2.50~2.80	—	<1
普通混凝土	2.60	2.20~2.50	—	5~20
碎石	2.60~2.70	—	1.40~1.70	—
砂	2.60~2.70	—	1.35~1.65	—
黏土空心砖	2.50	1.00~1.40	—	20~40
水泥	3.10	—	1.00~1.10	—
木材	1.55	0.40~0.80	—	55~75
钢材	7.85	7.85	—	0
铝合金	2.70	2.75	—	0
泡沫塑料	1.04~1.07	0.02~0.05	—	—

二、材料的密实度和孔隙率、填充率和空隙率

1. 密实度和孔隙率(块体)

密实度是指材料体积内被固体物质所充实的程度,即材料的密实体积 V 与总体积 V_0 之比,用 D 来表示,即:

$$D = \frac{V}{V_0} \times 100\% = \frac{\rho_0}{\rho} \times 100\% \tag{2-4}$$

式中:D——材料的密实度,%。

孔隙率是指材料内部孔隙(开口的和闭口的)体积占材料总体积的百分率,用 P 表示,即:

$$P = \frac{V_0 - V}{V_0} \times 100\% = \left(1 - \frac{\rho_0}{\rho}\right) \times 100\% \tag{2-5}$$

式中:P——材料的孔隙率,%。

孔隙率与密实度的关系:$P+D=1$。材料孔隙率的大小直接反映材料的密实程度。对于同一类材料而言,孔隙率越小,则其体积密度就越大,结构就越致密,强度就越高。孔隙率相同的材料,它们的孔隙特征(即孔隙构造与孔径)可以不同。按孔隙构造,材料的孔隙可分为开口孔隙和闭口孔隙两种,两者孔隙率之和等于材料的总孔隙率。按孔隙的尺寸大小,又可分为微孔、细孔及大孔三种。不同的孔隙对材料的性能影响各不相同。几种常见材料的孔隙率见表 2-1。

2. 填充率和空隙率(散粒材料)

填充率是颗粒材料的堆积体积内,被颗粒所填充的程度,用 D' 来表示:

$$D' = \frac{V_0}{V_0'} \times 100\% = \frac{\rho_0'}{\rho_0} \times 100\% \tag{2-6}$$

空隙率是指散粒材料在堆积体积中,颗粒之间的空隙体积所占的百分率,用 P' 表示:

$$P' = \frac{V'_0 - V_0}{V'_0} \times 100\% = (1 - \frac{\rho'_0}{\rho_0}) \times 100\% = 1 - D' \tag{2-7}$$

空隙率与填充率的关系:

$$P' + D' = 1$$

空隙率反映了散粒材料的颗粒之间的相互填充的致密程度。空隙率可作为控制混凝土骨料级配与计算混凝土含砂率的重要依据。

三、材料与水相关的性质

材料在使用过程中,经常与水接触,如雨水、雪水、地下水、生活用水、大气中的水汽等。不同的固体材料表面与水之间作用的情况不同,对材料性质的影响也不同,因此要研究材料与水接触后的有关性质。

1. 材料的亲水性与憎水性

1)亲水性

材料与水接触时能被水润湿的性质称为亲水性。具备这种性质的材料称为亲水性材料。例如,砖、混凝土等。

2)憎水性

材料与水接触时不能被水润湿的性质称为憎水性。具备这种性质的材料称为憎水性材料。例如石蜡、沥青等。

材料的亲水性与憎水性可用润湿角来说明。当材料与水接触时,在材料、水、空气三相的交点处,作沿水滴表面的切线,该切线与固体、液体接触面的夹角称为润湿角。润湿角越小,则表明材料越易被水润湿。当润湿角 $\theta < 90°$,这种材料称为亲水性材料,如图 2-5(a)所示;当润湿角 $\theta > 90°$ 时,这种材料称为憎水性材料,如图 2-5(b)所示。

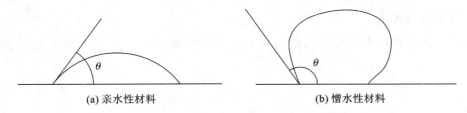

(a) 亲水性材料　　　　　　　　(b) 憎水性材料

图 2-5　材料的润湿角示意图

2. 材料的吸水性与吸湿性

1)吸水性

材料在水中通过毛细孔隙吸收并保持水分的性质,用吸水率表示,即

$$\omega_{\text{质}} = \frac{m_{\text{湿}} - m_{\text{干}}}{m_{\text{干}}} \times 100\% \tag{2-8}$$

式中:$\omega_{\text{质}}$ ——材料质量吸水率,%;

　　　$m_{\text{干}}$ ——材料干燥状态下质量,g;

$m_{湿}$——材料吸水饱和状态下质量,g。

吸水性也可以用体积吸水率表示,即材料吸入水的体积占材料自然状态体积的百分率。

材料吸水率的大小,主要决定于材料孔隙的大小和特征。孔隙率越大,吸水性越强。但因封闭孔隙水分不易渗入,粗大孔隙水分不易保留,故有些材料尽管孔隙率大,但吸水率却较小。只有具有很多微小开口孔隙的材料,其吸水率才大。

2) 吸湿性

吸湿性指材料在潮湿空气中吸收水分的性质。潮湿材料在干燥的空气中也会放出水分,称为还湿性。材料的吸湿性用含水率表示,即材料所含水的质量与材料干燥质量的百分比,按下式计算:

$$\omega_{含} = \frac{m_水 - m_干}{m_干} \times 100\% \tag{2-9}$$

式中:$\omega_{含}$——材料的含水率,%;

$m_水$——材料在空气中吸收水的质量,g;

$m_干$——材料干燥至恒重时的质量,g。

材料含水与空气湿度相平衡时的含水率称为平衡含水率。建筑材料在正常使用状态下,均处于平衡含水状态。须指出的是:含水率是随环境而变化的,而吸水率却是一个定值,材料的吸水率可以说是该材料的最大含水率,两者不能混淆。

材料的吸湿性作用一般是可逆的,也就是说材料既可吸收空气中的水分,又可向空气中释放水分。在一定的温度和湿度条件下,材料与空气湿度达到平衡时的含水率则称为平衡含水率。木材的吸湿性特别明显,它能大量吸收水汽而增加质量,降低强度和改变尺寸。

木门窗在潮湿环境下往往不易开关,就是由吸湿而导致的。保温材料吸收水分后将降低或丧失其性能,所以应特别注意采取有效的防护措施。

3. 材料的耐水性

耐水性指材料长期在水的作用下,保持其原有性质的能力,用软化系数表示,按下式计算:

$$K_s = \frac{f_w}{f} \tag{2-10}$$

式中:K_s——材料的软化系数;

f_w——材料在吸水饱和状态下的抗压强度,MPa;

f——材料在干燥状态下的抗压强度,MPa。

一般来说,材料含有水分时,强度都有所下降,因为水分在材料的微粒表面吸附,削弱了微粒间的黏合力。K_s值的大小,表明材料浸水饱和后强度下降的程度。其值越小,表明材料吸水后强度下降越大,即耐水性越差。材料的软化系数范围为0~1.0。不同材料的K_s值相差颇大,如黏土$K_s=0$,而金属$K_s=1$。工程中将$K_s>0.80$的材料称为耐水材料。花岗石长期浸泡在水中,强度下降3%;普通黏土砖和木材所受影响更为显著。根据建筑物所处的环境,软化系数成为选择材料的重要依据。

4. 材料的抗渗性

抗渗性指材料抵抗压力水或其他液体渗透的性质。抗渗性用渗透系数 K 来表示,计算式如下:

$$K = \frac{Wd}{AtH} \tag{2-11}$$

式中:K——材料的渗透系数,cm/s;

W——透过材料试件的渗水量,cm^3;

d——试件厚度,cm;

A——渗水面积,cm^2;

t——渗水时间,s;

H——静水压力水头,cm。

渗透系数 K 越大,则材料的抗渗性越差。

材料的抗渗性与材料的孔隙率和孔隙特征有关。开口孔隙率越大,大孔含量越多,则抗渗性越差。

在工程上,材料的抗渗性用抗渗等级表示。抗渗等级是以规定的试件,在规定试验方法下,材料所能承受的最大水压力来表示。以符号 Pn 表示,其中 n 为该材料单位面积上所能承受的最大水压力(以 MPa 计)数值的 10 倍,如 P2、P4、P6、P8 等,分别表示材料最大能承受 0.2 MPa、0.4 MPa、0.6 MPa、0.8 MPa 的水压力而不渗水。

地下建筑及水工建筑等,因经常受压力水的作用,所用材料应具有一定的抗渗性。防水材料则应具有很好的抗渗性。材料抵抗其他液体渗透的性质,也属于抗渗性。例如,对于储油罐,则要求材料具有良好的不渗油性。

5. 材料的抗冻性

抗冻性指材料在吸水饱和状态下,能够经受多次冻融循环而不破坏,也不严重降低强度的性能。

材料的抗冻性通常用抗冻等级表示。抗冻等级是材料在吸水饱和状态下(最不利状态),经冻融循环作用,强度损失和质量损失均不超过规定值时所能承受的最大冻融循环次数。用符号 Fn 来表示,其中 n 为最大冻融循环次数,如 F25、F50、F100、F150 等。

材料在冻融循环作用下产生破坏,是由于材料内部毛细孔隙及大孔隙中的水结冰时体积膨胀(约 9%)造成的。膨胀对材料孔壁产生巨大的压力,使材料内部产生微裂缝,强度下降。

四、材料与热有关的性质

为了保证建筑物具有良好的室内环境,同时降低建筑物的使用能耗,必须要求建筑物的围护结构材料具有一定的热工性质。建筑材料常用的热工性质有导热性、热容量、耐火性等。

1. 导热性

热量由材料的一面传至另一面的性质,称为导热性。导热性是材料的一个非常重要的热物理指标,它是材料传递热量的一种能力。材料导热能力用导热系数λ来表示。导热系数的物理意义是:单位厚度(1 m)的材料,当两面温差为 1 K 时,在单位时间(1 s)内,通过单位面积(1 m²)的热量。导热系数用下式计算:

$$\lambda = \frac{Qa}{AZ(t_2 - t_1)} \tag{2-12}$$

式中:λ——导热系数,W/(m·K);

Q——传导的热量,J;

a——材料厚度,m;

A——传热面积,m²;

Z——传热时间,s;

$t_2 - t_1$——材料传热时两面的温度差(K)。

导热系数与热阻都是评定材料保温隔热性能的重要指标。材料的导热系数越小,热阻值越大,材料的导热性能越差,保温隔热性能越好。

气候、施工水分和使用的影响,都会使建筑材料具有一定的湿度,湿度对导热系数有着极其重要的影响。材料受潮后,在材料的孔隙中有水分(包括水蒸气和液态水),而水的导热系数比静态空气的导热系数大 20 倍,所以使材料导热系数增大。如果孔隙中的水分冻结成冰,而冰的导热系数约是水的 4 倍,则材料的导热系数将更大,因而材料受潮或受冻都将严重影响其保温效果。所以在工程中使用保温材料时应特别注意防潮。

2. 热容量

材料加热时吸收热量,冷却时放出热量的性质,称为热容量。热容量的大小用比热表示。用公式表示如下:

$$C = \frac{Q}{m(t_2 - t_1)} \tag{2-13}$$

式中:C——比热,J/(g·K);

Q——材料吸收或放出的热量,J;

m——材料的质量,g;

$t_2 - t_1$——材料受热或冷却的温差,K。

比热是反映材料吸热或放热能力大小的物理量。不同材料的比热不同,它对保持建筑物内部温度稳定有很重要的意义,比热大的材料,能在热流变动或采暖设备供热不均匀时,缓和室内的温度波动,屋面材料也宜选用热容量值大的材料。

3. 耐火性

耐火性指材料在高热或火的作用下,保持其原来性质而不损伤的性能,用耐火度表示。工程上用于高温环境的材料和热工设备等都要使用耐火材料。根据材料耐火度的不同,可将其分为三大类。

(1)耐火材料。耐火度不低于 1580 ℃的材料,如各类耐火砖等。

(2)难熔材料。耐火度为 1350 ℃~1580 ℃的材料,如难熔黏土砖、耐火混凝土等。

(3)易熔材料。耐火度低于 1350 ℃的材料,如普通黏土砖、玻璃等。

【性能检测】

一、砂的表观密度测定

1. 仪器设备

(1)烘箱:能控温度在(105±5) ℃。
(2)天平:称量 10 kg,感量不大于 1 g。
(3)烧杯:500 mL。
(4)容量瓶:500 mL。
(5)洁净水、干燥器、浅盘、滴管、毛刷、温度计等。

2. 试样准备

将缩分至 660 g 的试样在温度为(105±5) ℃下烘干至恒重,并在干燥器内冷却至室温后,分成 2 份备用。

3. 检测步骤

(1)称取烘干试样 300 g(G_0),精确至 1 g,然后装入盛有半瓶洁净水的容量瓶中。
(2)旋转摇动容量瓶,使试样在水中充分搅动以排除气泡,塞紧瓶塞,静置 24 h,然后用滴管向瓶内添水,使水面与瓶颈刻度线平齐,再塞紧瓶塞,擦干瓶外水分,称取总质量(G_1)。
(3)倒出瓶中的水和试样,将瓶的内外洗净,再向瓶中注入温差不超过 2 ℃的洁净水至瓶颈刻度线,塞紧瓶塞,擦干瓶外的水分,称其质量(G_2),精确至 1 g。
注:在砂的表观密度测定过程中应测量并控制水的温度,试验期间的温差不得超过 1 ℃。

4. 结果评定

(1)砂的表观密度 ρ_0 按下式计算,精确至 10 kg/m³:

$$\rho_0 = \frac{\rho_水 \times G_0}{G_0 + G_2 - G_1} \tag{2-14}$$

式中:ρ_0 ——砂的表观密度,kg/m³;
G_0 ——试样的烘干质量,g;
G_1 ——试样、水及容量瓶的总质量,g;
G_2 ——水及容量瓶的总质量,g;
$\rho_水$ ——水的密度,1000 kg/m³。

(2)表观密度取两次测试结果的算术平均值,精确至 10 kg/m³;如果两次测试结果之差大于 20 kg/m³,须重新测试。

二、砂的堆积密度测定

1. 仪器设备

(1) 台秤:称量 5 kg,感量 5 g。
(2) 容量筒:圆柱形金属筒,内径 106 mm,净高 109 mm,壁厚 2 mm,筒底厚约 5 mm,容积约为 1 L。
(3) 标准漏斗:如图 2-6 所示。
(4) 烘箱:能控温在 105 ℃±5 ℃。
(5) 方孔筛:孔径为 4.75 mm 的筛子一只。
(6) 垫棒:直径 10 mm、长 500 mm 的圆钢。
(7) 小勺、直尺、浅盘、毛刷等。

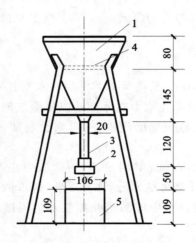

图 2-6　标准漏斗(尺寸单位:mm)
1—漏斗;2—筛;3—20 mm 管子;4—活动门;5—金属量筒

2. 检测准备

(1) 试样准备:用浅盘装待测试样约 5 kg,在温度为 105 ℃±5 ℃ 的烘箱中烘干至恒重,取出并冷却至室温,分成大致相等的两份备用。

注:试样烘干后如有结块,应在检测前预先捏碎。

(2) 容量筒的校准:将温度为 20 ℃±2 ℃ 的饮用水装满容量筒,用玻璃板沿筒口推移,使其紧贴水面。擦干筒外壁水分,然后称出其质量,精确至 1 g。容量筒容积按下式计算(精确至 1 mL):

$$V = \frac{G_1 - G_2}{\rho_{水}} \tag{2-15}$$

式中:G_1——容量筒、玻璃板和水的总质量,g;
　　　G_2——容量筒和玻璃板的质量,g;
　　　V——容量筒的容积,mL;

$\rho_{水}$——水的密度,1000 kg/m³。

3. 检测步骤

(1)松散堆积密度:取试样一,用料勺将试样装入下料斗,并徐徐落入容量筒中,直至试样装满并超出筒口为止。然后用直尺沿筒口中心线向两边刮平(测试过程应防止触动容量筒),称出试样和容量筒总质量(G_1),精确至 1 g,最后称空容量筒质量(G_2)。

(2)紧密堆积密度:取试样一份分两次装入容量筒。装完第一层后,在筒底垫放一根直径为 10 mm 的圆钢,将筒按住,左右交替颠击各 25 次。然后装入第二层,第二层装满后用同样方法颠实(但筒底所垫钢筋的方向与第一层时的方向垂直)后,再加试样至超过筒口,然后用直尺沿筒口中心线向两边刮平,称出试样和容量筒总质量(G_1),精确至 1 g。

4. 结果评定

(1)砂的松散堆积密度及紧密堆积密度按下式计算,精确至 10 kg/m³:

$$\rho_0' = \frac{G_1 - G_2}{V} \tag{2-16}$$

式中:ρ_0'——砂的松散堆积密度或紧密堆积密度,kg/m³;

G_1——容量筒和砂的总质量,g;

G_2——容量筒的质量,g;

V——容量筒的容积,mL。

以两次试验结果的算术平均值作为测定值。

(2)砂的空隙率按下式计算,精确至 0.1%:

$$P' = \left(1 - \frac{\rho_0'}{\rho_0}\right) \times 100\% \tag{2-17}$$

式中:P'——砂的空隙率,%;

ρ_0'——砂的松散(或紧密)堆积密度,g/cm³;

ρ_0——砂的表观密度,g/cm³。

三、石子表观密度测定(广口瓶法)

1. 仪器设备

(1)鼓风烘箱。能控温度在 105 ℃±5 ℃。

(2)天平。称量 2 kg,感量 1 g。

(3)广口瓶。1000 mL、磨口、带玻璃片。

(4)方孔筛。孔径为 4.75 mm 的筛子一只。

(5)温度计、搪瓷盘、毛巾等。

2. 试样准备

按规定取样,用四分法缩分至略大于表 2-2 规定的数值,风干后筛出小于 4.75 mm 的颗粒,然后洗刷干净,分为大致相等的两份备用。取试样一份浸水饱和。

表 2-2　碎石或卵石表观密度测定所需试样量

最大粒径/mm	26.5	31.5	37.5	63.0	75.0
最少试样质量/kg	2.0	3.0	4.0	6.0	6.0

3. 检测步骤

(1) 将浸水饱和后的试样装入广口瓶中,注入饮用水,以上下左右摇晃的方法排除气泡。

(2) 气泡排尽后,向瓶中加水至凸出瓶口,用玻璃片沿瓶口迅速滑行,使其紧贴瓶口水面。擦干瓶外水分称出试样、水、瓶和玻璃片的总质量(G_1),精确至 1 g。

(3) 将瓶中试样倒入浅盘,放在烘箱中于(105±5)℃下烘至恒重。冷却至室温后,再称量(G_0),精确至 1 g。

(4) 将瓶洗净,重新注入水,用玻璃片紧贴瓶口水面,擦干瓶外水分后,称出水、瓶和玻璃片总质量(G_2),精确至 1 g。

4. 结果评定

(1) 石子的表观密度 ρ_0 按下式计算,精确至 10 kg/m³。

$$\rho_0 = \frac{\rho_水 \cdot G_0}{G_0 + G_2 - G_1} \tag{2-18}$$

式中：ρ_0——表观密度,kg/m³；

G_0——试样的烘干质量,g；

G_1——试样、水、瓶及玻璃片的总质量,g；

G_2——水、瓶和玻璃片的总质量,g；

$\rho_水$——水的密度,1000 kg/m³。

(2) 表观密度取两次测试结果的算术平均值,精确至 10 kg/m³；如果两次测试结果之差大于 20 kg/m³,须重新测试。

四、石子堆积密度测定

1. 仪器设备

(1) 台秤。称量 10 kg,感量 10 g。

(2) 容量筒。根据石子最大粒径按表 2-3 选用。

表 2-3　石子容量筒的选用

最大粒径/mm	9.5、16.0、19.0、26.5	31.5、37.5	53.0、63.0、75.0
容量筒容积/L	10	20	30

(3) 磅秤。称量 50 kg 或 100 kg,感量 50 g。

(4) 垫棒。直径 16 mm、长 600 mm 的圆钢。

(5) 直尺、小铲等。

2. 试样准备

(1)按规定取样,烘干或风干后拌匀,并把试样分为两份备用。

(2)容量筒的校准。

将温度为(20±2)℃的饮用水装满容量筒,用玻璃板沿筒口推移,使其紧贴水面。擦干筒外壁水分,然后称出其质量,精确至 1 g。容量筒容积按下式计算(精确至 1 mL):

$$V = \frac{G_1 - G_2}{\rho_水} \tag{2-19}$$

式中:G_1——容量筒、玻璃板和水的总质量,g;

G_2——容量筒和玻璃板的质量,g;

V——容量筒的容积,mL。

3. 检测步骤

(1)松散堆积密度:取试样一份,用小铲将试样从容量筒中心上方 50 mm 处徐徐倒入,让试样以自由落体方式下落,当容量筒溢满时,除去凸出容量筒口表面的颗粒,并以合适的颗粒填入凹陷部分,使表面凸起的部分和凹陷部分的体积大致相等(试验过程中应防止触动容量筒),称出试样和容量筒总质量(G_1),最后称空容量筒的质量(G_2)。

(2)紧密堆积密度:取试样一份,分三次装入容量筒。装完第一层后,在筒底垫放一根直径为 16 mm 的圆钢,将筒按住,左右交替颠击各 25 次;再装入第二层,第二层装满后用同样的方法颠实(但筒底所垫钢筋的方向与第一层时的方向垂直);再装入第三层,用相同的方法颠实。试样装填完毕,再加试样直至超过筒口,用钢尺沿筒口边缘刮去高出的试样,并用适合的颗粒填平,称出试样和容量筒总质量(G_2),精确至 10 g。

4. 结果评定

(1)石子的松散堆积密度及紧密堆积密度按下式计算,精确至 10 kg/m³:

$$\rho_0' = \frac{G_1 - G_2}{V} \tag{2-20}$$

式中:ρ_0'——石子的松散堆积密度或紧密堆积密度,g/cm³;

G_2——空容量筒的质量,g;

G_1——容量筒和石子的总质量,g;

V——容量筒的容积,mL。

以两次试验结果的算术平均值作为测定值。

(2)石子的空隙率按下式计算,精确至 0.1%:

$$P' = \left(1 - \frac{\rho_0'}{\rho_0}\right) \times 100\% \tag{2-21}$$

式中:P'——石子的空隙率,%;

ρ_0'——石子的松散(或紧密)堆积密度,g/cm³;

ρ_0——石子的表观密度,g/cm³。

任务二　建筑材料的力学性质

【工作任务】

材料的力学性质是指材料在外力作用下的变形和抵抗破坏的性质,它是材料最为重要的基本性质。

【相关知识】

一、强度

材料在外力作用下抵抗破坏的能力称为强度。当材料承受外力作用时,在材料内部相应地产生应力,且应力随着外力的增大而相应增大,直至材料内部质点间的结合力不足以抵抗所作用的外力时材料即发生破坏。材料破坏时,应力达到极限值,这个极限应力值就是材料的强度,也称极限强度。强度的大小是通过试件的破坏试验而测得的,根据外力作用方式的不同,材料的强度有抗压强度、抗拉强度、抗弯强度等。

材料的抗拉、抗压、抗剪强度按下式计算:

$$f = \frac{F}{A} \tag{2-22}$$

式中:f——抗拉、抗压、抗剪强度,MPa;

　　　F——材料受拉、压、剪破坏时的荷载,N;

　　　A——材料的受力面积,mm^2。

抗弯(折)强度与试件的几何外形及荷载方式有关,对于矩形截面的条形试件,当其两支点间的跨中作用有一集中荷载时,其抗弯强度按下式计算:

$$f_m = \frac{3 L F_{max}}{2bh^2} \tag{2-23}$$

式中:f_m——材料的抗弯强度,MPa;

　　　F_{max}——弯曲破坏时的最大荷载,N;

　　　L——两支点间的距离,mm;

　　　b、h——分别为试件横截面的宽度和高度,mm。

在检测材料的强度时,试件的尺寸、施力速度、受力面状态、含水状态和环境温度等因素的影响,都会使检测值产生偏差。为了使试验结果比较准确,且具有可比性,国家标准规定了各种材料强度的标准检验方法,在测定材料强度时必须严格按照规定进行。

二、弹性和塑性

材料在受到外力作用时会发生变形,一旦外力撤除,若材料能迅速且完全地恢复其原始形状,这种性质被定义为弹性,而此过程中发生的可恢复变形则称为弹性变形。

相反，若材料在外力作用下发生变形，即便外力移除后也无法自动恢复到原始形态，这种性质则称为塑性，伴随的不可恢复变形即为塑性变形，它属于永久性变形范畴。

在工程实践中，纯粹的弹性材料或纯粹的塑性材料是不存在的。大多数材料在受到外力作用时，其变形表现往往同时包含弹性变形与塑性变形。以建筑钢材为例，在承受较小外力时，主要发生弹性变形；然而，一旦受力超过其特定阈值，便会开始产生塑性变形。

三、硬度与耐磨性

硬度是衡量材料表面抵抗外界物体压入或刻划能力的重要指标。金属材料的硬度测定常采用压入法，其中布氏硬度法便是一种经典方法，它通过计算单位压痕面积上所承受的压力来量化硬度。而陶瓷等材料则更适合采用刻划法来进行硬度评估。

通常情况下，硬度较高的材料往往具备较高的强度与良好的耐磨性，但这类材料在加工过程中可能会面临较大挑战。耐磨性，作为衡量材料表面抵抗磨损能力的关键参数，通常以磨损率作为评价标准：磨损率越低，代表材料的耐磨性能越优越。

耐磨性的优劣与材料的成分结构、强度以及硬度等因素紧密相关。一般而言，硬度较高的材料其耐磨性也倾向于更佳。因此，在选择如楼地面、楼梯、道路等频繁经受磨损的区域所使用的材料时，必须充分考虑其耐磨性能，以确保这些部位的持久耐用。

任务三　建筑材料的耐久性

【工作任务】

耐久性，作为材料性能的一个综合维度，特指建筑材料在复杂多变的环境因素持续影响下，仍能保持稳定、不发生变质与破坏，从而长期维持其既定使用效能的一种卓越能力。这种性质对于确保建筑物的长寿命、高稳定性和低维护成本至关重要。

【相关知识】

一、耐久性的定义

材料的耐久性，作为衡量建筑材料在复杂环境条件下保持其原有性能与结构完整性的关键指标，涵盖了抗冻性、抗风化性、抗老化性及耐化学腐蚀性等多个方面。这一综合性质是评价材料长期服役稳定性的重要依据，工程实践中常通过评估材料抵抗主要环境侵蚀因素的能力来界定其耐久性。

影响材料耐久性的内在机制错综复杂，其中材料的基本组成、结构强度是基础，而材料的致密程度、表面微观形态及孔隙结构特征同样扮演着至关重要的角色。具体而言，当材料具备致密的内部结构、高强度、低孔隙率、小且孤立的孔隙分布，以及光滑致密的表面时，其抵御外界环境侵蚀的能力显著增强，从而展现出优异的耐久性。

为了提升材料的耐久性,工程领域广泛采用多种技术手段,包括但不限于增强材料的密实度、优化表面处理工艺以及调整孔隙结构等。这些措施旨在从根本上改善材料的物理与化学性能,进而延长其使用寿命。此外,材料的强度、抗渗性能及耐磨性作为与耐久性密切相关的属性,也需在设计选材时给予充分考量,以确保所选材料能够满足特定工程环境下的长期服役需求。

二、环境影响因素

在建筑物的长期使用过程中,材料不可避免地遭受着周围环境和自然因素的持续破坏,这些破坏作用大致可归结为物理、化学、机械及生物四大类别,且不同材料所承受的环境影响及其程度各异。

(1)物理作用:主要涉及环境温度与湿度的周期性波动,如冷热交替、干湿循环及冻融循环等。这些变化导致材料发生膨胀与收缩,进而产生内部应力。长期反复的此类作用将逐渐侵蚀并破坏材料的结构。

(2)化学作用:包括大气中的酸、碱、盐等化学物质及环境水体中的有害物质对材料的侵蚀,以及日光辐射等直接作用于材料表面,引起其化学性质的根本性改变,最终导致材料破损。

(3)机械作用:源于持续的静荷载或动态交变荷载,它们可能引发材料的疲劳、使材料受到冲击或磨损。这些机械应力的长期积累将显著影响材料的耐久性。

(4)生物作用:涉及微生物(如菌类)、昆虫等生物体对材料的侵害,导致材料发生腐朽、蛀蚀等形式的破坏。

各类材料的耐久性特征因其独特的组成与结构而异。例如,钢材因易于氧化而面临锈蚀的风险;无机非金属材料则常因氧化、风化、碳化、溶蚀、冻融循环、热应力以及干湿交替等多种因素的综合作用而受损;而有机材料则多因腐烂、虫蛀及老化过程而逐渐变质。因此,在选择建筑材料时,需充分考虑其耐久性与特定环境条件的适应性。

三、材料耐久性的测定

评估材料的耐久性,最理想的方式是在实际使用条件下进行长期且细致的观测与测试,但鉴于时间成本的考量,现代科学更倾向于采用快速检验法作为替代方案。快速检验法巧妙地模拟了实际使用场景,在试验室环境中对材料进行一系列加速试验,如干湿循环、冻融循环、碳化测试、加湿与紫外线干燥循环、盐溶液浸渍与干燥循环以及化学介质浸渍等,依据这些试验的结果,能够高效且准确地预判材料的耐久性表现。

四、提高耐久性的措施

提升材料的耐久性,对于保障建筑物的持续稳定运行、削减维护成本、延长建筑寿命而言,具有不可估量的价值。针对不同类别的建筑材料,其耐久性的提升重点亦有所区别:结构材料需重点关注强度保持,装饰材料则侧重于外观稳定性的维护,而金属材料则需特别防范电化学腐蚀的侵蚀。硅酸盐类材料则常受氧化、热应力、干湿交替等多重因素影响而受损。因此,应根据材料的固有特性及其所处环境的特定要求,量身定制提升耐久性的措施。

常见的增强耐久性的手段包括:

(1)减少外部环境对材料的侵蚀:通过调节温湿度、清除或隔离有害介质等手段,降低外部环境对材料的负面影响。

(2)优化材料内部结构:提高材料的密实度,改善孔隙结构,以增强其抵抗外界侵蚀的能力。

(3)调整材料成分与表面处理:通过改变材料组成,实施憎水性处理及防腐处理,从根本上提升其耐久性。

(4)设置保护层:在材料表面施加保护层,如采用饰面、抹灰、涂刷防腐涂料等方式,为材料提供额外的防护屏障。

在土木工程材料的选择与设计阶段,务必将耐久性视为核心考量因素之一。选用耐久性优异的材料,不仅有助于节约资源,更能确保建筑物长期稳定的运行,显著降低维护成本,延长建筑物的使用寿命,具有深远的经济与社会意义。

【课堂小结】

建筑材料在建筑物的各个构造部位承担着多样化的功能,这必然要求材料具备与之相匹配的特定性质。具体而言,作为建筑结构的基石,材料需承受来自各方的外力作用,因此,所选材料必须具备满足设计需求的力学性能。同时,依据建筑物不同部位的具体使用要求,材料还需展现出如防水、绝热、吸声等特性;而在特定工业建筑环境中,材料还需额外具备耐热、耐腐蚀等高性能指标。

对于长期暴露于自然环境中的材料而言,其面临的挑战尤为严峻,需能经受住风吹日晒、雨淋冰冻以及由此引发的温度变化、湿度波动和反复冻融等恶劣条件的考验。为确保建筑物的长久耐用,工程设计与施工阶段必须精准选择并合理使用材料,这就有赖于我们深入了解和掌握各类材料的基本性质与特性。

【课堂测试】

1. 什么是材料的实际密度、表观密度和堆积密度?如何进行计算?
2. 什么是材料的密实度和孔隙率?两者有什么关系?
3. 某一块状材料的全干质量为 100 g,自然状态体积为 40 cm^3,绝对密实状态下的体积为 33 cm^3,试计算其密度、表观密度、密实度和孔隙率。
4. 建筑材料的亲水性和憎水性在建筑工程中有什么实际意义?
5. 材料的质量吸水率和体积吸水率有何不同?两者存在什么关系?什么情况下采用体积吸水率或质量吸水率来反映材料的吸水性?
6. 什么是材料的吸水性、吸湿性、耐水性、抗渗性和抗冻性?各用什么指标表示?
7. 材料的孔隙率与孔隙特征对材料的表观密度、吸水性、吸湿性、抗渗性、抗冻性、强度及保温隔热等性能有何影响?
8. 什么是材料的耐久性?为什么对材料要有耐久性要求?

模块三　砂、石材料的检测

【知识目标】
1. 深入理解砂、石材料的含水率概念；
2. 熟练掌握砂、石材料的级配理论及其应用。

【能力目标】
1. 具备独立测定砂、石材料含水率的能力；
2. 精通砂、石材料的级配理论，并能灵活应用于实践。

【素质目标】
1. 拥有扎实的建筑砂、石相关理论知识与技能，能够胜任相关工作；
2. 能够运用现行标准准确分析和解决建筑砂、石领域中的实际问题；
3. 秉持高尚的职业道德，展现卓越的职业素质；
4. 具备良好的团队协作能力，勇于面对挑战，展现吃苦耐劳的精神风貌。

【案例引入】
1. 砂、石材料作为建筑工程的基础材料，广泛应用于哪些领域？请结合具体案例，如桥梁建设、道路铺设、房屋基础等，进行详细说明。
2. 砂、石材料通常具备哪些关键的物理和化学特性？包括但不限于颗粒分布、密度、含水率以及化学成分等，这些特性如何共同作用于材料的性能？
3. 上述提到的物理和化学特性是如何影响砂、石材料在工程中的实际应用效果的？请从材料强度、耐久性、施工便利性等方面进行探讨。
4. 在实际工程项目中，对砂、石材料有哪些具体且严格的质量要求？这些要求是如何确保工程质量和安全性的？请结合相关标准和实际案例进行分析。

砂、石材料作为建筑工程中用量最为庞大的建筑材料之一，它们源自岩石的风化或加工过程，既可直接作为建筑工程的结构材料使用，又能加工成多种尺寸的集料，成为水泥混凝土和沥青混合料不可或缺的骨料成分。

在混合料中，砂、石主要扮演骨架支撑与填充空隙的双重角色，因此常被统称为集料或骨料。鉴于不同粒径的集料在水泥（或沥青）混合料中所发挥的功能各异，对它们的技术要求也相应有所区别。工程实践中，通常以粒径大小为基准，将集料细分为细集料（如砂子，粒径范围在 0.15～4.75 mm 之间，用于水泥混凝土；或小于 2.36 mm，用于沥青混合料）与粗集料（如石子，粒径大于 4.75 mm，用于水泥混凝土；或大于 2.36 mm，用于沥青混合料）。

集料作为水泥（或沥青）混合料的核心组成部分，其物理、力学及化学性质对最终产品的性能有着深远的影响。为确保混凝土或沥青混合料的质量满足不同建筑工程的技术标准,集料的选择、测定及评估至关重要。某些集料因含有不良性质,可能会限制混凝土强度的提升,并损害其耐久性及其他应用性能。因此,在配制混凝土时,对集料的主要性质进行全面检测与分析,是保障混凝土强度和耐久性的必要措施。

依据建筑工程项目材料质量控制的相关规范,所有进场的砂、石材料均需进行材质复试。具体而言,砂的复试项目涵盖含水率、吸水率、筛分析、泥块含量及非活性骨料检验;而石子的复试则包括含水率、吸水率、筛分析、含泥量、泥块含量及非活性骨料检验,以确保材料质量符合工程要求。

任务一 砂、石的含水率测定

【工作任务】

精准测定混凝土所用砂、石的含水率,旨在为混凝土施工配合比的精确计算提供坚实的数据支持。此项工作严格遵循《建设用砂》(GB/T 14684—2022)及《建设用卵石、碎石》(GB/T 14685—2022)等国家最新试验规程的标准执行。在整个检测过程中,我们将一丝不苟地遵循所有相关步骤与注意事项,确保每一项操作都细致入微且准确无误。通过圆满完成砂、石含水率的测定任务,我们不仅将深入理解建筑材料含水率的深刻含义,还将熟练掌握其科学有效的检测方法,为今后的工程实践奠定坚实的技能基础。

【相关知识】

混凝土配合比设计是以干燥骨料为基准得出的,而工地上存放的砂、石一般都含有水分,因此在配制混凝土时,需要计算施工配合比,这就要求测定砂、石的含水率。

$$\omega_h = \frac{m_s - m_g}{m_g} \times 100\% \tag{3-1}$$

式中:ω_h——含水率,%;

m_s——未烘干砂(石)的质量,g;

m_g——烘干后砂(石)的质量,g。

【性能检测】

一、砂、石验收的取样

砂或石子的验收应按同产地、同规格、同类别分批进行,每批总量不超过 400 m³ 或 600 t。

1. 砂的取样

在料堆上进行取样时,应确保取样部分均匀分布于整个料堆,取样前需先剔除表层物料,随后从不同区域随机抽取等量的砂样共 8 份,以组成一组代表性样品。

对于从皮带运输机上取样,应使用与皮带宽度相匹配的接料器,在运输机头部出料口处进行全断面定时随机抽取,每次抽取约等量的砂样4份,以构成一组完整样品。

当从火车、汽车或货船上取样时,同样需遵循随机原则,从不同部位及深度抽取等量的砂样8份,以组合成一组综合样品。

关于每组样品的取样数量,每项独立试验均需满足表3-1所规定的最小取样量要求。若进行多项试验,且能确保前一项试验不会对后续试验结果产生干扰,则可考虑使用同一试样进行多项不同试验。

在试样处理方面,可采用分料器法或人工四分法进行操作。分料器法是将潮湿状态下的样品充分拌匀后,通过分料器进行多次分样,直至样品量缩减至测试所需为止。而人工四分法则是在平板上将潮湿样品拌匀并堆成约20 mm厚的圆饼状,随后沿两条互相垂直的直径将其均分为四份,取对角线上的两份重新拌匀并重复此过程,直至样品量达到测试要求。

2. 石子的取样

在料堆上进行取样时,应确保取样部分均匀覆盖整个料堆,取样前需先清除取样部位的表层物料,随后在料堆的顶部、中部及底部这3大区域中均匀分布的15个不同部位,随机抽取大约等量的石子样本共15份,以组合成一组具有代表性的样品。

对于从皮带运输机上取样,应选用与皮带宽度相匹配的接料器,在皮带运输机机头的出料口处进行全断面定时随机抽取,确保每次抽取的砂样量大致相等,最终抽取8份砂样组成一组样品。

在从火车、汽车或货船上取样时,需从不同部位及深度随机抽取约等量的砂样共计16份,以确保样品的代表性和全面性,随后将这些砂样组合成一组用于测试的样品。

针对单项试验,其最少取样数量必须严格遵循表3-1中的规定,以确保试验结果的准确性和可靠性。

表 3-1　砂、石单项测试的最少取样数量

砂、石测试项目	砂/kg	碎石或卵石/kg							
		骨料最大粒径							
		9.5 mm	16.0 mm	19.0 mm	26.5 mm	31.5 mm	37.5 mm	63.0 mm	75.0 mm
颗粒级配	4.4	9.5	16.0	19.0	25.0	31.5	37.5	63.0	80.0
表观密度	2.6	8.0	8.0	8.0	8.0	12.0	16.0	24.0	24.0
堆积密度	5.0	40.0	40.0	40.0	40.0	80.0	80.0	120.0	120.0
含泥量	4.4	8.0	8.0	24.0	24.0	40.0	40.0	80.0	80.0
泥块含量	20.0	8.0	8.0	24.0	24.0	40.0	40.0	80.0	>80.0

在试样处理环节,首先需将所取样品轻轻放置于平板之上,在自然状态下进行充分拌匀,随后将其堆成堆体形状。接着,沿着两条互相垂直的直径将堆体均匀地划分为四等份,并取其中对角线位置上的两份重新拌匀,再次堆成堆体。此过程需重复进行,直至样品量缩减至满足试验所需为止。

值得注意的是,对于砂、石的堆积密度以及人工砂的坚固性测试,其试样可无须经过

缩分处理,直接拌匀后进行测定。此外,在整个测试流程中,试验室的环境温度应严格控制在(20±5)℃范围内,以确保测试结果的稳定性和准确性。

二、砂的含水率测定

1. 仪器设备

（1）烘箱:具备精准的温度控制能力,温度范围需维持在105 ℃±5 ℃,确保烘干过程的稳定性。

（2）天平:选用量程为2 kg,精度不低于0.1 g的高精度天平,以满足精确称量的需求。

（3）辅助工具:包括搪瓷盘、小铲等,用于试样的处理和转移。

2. 试样准备

将自然潮湿状态的试样,采用四分法精心缩分至约1100 g,确保试样的均匀性和代表性。随后,将缩分后的试样充分拌匀,并均分为两份,以备后续试验使用。

3. 检测步骤

（1）初始称量:精确称取一份试样的质量(m_s),保留至小数点后一位（即0.1 g）,然后将其倒入已知质量的干燥烧杯中。将烧杯置于已预热至105 ℃±5 ℃的烘箱中,持续烘干至试样达到恒重状态。

（2）烘干后称量:待试样冷却至室温后,再次精确称取其质量(m_g),同样保留至小数点后一位。

4. 结果评定

根据式(3-1)计算砂的含水率,结果需精确至0.1%。为确保数据的准确性,应取两次试验结果的算术平均值作为最终含水率,该值同样需精确至0.1%。若两次试验结果之差超过0.2%,则需进行重新测试,以排除偶然误差的影响。

任务二　砂、石的级配测定

【工作任务】

负责精确测定混凝土所用砂的颗粒级配,通过计算细度模数来科学评定砂的粗细程度,并依据标准判断其颗粒级配是否达标。同时,需测定不同粒径碎石（或卵石）的具体含量比例,以全面评估碎石（或卵石）的颗粒级配及其粒级规格,为集料的质量评定及混凝土配合比设计提供坚实依据。所有测定工作均需严格遵循《建设用砂》（GB/T 14684—2022）及《建设用卵石、碎石》（GB/T 14685—2022）等国家试验规程的标准执行。在检测过程中,务必遵循材料检测的所有相关步骤与注意事项,以细致入微、严谨认真的态度完成每一项检测任务。

【相关知识】

一、砂的粗细程度及颗粒级配

砂的粗细程度是指不同粒径砂粒混合后所呈现出的平均粗细状态,通常细分为粗砂、中砂、细砂及特细砂几类。在质量相等的情况下,颗粒越细小,其比表面积相应增大,这意味着在混凝土中需要更多的水泥浆来包裹砂粒表面。当混凝土拌合物的流动性需求固定时,采用粗砂拌制的混凝土相较于细砂能节省水泥浆的使用量。然而,若砂粒过粗,虽能减少水泥用量,但可能导致拌合物黏聚性不足,易于产生离析现象。因此,用于混凝土拌制的砂应避免过粗或过细,以达到最佳效果。

砂的颗粒级配则是指砂中不同粒径颗粒的分布与搭配情况。理想的砂级配应包含适量的粗粒径砂,辅以适量的中粒径砂及少量细粒径砂填充空隙,这样的组合能有效降低空隙率和总表面积,从而减少水泥浆的用量,并提升混凝土的密实度和强度。因此,在混凝土拌制过程中,需综合考虑砂的粗细程度与颗粒级配两个关键因素,不可仅凭粗细程度单一指标进行评判。合理控制砂的颗粒级配与粗细程度,对于提升混凝土性能及经济效益具有重要意义。

对于砂的粗细程度和级配的测定,常采用筛分析法进行。该方法利用一套标准孔径的方孔筛(孔径分别为 4.75 mm、2.36 mm、1.18 mm、0.60 mm、0.30 mm、0.15 mm),对 500 g 干砂试样进行逐级筛分,随后称量并记录各筛上残留的砂质量(即分计筛余量),并据此计算出各筛的分计筛余百分率及累计筛余百分率。基于这些数据,可进一步计算出砂的细度模数,并确定其所属的级配区,从而全面评估砂的粗细程度和颗粒级配情况。

1. 分计筛余百分率

分计筛余百分率是指在某号筛上的筛余质量占试样总质量的百分率。

$$a_i = \frac{m_i}{m} \times 100\% \tag{3-2}$$

式中:a_i——某号筛上的分计筛余百分率,%;
m——用于干筛的干燥集料总质量,g;
m_i——存留在某号筛上的试样质量,g。

2. 累计筛余百分率

各号筛的累计筛余百分率为该号筛及大于该号筛的各号筛的分计筛余百分率之和。

$$A_i = a_1 + a_2 + a_3 + \cdots + a_i \tag{3-3}$$

式中:A_i——累计筛余百分率,%;
a_i——某号筛上的分计筛余百分率,%。

砂的筛余量、分计筛余百分率、累计筛余百分率的关系见表 3-2。

表 3-2 砂的筛余量、分计筛余百分率、累计筛余百分率的关系

筛孔尺寸/mm	筛余量 m_i/g	分计筛余百分率 a_i/(%)	累计筛余百分率 A_i/(%)
4.75	m_1	a_1	$A_1 = a_1$

续表

筛孔尺寸/mm	筛余量 m_i/g	分计筛余百分率 a_i/(%)	累计筛余百分率 A_i/(%)
2.36	m_2	a_2	$A_2=a_1+a_2$
1.18	m_3	a_3	$A_3=a_1+a_2+a_3$
0.60	m_4	a_4	$A_4=a_1+a_2+a_3+a_4$
0.30	m_5	a_5	$A_5=a_1+a_2+a_3+a_4+a_5$
0.15	m_6	a_6	$A_6=a_1+a_2+a_3+a_4+a_5+a_6$

3. 砂的粗细程度

砂子粗细程度的评定,通常用细度模数表示,可按式(3-4)计算,精确至0.01。

$$M_x = \frac{(A_2+A_3+A_4+A_5+A_6)-5A_1}{100-A_1} \tag{3-4}$$

式中:M_x——细度模数;

A_1、A_2、A_3、A_4、A_5、A_6——分别为 4.75 mm、2.36 mm、1.18 mm、0.60 mm、0.30 mm、0.15 mm 筛的累计筛余百分率,%。

细度模数越大,表示砂越粗。国家标准《建设用砂》(GB/T 14684—2022)规定,M_x 在 0.7~1.5 为特细砂,M_x 在 1.6~2.2 为细砂,M_x 在 2.3~3.0 为中砂,M_x 在 3.1~3.7 为粗砂。普通混凝土用砂的细度模数,一般控制在 2.0~3.5 之间较为适宜。

4. 砂的级配

砂的颗粒级配用级配区表示。标准规定,对细度模数为 1.6~3.7 的普通混凝土用砂,以 0.6 mm 筛孔的累计筛余百分率为依据,分成三个级配区,见表3-3。图3-1所示为砂的级配曲线。

混凝土用砂的颗粒级配,应处于表3-3或图3-1的任何一个级配区,否则认为该砂的颗粒级配不合格。

表3-3 砂的颗粒级配区

筛孔尺寸/mm	累计筛余百分率/(%)		
	Ⅰ区	Ⅱ区	Ⅲ区
9.50	0	0	0
4.75	10~0	10~0	10~0
2.36	35~5	25~0	15~0
1.18	65~35	50~10	25~0
0.60	85~71	70~41	40~16
0.30	95~80	92~70	85~55
0.15	100~90	100~90	100~90

注:1. 砂的实际颗粒级配与表中所列数字相比,除 4.75 mm 和 0.6 mm 筛外,可以略有超出,但超出总量应小于5%。

2. Ⅰ区人工砂中 0.15 mm 筛孔的累计筛余百分率可以放宽到 100~85,Ⅱ区人工砂中 0.15 mm 筛孔的累计筛余百分率可以放宽到 100~80,Ⅲ区人工砂中 0.15 mm 筛孔的累计筛余百分率可以放宽到 100~75。

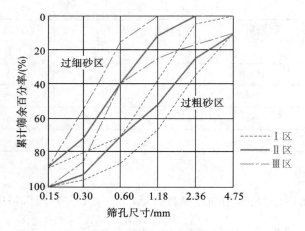

图 3-1 砂的级配曲线

【例 3-1】某工地用砂,筛分试验后的筛分结果如表 3-4 所示。判断该砂的粗细程度和级配的好坏。

表 3-4 筛分结果

筛孔尺寸/mm	9.5	4.75	2.36	1.18	0.60	0.30	0.15	底盘
筛余质量/g	0	15	63	99	105	115	75	28

解:按表 3-4 所示的筛分结果,计算结果如表 3-5 所示。

表 3-5 各筛筛余质量及分计和累计筛余百分率

筛孔尺寸/mm	9.5	4.75	2.36	1.18	0.60	0.30	0.15	底盘
筛余质量/g	0	15	63	99	105	115	75	28
分计筛余百分率/(%)	0	3	12.6	19.8	21	23	15	5.6
累计筛余百分率/(%)	0	3	15.6	35.4	56.4	79.4	94.4	100

将 0.15~4.75 mm 筛的累计筛余百分率代入式(3-4),得该集料的细度模数为:

$$M_x = \frac{(A_2+A_3+A_4+A_5+A_6)-5A_1}{100-A_1}$$

$$= \frac{(15.6+35.4+56.4+79.4+94.4)-5\times 3}{100-3} = 2.74$$

由于细度模数为 2.74,在 2.3~3.0 之间,所以,此砂为中砂。将表 3-5 中计算出的各筛上的累计筛余百分率与表 3-3 相应的范围进行比较发现:各筛上的累计筛余百分率均在Ⅱ区规定的级配范围之内。因此,该砂级配良好。

二、石子的最大粒径与颗粒级配

石子的公称粒级所允许的最大尺寸,被定义为该粒级的最大粒径。以 5~40 mm 的骨料为例,其最大粒径即为 40 mm。

石子的颗粒级配主要分为连续级配与间断级配两大类。连续级配指的是石子颗粒大小连续分布,即从大到小,每一粒级均占有一定比例,呈现出连续的粒级分布。而间断级配则是通过人为地剔除某些特定粒级的颗粒,使得粗骨料的级配呈现不连续性,亦称为单粒级配。

为了测定石子的颗粒级配,我们采用方孔标准筛进行筛分试验。这些标准筛的孔径包括 2.36 mm、4.75 mm、9.5 mm、16.0 mm、19.0 mm、26.5 mm、31.5 mm、37.5 mm、53.0 mm、63.0 mm、75.0 mm 及 90.0 mm。筛分过程完成后,对各筛网上的残留物进行称重,并据此计算出分计筛余百分率和累计筛余百分率。这两种百分率的计算方法与细骨料筛分时的计算方式相同。

此外,混凝土中所使用的石子颗粒级配需严格遵循表 3-6 中的相关规定。

表 3-6 混凝土用碎石或卵石的颗粒级配

公称粒径/mm		累计筛余百分率/(%)										
		方筛孔径/mm										
		2.36	4.75	9.50	16.0	19.0	26.5	31.5	37.5	53.0	63.0	75.0	90.0
连续粒级	5~10	95~100	80~100	0~15	0								
	5~16	95~100	85~100	30~60	0~10	0							
	5~20	95~100	90~100	40~80	—	0~10	0						
	5~25	95~100	90~100	—	30~70	—	0~5	0					
	5~31.5	95~100	90~100	70~90	—	15~45	—	0~5	0				
	5~40	—	95~100	70~90	—	30~65	—	—	0~5	0			
单粒粒级	10~20		95~100	85~100	—	0~15	0						
	16~31.5		95~100	—	85~100	—	—	0~10	0				
	20~40			95~100	—	80~100	—	—	0~10	0			
	31.5~63				95~100	—	—	75~100	45~75	—	0~10	0	
	40~80				—	95~100	—	—	70~100	—	30~60	0~10	0

【性能检测】

一、砂的颗粒级配测定

1.仪器设备

(1)标准筛:配备孔径分别为 9.50 mm、4.75 mm、2.36 mm、1.18 mm、0.60 mm、0.30

mm 及 0.15 mm 的筛各一只,每套筛均附有筛底和筛盖,确保筛分过程的完整性和准确性。

(2)天平:选用称量范围达 1000 g,感量精确至 1 g 的高精度天平,以满足试验中对试样质量精确称量的需求。

(3)烘箱:选用能够稳定控制在 105 ℃±5 ℃范围内的烘箱,确保试样烘干过程的温度一致性。

(4)其他辅助设备:包括摇筛机、浅盘以及硬、软毛刷等,用于辅助筛分操作和清洁筛网。

2. 试样准备

按照既定规定取样,随后采用四分法将试样缩分至约 1100 g。将此试样置于烘箱中,于 105 ℃下烘干至恒重状态。待其自然冷却至室温后,首先筛除大于 9.5 mm 的颗粒,并计算出其筛余百分率。之后,将剩余试样均分为两份,以备后续检测使用。

3. 检测步骤

(1)精确称取烘干后的试样 500 g,感量控制在 1 g 以内。将试样倒入按孔径从大到小顺序排列组合的套筛(含筛底)上。若条件允许,使用摇筛机筛分 10 min;若无摇筛机,则直接进行手工筛分。筛分过程中,需持续摇动或筛动,直至每分钟通过筛网的试样量小于试样总量的 0.1% 为止。此时,将已通过筛网的试样并入下一号筛中,并与该筛中的试样一同继续筛分。此过程需依次进行,直至所有筛号的筛分工作全部完成。

(2)在筛分过程中,若发现某号筛上的筛余量超过按式(3-5)计算得出的允许量,则应采取以下任一方法进行处理:

$$G = \frac{A \times d^{1/2}}{200} \tag{3-5}$$

式中:G——在一个筛上的筛余量,g;

A——筛面面积,mm^2;

d——筛孔尺寸,mm。

①将该粒级试样分成少于按式(3-5)计算得出的量,并将这些分样分别进行筛分。之后,将各分样的筛余量相加,所得总和作为该号筛的最终筛余量。

②将当前粒级及其以下所有粒级的筛余物混合均匀,使用高精度天平称取其总质量,精确至 1 g。随后,采用四分法将混合后的筛余物缩分为大致相等的两份。选取其中一份,再次使用高精度天平精确称取其质量至 1 g,并继续进行筛分。在计算该粒级及以下各粒级的分计筛余量时,需根据先前缩分时所采用的比例进行相应的修正。

③使用高精度天平分别精确称出各号筛的筛余量至 1 g。最后,确保所有筛网的分计筛余量与筛底剩余量的总和,与原始称取的 500 g 试样质量相比,其差异不超过 1%。若超出此范围,则需重新进行试验。

4. 结果计算与评定

(1)分计筛余百分率的计算:依据式(3-2),将各号筛的筛余量与试样总量之比精确计算至 0.1%,得出各筛级的分计筛余百分率。

(2) 累计筛余百分率的计算:通过累加该号筛及其以上各筛级的分计筛余百分率,并依据式(3-3)进行精确至 0.1% 的计算,得出累计筛余百分率。

(3) 砂的细度模数 M_x 的计算:遵循式(3-4),精确计算至 1%,得出砂的细度模数值。

(4) 对于累计筛余百分率和细度模数的最终结果,取两次独立测试结果的算术平均值作为最终值。其中,累计筛余百分率保留至 0.1%,而细度模数则精确至 0.1。若两次测试的细度模数之差超过 0.20,则需进行重新测试以确保结果的准确性。

(5) 根据上述测试结果,并参照相关标准规范,对砂的粗细程度及级配特性进行综合评判。

二、石子的颗粒级配测定

1. 仪器设备

(1) 鼓风烘箱:确保温度能够精确控制在 105 ℃±5 ℃ 的范围内,以满足试样烘干的需求。

(2) 台秤:具备称量 10 kg 的能力,感量应精确至 1 g,以确保试样称量的准确性。

(3) 方孔筛:准备孔径分别为 2.36 mm、4.75 mm、9.50 mm、16.0 mm、19.0 mm、26.5 mm、31.5 mm、37.5 mm、53.0 mm、63.0 mm、75.0 mm 及 90.0 mm 的筛子各一只,每套筛子均附带筛底和筛盖,且筛框内径统一为 300 mm,以确保筛分过程的标准化。

(4) 辅助设备:包括摇筛机、搪瓷盘、毛刷等,用于辅助筛分操作和清洁筛网。

2. 试样准备

按照既定规定,使用分料器或四分法将来料缩分至表 3-7 所要求的试样量。随后,将试样进行风干处理,以备后续使用。若需进一步处理,可根据试验要求,通过对应集料最大粒径的筛孔尺寸进行预筛分,以去除超出粒径范围的颗粒,之后再进行正式的筛分操作。

表 3-7 筛分用的试样质量

最大粒径/mm	9.5	16.0	19.0	26.5	31.5	37.5	63.0	75.0
最小试样质量/kg	1.9	3.2	3.8	5.0	6.3	7.5	12.6	16.0

3. 检测步骤

(1) 按照表 3-7 中规定的数值,精确称取试样一份至 1 g。随后,按照筛孔从大到小的顺序,逐一将试样通过筛网,直至每分钟通过筛网的试样量小于试样总量的 0.1% 为止。在此过程中,已通过筛网的颗粒需并入下一号筛中,并与该筛中的试样一同继续筛分。此操作需依次进行,直至所有筛号的筛分工作全部完成。特别地,对于大于 19.0 mm 的颗粒,允许使用手指轻轻拨动以辅助筛分。

(2) 使用高精度天平分别称出各号筛上的筛余量,确保精确至 1 g。随后,将所有筛网的分计筛余量与筛底剩余的试样质量进行汇总,并与原始试样的质量进行比对。

(3) 若发现汇总后的筛余总量与原始试样质量之差超过 1%,则表明筛分过程中可能存在误差,此时需要重新进行试验,以确保结果的准确性。

4. 结果整理

（1）分计筛余百分率的计算：精确地将各号筛的筛余量与试样总质量之比计算至 0.1%，以得出各筛级的分计筛余百分率。

（2）累计筛余百分率的计算：将该号筛的分计筛余百分率与其上方所有筛级的分计筛余百分率相加，结果精确至 1%，从而得出各筛级的累计筛余百分率。

（3）颗粒级配及粒级规格的判断：依据计算得出的各号筛累计筛余百分率，并参照相应的行业或试验标准，对该试样的颗粒级配及粒级规格进行准确的判断。

【课堂小结】

砂与石料作为建筑工程中消耗量最为庞大的材料之一，其性能特性对工程质量至关重要。本次学习情境深入探讨了砂、石的密度、表观密度、堆积密度、含水率以及级配等核心概念与相应的检测方法。

具体而言，材料的密度，即单位体积内材料的质量，是评估材料基本物理属性的关键指标。根据计算时所选体积范围的不同，密度可细分为真密度、表观密度及堆积密度，这些参数对于精确计算混凝土的组成结构具有不可或缺的作用，尤其考虑到砂、石内部可能存在的孔隙与空隙。

值得注意的是，实际施工中的砂、石往往含有一定量的水分，因此，准确测定其含水率是确保混凝土施工配合比计算无误的重要前提。

此外，级配作为集料科学组配的关键，对于提升混凝土密实度、减少水泥用量具有显著效果。在配制混凝土时，需综合考虑砂、石的粗细程度及其级配情况，以期达到最佳的性能表现。通过科学合理的级配设计，不仅能优化混凝土的性能指标，还能有效控制施工成本，提高工程的经济性与可持续性。

【课堂测试】

1. 如何准确测定砂或石的密度、表观密度以及堆积密度？
2. 材料的孔隙率和空隙率分别指的是什么？
3. 材料的含水率是如何定义的？如何测定砂或石的含水率？
4. 砂的粗细程度和颗粒级配具体指什么？有哪些方法可以用来确定它们？
5. 当两种砂的级配相同时，它们的细度模数是否也必然相同？反之，若两种砂的细度模数相同，它们的级配是否也一定相同？
6. 已知干砂的堆积密度为 1400 kg/m³，现称取 200 g 该干砂装入广口瓶中，随后将瓶子注满水，此时总重为 500 g。若空瓶加满水时的质量为 377 g，请计算该砂的表观密度和空隙率。
7. 在施工现场搅拌混凝土时，若每罐需加入干砂 250 kg，而现场砂的含水率为 2%，请计算实际应加入多少湿砂以满足需求。
8. 已知 500 g 干砂经过筛分后的结果如表 3-8 所示，请基于这些数据判断该砂的粗细程度和级配情况。

表 3-8 筛分结果

筛孔尺寸/mm	4.75	2.36	1.18	0.60	0.30	0.15	<0.15
筛余量/g	8	82	70	98	124	106	12

模块四　气硬性胶凝材料的选用

【知识目标】
1. 深入理解并熟练掌握气硬性胶凝材料与水硬性胶凝材料之间的本质区别；
2. 全面掌握石灰的独特性质及其应用领域，同时了解石灰的生产工艺流程、关键技术指标及科学的储存管理方法；
3. 精通建筑石膏的性能优势与应用场景，熟悉其生产流程、凝结硬化机制及妥善的存储条件；
4. 初步了解水玻璃的基本性能及其多样化的应用领域。

【能力目标】
1. 能够基于石灰的熟化硬化原理及其物理化学性质，科学合理地规划石灰的使用方案；
2. 运用所学知识，对石膏的应用场景及石膏制品可能遇到的问题进行深入分析，并提出有效的解决方案；
3. 根据工程项目的具体需求，灵活选择并合理使用水玻璃，确保工程质量和效益。

【素质目标】
1. 具备扎实的无机气硬性胶凝材料相关理论知识与实操技能，胜任本行业工作；
2. 能够独立分析施工中因气硬性胶凝材料质量问题引发的工程难题，并提出改进措施；
3. 展现卓越的团队合作精神与坚韧不拔的工作态度，适应各种工作环境；
4. 秉持高度的职业道德与职业素养，确保工作过程中的诚信与责任。

【案例引入】
1. 气硬性胶凝材料有哪些？主要成分是什么？这些成分如何影响其硬化过程和强度发展？
2. 与水硬性胶凝材料相比，气硬性胶凝材料在性能上有哪些显著的区别？
3. 气硬性胶凝材料在什么条件下能够保持或提高其强度？其在潮湿或水下环境中的表现如何？

在建筑工程领域，胶凝材料指的是那些能够经过一系列复杂的物理与化学作用，将原本松散的颗粒状（如砂、石子）或块状（如砖、砌块）材料牢固地黏结成一个统一整体的物质。

根据化学成分的不同,胶凝材料可明确划分为有机胶凝材料与无机胶凝材料两大类别。有机胶凝材料,其核心成分为高分子化合物,典型代表包括沥青及多种乳胶剂等。而无机胶凝材料,则以其无机化合物为基础构成,依据其硬化条件的差异,可进一步细分为气硬性胶凝材料与水硬性胶凝材料两大类。

气硬性胶凝材料,顾名思义,其硬化过程及强度提升均依赖于空气中的条件,无法在水环境中有效进行。这类材料包括石膏、石灰、镁质胶凝材料以及水玻璃等,它们主要适用于地上或干燥环境的工程项目,对于潮湿或水下环境则不适用。

相对地,水硬性胶凝材料则展现出了更为广泛的适用性。它们不仅能在空气中正常凝结硬化,即便在水中也能实现更优异的硬化效果,并持续增强自身强度。这一特性使得水硬性胶凝材料,如各类水泥,成为地上、地下乃至水下工程项目的理想选择。

因此,准确区分无机胶凝材料为气硬性或水硬性,对于指导建筑工程材料的选择与应用,确保工程质量与安全,具有至关重要的现实意义。

任务一　石灰的选用与质量评定

【工作任务】

本任务旨在深入掌握石灰的分类、特性及其技术性质与应用范围。要求能够根据具体工程的特点和使用环境,精准地选择并合理使用石灰。此外,还需具备测定石灰中有效氧化钙和氧化镁含量的能力,以科学评估石灰的质量,确保工程材料的质量达标。

【相关知识】

石灰,作为历史上应用最为悠久的胶凝材料之一,其使用历史可追溯至公元前 8 世纪的古希腊,当时已广泛应用于建筑领域。而在中国,石灰的使用历史可上溯至公元前 7 世纪。从远古时期的仰韶文化半穴居建筑,到龙山文化的木骨泥墙建筑,再到夏商周时期的宏伟宫式建筑、秦汉时期的砖瓦结构,直至明清两代辉煌的紫禁城,乃至近代的众多历史建筑,石灰始终扮演着不可或缺的角色,见证了人类建筑文明的辉煌历程。

一、石灰的生产

石灰是由富含碳酸钙的天然岩石,如石灰岩、白垩以及白云质石灰岩等,作为主要原料生产而成的。这些原料在高温下经历煅烧过程,其中碳酸钙($CaCO_3$)发生热分解反应,释放出二氧化碳气体,最终留下以氧化钙(CaO)为主体的产品,这一产品即为石灰,通常也被称为生石灰。值得注意的是,由于原料中往往还含有一定比例的碳酸镁,它在高温条件下同样会分解为二氧化碳和氧化镁,因此,所制得的生石灰中除了主要成分氧化钙外,还会含有一定量的氧化镁。其中主要反应如下:

$$CaCO_3 \rightarrow CaO + CO_2 \uparrow \tag{4-1}$$

在实际生产过程中,为了促进碳酸钙的迅速分解,煅烧温度常被提升至 1000～1200 ℃的范围。这一煅烧过程对最终石灰的质量具有至关重要的影响。燃烧充分的石灰,其特点在于质地轻盈、色泽均匀，呈现出多孔的结构特征，内部孔隙率高且晶粒细微，从而显著加快了其与水反应的速度。

然而，由于石灰石原料尺寸过大或煅烧窑炉内温度分布不均等因素，石灰中往往会混入欠火石灰和过火石灰。欠火石灰内含有未彻底分解的碳酸钙核心，这导致其在应用过程中缺乏必要的黏结力，影响使用效果。而过火石灰则因表面被黏土杂质熔融后形成的玻璃状釉层所包裹，呈现出结构致密、孔隙率小、晶粒粗大的特点，这些特性均会阻碍石灰的正常熟化过程。

二、石灰的熟化

生石灰与水反应生成氢氧化钙，这一过程称为石灰的熟化，熟化反应后的产物氢氧化钙称为消石灰或熟石灰，其反应式如下：

$$CaO + H_2O = Ca(OH)_2 \tag{4-2}$$

石灰熟化时放出大量的热量，并且体积迅速膨胀 1~2.5 倍。

在熟化过程中，根据所用水量的不同，可以制备出石灰膏或消石灰粉。一般而言，经过良好煅烧、富含氧化钙且杂质较少的生石灰，其熟化速度快，伴随大量放热，同时体积也会有显著膨胀。然而，当石灰中含有过火石灰时，情况则有所不同，因为过火石灰与水的反应速度相对缓慢。这意味着在石灰浆体已经硬化之后，过火石灰才开始进行水化反应，这一滞后性可能导致体积膨胀，进而引发隆起、开裂等不利现象。

为了消除过火石灰在使用过程中可能带来的这些危害，一种有效的做法是将石灰膏在储灰池中静置存放至少两周时间，以便让过火石灰有足够的时间充分熟化。这一过程被称为石灰的"陈伏"。在"陈伏"期间，为了确保石灰浆不受外界影响，其表面应覆盖一层水，以隔绝空气，防止石灰浆发生表面碳化。

三、石灰的凝结与硬化

石灰浆体在空气中的硬化，是通过下面两个同时进行的过程来完成的。

1. 结晶硬化

石灰浆体中的水分被砌体吸走一部分，还有一部分会蒸发。在这一过程中，氢氧化钙从饱和溶液中逐渐结晶析出，使石灰浆体凝结硬化，产生了强度并逐步提高。

2. 碳化硬化

浆体中的氢氧化钙与空气中的二氧化碳产生化学反应，生成碳酸钙结晶，释放水分并蒸发，称为碳化，其反应如下：

$$Ca(OH)_2 + CO_2 + nH_2O \rightarrow CaCO_3 + (n+1)H_2O \tag{4-3}$$

碳化作用本质上是一个化学反应过程，其中二氧化碳与水分结合形成碳酸，随后碳酸再与氢氧化钙反应，最终生成碳酸钙。这一系列反应必须在有水分存在的条件下进行，因此无法在完全干燥的状态下发生。随着碳化反应的进行，生成的碳酸钙层会逐渐在材料表面累积。当这层碳酸钙达到一定厚度时，它会形成一道屏障，阻碍二氧化碳进一步向材料内部渗透，同时也减缓了内部水分的蒸发速度。

由于这一过程的进行相对缓慢,碳化作用在较长时间内主要局限于材料的表层区域。与此同时,氢氧化钙的结晶作用则主要在材料的内部进行,两者在时间和空间上呈现出一种互补的分布态势。随着时间的推移,表层碳酸钙层的厚度会逐渐增加,而其增长的速度则受到材料表面与空气接触条件(如温度、湿度、通风状况等)的直接影响。

四、石灰的品种及技术指标

1. 石灰的品种

在建筑工程领域,石灰主要分为几种不同类型,其中最为常见的是生石灰,它呈现为块状或粉状,其核心成分为氧化钙。为了拓宽其应用范围,生石灰常被粉碎并筛选成灰钙粉,这种形态广泛应用于腻子等建筑材料的制备中。此外,还有熟石灰(亦称消石灰),其主要成分为氢氧化钙,以及石灰膏,即含有过量水分的熟石灰,同样在建筑中有着重要应用。

根据生石灰中氧化镁含量的不同,可以进一步将其细分为钙质生石灰(MgO 含量≤5%)和镁质生石灰(MgO 含量>5%),这一分类有助于满足不同工程对石灰特性的特定需求。

2. 石灰的技术指标

遵循现行的《建筑生石灰》(JC/T 479—2013)行业标准,建筑生石灰的技术要求涵盖了多个关键指标,包括但不限于有效氧化钙和氧化镁的含量、三氧化硫的含量、二氧化碳的含量(通常与欠火石灰的含量相关)、产浆量(即每千克生石灰能够生成的石灰膏体积,以升为单位)以及细度等。这些技术指标的严格把控,确保了建筑生石灰的质量稳定,为建筑工程的质量与安全提供了有力保障。表 4-1 详细列出了建筑生石灰的化学成分。

表 4-1 建筑生石灰的化学成分(JC/T 479—2013)

名称	氧化钙+氧化镁(CaO+MgO)	氧化镁(MgO)	二氧化碳(CO_2)	三氧化硫(SO_3)
CL 90-Q	≥90%	≤5%	≤4%	≤2%
CL 90-QP				
CL 85-Q	≥85%	≤5%	≤7%	≤2%
CL 85-QP				
CL 75-Q	≥75%	≤5%	≤12%	≤2%
CL 75-QP				
ML 85-Q	≥85%	>5%	≤7%	≤2%
ML 85-QP				
ML 80-Q	≥80%	>5%	≤7%	≤2%
ML 80-QP				

建筑生石灰的物理性质如表 4-2 所示。

表 4-2　建筑生石灰的物理性质（JC/T 479—2013）

名称	产浆量/(dm³/10 kg)	细度 0.2 mm 筛余量/(%)	细度 90 μm 筛余量/(%)
CL 90-Q	≥26	—	—
CL 90-QP	—	≤2	≤7
CL 85-Q	≥26	—	—
CL 85-QP	—	≤2	≤7
CL 75-Q	≥26	—	—
CL 75-QP	—	≤2	≤7
ML 85-Q	—	—	—
ML 85-QP	—	≤2	≤7
ML 80-Q	—	—	—
ML 80-QP	—	≤7	≤7

当前行业标准《建筑消石灰》（JC/T 481—2013）明确规定了其多项关键指标，包括有效氧化钙和氧化镁的含量、三氧化硫的含量、游离水的比例、细度以及安定性。这些技术要求的严格设定，旨在确保建筑消石灰的质量稳定可靠，从而满足建筑工程的高标准需求。建筑消石灰的化学成分，详见表 4-3。

表 4-3　建筑消石灰的化学成分（JC/T 481—2013）

名称	氧化钙+氧化镁（$CaO+MgO$）	氧化镁（MgO）	二氧化碳（CO_2）
HCL 90	≥90%	≤5%	≤2%
HCL 85	≥85%	≤5%	≤2%
HCL 75	≥75%	≤5%	≤2%
HML 85	≥85%	>5%	≤2%
HML 80	≥80%	>5%	≤2%

注：表中数值以试样扣除游离水和化学结合水后的干基为基准。

建筑消石灰的物理性质，详见表 4-4。

表 4-4　建筑消石灰的物理性质（JC/T 481—2013）

名称	游离水/(%)	细度 0.2 mm 筛余量/(%)	细度 90 μm 筛余量/(%)	安定性
HCL 90	≤2	≤2	≤7	合格
HCL 85	≤2	≤2	≤7	合格
HCL 75	≤2	≤2	≤7	合格
HML 85	≤2	≤2	≤7	合格
HML 80	≤2	≤2	≤7	合格

五、石灰的性质及应用

1. 石灰的性质

1) 卓越的保水性与可塑性

保水性是衡量材料能否有效保持水分不流失的能力。石灰加水后,由于生成的氢氧化钙颗粒极为细小,其表面能够吸附一层厚实的水膜,加之颗粒数量众多,总表面积庞大,因此石灰展现出了极佳的保水性。此外,这些细微颗粒间由水膜润滑,降低了彼此间的摩擦力,使得石灰浆具备了良好的可塑性,这一特性常被用来优化水泥砂浆的和易性。

2) 硬化过程缓慢且强度较低

石灰作为一种气硬性胶凝材料,其硬化过程仅能在空气中进行,受限于空气中较低的 CO_2 浓度,碳化反应生成的 $CaCO_3$ 薄膜既减缓了外界 CO_2 的进一步渗透,也阻碍了内部水分的蒸发,导致 $CaCO_3$ 及 $Ca(OH)_2$ 晶体的生成量少且速度缓慢,从而使得硬化体的强度相对较低。此外,尽管理论上生石灰的消化过程需要约 32.13% 的水分,实际应用中却常需更多水分,多余水分的蒸发在硬化体内形成了大量孔隙,进一步降低了其强度。经测试,石灰砂浆(1∶3)的 28 天抗压强度仅为 0.2～0.5 MPa。

3) 显著的硬化体积收缩

石灰浆体中的游离水,特别是吸附水,在硬化过程中会大量蒸发,导致体积显著收缩,甚至引发开裂。同时,碳化过程也会加剧这一体积变化。因此,除作为薄层涂刷材料外,石灰不宜单独使用。在工程实践中,常通过在石灰中掺入砂、麻刀、无机纤维等材料来增强其抗裂性,以应对收缩带来的不利影响。

4) 耐水性差

耐水性是指材料在水环境中能够保持结构完整且强度不显著降低的性能。石灰浆体在硬化前作为气硬性胶凝材料,无法在水中进行硬化;而硬化后的浆体主要成分 $Ca(OH)_2$ 易溶于水,导致硬化体结构松散甚至溃散,因此石灰硬化后的耐水性较差。鉴于此,石灰不适合用于与水直接接触或潮湿的环境中。

2. 石灰的应用

1) 石灰乳的制备与应用

将石灰与大量水充分调和,可制成石灰乳,该材料曾广泛用于对粉刷质量要求不高的室内外墙面及顶棚处理,但现今已较少采用。历史上,人们常将石灰膏与麻刀或纸筋混合,制成所谓的"黄灰",作为墙面抹灰材料使用。

2) 石灰砂浆的配制

通过混合消石灰粉、砂子与水,或直接以消石灰粉、水泥、砂子和水按比例拌合,可制备出石灰砂浆或石灰水泥混合砂浆。这些砂浆材料广泛应用于抹灰作业及砌筑工程中,以其良好的性能满足施工需求。

3) 三合土与灰土的配制与应用

将生石灰粉与黏土按特定比例混合,并加水拌合,得到的混合物即为灰土,如常见的三七灰土、二八灰土、一九灰土等。若在此基础上再加入砂石、炉渣或碎砖等材料,则可制成三合土,常用的配比如1:3:6等。施工过程中,需将灰土与三合土充分混合并夯实,以促进其内部各成分间的紧密结合。由于黏土中含有的活性 SiO_2 和 Al_2O_3 能与石灰中的 $Ca(OH)_2$ 发生化学反应,生成不溶于水的水化硅酸钙和水化铝酸钙,这些产物显著增强了颗粒间的黏结力,进而提升了灰土与三合土的强度。因此,它们被广泛用作建筑物的基础材料、道路路基及垫层。

4)硅酸盐混凝土及其制品的生产

将石灰与硅质原料(如石英砂、粉煤灰、矿渣等)混合并细磨,经过成型、养护等工艺流程,可生产出以水化硅酸钙为主要成分的人造石材,这类材料被统称为硅酸盐混凝土。凭借其独特的物理和化学性质,硅酸盐混凝土可进一步加工成各种形状的砖块及砌块,广泛应用于建筑领域。

六、石灰的储存

鉴于石灰的独特性质,其运输与储存过程必须严格在干燥环境下进行,且应避免长时间存放,以防品质受损。若确需长期储存,必须采用密封容器以隔绝湿气。在运输过程中,务必采取防雨措施,确保石灰不受雨水侵袭。同时,要特别防范石灰受潮或遇水后发生水化反应,以及因熟化过程中热量集中释放而可能引发的火灾风险。对于磨细生石灰粉而言,其在干燥条件下的适宜储存期限通常不超过一个月,因此建议采取随产随用的策略,以确保其最佳使用效果。

【性能检测】

一、消石灰粉与石灰浆的制备

1. 材料准备

生石灰块。

2. 制备方法

1)消石灰粉的制备

(1)人工喷淋法:将生石灰均匀分层铺设于具有良好吸水性的基面上,每层厚度控制在约 20 cm。随后,采用喷淋方式,向每层石灰喷洒相当于其重量60%~80%的水量,之后重复铺设生石灰并喷淋水的过程,直至石灰完全转化为粉状。

(2)机械法:首先,利用机械设备将生石灰破碎成小块。随后,采用热水喷淋这些小块,并送入消化槽中进行消化处理。此过程中会释放大量蒸汽,促进物料流态化。最终,收集并筛分消化后溢流出的物料,即可得到消石灰粉。

2)石灰浆的制备

(1)人工消化法:将生石灰置于化灰池中,通过自然或人工方式促使其消化成石灰水溶液。之后,利用筛网过滤杂质,使澄清的石灰水溶液流入储灰池,静置2~3周以进一步熟化。

(2)机械消化法:先将生石灰破碎至约 5 cm 大小的碎块,随后在配备有搅拌设备的消化器中加入温度控制在 40~50 ℃ 的热水。在搅拌作用下,生石灰迅速消化成石灰水溶液,随后该溶液被导入澄清桶中进行浓缩处理,最终得到石灰浆。

3. 结果分析

在制备消石灰粉和石灰浆的过程中,应细致观察石灰的消化特性,深入理解并掌握"陈伏"现象对于提升石灰品质的重要性。这一过程不仅关乎产品的最终质量,也是确保后续应用效果的关键环节。

二、石灰有效氧化钙和氧化镁含量的测定

1. 适用范围

本方法适用于氧化镁含量在 5% 以下的低镁石灰。

2. 仪器设备

(1)筛子。0.15 mm,1 个。

(2)烘箱。50~250 ℃,1 台。

(3)干燥器。25 cm,1 个。

(4)称量瓶。30 mm×50 mm,10 个。

(5)瓷研钵。12~13 cm,1 个。

(6)分析天平。量程不小于 50 g,感量 0.0001 g,1 台。

(7)电炉。1500 W,1 个。

(8)玻璃珠。3 mm,1 袋(0.25 kg)。

(9)量筒。200 mL、5 mL 各 1 个。

(10)酸滴定管。50 mL,2 支。

(11)三角瓶。300 mL,10 个。

(12)漏斗。短颈,3 个。

(13)量筒:200 mL、1100 mL、50 mL、5 mL,各 1 个。

3. 试剂

1 mol/L 盐酸标准溶液:取 83 mL(相对密度 1.19)浓盐酸以蒸馏水稀释至 1000 mL,标定其摩尔浓度后备用。

4. 准备试样

(1)生石灰试样的制备。首先,将生石灰样品仔细打碎,确保所有颗粒的直径不大于 1.18 mm。随后,通过充分拌合使样品均匀,并采用四分法逐步缩减其质量至大约 200 g,然后放入瓷研钵中进一步研细。再次使用四分法将研磨后的样品缩减至约 20 g。最终,研磨所得的石灰样品需通过 0.15 mm 方孔筛进行筛分。从筛分后的细样中均匀挑取约 10 g 样品,放入称量瓶中,并在 105 ℃ 的烘箱中烘干至恒重,之后储存于干燥器中,以备后续试验使用。

(2)消石灰试样的制备。首先,利用四分法将消石灰样品缩减至大约 10 g。若样品中存在大颗粒,需将其置于瓷研钵中仔细研磨,直至所有颗粒均匀细腻,无肉眼可见的不均

匀颗粒为止。随后,将研磨好的样品置于称量瓶中,在105 ℃的烘箱中烘干至恒重,并妥善储存于干燥器中,以供后续试验所需。

5. 试验步骤

(1)精确称取石灰试样0.8～1.0 g(精确至小数点后第四位),将其置于300 mL的三角烧瓶中,并详细记录试样质量m。随后,向瓶中加入150 mL新煮沸并已自然冷却的蒸馏水,以及10颗玻璃珠以确保充分混合。在瓶口安装一个短颈漏斗后,使用调至最高挡的电炉对混合物进行加热,持续5 min,但需注意避免液体沸腾。加热完成后,立即将三角瓶放入冷水中进行快速冷却。

(2)待混合物冷却至室温后,向三角瓶中滴加2滴酚酞指示剂,并记录下此时滴定管中盐酸标准溶液的初始体积V_3。随后,在持续摇动三角瓶的同时,以每秒2～3滴的速度缓缓滴加盐酸标准溶液进行滴定。滴定过程中需密切观察溶液颜色变化,直至粉红色完全褪去。稍停片刻,若溶液再次呈现红色,则继续滴加盐酸,并重复此过程数次,直至在随后的5 min内溶液不再变红为止。此时,记录下滴定管中盐酸标准溶液的终体积V_4。V_4与V_3的差值即为本次滴定过程中盐酸标准溶液的消耗量V_5。需注意的是,若整个滴定过程耗时超过半小时,所得结果应仅作为参考数据。

6. 计算

有效氧化钙和氧化镁含量按下式计算。

$$X = \frac{V_5 \times N \times 0.028}{m} \times 100\% \tag{4-4}$$

式中:X——有效氧化钙和氧化镁的含量,%;

V_5——滴定消耗盐酸标准溶液的体积,mL;

N——盐酸标准溶液的摩尔浓度,mol/L;

m——样品质量,g;

0.028——氧化钙的毫克当量,因氧化镁含量甚少,并且两者之毫克当量相差不大,故有效氧化钙和氧化镁的毫克当量都以CaO的毫克当量计算。

7. 结果整理

(1)读数精确至0.1 mL。

(2)为确保结果的准确性和可靠性,对于同一石灰样品,应至少制备两个试样,并分别进行独立的测定。最终,将两次测定的结果取平均值,以此作为最终结果。

任务二　建筑石膏的应用

【工作任务】

深入理解石膏的生产流程及其关键技术指标,全面掌握建筑石膏的凝结硬化机制,精准把握其性能特点与存储条件,以确保在工程项目中能够科学合理地应用建筑石膏。

【相关知识】

石膏,这一历史悠久的建筑材料,其应用足迹可追溯至万年前的远古时代。早在新石器时代初期,智慧的先民便已开始利用石膏制作生活容器,或作为建筑及装饰材料,将其细腻地涂抹于墙壁之上。石膏及其制品独特的微孔结构与加热脱水特性,赋予了它们卓越的隔音、隔热及防火能力。

追溯至约 4700 年前的古埃及文明,工匠们在建造宏伟的狮身人面像时,巧妙地将石膏融入砂浆之中,以增强砌石的稳固性。随后,在辉煌的古罗马时代,石膏更是成为室内装饰的宠儿,为古罗马建筑增添了无尽的优雅与奢华。

1972 年,长沙马王堆汉墓考古的重大发现中,那层厚重的石膏封顶层,不仅见证了古人对防腐技术的深刻理解,更以其卓越的密封性能,保护了墓中珍贵的古尸与文物免受岁月侵蚀。直至近现代,石膏的应用依旧闪耀着智慧的光芒。

石膏,作为以硫酸钙为核心成分的气硬性胶凝材料,其制品在建筑行业展现出了非凡的优越性。轻质高强、防火保温、隔热吸声等特性,使得石膏制品成为室内装饰及框架轻板结构的理想选择。尤其是各类轻质石膏板材,在建筑工程中的应用日益广泛,推动了建筑行业的快速发展。

一、石膏的原料及生产

1. 石膏的原料

石膏胶凝材料的生产原料主要包括天然二水石膏、天然无水石膏以及化工石膏等几大类。

天然二水石膏:其核心成分为含有两个结晶水的硫酸钙($CaSO_4 \cdot 2H_2O$),其晶体在纯净状态下呈现无色透明状,而含有微量杂质时,则可能展现出灰色、淡黄色或淡红色的外观。该原料的密度在 $2.2 \sim 2.4 \ g/cm^3$ 之间,难溶于水,是建筑石膏生产不可或缺的主要原材料。

天然无水石膏:这是一种以无水硫酸钙为主要成分的沉积岩,其结晶结构紧密,质地相对坚硬,主要用于生产无水石膏水泥,而非直接用于建筑石膏的制造。

化工石膏:此类石膏源自工业生产过程中产生的含硫酸钙的副产品及废渣,如磷石膏、烟气脱硫石膏等。将化工石膏作为建筑石膏的原材料,不仅能够拓宽石膏的供应渠道,还能有效促进工业废弃物的循环利用,实现资源的最大化利用与环境的可持续发展。

2. 石膏的生产

1)建筑石膏

将天然石膏入窑经低温煅烧后,磨细即得建筑石膏,其反应式如下:

$$CaSO_4 \cdot 2H_2O \xrightarrow{107 \sim 170 \ ℃} CaSO_4 \cdot \frac{1}{2}H_2O + 1\frac{1}{2}H_2O \tag{4-5}$$

天然石膏的成分为二水硫酸钙,建筑石膏的成分为半水硫酸钙,由此可见建筑石膏是天然石膏脱去部分结晶水得到的 β 型半水石膏。建筑石膏为白色粉末,松散堆积密度为 $800 \sim 1000 \ kg/m^3$,密度为 $2500 \sim 2800 \ kg/m^3$。

2）高强石膏

将二水石膏置于蒸压锅内，经 0.13 MPa 的水蒸气（125 ℃）蒸压脱水，得到晶粒比 β 型半水石膏粗大的产品，称为 α 型半水石膏，将此石膏磨细得到的白色粉末称为高强石膏。其反应式如下：

$$CaSO_4 \cdot 2H_2O \xrightarrow{125\ ℃} CaSO_4 \cdot \frac{1}{2}H_2O + 1\frac{1}{2}H_2O \tag{4-6}$$

高强石膏因其晶体颗粒较为粗大，表面积相对较小，故在拌制相同稠度的混合物时，所需的水量显著减少，大约仅为建筑石膏的一半。这一特性使得高强石膏在硬化后能够形成更为密实、坚固的结构，其强度在 7 天内即可达到 15~40 MPa 的优异水平。然而，高强石膏的生产成本相对较高，这主要限制了其应用范围。尽管如此，它仍被广泛用于室内高级抹灰工程、装饰制品的制造以及石膏板的生产等领域，以满足对材料强度和性能有较高要求的场合。

二、建筑石膏的凝结硬化

建筑石膏的凝结与硬化是在其水化的基础上进行的，也就是说，首先将建筑石膏与水拌合形成浆体，然后是水分逐渐蒸发，浆体失去可塑性，逐渐形成具有一定强度的固体。其反应式为：

$$CaSO_4 \cdot \frac{1}{2}H_2O + 1\frac{1}{2}H_2O = CaSO_4 \cdot 2H_2O \tag{4-7}$$

这一过程构成了建筑石膏生产的逆向反应，其核心差异在于此逆反应是在常温条件下自发进行的。鉴于半水石膏相较于二水石膏具有更高的溶解度，上述可逆反应在宏观上呈现出向右侧进行的趋势，即表现为明显的沉淀现象。从物理变化的角度来看，随着二水石膏沉淀物的持续累积，结晶过程自然发生。结晶体的不断形成与增长，使得晶体颗粒间产生了显著的摩擦力和黏附力，这些力共同作用导致浆体的塑性逐渐降低，这一初始阶段的转变被称为石膏的初凝。随后，随着晶体颗粒间摩擦力和黏附力的进一步增强，浆体的塑性迅速丧失，直至完全固化，此阶段即为石膏的终凝。从初凝到终凝的整个过程，我们称之为石膏的凝结。值得注意的是，在石膏终凝之后，其晶体颗粒仍在进行着持续的生长和相互连接，构建出一个相互交织且孔隙率逐渐减小的致密结构，同时石膏的强度也随之不断提升。这一过程直至水分完全蒸发，最终形成坚硬的石膏结构体，我们称之为石膏的硬化。综上所述，建筑石膏的水化、凝结及硬化是一个紧密相连、不可分割的连续过程，其中，水化是这一连串变化的前提与基础，而凝结与硬化则是其最终的必然结果。

三、建筑石膏的技术要求

纯净的建筑石膏为白色粉末，密度为 2.6~2.75 g/cm³，堆积密度为 800~1100 kg/m³。建筑石膏的技术规格严格遵循国家标准《建筑石膏》（GB/T 9776—2022），其核心技术要求涵盖了细度、凝结时间以及强度三大方面。具体而言，建筑石膏依据其抗折强度的不同，被明确划分为 4.0、3.0 和 2.0 三个不同等级，详细技术要求可参见表 4-5。

鉴于建筑石膏具有显著的吸湿性和易受潮特性，一旦受潮或遇水，便会迅速发生凝结硬化现象,因此,在石膏的运输与储存环节中,必须采取严格的防潮、防水措施,以确保其质量稳定。此外,值得注意的是,石膏在长时间存放过程中,其强度会逐渐降低,一般而言,储存满三个月后,强度可能下降约30%。基于这一特性,建议石膏的储存时间不宜过长,一旦超过三个月,应重新进行质量检验,并重新确认其等级,以确保其在后续使用中的性能符合要求。

表 4-5 建筑石膏物理力学性能(GB/T 9776—2022)

等级	细度(0.2 mm 方孔筛筛余)/(%)	凝结时间/min		2 h 强度/MPa	
		初凝	终凝	抗折	抗压
4.0				≥4.0	≥8.0
3.0	≤10	≥3	≤30	≥3.0	≥6.0
2.0				≥2.0	≥4.0

四、建筑石膏的性质

1. 凝结硬化快

建筑石膏的初凝时间应不小于 3 min,而终凝时间则不应超过 30 min。在自然干燥的条件下,大约一周内能完全硬化。鉴于石膏凝结速度较快,为便于施工操作,常需添加硼砂、骨胶等缓凝剂,以适当延缓其凝结速度。

2. 凝结硬化伴随微膨胀

建筑石膏在硬化过程中,体积会略有膨胀,这一特性确保了硬化过程中不会出现裂缝,因此无须额外掺加填料即可单独使用。此特性还赋予了石膏制品表面光滑、尺寸精确、装饰效果佳的优点。

3. 孔隙率大,保温、吸声性能好

理论上,建筑石膏的水化反应需水量仅为18.6%,但实际施工中,为确保石膏充分溶解、水化及达到施工所需的流动度,加水量常达到50%~70%。多余水分蒸发后,在石膏硬化体内形成大量孔隙,孔隙率高达50%~60%。这一结构特点使得石膏制品具有低导热系数($0.121 \sim 0.205$ W/(m·K)),保温隔热性能优异,但相应地,其强度较低(一般抗压强度为3~5 MPa),耐水性差,且易于吸湿。此外,二水石膏结晶体溶于水,长时间浸泡会导致石膏制品损坏。

4. 具有一定的调湿作用

建筑石膏制品内部丰富的毛细孔隙能有效吸附空气中的水分,并在干燥时释放,从而对室内空气湿度起到调节作用。

5. 防火性好,耐火性差

建筑石膏制品因导热系数低、传热速度慢,且二水石膏受热脱水产生的水蒸气能阻碍火势蔓延,故具有一定的防火效果。然而,二水石膏脱水后会粉化,强度显著降低,因此其耐火性能不佳。

6. 耐水性差

由于内部存在大量毛细孔隙,建筑石膏吸湿性强,吸水率高,且软化系数低(0.2~0.3),因此耐水性差,在潮湿环境中易变形、发霉。

7. 装饰性好,可加工性好

建筑石膏制品表面平整光滑,色泽洁白,且易于进行锯、刨、钉、雕刻等多种加工,展现出卓越的装饰效果和良好的可加工性。

五、建筑石膏的应用

1. 室内抹灰及粉刷

建筑石膏通过精心配比水、砂及缓凝剂,混合成石膏砂浆,这一材料不仅适用于室内墙面的抹灰作业,还能作为油漆的优质打底层。其卓越的隔热保温性能、高热容量以及显著的吸湿性,使得石膏砂浆能在一定程度上调节室内温湿度,维持室温的相对稳定,为居住者创造更加舒适的环境。此外,该抹灰墙面还兼具阻火、吸声、施工便捷、凝结硬化迅速且黏结牢固等多重优势,因此被誉为室内装修领域的高级抹灰及粉刷材料。石膏砂浆作为油漆等涂料的理想基底,可直接在其上涂刷油漆或粘贴墙布、墙纸等装饰材料,进一步丰富室内装修效果。

2. 石膏板

随着现代建筑向框架轻板结构的转型,石膏板的生产与应用也迎来了飞速发展。石膏以其轻质、保温隔热、吸声降噪、防火安全、湿度调节、尺寸稳定、易于加工及成本效益高等诸多优点,成为室内装饰材料的佼佼者。它被广泛用于制作各类石膏板,如纸面石膏板、纤维石膏板、装饰石膏板、空心石膏板以及专为吸声设计的穿孔石膏板等,这些板材广泛应用于建筑物的内墙、顶棚等区域,极大地提升了室内空间的美观度与功能性。此外,通过向建筑石膏中掺入适量的纤维材料及黏结剂,还能创造出石膏角线、角花、雕塑艺术装饰品等多样化的装饰元素,进一步满足了个性化装修的需求。

【性能检测】

一、识别建筑石膏

(1)准备好建筑石膏样品。
(2)分组识别建筑石膏样品。

二、观察建筑石膏的凝结硬化

(1)准备好建筑石膏。
(2)分组试验,将水加入建筑石膏中,观察其水化和硬化的特点,并记录其初凝和终凝的时间。

任务三 水玻璃的应用

【工作任务】

掌握水玻璃的性能,了解水玻璃的应用,能够在建筑工程中合理地使用水玻璃。

【相关知识】

水玻璃,俗称泡花碱,是一种由碱金属氧化物(如钠或钾)与二氧化硅按特定比例化合而成的可溶性硅酸盐材料。在实际应用中,常见的两种类型为硅酸钠($Na_2O \cdot nSiO_2$)水溶液,常被称为钠水玻璃,以及硅酸钾($K_2O \cdot nSiO_2$)水溶液,常称为钾水玻璃。

水玻璃的特性之一是其分子式中的 SiO_2 与 Na_2O(或 K_2O)的摩尔比,这一比值 n 被称为水玻璃的模数。模数的大小对水玻璃的性能有着显著影响:模数越高,意味着水玻璃越难以溶解于水,同时也更易于分解并硬化。硬化后的水玻璃展现出更强的黏结力、更高的强度、更优的耐热性以及更好的耐酸性,这些特性使得水玻璃在多种工业及建筑应用中备受青睐。

一、水玻璃生产简介

水玻璃的制备方法丰富多样,主要可归结为湿制法和干制法两大类。

在干制法中,选用石英岩与纯碱作为基本原料。首先,将这两种原料进行精细研磨并充分混合均匀,随后,将混合物置于熔炉中,在高达 1300~1400 ℃ 的高温环境下进行熔融处理。这一过程中,原料将按照特定的化学反应式转化为固体水玻璃。最后,将所得固体水玻璃溶解于水中,从而制得液态水玻璃产品。

干制法生产的化学反应式可表示为:

$$Na_2CO_3 + nSiO_2 \xrightarrow{1300\sim1400\ ℃} Na_2O \cdot nSiO_2 + CO_2 \tag{4-8}$$

湿制法生产以石英岩粉和烧碱为原料,在高压蒸锅内,于 2~3 MPa 大气压下进行压蒸反应,直接生成黏稠状的液体水玻璃。模数 $n=2.5\sim3.5$,密度为 $1.3\sim1.4\ g/cm^3$。

纯净的水玻璃溶液应为无色透明液体,但因含杂质常呈现青灰或黄绿等颜色。

二、水玻璃的硬化

水玻璃溶液在空气中吸收 CO_2 气体,析出无定形二氧化硅凝胶(硅胶)并逐渐干燥硬化,其反应式为:

$$Na_2O \cdot nSiO_2 + CO_2 + mH_2O \rightarrow nSiO_2 \cdot mH_2O + NaCO_3 \tag{4-9}$$

由于空气中 CO_2 浓度较低,为加速水玻璃的硬化,可加入氟硅酸钠(Na_2SiF_6)作为促硬剂,以加速硅胶的析出。

氟硅酸钠的适宜加入量为水玻璃质量的 12%~15%,加入氟硅酸钠后,水玻璃的初凝时间可缩短到 30~50 min,终凝时间可缩短到 240~360 min,7 天基本达到最高强度。

三、水玻璃的性质

1. 黏结力强,强度较高

水玻璃在硬化后展现出非凡的黏结强度,以及显著的抗拉与抗压强度。这些强度特性与水玻璃的模数紧密相关,模数越高,其硬化后的强度也相应提升。此外,水玻璃的使用灵活性在于其可通过调节加水量来配制不同密度和黏度的溶液,一般而言,密度增加则黏度增强,进而赋予其更强的黏结力。

2. 耐酸性好

由于硅酸凝胶对酸类物质具有出色的化学惰性,水玻璃因此表现出卓越的耐酸性。它能够抵御包括各种浓度醋酸、铬酸以及多种有机溶剂在内的多种介质的侵蚀,特别是在强氧化性酸环境中,其化学稳定性尤为突出。

3. 耐热性好

硅酸凝胶在高温条件下不仅不会分解,反而能因干燥而进一步增强其强度,这一特性赋予了水玻璃极佳的耐热性。当水玻璃与耐热耐火骨料结合,用于配制砂浆和混凝土时,其耐热度可高达 900~1100 ℃,展现出在高温环境下的卓越稳定性。

4. 较强的抗渗性与抗风化能力

硅酸凝胶能够深入材料毛细孔并在其表面形成一层连续且致密的封闭膜,这一特性有效阻止了水分和其他有害物质的渗透,从而赋予了水玻璃极佳的抗渗性和抗风化能力,确保其在各种环境条件下都能保持长久的稳定性和耐久性。

四、水玻璃的应用

鉴于水玻璃所展现的卓越性能,其在建筑工程领域的应用广泛且多样,主要体现在以下几个方面。

1. 用作涂料

水玻璃被广泛应用于涂刷天然石材、黏土砖、混凝土等建筑材料表面。在此过程中,硅酸凝胶能有效填充材料的微小孔隙,显著提升材料的密实度、强度、抗渗性、抗冻性及耐水性,进而增强材料的抗风化能力。然而,值得注意的是,石膏制品表面不宜涂刷水玻璃,因为硅酸钠与硫酸钙的化学反应会生成体积膨胀的硫酸钠,可能导致制品胀裂。

2. 用作耐酸性材料

以水玻璃为基础胶凝材料,配合氟硅酸钠作为促凝剂,并加入耐酸粉料及适宜的粗细集料,可精心调配出防腐工程中不可或缺的耐酸胶泥、耐酸砂浆和耐酸混凝土。这些材料在储酸槽、耐酸地坪、耐酸器材等场合展现出优异的性能。

3. 用作耐热性材料

通过向水玻璃中加入特定的促凝剂以及耐热填料和骨料,可以制备出耐热砂浆和耐热混凝土。这些材料在高温环境下依然保持稳定,因此广泛应用于高炉基础、热工设备基础及其围护结构等耐热工程中。

4. 用作防渗漏材料

将水玻璃与 2～5 种矾类物质混合，可制备出多种快凝防水剂。这些防水剂以其超快的凝结速度（通常不超过 1 min）著称，在工程上常被用于紧急堵塞漏洞、填缝及局部抢修等场景。此外，它们还能作为屋面或地面的刚性防水层，提供可靠的防水保护。

5. 加固土壤

将水玻璃与氯化钙溶液分别注入土壤中，两者相遇后会发生化学反应生成硅酸凝胶。这种凝胶能够紧密包裹土壤颗粒，填充空隙并吸水膨胀，从而有效阻止水分渗透，显著加固土壤结构。

【课堂小结】

本模块介绍了常用的三种气硬性胶凝材料：石灰、石膏、水玻璃。

1. 石灰

生石灰在熟化过程中会释放大量热能并伴随体积膨胀，因此，在使用前需经过"陈伏"处理，以消除过火石灰的影响，确保施工质量。石灰浆体以其优异的保水性和可塑性著称，但凝结硬化过程缓慢且强度较低，同时硬化时体积显著收缩，故不宜单独使用。其主要应用领域包括配制砂浆、制作石灰乳涂料、拌合灰土与三合土，以及生产硅酸盐制品。

2. 石膏

建筑石膏，源自二水石膏在干燥条件下的加热脱水过程，转化为 β 型半水石膏，其凝结硬化速度之快令人瞩目，且硬化后材料内部孔隙率高。石膏不仅成本低廉、质量轻盈，还具备出色的保温隔热、隔音吸声性能，同时展现出良好的防火性能及湿度调节能力，在特定范围内尤为显著。因此，建筑石膏被视为一种极具节能潜力和发展前景的新型轻质墙体材料及室内装饰材料。

3. 水玻璃

水玻璃，这一由碱金属氧化物与二氧化硅以不同比例化合而成的可溶性硅酸盐，以其卓越的黏结性、耐酸性和耐热性而著称。在建筑工程中，水玻璃被广泛应用于地基加固、涂刷或浸渍需保护的材料表面；同时，它也是配制耐酸、耐热砂浆及混凝土的关键成分；此外，通过特定配方，水玻璃还能制成高效的防水剂，用于迅速堵塞漏洞、填缝及局部抢修等紧急处理，展现出其多功能性与实用性。

【课堂测试】

一、名词解释

1.胶凝材料；2.气硬性胶凝材料；3.水硬性胶凝材料；4.建筑石膏；5.生石灰；6.消石灰；7.欠火石灰；8.过火石灰；9.石灰陈伏；10.水玻璃模数。

二、填空题

1.石灰石的主要成分是_____，生石灰的主要成分是_____，消石灰的主要成分是_____。

2. 石灰熟化时放出大量_____,体积发生显著_____;石灰硬化时体积产生明显_____。

3. 建筑石膏凝结硬化速度_____,硬化时体积_____,硬化后孔隙率_____,强度_____,保温性能_____,吸声性能_____,耐水性_____。

4. 石灰的凝结硬化主要包括_____和_____两个过程。

5. 水玻璃的模数 n 越大,其溶于水的速度越_____,黏结力_____。

三、选择题

1. 石灰硬化的理想环境条件是在( )中进行。
   A. 水　　　　　B. 潮湿环境　　　　C. 空气　　　　D. 绝对干燥环境
2. 石灰硬化过程中,体积发生( )。
   A. 微小收缩　　B. 膨胀　　　　　　C. 较大收缩　　D. 无变化
3. ( )的表面光滑、细腻、尺寸精确、形状饱满,因而装饰性好。
   A. 石灰　　　　B. 石膏　　　　　　C. 菱苦土　　　D. 水玻璃
4. 建筑石膏的主要化学成分是( )。
   A. $CaSO_4 \cdot 2H_2O$　　　　　　　　B. $CaSO_4$
   C. $CaSO_4 \cdot \frac{1}{2}H_2O$　　　　　　　　D. $Ca(OH)_2$

四、判断题

1. 气硬性胶凝材料只能在空气中硬化,水硬性胶凝材料只能在水中硬化。( )
2. 建筑石膏最突出的技术性质是凝结硬化快且在硬化时体积略有膨胀。( )
3. 石灰"陈伏"是为了降低熟化时的放热量。( )
4. 石灰硬化时收缩值大,一般不宜单独使用。( )

五、问答题

1. 维修古建筑时,发现古建筑中石灰砂浆坚硬且强度较高,有人由此得出古代生产的石灰质量(或强度)远远高于现代石灰的质量(或强度)的结论。对此结论,你有何看法?
2. 既然石灰不耐水,为什么由它配制的三合土却可以用于基础的垫层、道路的基层等潮湿部位?
3. 建筑石膏及其制品为什么适用于室内,而不适用于室外?
4. 建筑石膏有哪些性质?石灰的硬化过程包含哪两部分?
5. 水玻璃的主要性质和用途有哪些?

模块五　水泥的检测与选用

【知识目标】
1. 了解硅酸盐水泥的生产工序、水化机理，以及其他品种水泥的性能与应用；
2. 掌握硅酸盐水泥的水化机理，熟悉水泥石腐蚀的种类及防止措施，同时掌握硅酸盐水泥的技术性质及其检验测定方法；
3. 深入理解硅酸盐水泥及掺混合材水泥的技术性质、特点及其适用范围。

【能力目标】
1. 能够检测水泥的技术性质，并据此评定水泥的质量；
2. 能够根据工程的具体特点和使用环境，合理选用水泥品种；
3. 熟练掌握硅酸盐水泥的特点、适用范围及其检验测定方法。

【素质目标】
1. 具备从事本职业所需的关于通用硅酸盐水泥的相关理论知识和技能；
2. 能够运用水泥相关标准分析并解决问题；
3. 树立正确的职业理想和坚定的信念；
4. 具备良好的职业道德和职业素养；
5. 遵守课堂纪律，能够按时上课；
6. 具备团队合作能力和吃苦耐劳的精神。

【案例引入】
1. 水泥主要有哪些种类？它们各自具有哪些显著特点和适用范围？
2. 水泥的物理及化学特性包括哪些？比如强度、耐久性、凝结时间等是如何表现的？
3. 硅酸盐水泥与其他水泥品种相比有哪些主要区别？它有哪些独特的优势？
4. 在进行水泥检测时，通常会采用哪些方法和技术？

任务一　硅酸盐水泥的认知

【工作任务】
深入熟悉硅酸盐水泥。核心任务在于全面了解硅酸盐水泥的生产工序，以及其在水化、凝结和硬化过程中的规律；同时，需熟练掌握水泥石腐蚀的各类情形及其有效的防止措施,从而为水泥的合理储存与高效使用奠定坚实的基础。

【相关知识】

水泥作为一种卓越的水硬性胶凝材料,在加水混合后形成的浆体,不仅能够在空气中自然硬化,更能在水中加速硬化过程,持续增强其强度特性。因此,水泥在建筑、水利、交通及国防等众多建设领域中得到了广泛应用,成为土木工程领域不可或缺且至关重要的材料之一。合理且精准地选用水泥,对于确保工程质量、优化成本控制具有举足轻重的意义。

水泥种类繁多,依据其化学成分的不同,主要可划分为四大类:通用硅酸盐水泥、铝酸盐水泥、硫铝酸盐水泥以及铁铝酸盐系水泥。而从性能与用途的角度出发,则可分为通用水泥、专用水泥与特性水泥三大类别。

其中,通用硅酸盐水泥以其广泛的应用领域和庞大的市场需求量,在土木工程中占据了主导地位。这一大类下细分为六大品种,包括硅酸盐水泥、普通硅酸盐水泥、矿渣硅酸盐水泥、火山灰质硅酸盐水泥、粉煤灰硅酸盐水泥以及复合硅酸盐水泥,每种水泥各具特色,适应于不同的工程需求。

专用水泥则是为满足特定工程或用途而设计的水泥,如中低热硅酸盐水泥适用于对温度有特殊要求的工程,道路硅酸盐水泥专为道路建设而生,而砌筑水泥则专用于砌筑作业等。

特性水泥则以其独特的性能而著称,如快硬硅酸盐水泥能在短时间内迅速硬化,白色硅酸盐水泥具备优良的色泽一致性,抗硫酸盐水泥能有效抵抗硫酸盐侵蚀,膨胀水泥和自应力水泥则分别具备独特的体积膨胀和自应力生成能力,这些特性使得它们在特定工程环境中发挥着不可替代的作用。

本模块将深入解析通用硅酸盐水泥的生产工艺、物理化学性质及其应用方法,同时简要概述其他种类水泥的基本性质与实际应用场景。

一、硅酸盐水泥的生产

硅酸盐水泥的生产过程包括三个环节——生料的配制磨细、熟料的煅烧和水泥的粉磨,可简单概括为"两磨一烧",如图 5-1 所示。

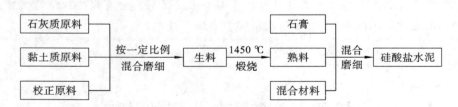

图 5-1 硅酸盐水泥生产工艺流程图

1. 生料的配制

硅酸盐水泥的生产基石在于石灰质与黏土质原料的精准配比。石灰质原料,如石灰岩、凝灰岩及贝壳等,尤其是石灰岩,为水泥提供了丰富的 CaO。而黏土质原料,如黏土、黄土、页岩、泥岩及砂岩,尤以黏土与黄土应用最为广泛,它们则是 SiO_2、Al_2O_3 及少量 Fe_2O_3 的主要来源。为满足特定成分需求,还会加入铁矿粉等辅助原料以调整 SiO_2、Al_2O_3、Fe_2O_3 的含量。此外,为优化煅烧效果,常少量添加矿化剂(如萤石 CaF_2)及晶种。

这些原料需严格依照既定比例混合,确保生料化学成分符合标准:CaO 占 64%～68%,SiO_2 占 21%～23%,Al_2O_3 占 5%～7%,Fe_2O_3 占 3%～5%,MgO 含量则控制在 5% 以下。随后,在球磨机中精细研磨至规定细度,实现均匀混合。生料配制方法主要分为干法与湿法两种。

2. 熟料的煅烧

经过精心配制的生料被送入窑中,经历一系列高温煅烧阶段,包括干燥、预热、分解、熟料烧成及冷却。具体过程如下:

(1)干燥阶段(100～200 ℃):生料中的自由水逐渐蒸发。

(2)预热阶段(300～500 ℃):生料进一步预热。

(3)分解阶段(500～800 ℃):黏土质原料脱水并分解为无定形的 Al_2O_3 和 SiO_2;同时,石灰质原料中的 $CaCO_3$ 开始少量分解为 CaO 和 CO_2。

(4)初步烧成(800 ℃左右):铝酸一钙开始生成,铁酸二钙及硅酸二钙可能初步形成。

(5)关键形成期(900～1100 ℃):铝酸三钙和铁铝酸四钙开始大量形成;$CaCO_3$ 在这一阶段完成主要分解。

(6)大量形成期(1100～1200 ℃):铝酸三钙、铁铝酸四钙及硅酸二钙大量生成。

(7)熔融与化合(1300～1450 ℃):铝酸三钙和铁铝酸四钙呈熔融态,液相中 C_2S 吸收 CaO 化合成 C_3S,此过程对熟料质量至关重要,需充足时间保障。

煅烧完成后,熟料经迅速冷却形成熟料块。在整个烧成过程中,烧成带的反应是决定水泥质量的关键。水泥窑型主要有立窑与回转窑之分,前者适用于小型水泥厂,后者则广泛应用于大型水泥生产。

3. 水泥的粉磨

为调节水泥的凝结时间,将熟料与适量石膏(通常为天然二水石膏或硬石膏)混合,并根据需求掺入不超过 5% 的混合材,通过精细粉磨至适宜细度,最终制成硅酸盐水泥。这一过程确保了水泥产品的均一性与高质量。

二、硅酸盐水泥熟料的矿物组成

通用硅酸盐水泥是一种由硅酸盐水泥熟料、适量石膏以及符合标准的混合材料精心配制而成的水硬性胶凝材料。根据混合材料的种类及其掺入比例的不同,通用硅酸盐水泥可细分为六大类:硅酸盐水泥、普通硅酸盐水泥、矿渣硅酸盐水泥、火山灰质硅酸盐水泥、粉煤灰硅酸盐水泥以及复合硅酸盐水泥。每种类型的水泥均拥有其独特的性能与应用领域。

通用硅酸盐水泥的组分应符合表 5-1 的规定。

表 5-1 通用硅酸盐水泥的组分(GB 175—2023)

品种	代号	组分/(%)				
		熟料+石膏	粒化高炉矿渣	火山灰质混合材料	粉煤灰	石灰石
硅酸盐水泥	P·Ⅰ	100	—	—	—	—
	P·Ⅱ	≥95	≤5	—	—	—
		≥95	—	—	—	≤5
普通硅酸盐水泥	P·O	≥80且<95	>5且≤20			
矿渣硅酸盐水泥	P·S·A	≥50且<80	>20且≤50	—	—	—
	P·S·B	≥30且<50	>50且≤70	—	—	—
火山灰质硅酸盐水泥	P·P	≥60且<80	—	>20且≤40	—	—
粉煤灰硅酸盐水泥	P·F	≥60且<80	—	—	>20且≤40	—
复合硅酸盐水泥	P·C	≥50且<80	>20且≤50			

硅酸盐水泥作为通用硅酸盐水泥的核心基础品种,被细分为两大类型:一类为未掺加任何混合材料的Ⅰ型硅酸盐水泥,其代号标记为P·Ⅰ;另一类则为掺入了不超过水泥总质量5%的混合材料(如粒化高炉矿渣或石灰石)的Ⅱ型硅酸盐水泥,其代号则标记为P·Ⅱ。

1. 矿物组成

硅酸盐水泥熟料主要由硅酸三钙、硅酸二钙、铝酸三钙、铁铝酸四钙 4 种矿物组成,其化学成分、缩写符号、含量见表 5-2。

表 5-2 硅酸盐水泥的成分及含量

矿物名称	化学成分	缩写符号	含量/(%)
硅酸三钙	$3CaO \cdot SiO_2$	C_3S	36~60
硅酸二钙	$2CaO \cdot SiO_2$	C_2S	15~36
铝酸三钙	$3CaO \cdot Al_2O_3$	C_3A	7~15
铁铝酸四钙	$4CaO \cdot Al_2O_3 \cdot Fe_2O_3$	C_4AF	10~18

水泥熟料中除了上述主要矿物外,还含有少量的游离氧化钙(f-CaO)、游离氧化镁(f-MgO)、碱性氧化物(Na_2O、K_2O)和玻璃体等。

2. 矿物特性

硅酸盐水泥熟料的 4 种主要矿物单独与水作用时会表现出不同的特性,见表 5-3。

表 5-3 硅酸盐水泥主要矿物特性

矿物组成	硅酸三钙	硅酸二钙	铝酸三钙	铁铝酸四钙
反应速度	快	慢	最快	中
28 d 水化放热量	多	少	最多	中
早期强度	高	低	低	低
后期强度	高	高	低	低
耐腐蚀性	中	良	差	好
干缩性	中	小	大	小

硅酸三钙因其较快的水化速度和高水化热,其水化产物主要集中在早期生成,赋予水泥早期最高的强度,并具备持续增长的能力,因此成为决定水泥强度等级的关键矿物成分。相反,硅酸二钙的水化过程最为缓慢,伴随的水化热也最小,其水化产物及大部分水化热释放均发生于后期,对水泥的早期强度贡献有限,却对后期强度的增长具有不可或缺的作用。

铝酸三钙则展现出最快的水化速度及高度集中的水化热,若未掺入石膏调控,易导致水泥迅速凝结。其水化产物大多在三天内迅速形成,但获得的强度并不显著,后续无进一步增长,甚至可能出现强度倒缩现象,伴随的是硬化过程中最大的体积收缩,以及较差的耐硫酸盐性能。

铁铝酸四钙的水化速度位于铝酸三钙与硅酸三钙之间,其强度发展侧重于早期,但总体强度水平相对较低。不过,该矿物成分显著的特点在于其优异的抗冲击性能和出色的耐硫酸盐性能。

硅酸盐水泥的强度特性根本上依赖于这四种主要矿物组分的性质。通过精心调整这些矿物的相对含量比例,可以制备出适应于不同需求的各类水泥。例如,增加 C_3S(硅酸三钙)和 C_3A(铝酸三钙)的含量,可以生产出硬化速度快的硅酸盐水泥;而提升 C_2S(硅酸二钙)和 C_4AF(铁铝酸四钙)的含量,同时减少 C_3S 和 C_3A 的比例,则能制得适用于大坝建设的低热水泥;若以增强抗折强度为目标,则可通过提高 C_4AF 的含量来制备高性能的道路水泥。

三、硅酸盐水泥的水化与凝结硬化

1. 硅酸盐水泥的水化

水泥加水后(即与水发生化学反应),生成一系列的水化产物并放出一定的热量。硅酸三钙和硅酸二钙的水化反应式如下:

$$2(3CaO \cdot SiO_2) + 6H_2O = 3CaO \cdot 2SiO_2 \cdot 3H_2O + 3Ca(OH)_2 \quad (5\text{-}1)$$
$$硅酸三钙 水化硅酸钙$$
$$2(2CaO \cdot SiO_2) + 4H_2O = 3CaO \cdot 2SiO_2 \cdot 3H_2O + Ca(OH)_2 \quad (5\text{-}2)$$
$$硅酸二钙 水化硅酸钙$$

硅酸三钙的反应迅速,其产物——水化硅酸钙(简称C-S-H),展现出卓越的稳定性,不溶于水,迅速以胶体微粒形式析出,随后这些微粒逐渐凝聚,形成坚固的凝胶体,构建出高强度的空间网状结构。与此同时,反应过程中生成的氢氧化钙迅速在溶液中达到饱和状态,并以晶体形态析出。水化硅酸钙以其庞大的比表面积和刚性凝胶特性著称,凝胶粒子间通过范德华力及化学结合键紧密相连,赋予了其卓越的强度性能。相比之下,氢氧化钙晶体则呈现出层状结构,生成量相对较少,主要起到填充作用。

硅酸二钙的水化反应虽与硅酸三钙相似,但其反应速率明显滞后,导致早期生成的水化硅酸钙凝胶量较少,进而影响了其早期强度的表现,使得硅酸二钙在早期强度上相对较低。铝酸三钙和铁铝酸四钙的水化反应式如下:

$$3CaO \cdot Al_2O_3 + 6H_2O = 3CaO \cdot Al_2O_3 \cdot 6H_2O \quad (5\text{-}3)$$
$$铝酸三钙 水化铝酸三钙$$
$$4CaO \cdot Al_2O_3 \cdot Fe_2O_3 + 7H_2O = 3CaO \cdot Al_2O_3 \cdot 6H_2O + CaO \cdot Fe_2O_3 \cdot H_2O \quad (5\text{-}4)$$
$$铁铝酸四钙 水化铝酸三钙 水化铁酸一钙$$
$$3CaO \cdot Al_2O_3 \cdot 6H_2O + 3(CaSO_4 \cdot 2H_2O) + 19H_2O = 3CaO \cdot Al_2O_3 \cdot 3CaSO_4 \cdot 31H_2O \quad (5\text{-}5)$$
$$水化铝酸三钙 高硫型水化硫铝酸钙$$
$$3CaO \cdot Al_2O_3 \cdot 6H_2O + CaSO_4 \cdot 2H_2O + 4H_2O = 3CaO \cdot Al_2O_3 \cdot CaSO_4 \cdot 12H_2O \quad (5\text{-}6)$$
$$水化铝酸三钙 单硫型水化硫铝酸钙$$

铝酸三钙与水迅速反应,生成稳定的六方片状水化铝酸三钙晶体(简称C_3AH_6),这一特性使其在水泥浆体的碱性环境中成为引发瞬时凝结的关键因素。因此,在水泥的粉磨过程中,必须精确掺入石膏以调控凝结时间,避免过快凝结。石膏的加入促进了水化铝酸三钙晶体与石膏之间的反应,生成高硫型水化硫铝酸钙,即钙矾石(AFt),这是一种难溶于水的针状晶体。钙矾石在熟料颗粒周围形成一层"保护膜",通过其针状结构减缓水化过程,实现缓凝效果。然而,石膏的掺量需严格控制,过量不仅可能因Ca^{2+}的凝聚作用导致水泥浆体瞬凝,还可能损害水泥的安定性。合理的石膏掺量需综合考虑水泥中C_3A的含量、石膏种类与质量、水泥细度以及熟料中的SO_3含量等因素,并通过试验精确确定,一般控制在水泥质量的3%~5%之间。

铁铝酸四钙的反应速度适中,介于硅酸三钙与硅酸二钙之间,其水化产物主要包括水化铝酸三钙晶体及水化铁酸一钙凝胶(简称C-F-H),这些产物对水泥性能亦有重要贡献。

在充分水化的水泥体系中,水化硅酸钙凝胶占据了主导地位,含量高达70%,氢氧化钙次之,约占20%,而钙矾石与单硫型水化硫铝酸钙共同约占7%,其余成分占3%。其中,水化硅酸钙凝胶以其独特的性质,对水泥石的强度及其他关键性能起着决定性的作用。

2. 硅酸盐水泥的凝结和硬化

水泥的凝结与硬化是一个持续不断的渐进过程。当硅酸盐水泥与水混合搅拌后,它转化为一种可塑性极强的浆体。随着时间的推移,浆体的塑性逐渐减弱,直至最终完全丧失,这一过程被称为水泥的凝结。随着水化反应的深入,水化产物的数量不断增加,它们交织形成更加致密的空间网状结构,这一过程赋予了水泥浆体强度,标志着水泥的硬化完成。图 5-2 直观展示了水泥从凝结到硬化的全过程。

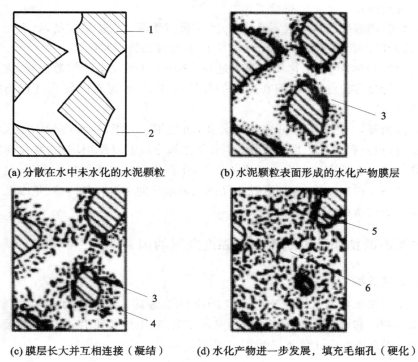

图 5-2 水泥凝结硬化过程示意图
1—水泥颗粒;2—水分;3—凝胶;4—晶体;5—水泥颗粒未水化内核;6—毛细孔

硅酸盐水泥的凝结硬化过程极为复杂,自 1882 年 H. Le Chatelier 首次提出相关理论以来,该领域的研究便持续深入,不断揭示其奥秘。通常,这一过程被细分为以下几个阶段:

(1)初始反应期:水泥与水混合后,形成水泥浆体,水泥颗粒均匀分散于水中。水化作用自颗粒表面启动,迅速与水反应生成多种水化产物,这些产物迅速包裹在颗粒表面。此阶段,水化反应放热迅速,速率高达 168 J/(g·h),持续 5~10 min。由于水化产物尚少,颗粒间保持一定距离,相互作用力微弱,因此水泥浆体展现出良好的可塑性。

(2)潜伏期:紧随初始反应,凝胶体膜层逐渐扩展,围绕水泥颗粒形成点接触网络,结构变得疏松,导致水泥浆体流动性减弱,部分可塑性丧失,标志着初凝的开始。然而,此时水泥浆体尚未具备显著强度。此阶段水化反应放热减缓,速率为 4.2 J/(g·h),持续约 1 h。

(3)凝结期:随着凝胶体进一步增厚,内部渗透压增大,导致膜层破裂,水泥颗粒加速水化,反应速率显著提升。水化产物迅速累积,结构日益致密,水泥浆体完全失去可塑性,并初步获得强度,进入终凝阶段,同时标志着硬化期的开始。此阶段,水化反应放热速率在6小时内逐渐攀升至21 J/(g·h),持续约6 h。

(4)硬化期:水化反应速率逐渐放缓,生成的凝胶体继续填充颗粒间空隙,毛细孔数量减少,形成更为密实的空间网状结构,水泥石的强度持续增强。此阶段,放热反应速率在24 h内逐渐降低至4.2 J/(g·h),但硬化过程可持续数年之久,在适宜的环境条件下,水泥石的强度甚至能在几十年内持续增长。

(5)减速期:随着凝胶体膜层不断增厚,水化反应逐渐受到扩散控制,反应速率显著降低,进入减速阶段。此阶段通常持续12~24 h,是脱模的适宜时机。

(6)稳定期:减速期后,水化反应速率进一步降低,几乎完全受扩散控制,进入相对稳定的阶段。尽管反应速度极慢,但在适宜的环境条件下,水泥石的硬化过程仍能持续多年,强度缓慢增长。

值得注意的是,上述各阶段并非截然分开,而是相互交织、连续进行的。水泥的水化初期进展迅速,但随着水化产物的累积,对未水化部分的阻碍作用增强,水化速度及强度增长均逐渐放缓。在适宜的温度和湿度条件下,水泥的水化过程可持续多年,最终形成的硬化水泥石是一个由凝胶体(包括凝胶和晶体)、未水化的水泥颗粒内核、毛细孔及自由水等组成的复杂非均质体。

四、水泥石的结构及影响水泥石强度发展的因素

1.水泥石的结构

水泥石是由未水化的水泥颗粒C、水化产物D(凝胶体)、水化产物F(氢氧化钙等结晶体)、未被水泥颗粒和水化产物所填满的原充水空间A(毛细孔和毛细孔水)及凝胶体中的孔B(凝胶孔)所组成的多孔体系,如图5-3所示。

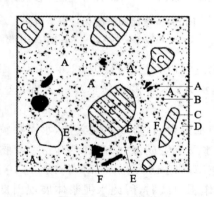

图5-3 水泥石结构

2.影响水泥石强度发展的因素

1)水泥矿物组成的影响

硅酸盐水泥熟料的矿物组成是影响水泥水化速度、凝结硬化过程及强度发展的主要因素。例如,随着水泥中C_3S(硅酸三钙)和C_3A(铝酸三钙)含量的增加,水泥的凝结硬化速度加快,早期强度提高;反之,若提高C_2S(硅酸二钙)和C_4AF(铁铝酸四钙)的含量,水

泥的凝结硬化速度会减慢,早期强度也会降低。

2)水泥细度的影响

水泥颗粒越细,与水接触越充分,水化反应速度越快,水化热越大,凝结硬化也越快,从而早期强度较高。但水泥颗粒过细,单位需水量增多,硬化后水泥石中的毛细孔增多,干缩增大,导致后期强度降低。同时,水泥颗粒过细还易与空气中的水分及二氧化碳反应,使水泥不宜久存。此外,磨制过细的水泥能耗大、成本高。

3)拌合加水量的影响

在拌合水泥浆体时,为了使其具有一定的塑性和流动性,实际加水量通常要大于水泥水化的理论用水量。加水量越大,水泥浆越稀,颗粒间的间隙越大,凝结硬化越慢,多余水蒸发后在水泥石内形成的毛细孔越多。例如,当水灰比(用水量占水泥质量之比)为0.40时,完全水化后水泥石的孔隙率为29.6%,而当水灰比为0.70时,水泥石的孔隙率高达50.3%。孔隙增多不仅导致水泥石强度、抗冻性、抗渗性等性能降低,还会造成体积收缩等缺陷。

4)养护时间的影响

水泥凝结硬化的时间称为龄期。从水泥的凝结硬化过程可以看出,水泥的水化和硬化是一个相对漫长的过程。随着龄期的增加,水泥水化更加充分,凝胶体数量不断增加,毛细孔隙减少,密实度和强度也随之增加。硅酸盐水泥在3~14天内的强度增长较快,28天后强度增长趋于缓慢。

5)养护条件(温度、湿度)的影响

通常,水泥的养护温度在5~20 ℃时有利于强度增长。随着养护温度的提高,水泥水化反应速度加快,强度增长也快。但如果温度过高,反应速度过快,所生成的水化产物分布不均匀,形成的结构不密实,反而会导致后期强度下降(当温度达到70 ℃以上时,其28天的强度会下降10%~20%)。养护温度低时,水泥水化反应速度慢,强度增长缓慢,早期强度较低。当温度接近0 ℃或低于0 ℃时,水泥会停止水化,并有可能在冻结膨胀作用下造成已硬化的水泥石破坏。因此,在冬天施工时,要采取一定的保温措施。

此外,水是水泥水化、硬化的必要条件。若环境干燥,水泥浆体中的水分会很快蒸发,导致水泥浆体因缺水而水化不能正常进行甚至停止,强度不再增长,严重时还会导致水泥石或混凝土表面产生干缩裂缝。

五、水泥石的腐蚀及防止

硅酸盐水泥硬化后,在通常使用条件下,一般有较好的耐久性。但当水泥石所处的环境中含有腐蚀性液体或气体介质时,会逐渐受到腐蚀。

1. 腐蚀的类型及原因

1)软水腐蚀

当水泥石与软水(即重碳酸盐含量低的水,如雨水、雪水以及许多河水和湖水)长期接触时,水泥石中的氢氧化钙会溶解于水中。在静水且无压力的情况下,由于水泥石周围的水易被溶出的氢氧化钙所饱和,溶解作用会终止,因此溶出仅限于水泥石的表层,对水泥石内部结构的影响不大。然而,在流水或压力水的作用下,氢氧化钙会被不断溶解并流失,导致水泥石的碱度逐渐降低。同时,由于水泥石中的其他水化产物必须在一定的碱性环境中才能稳定存在,氢氧化钙的溶解流失将不可避免地导致其他水化产物的分解,最终使水泥石发生破坏,这种现象也被称为溶出性腐蚀。

当水中重碳酸盐含量较高时,重碳酸盐会与水泥石中的 $Ca(OH)_2$ 反应,生成不溶于水的碳酸钙,其反应如下:

$$Ca(OH)_2 + Ca(HCO)_3)_2 = 2CaCO_3 + 2H_2O \tag{5-7}$$

生成的碳酸钙填充于已硬化水泥石的孔隙内,形成密实保护层,从而阻止外界水分的继续侵入和内部氢氧化钙的扩散析出。因此,含有较多重碳酸盐的水,一般不会对水泥石造成溶出性腐蚀。

2) 盐类腐蚀

(1) 硫酸盐腐蚀。

在海水、湖水、地下水以及某些工业污水中,常含有钾、钠、铵的硫酸盐。这些硫酸盐会与水泥石中的氢氧化钙发生化学反应,生成硫酸钙。随后,生成的硫酸钙又会与硬化水泥石中的水化铝酸钙进一步反应,生成高硫型水化硫铝酸钙,即钙矾石(AFt)。其反应式为:

$$3(CaSO_4 \cdot 2H_2O) + 3CaO \cdot Al_2O_3 \cdot 6H_2O + 19H_2O = 3CaO \cdot Al_2O_3 \cdot 3CaSO_4 \cdot 31H_2O \tag{5-8}$$

(体积膨胀)

高硫型水化硫铝酸钙,也被称为"水泥杆菌",呈针状晶体形态,其内部含有大量结晶水,体积相较于原有水泥石可增大约 1.5 倍,因此会对水泥石造成显著的膨胀性破坏,其破坏作用极大。当水中硫酸盐浓度较高时,除了生成钙矾石外,所剩余的硫酸钙还会在水泥石的孔隙中直接结晶成二水石膏,这一过程同样会产生明显的体积膨胀,进而加剧对水泥石的破坏。

(2) 镁盐的腐蚀。

在海水、地下水中常含有大量镁盐,主要是氯化镁和硫酸镁,它们均可以与水泥石中的氢氧化钙发生如下反应:

$$MgCl_2 + Ca(OH)_2 = CaCl_2 + Mg(OH)_2 \tag{5-9}$$

(易溶)(无胶结力)

$$MgSO_2 + Ca(OH)_2 + 2H_2O = Mg(OH)_2 + CaSO_4 \cdot 2H_2O \tag{5-10}$$

(无胶结力)

氯化镁与氢氧化钙反应生成的氯化钙易溶于水,而生成的氢氧化镁则松散且无胶结力,这种性质会导致水泥石结构受到破坏。同样地,硫酸镁与氢氧化钙反应不仅会产生松散且无胶结力的氢氧化镁,而且生成的石膏还会进一步对水泥石产生硫酸盐腐蚀作用,因此硫酸镁对水泥石的腐蚀被称为双重腐蚀。

3)酸类腐蚀

(1)碳酸的腐蚀。

当水泥石与含有较多 CO_2 的水接触时,将发生如下化学反应:

$$Ca(OH)_2+CO_2+H_2O=CaCO_3+2H_2O \tag{5-11}$$

$$CaCO_3+CO_2+H_2O=Ca(HCO_3)_2 \tag{5-12}$$

反应生成的碳酸氢钙易溶于水,CO_2 浓度高时,上述反应向右进行,从而导致水泥石中微溶于水的氢氧化钙转变为易溶于水的碳酸氢钙而溶失。氢氧化钙浓度的降低又将导致水泥石中其他水化产物的分解,使腐蚀作用进一步加剧。

(2)一般酸的腐蚀。

在工业废水、地下水中常含有无机酸或有机酸。例如,在有盐酸、硫酸的环境中,水泥石会与它们发生如下的化学反应:

$$2HCl+Ca(OH)_2=CaCl_2+2H_2O \tag{5-13}$$
(易溶)

$$H_2SO_4+Ca(OH)_2=CaSO_4 \cdot 2H_2O \tag{5-14}$$

盐酸与氢氧化钙反应生成易溶于水的氯化钙,使水泥石结构破坏。硫酸与氢氧化钙反应生成硫酸钙,硫酸钙再与水化铝酸钙反应生成水化硫铝酸钙,从而导致水泥石的膨胀破坏。

4)碱的腐蚀

一般情况下,碱对水泥石的腐蚀作用很小,但当水泥中铝酸盐含量较高时,且遇到强碱溶液作用后,水泥石也会遭受腐蚀。其反应如下:

$$3CaO \cdot Al_2O_3+6NaOH=3Na_2O \cdot Al_2O_3+3Ca(OH)_2 \tag{5-15}$$
(易溶于水)

当水泥石被 NaOH 溶液浸透后,再置于空气中干燥,此时水泥石中的 NaOH 会与空气中的 CO_2 反应,生成碳酸钠,并在水泥石的毛细孔中结晶沉积,导致水泥石体积膨胀而破坏。除了上述提到的腐蚀类型外,其他物质(如糖类、铵盐、酒精、动物脂肪等)也可能对水泥石产生腐蚀作用。

水泥石在遭受腐蚀时,很少仅受到单一的侵蚀作用,往往是多种腐蚀同时存在,相互影响,因此是一个极为复杂的物理化学过程。从水泥石结构本身来看,造成水泥石腐蚀的原因主要有三个方面:一是水泥石中含有易被腐蚀的成分,如氢氧化钙和水化铝酸钙等;二是水泥石本身不够密实,存在大量毛细孔隙,使得腐蚀性介质容易通过这些孔隙进入其内部;三是水泥石所处的环境中存在易引起腐蚀的介质。此外,较高的环境温度、较快的介质流速以及频繁的干湿交替等也都是加速水泥石腐蚀的重要因素。

2. 防止腐蚀的措施

在使用水泥时,应根据水泥石的腐蚀原因,针对不同的腐蚀环境,采取以下防腐蚀措施:

(1)合理选用水泥品种。根据水泥石所处的侵蚀环境特点,选用适当的水泥品种或掺入活性混合材料,以降低水泥石中易被腐蚀的氢氧化钙和水化铝酸钙的含量,从而提高水泥的抗腐蚀能力。

(2)提高水泥石的密实度。通过降低水灰比、选用优质骨料、优化施工操作、掺入适量的外加剂等方法,可以有效提高水泥石的密实度,进而减少腐蚀性介质进入水泥石的通道,增强混凝土的抗腐蚀性能。

(3)在水泥石表面涂抹或敷设保护层。当环境介质的侵蚀作用较强或水泥石本身结构难以抵抗其腐蚀时,可在水泥石结构表面施加一层耐腐蚀性强且不易透水的保护层。例如,在水泥石表面涂覆耐腐蚀的涂料(如水玻璃、沥青、环氧树脂等),或在水泥石表面铺设建筑陶瓷、致密的天然石材等,都是防止水泥石腐蚀的有效手段。

六、硅酸盐水泥的包装标志及贮运

水泥厂生产的水泥分为散装水泥和袋装水泥。散装水泥出厂时采用专用的散装水泥运输车进行运输,并储存于专用的水泥罐中。发展散装水泥具有显著的社会和经济效益,因此国家鼓励广泛使用散装水泥。

袋装水泥在运输和储存上更为便捷。为了便于识别,国家标准规定,水泥袋上应清晰标明以下内容:产品名称、代号、净含量、强度等级、生产许可证编号、生产者名称和地址、出厂编号、执行标准号以及包装年月日。对于掺有火山灰混合材料的普通水泥,还应特别标注"掺火山灰"字样。此外,包装袋两侧应印有水泥名称和强度等级,其中硅酸盐水泥和普通硅酸盐水泥的标识应采用红色字体打印在包装袋上,矿渣硅酸盐水泥为绿色字体,而粉煤灰硅酸盐水泥、火山灰质硅酸盐水泥、复合硅酸盐水泥则统一使用黑色字体。若水泥包装标志中缺少水泥品种、强度等级、生产者名称或出厂编号中的任何一项,均视为不合格品。在堆放袋装水泥时,应注意防水防潮,且堆放高度一般不宜超过十袋。

硅酸盐水泥、普通硅酸盐水泥、矿渣硅酸盐水泥、火山灰质硅酸盐水泥、粉煤灰硅酸盐水泥和复合硅酸盐水泥是土木工程中广泛应用的六大水泥品种。现将其选用原则整理如表5-4所示,以供参考。

在水泥的储存和运输过程中,必须确保不受潮并避免混入杂物。水泥一旦受潮结块,其颗粒表面会发生水化和碳化反应,导致胶凝能力丧失,强度显著降低。即使在良好的储存条件下,水泥也会缓慢吸收空气中的水分和二氧化碳,发生水化和碳化。一般而言,储存3个月的水泥强度会下降10%~20%,储存6个月则下降15%~30%,而储存1年的水泥强度可能下降25%~40%。因此,国家规定水泥的有效存放期自出厂之日起不得超过3个月。超过此期限的水泥在使用前需重新检验,并以实测强度为准。对于受潮的水泥,可通过一定方法进行处理后再行使用,具体处理方法及适用范围参见表5-5。

表 5-4 通用硅酸盐水泥的选用

混凝土工程特点及所处环境特点		优先选用	可以选用	不宜选用
普通混凝土	在一般环境中的混凝土	普通硅酸盐水泥	矿渣硅酸盐水泥、火山灰质硅酸盐水泥、粉煤灰硅酸盐水泥、复合硅酸盐水泥	
	在干燥环境中的混凝土	普通硅酸盐水泥	矿渣硅酸盐水泥	火山灰质硅酸盐水泥、粉煤灰硅酸盐水泥
	在高温环境中或长期处于水中的混凝土	矿渣硅酸盐水泥、火山灰质硅酸盐水泥、粉煤灰硅酸盐水泥、复合硅酸盐水泥	普通硅酸盐水泥	
	大体积混凝土	矿渣硅酸盐水泥、火山灰质硅酸盐水泥、粉煤灰硅酸盐水泥、复合硅酸盐水泥		硅酸盐水泥
有特殊要求的混凝土	要求快硬、高强(＞C40)的混凝土	硅酸盐水泥	普通硅酸盐水泥	矿渣硅酸盐水泥、火山灰质硅酸盐水泥、粉煤灰硅酸盐水泥、复合硅酸盐水泥
	严寒地区的露天混凝土、寒冷地区处于水位升降范围的混凝土	普通硅酸盐水泥	矿渣硅酸盐水泥(强度等级＞32.5)	火山灰质硅酸盐水泥、粉煤灰硅酸盐水泥
	严寒地区处于水位升降范围的混凝土	普通硅酸盐水泥(强度等级＞42.5)		矿渣硅酸盐水泥、火山灰质硅酸盐水泥、粉煤灰硅酸盐水泥、复合硅酸盐水泥
	有抗渗要求的混凝土	普通硅酸盐水泥、火山灰质硅酸盐水泥		矿渣硅酸盐水泥
	有耐磨要求的混凝土	硅酸盐水泥、普通硅酸盐水泥	矿渣硅酸盐水泥(强度等级＞32.5)	火山灰质硅酸盐水泥、粉煤灰硅酸盐水泥
	受侵蚀介质作用的混凝土	矿渣硅酸盐水泥、火山灰质硅酸盐水泥、粉煤灰硅酸盐水泥、复合硅酸盐水泥		硅酸盐水泥

表 5-5 受潮水泥的处理与使用

受潮程度	处理办法	使用要求
轻微结块，可用手捏成粉末	将粉块压碎	经试验后根据实际强度使用
部分结成硬块	将硬块筛除，粉块压碎	经试验后根据实际强度使用。用于受力小的部位、强度要求不高的工程或配制砂浆
大部分结成硬块	将硬块粉碎磨细	不能作为水泥使用，可作为混合材料掺入新水泥使用（掺量应小于 25%）

【性能检测】

一、材料准备

硅酸盐水泥样品。

二、实施步骤

（1）将水加入硅酸盐水泥中，观察其水化、凝结和硬化的特点；分析硅酸盐水泥加水拌合成水泥浆体后是如何硬化成水泥石的。

（2）分组讨论硅酸盐水泥的主要成分和水泥石的主要组成；如何防止水泥石的腐蚀。

任务二 硅酸盐水泥的性质检测

【工作任务】

检测硅酸盐水泥的技术性质，首要任务是深入了解水泥的主要技术性质及其相应的技术标准。依据《通用硅酸盐水泥》(GB 175—2023)、《水泥细度检验方法筛析法》(GB/T 1345—2005)、《水泥比表面积测定方法 勃氏法》(GB/T 8074—2008)、《水泥标准稠度用水量、凝结时间、安定性检验方法》(GB/T 1346—2011)以及《水泥胶砂强度检验方法(ISO法)》(GB/T 17671—2021)等规定，我们需精准测定水泥的细度、凝结时间、体积安定性及强度等各项技术性质。在测定过程中，务必严格遵守材料检测的相关步骤和注意事项，以细致认真的态度完成检测工作。最后，根据所测定的结果，参照水泥技术性质的国家标准，科学评定水泥的质量。

【相关知识】

一、硅酸盐水泥的主要技术性质

国家标准《通用硅酸盐水泥》(GB 175—2023)对水泥的技术性质要求进行了明确规定,具体如下。

1. 细度

水泥颗粒的粗细显著影响其凝结硬化性能,因此,必须确保水泥的细度适中。通常,水泥颗粒的粒径范围在 7~200 μm 之间。硅酸盐水泥的细度通过比表面积测定仪(采用勃氏法)进行检测,即基于一定量空气通过具有特定空隙率和厚度的水泥层时流速的变化来测定。国家标准规定,硅酸盐水泥的比表面积应不小于 300 m^2/kg。

2. 标准稠度用水量

标准稠度用水量是指将水泥加水调制至特定稠度净浆时所需的水量占水泥质量的百分比。该指标直接影响水泥的凝结时间和体积安定性等性质的测定,因此必须在标准稠度条件下进行试验。硅酸盐水泥的标准稠度用水量一般介于 24%~30% 之间,且随水泥熟料矿物成分和细度的不同而有所变化。

3. 凝结时间

水泥的凝结时间分为初凝和终凝两个阶段。初凝时间指从加水开始到水泥浆失去塑性的时间;终凝时间则指从加水开始到水泥浆完全失去塑性并具备一定结构强度的时间。为满足施工中的操作需求(如搅拌、运输、振捣、成型等),水泥的初凝时间不宜过短;而成型后,为便于后续工序的进行,终凝时间又不宜过长。水泥的凝结时间通过凝结时间测定仪,在标准稠度、规定温度和湿度下测定。国家标准规定,硅酸盐水泥的初凝时间不得少于 45 min,终凝时间不得超过 390 min,不符合此要求的视为不合格品。

4. 体积安定性

体积安定性是指水泥在凝结硬化过程中体积变化是否均匀的性能。体积变化不均匀会导致混凝土结构产生膨胀性裂缝,降低工程质量,甚至引发工程事故。导致水泥安定性不良的主要因素包括熟料中游离氧化钙、游离氧化镁过多,或石膏掺量不当。国家标准通过沸煮法(试饼法和雷氏法,以雷氏法为准)检验游离氧化钙引起的安定性不良;同时规定硅酸盐水泥中游离氧化镁含量不得超过 5.0%,压蒸试验合格时可放宽至 6.0%;石膏掺量(以 SO_3 计)不得超过 3.5%。体积安定性不符合要求的为不合格品,但部分不合格品在存放过程中可能因游离氧化钙熟化而变得合格。

5. 强度等级

水泥强度是评定其质量等级的重要依据。根据国家标准《水泥胶砂强度检验方法(ISO 法)》(GB/T 17671—2021),通过规定的质量比例(水泥:标准砂:水=1:3:0.5)制备试件,并在(20±1) ℃ 的水中养护至特定龄期(3 d、28 d)后,测定其抗折强度和抗压强度。硅酸盐水泥的强度等级分为 42.5、42.5R、52.5、52.5R、62.5、62.5R 六个等级(R

表示早强型)。各龄期的强度均不得低于国家标准规定值(见表 5-6),否则视为不合格品。

表 5-6 通用硅酸盐水泥各龄期的强度要求(GB 175—2023)

品种	强度等级	抗压强度/MPa		抗折强度/MPa	
		3 d	28 d	3 d	28 d
硅酸盐水泥	42.5	17.0	42.5	3.5	6.5
	42.5R	22.0		4.0	
	52.5	23.0	52.5	4.0	7.0
	52.5R	27.0		5.0	
	62.5	28.0	62.5	5.0	8.0
	62.5R	32.0		5.5	
普通硅酸盐水泥	42.5	17.0	42.5	3.5	6.5
	42.5R	22.0		4.0	
	52.5	23.0	52.5	4.0	7.0
	52.5R	27.0		5.0	
矿渣硅酸盐水泥、火山灰质硅酸盐水泥、粉煤灰硅酸盐水泥、复合硅酸盐水泥	32.5	10.0	32.5	2.5	5.5
	32.5R	15.0		3.5	
	42.5	15.0	42.5	3.5	6.5
	42.5R	19.0		4.0	
	52.5	21.0	52.5	4.0	7.0

6. 水化热

水泥的水化热不仅由其矿物组成决定,还受水泥细度、混合材掺量等因素影响。在水泥熟料中,C_3A 的放热量最大,其次是 C_3S,C_2S 的放热量最低且放热速度最慢。水泥细度越细,水化反应越易进行,因此水化放热速度越快,放热量也相应增大。硅酸盐水泥在 3 天龄期内放出的热量约为总量的 50%,7 天龄期内达到 75%,而 3 个月内则可放出总热量的 90%。水化放热量与放热速度不仅影响水泥的凝结硬化速度,还可能因热量积蓄产生不同效果,如有助于低温环境下的施工,但不利于大体积结构的体积稳定。

7. 碱含量

当配制混凝土的骨料中含有活性 SiO_2 时,若水泥中的碱含量过高,会引发碱-骨料反应,导致混凝土体积发生不均匀变化,甚至引发膨胀破坏。水泥中的碱含量通常以 Na_2O +0.658K_2O 的计算值表示。在使用活性骨料或用户要求提供低碱水泥时,水泥中的碱含量应不超过 0.6%,或由供需双方协商确定。

8. 氯离子含量

水泥混凝土是碱性的(新浇混凝土的 pH 值可达 12.5 或更高),在此环境下,钢筋表面的氧化保护膜能有效防止其锈蚀。然而,当水泥中氯离子含量较高时,氯离子会加速锈蚀反应,破坏这层保护膜,进而加速钢筋的锈蚀。因此,国家标准明确规定:硅酸盐水泥中的氯离子含量不得超过 0.06%。氯离子含量超出此标准的为不合格品。此外，国家标准还对硅酸盐水泥的不溶物、烧失量等其他技术指标有明确要求。

检测硅酸盐水泥的技术性质时，首先需熟悉其主要技术性质及技术标准，依据《通用硅酸盐水泥》(GB 175—2023)、《水泥细度检验方法(筛析法)》(GB/T 1345—2005)、《水泥比表面积测定方法 勃氏法》(GB/T 8074—2008)、《水泥标准稠度用水量、凝结时间、安定性检验方法》(GB/T 1346—2011)及《水泥胶砂强度检验方法(ISO 法)》(GB/T 17671—2021)等规定，测定水泥的细度、凝结时间、体积安定性及强度等技术性质。随后，根据测定结果对照国家标准，评定水泥的质量。在整个检测过程中，必须严格遵守材料检测的相关步骤和注意事项，确保检测工作的细致与准确。

二、硅酸盐水泥的验收

国家标准《通用硅酸盐水泥》(GB 175—2023)明确规定：在硅酸盐水泥的性能检测中，若游离氧化镁、三氧化硫含量、初凝时间或体积安定性中的任何一项不符合标准规定，则该水泥判定为废品。废品水泥严禁在工程中使用。同时，若水泥的细度、终凝时间、不溶物含量、烧失量中的任何一项未达标准，或混合材料掺加量超出最大允许量，以及强度低于其标称等级所规定的指标，均视为不合格品。此外，水泥包装标志上必须清晰标注水泥品种、强度等级、工厂名称及工厂编号，若这些信息不清晰或缺失，同样判定为不合格品。

【性能检测】

一、水泥取样

以同一水泥厂，按同品种、同强度等级，同期到达的水泥，不超过 200 t 为一个取样单位(不足 200 t 时，也作为一个取样单位)。取样应有代表性，可以连续取，也可以从 20 个不同部位抽取约 1 kg 等量的水泥样品，总数至少 12 kg。

取得的水泥试样应充分混合均匀，分成 2 等份，一份进行水泥各项性能测定，一份密封保存 3 个月，供作仲裁检验时使用。

二、水泥细度检测

水泥细度检验方法有负压筛法、水筛法和手工干筛法三种。三种检验方法发生争议时，以负压筛法为准。本检测采用负压筛法。

1. 仪器设备

(1)负压筛析仪，如图 5-4 所示。负压可调范围为 4000~6000 Pa。

(2)天平，最大称量为 100 g，分度值不大于 0.05 g。

2. 检测准备

筛析前将负压筛放在筛座上，盖上筛盖，接通电源，检查控制系统，调节负压在 4000~6000 Pa 内。

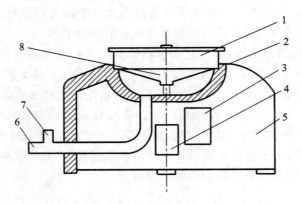

图 5-4 负压筛析仪
1—45 μm 方孔筛；2—橡胶垫圈；3—控制板；
4—微电机；5—壳体；6—抽气口(接收尘器)；
7—风门(调节负压)；8—喷气嘴

3. 检测步骤

称取试样 25 g 放入洁净的负压筛内，盖上筛盖，放在筛座上，开动筛析仪，连续筛洗 2 min，筛析过程中若有试样附着在盖上，可轻轻敲击，使试样落下。筛完后用天平称量筛余物，精确到 0.05 g。当工作负压小于 4000 Pa 时，应清理吸尘器内的残留物，使负压恢复正常。

4. 结果整理

水泥试样筛余百分率按式(5-16)进行计算(精确至 0.01%)：

$$F = \frac{m_s}{m} \times 100\% \tag{5-16}$$

式中：F——水泥试样的筛余百分率，%；
  m_s——水泥筛余物的质量，g；
  m——水泥试样的质量，g。

三、水泥标准稠度用水量的测定(标准法)

1. 仪器设备

(1)维卡仪。如图 5-5 所示为水泥标准稠度与凝结时间测定仪。其滑动部分总质量为(300±1) g。盛装水泥净浆的试模应由耐腐蚀的金属制成。试模为深 40 mm、顶内径 65 mm、顶外径 75 mm 的截顶圆锥体。每只试模应配备一个面积大于试模、厚度大于等于 2.5 mm 的平板玻璃。

标准稠度测定用试杆有效长度为 50 mm，由直径为 10 mm 的圆柱形耐腐蚀金属制成，如图 5-5 所示。

(2)水泥净浆搅拌机。水泥净浆搅拌机由搅拌锅、搅拌叶片、传动机构和控制系统组成。搅拌叶片在搅拌锅内作旋转方向相反的公转和自转，转速为 90 r/min，控制系统可以自动控制,也可以人工控制,如图 5-6 所示。

(3)天平(感量 1 g)及人工拌合工具等。

(4)标准养护箱。

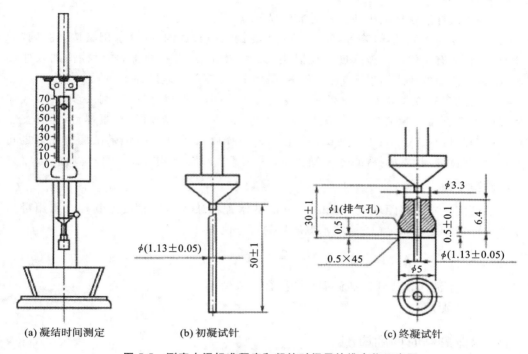

(a)凝结时间测定　　(b)初凝试针　　(c)终凝试针

图 5-5　测定水泥标准稠度和凝结时间用的维卡仪示意图

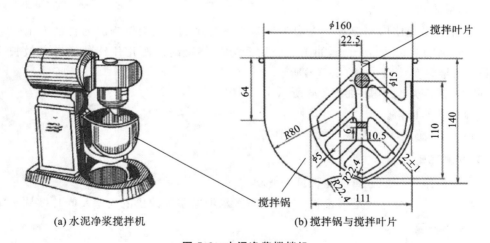

(a)水泥净浆搅拌机　　(b)搅拌锅与搅拌叶片

图 5-6　水泥净浆搅拌机

2.检测准备

(1)检测室温度应控制在 20 ℃±2 ℃,相对湿度大于 50%;养护箱温度应为 20 ℃±1 ℃,相对湿度大于 90%。水泥试样、拌合用水等的温度应与试验室温度相同。

(2)检查维卡仪的金属棒能否自由滑动。

(3)检查搅拌机运行是否正常,并用湿布将水泥净浆搅拌机的筒壁及叶片擦抹干净。

3. 检测步骤

(1)调整试杆接触玻璃板使指针对准标尺零点。

(2)充分拌匀水泥试样,将称好的500 g水泥倒入搅拌锅内,拌合水用量按经验确定。拌合时,先将装有试样的锅放到搅拌机锅座上的搅拌位置,开动机器,同时徐徐加入拌合用水(必须用洁净的淡水),慢慢搅拌120 s,停拌15 s,接着快速搅拌120 s后停机。

(3)搅拌完毕,立即将水泥净浆一次装入试模,用小刀插捣并振实,刮去多余净浆,抹平后迅速放置在维卡仪底座上,与试杆对中。将试杆降至净浆表面,拧紧螺钉,然后突然放松,让试杆自由沉入净浆中。在试杆停止沉入或释放试杆30 s时记录试杆距底板之间的距离,升起试杆后,立即擦净;整个操作应在搅拌后1.5 min内完成。

4. 结果整理

以试杆沉入净浆并距底板6 mm±1 mm的水泥净浆为标准稠度。其拌合水用量为该水泥的标准稠度用水量(P)。按水泥质量的百分比计,即:

$$P = \frac{m_1}{m_2} \times 100\% \tag{5-17}$$

式中:m_1——水泥净浆达到标准稠度时的拌合用水量,g。

m_2——水泥质量,g。

四、水泥凝结时间的检测

1. 仪器设备

(1)维卡仪,如图5-5所示。初凝时间测定用初凝试针是由钢制成的直径为1.13 mm的圆柱体,有效长度为50 mm,如图5-5(b)所示。终凝时间测定用终凝试针有效长度为30 mm,安装环形附件,如图5-5(c)所示。

(2)水泥净浆搅拌机,如图5-6所示。

(3)标准养护箱。

(4)天平(感量1 g)及人工拌合工具等。

2. 检测准备

(1)检查维卡仪的金属棒能否自由滑动。

(2)检查搅拌机运行是否正常,并用湿布将水泥净浆搅拌机的筒壁及叶片擦抹干净。

3. 检测步骤

(1)将试模内表面涂油放在玻璃上。调整维卡仪的试针,使试针接触玻璃板时指针对准标尺零点。

(2)以标准稠度用水量制成标准稠度净浆,一次装满试模,振动数次后刮平,立即放入养护箱内。记录水泥全部加入水中的时间作为初凝、终凝时间的起始时间。

(3)初凝时间的测定。养护至加水后30 min时将试件取出,放置在维卡仪的试针下面进行第一次测定。测定时让试针与水泥净浆表面接触,拧紧螺钉,1~2s后突然放松,试针自由扎入净浆内,读出试针停止下沉或释放试针30 s时指针所指的数值。当试针沉至距底板4 mm±1 mm时,水泥达到初凝状态。

(4)终凝时间的测定。在完成初凝时间测定后,立即将试模连同浆体以平移的方式从玻璃板上取下,翻转180°,直径大面朝上、小端向下放在玻璃板上,再放入湿气养护箱中继续养护。当试针沉入离净浆表面0.5 mm时,即环形附件开始不能在试件上留下痕迹时,水泥达到终凝状态。

测定时应注意,在最初测定的操作时应轻扶金属柱,使其慢慢下降,以防试针撞弯,但结果以自由下落为准,在整个测定过程中试针沉入的位置至少要距试模内壁10 mm。临近初凝时,每隔5 min测定一次,临近终凝时每隔15 min测定一次,达到初凝或终凝时应立即重复测定一次,当两次结论相同时,才能确定为达到初凝或终凝状态。每次测定不能让试针落入原孔,每次测定完必须将试针擦净并将试模放回养护箱内,整个测定过程要防止试模受振。

4. 结果整理

由开始加水至初凝、终凝状态所用的时间分别为该水泥的初凝时间和终凝时间,用小时(h)和分(min)来表示。

五、水泥安定性检测

1. 仪器设备

(1)沸煮箱。有效容积为410 mm×240 mm×10 mm,内设算板和加热器,能在30 min±5 min内将箱内水由室温升至沸腾,并可保持沸腾状态3 h而不需加水。

(2)雷氏夹。由钢制材料组成(图5-7),当一根指针的根部先悬挂在一根金属丝或尼龙丝上,另一根指针的根部再挂上300 g的砝码时,两针尖距离增加量应在17.5 mm±2.5 mm范围内,去掉砝码,针尖应回到初始状态(图5-8)。

(3)雷氏夹膨胀值测定仪,标尺最小可读为0.5 mm(图5-9)。

(4)水泥净浆搅拌机,标准养护箱,天平,量水器。

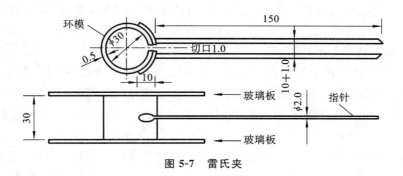

图5-7 雷氏夹

2. 检测准备

(1)在准备好的玻璃板上(玻璃板约100 mm×100 mm),雷氏夹的内壁稍涂有机油。

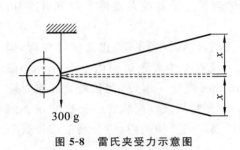

图 5-8 雷氏夹受力示意图　　图 5-9 雷氏夹膨胀值测定仪

1—底座；2—模子座；3—测弹性标尺；4—立柱；
5—测膨胀值标尺；6—悬臂；7—悬丝

(2) 调整沸煮箱的水位，使试件在整个沸煮过程中都被水没过，且途中不需加水，同时又能保证在 30 min±5 min 内加热至沸腾。

(3) 称取 500 g 水泥，加以标准稠度用水量，用水泥净浆搅拌机拌成水泥净浆。

3. 检测步骤

1) 雷氏法

(1) 将预先准备好的雷氏夹放在已稍擦油的玻璃板上，并立刻将已制好的标准稠度净浆装满试模，装模时一只手轻轻扶持试模，另一只手用宽约 10 mm 的小刀插捣 15 次左右，然后平盖上稍涂油的玻璃板，接着立刻将试模移至养护箱内养护 24 h±2 h。

(2) 养护结束后将试件从玻璃板上脱去。先测量雷氏夹指针尖端间的距离 A，精确到 0.5 mm，之后将雷氏夹指针放入沸煮箱的水中算板上，指针朝上，试件之间互不交叉，然后在 30 min±5 min 内加热至沸腾，并恒沸 180 min±5 min。

(3) 煮沸结束，即放掉箱中热水，打开箱盖，待箱体冷却至室温时，取出试件并测量试件指针尖端间的距离 C。

2) 试饼法

(1) 将搅拌好的水泥净浆取出一部分（约 150 g），分成两等份使之成球形。将其放在预先准备好的玻璃板上。轻轻振动玻璃板，并用湿布擦过的小刀由边缘至中央抹动，做成直径为 70～80 mm，中心厚约 10 mm，边缘渐薄，表面光滑的试饼。将做好的试饼放入养护箱内养护 24 h±2 h。

(2) 养护结束后将试件从玻璃板上脱去。先检查试饼是否完整，在试饼无缺陷的情况下，将试饼放在煮沸箱的水中算板上，然后在 30 min±5 min 内加热至沸腾，并恒沸 180 min±5 min。

(3) 煮沸结束，即放掉箱中热水，打开箱盖，待箱体冷却至室温时，取出试件进行观察。

4. 结果整理

(1)若为雷氏夹,计算煮沸后指针间距增加值($C-A$),取两个试件的平均值为试验结果,当$C-A$不大于 5.0 mm 时,即认为该水泥安定性合格。当两个试件$C-A$值相差超过 5.0 mm 时,应用同一样品立即重做一次试验,再如此,则认为该水泥安定性不合格。

(2)若为试饼,目测试件未发现裂缝,用直尺检查也没有弯曲的试饼为安定性合格,反之为不合格。当两个试饼的判别结果有矛盾时,该水泥也判定为安定性不合格。

六、水泥胶砂强度检测

1. 仪器设备

(1)行星式水泥胶砂搅拌机,作为一款符合国际标准的通用型设备,工作时搅拌机叶片既绕自身轴线自转又沿搅拌机锅周边公转,形成了一种类似于行星运动的轨迹。

(2)水泥胶砂试件成型振实台由可以跳动的台盘和使其跳动的凸轮等组成(图 5-10),振实台的振动频率为 60 次/s,振幅为 0.75 mm。

(3)试模为可拆卸的三联试模,由隔板、端板、底座等组成。模槽内腔尺寸为 40 mm×40 mm×160 mm,三边应互相垂直(图 5-11)。

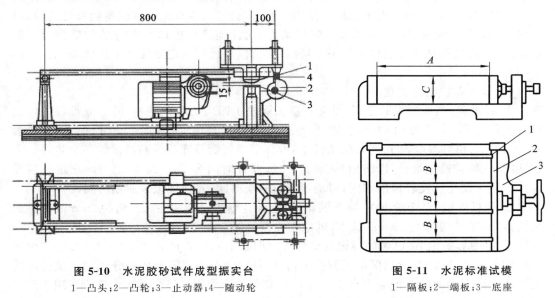

图 5-10　水泥胶砂试件成型振实台
1—凸头;2—凸轮;3—止动器;4—随动轮

图 5-11　水泥标准试模
1—隔板;2—端板;3—底座

(4)播料器:方便将搅拌好的胶砂装入试模之内,有大播料器和小播料器两种。

(5)金属刮平尺:用于刮平试模里的砂浆表面。

(6)水泥强度试验机(AEC-201):抗折机上支撑砂浆试件的两支撑圆柱的中心距为 100 mm。抗压强度最大荷载以 200~300 kN 为宜,压力机应具有加荷载速度自动调节和记录结果的装置,同时应配有抗压试验用的专用夹具,夹具由优质碳钢制成,受压面积为 40 mm×40 mm。

2. 检测准备

(1)请确保试模被彻底擦拭干净,随后在模板四周与底座的接触面上均匀涂抹一层黄油,以实现紧密装配,有效防止漏浆现象。接着,在内壁上均匀地刷上一层薄薄的机油。

(2)选取待检测的水泥样本,质量为 450 g±5 g,标准砂 1350 g±5 g,以及拌合水 225 g±1 g,按照 1∶3 的比例配制水泥胶砂,其水灰比设定为 0.5。确保水泥、砂、水以及所有试验用具的温度均与试验室保持一致。在称量过程中,应使用精度为±1 g 的天平进行准确称量。若需通过自动滴管加入 225 mL 的水,则该滴管的精度应达到±1 mL 的标准。

3. 检测步骤

(1)首先,将水缓缓倒入锅中,随后加入水泥,并将锅稳妥地置于固定架上,调整至预设位置。紧接着,立即启动搅拌机,首先以低速搅拌 30 s,随后在第二个 30 s 的开始时刻,均匀且连续地加入标准砂。之后,将搅拌机转速调至高速,继续搅拌 30 s。暂停搅拌 90 s 后,在最初的 15 s 内,使用橡胶刮刀将附着在叶片和锅壁上的胶砂轻柔地刮入锅中央。随后,再次以高速搅拌 60 s。在整个搅拌过程中,应确保各阶段的时间控制误差不超过 1 s。

(2)成型过程采用振实台进行。胶砂一旦制备完成,应立即开始成型操作。首先,将空的试模和模套稳固地安装在振实台上,随后利用勺子从搅拌锅中分两次将胶砂装入试模。第一层时,每个槽内大致加入 300 g 胶砂,并使用大播料器垂直地刮平料层表面,之后进行 60 次振实操作。接着,装入第二层胶砂,使用小播料器同样刮平,并再次振实 60 次。之后,移去模套,小心取下试模。使用一把金属直尺,垂直地沿着试模的长度方向,以缓慢的横向锯割动作,从一端向另一端移动,一次性地将超出试模部分的胶砂刮除。随后,用同一直尺将试体表面仔细抹平。最后,在试模上做好标记或使用字条明确标注试体的编号。

(3)试件养护流程优化。

① 标准养护:在连模状态下,首先仔细去除模子四周的胶砂残留,随后立即将完好的试模放置于雾室或湿箱的水平架子上进行养护。养护环境需严格控制在温度为(20±1) ℃、相对湿度大于 90% 的条件下,确保湿空气能够充分接触试模的各个边缘。养护期间,试模应避免堆叠,以防相互影响。一般养护时间为 20~24 h,之后取出进行脱模操作。对于硬化速度较慢的水泥,可适当延长脱模时间,并详细记录脱模时间。

② 脱模时机:对于龄期为 24 h 的试件,应在计划进行破坏性试验前的 20 min 内完成脱模;而对于龄期超过 24 h 的试件,则应在成型后的 20~24 h 内进行脱模处理。

③ 水中养护细节:已做好标记的试件需立即水平或竖直放置于(20±1) ℃的水中进行养护。水平放置时,应确保刮平面朝上,且试件的六个面均需与水充分接触。试件间的间隔或试件上表面的水深应不小于 5 mm,以避免相互干扰。每个养护水池应专用于同类型水泥试件的养护,初始时使用自来水注满养护池(或容器),并在养护期间持续加水以维持恒定水位,严禁一次性更换全部水体。

对于非 24 h 龄期或延迟至 48 h 脱模的试件,达到龄期后,应在试验(破坏性)前 15 min 从水中取出,清除表面沉积物,并用湿布覆盖直至试验开始。

(4)强度检验精准执行。

试件的龄期计算始于水泥与水的混合搅拌时刻。不同龄期的强度试验需严格遵循以下时间节点进行:24 h±15 min;48 h±30 min;7 d±45 min;28 d±8 h。

① 抗折强度检验:将试件的一个侧面平稳放置于抗折机的支撑圆柱上,确保试体长轴垂直于支撑圆柱。随后,通过加荷圆柱以 50 N/s±10 N/s 的速率,向棱柱体的相对侧

面施加垂直荷载,直至试体折断。折断后,应保持两个半截棱柱体处于潮湿状态,以备后续的抗压强度检验。

② 抗压强度检验:将半截棱柱体准确安装于抗压夹具内,确保棱柱体中心与夹具压板受压中心的偏差在±0.5 mm以内,同时棱柱体露出压板外的部分约为10 mm。启动压力机,以2400 N/s±200 N/s的速率均匀施加荷载,直至试体破坏。

4. 结果整理

1)抗折强度

抗折强度 R_f 按下式计算:

$$R_f = \frac{1.5F_f L}{b^3} \tag{5-18}$$

式中:F_f——折断时的荷载,N;

L——支撑圆柱的距离,mm;

b——棱柱体正方形截面的边长,mm。

以一组3个棱柱体抗折结果的平均值作为试验结果。当3个强度值中有超出平均值±10%的,应剔除后再取平均值作为抗折强度试验结果。各试体的抗折强度结果计算精准至0.1 MPa,平均值计算精确至0.1 MPa。

2)抗压强度

抗压强度按下式计算:

$$R_c = \frac{F_c}{A} \tag{5-19}$$

式中:F_c——破坏时的最大荷载,N;

A——受压部分面积(40 mm×40 mm =1600 mm^2),mm^2。

以一组3个棱柱体上得到的6个抗压强度测定值的算术平均值作为试验结果。如6个测定值中有一个超出6个平均值的±10%,就应剔除这个结果,而以剩下5个的平均数为结果。如果5个测定值中再有超过它们平均数±10%的,则此组结果作废。单个抗压强度结果计算精确至0.1 MPa,平均值计算精确至0.1 MPa。

任务三 水泥的选用

【工作任务】

根据工程特点和所处环境,合理选用不同品种的水泥。首先要掌握各种水泥的性能特点及应用范围;然后再根据工程特点和使用环境来合理地选择。

如某水利枢纽工程"进水口、洞群和溢洪道"标段为提高泄水建筑物抵抗黄河泥沙及高速水流的冲刷能力,需浇筑28 d抗压强度达70 MPa的混凝土约50万立方米,该优先选择何种水泥来配制混凝土呢?

【相关知识】

一、通用硅酸盐水泥的特性与应用

1. 硅酸盐水泥的特性与应用

1）早期强度和后期强度高

硅酸盐水泥不掺混合材或掺入很少的混合材，硅酸三钙含量高，因此，凝结硬化快，早期强度和强度等级都高，可用于对早期强度有要求的工程，例如高强混凝土工程及预应力混凝土工程。

2）水化热大

由于硅酸盐水泥中硅酸三钙、铝酸三钙含量高，因此水化热较大，有利于冬季施工。但水化热较大，在修建大体积混凝土工程时，容易在混凝土构件内部聚集较大的热量，产生温度应力，造成混凝土的破坏。硅酸盐水泥一般不宜用于大体积的混凝土工程。

3）抗冻性好

硅酸盐水泥石结构密实且早期强度高、抗冻性好，适合用于严寒地区遭受反复冻融的工程及抗冻性要求较高的工程，例如大坝的溢流面、混凝土路面工程。

4）干缩小、耐磨性较好

硅酸盐水泥硬化时干缩小，不易产生干缩裂缝，一般可用于干燥环境工程。由于干缩小、表面不易起粉，因此耐磨性较好，可用于道路工程中。但 R 型水泥由于水化放热量大，凝结时间短，不利于混凝土远距离输送或高温季节施工，只适用于快速抢修工程和冬季施工。

5）抗碳化性较好

水泥石中的氢氧化钙与空气中的二氧化碳和水作用生成碳酸钙的过程称为碳化。碳化会引起水泥石内部的碱度降低。当水泥石的碱度降低时，钢筋混凝土中的钢筋便失去钝化保护膜而锈蚀。硅酸盐水泥在水化后，水泥石中含有较多的氢氧化钙，碳化时水泥的碱度下降少，对钢筋的保护作用强，可用于空气中二氧化碳浓度较高的环境中，例如热处理车间等。

6）不耐高温

当水泥石处于 250～300 ℃ 的高温环境时，其中的水化硅酸钙开始脱水，体积收缩，强度下降。氢氧化钙在 600 ℃ 以上会分解成氧化钙和二氧化碳，高温后的水泥石受潮时，生成的氧化钙与水作用导致体积膨胀，造成水泥石的破坏，因此，硅酸盐水泥不宜用于温度高于 250 ℃ 的耐热混凝土工程，例如工业窑炉和高炉基础。

7）耐腐蚀性差

硅酸盐水泥水化后，含有大量的氢氧化钙和水化铝酸钙，其耐软水和耐化学腐蚀性差，不能用于海港工程、抗硫酸盐工程等。

2. 掺混合材料的硅酸盐水泥的特性与应用

1）混合材料

磨制水泥时掺入的人工或天然的矿物材料称为混合材料。掺入混合材料具有改善水泥性能、调节水泥强度等级、增加水泥产量、降低成本等作用。混合材料按其性能分为两种：活性混合材料和非活性混合材料。

（1）活性混合材料。

该材料本身与水反应很慢，但当磨细并与石灰、石膏或硅酸盐水泥熟料混合，加水拌合后能发生化学反应，在常温下能缓慢生成具有水硬性胶凝物质的矿物材料，称为活性混合材料。常用的活性混合材料有如下几种：

①粒化高炉矿渣。

粒化高炉矿渣是在高炉冶炼生铁时将浮在铁水表面的熔融物经急冷处理后得到的疏松颗粒状材料。由于多采用水淬方法进行急冷处理，故又称水淬矿渣。水淬矿渣为多孔玻璃体结构，玻璃体含量达 80% 以上，内部储存有较大的化学潜能。粒化高炉矿渣的化学成分主要有 CaO、Al_2O_3、SiO_2、Fe_2O_3、MgO 等。衡量其活性的大小常用质量系数 K 表示，即

$$K = m(SiO_2) + m(MnO) + m(TiO_2) \tag{5-20}$$

通常，矿渣的质量系数越大，其活性越高，国家标准《用于水泥、砂浆和混凝土中的粒化高炉矿渣粉》(GB/T 18046—2017)要求用于水泥中的粒化高炉矿渣质量系数 K 不得小于 1.2，堆积密度不大于 1200 kg/m^3。

②火山灰质混合材料。

火山灰质混合材料的主要化学成分是活性氧化硅和活性氧化铝，按其成因可分为天然和人工两大类。天然火山灰质混合材料包括火山灰、凝灰岩、浮石、沸石、硅藻土、硅藻石、蛋白石等。人工火山灰质混合材料包括烧黏土(如碎砖、瓦)、烧页岩、煤矸石、炉渣、煤灰等。

国家标准《用于水泥中的火山灰质混合材料》(GB/T 2847—2022)规定：用于水泥中的火山灰质混合材料的三氧化硫含量不超过 3.5%；火山灰活性试验必须合格；掺入 30%火山灰质混合材料的水泥胶砂 28 d 抗压强度比不得低于 65%。

③粉煤灰。

粉煤灰是火力发电厂用收尘器从烟道中收集的灰粉(也称飞灰)，为玻璃态实心或空心球状颗粒，表面光滑、色灰。化学成分中活性氧化硅和活性氧化铝两者占 60% 以上。关于粉煤灰的分级及其品质指标，可参见国家标准《用于水泥和混凝土中的粉煤灰》(GB/T 1596—2017)，具体信息详见表 5-7。

表 5-7 用于水泥和混凝土中的粉煤灰技术要求(GB/T 1596—2017)

项目		理化性能要求		
		Ⅰ级	Ⅱ级	Ⅲ级
细度(45μm 方孔筛筛余)/(%)		≤12	≤30	≤45
需水量比/(%)		≤95	≤105	≤115
烧失量/(%)	F 类粉煤灰 C 类粉煤灰	≤5	≤8	≤10
含水量/(%)		≤1	≤1	≤1
三氧化硫质量分数/(%)		≤3	≤3	≤3

续表

项目	理化性能要求		
	Ⅰ级	Ⅱ级	Ⅲ级
游离氧化钙质量分数/(%)	F类粉煤灰,不大于1;C类粉煤灰,不大于4		
安定性(雷氏法)/mm	C类粉煤灰,不大于5		

注:F——由无烟煤或烟煤煅烧收集的粉煤灰;

C——由褐煤或次烟煤煅烧收集的粉煤灰,其氧化钙含量一般大于10%。

(2)非活性混合材料。

此类材料在与水泥成分混合时,不发生或几乎不发生化学反应,其主要作用是降低水泥的强度等级、提升生产效率、降低成本以及减小水化热。这类矿物材料被统称为非活性混合材(亦称惰性混合材料)。具体实例包括但不限于磨细的石灰石、石英砂、黏土、慢冷矿渣以及窑灰等。

2)普通硅酸盐水泥

普通硅酸盐水泥,代号为P·O,其独特之处在于添加了超过5%但不超过20%的活性混合材料,并允许以不超过水泥总质量8%的非活性混合材料或不超过5%的窑灰作为部分活性混合材料的替代品。

(1)技术指标。

普通硅酸盐水泥的技术指标严谨且明确,主要包括:

①凝结时间:确保初凝时间不少于45 min,而终凝时间则控制在600 min以内。

②强度等级:依据3天和28天的抗折与抗压强度测试结果,普通硅酸盐水泥被细分为42.5、42.5R、52.5、52.5R四个等级。

③其他关键指标:细度、体积安定性、氧化镁含量、三氧化硫含量及氯离子含量等方面,均严格遵循硅酸盐水泥的相同标准。

(2)性能及应用。

鉴于普通硅酸盐水泥中混合材料的掺入量相对较少,其性能表现与硅酸盐水泥高度相似,仅在强度等级、水化热释放、抗冻性、抗碳化性等方面略有减弱,但在耐热性和耐腐蚀性方面则有所提升。因此,其应用范围与硅酸盐水泥大致相同,成为土木工程中最为常用的水泥品种之一,需求量巨大。

3)矿渣硅酸盐水泥

矿渣硅酸盐水泥细分为两大类型:A型,其粒化高炉矿渣掺量介于20%~50%之间,代号为P·S·A;B型,其矿渣掺量则介于50%~70%之间,代号为P·S·B。此两类水泥均允许以不超过水泥总质量8%的活性混合材、非活性混合材料或窑灰中的任意一种,作为部分矿渣的替代品。

(1)技术指标。

矿渣硅酸盐水泥的技术要求严格而全面,具体包括:

①细度:通过80 μm方孔筛的筛余应不超过10%,或45 μm方孔筛的筛余不超过30%。

②氧化镁含量:对于P·S·A型,氧化镁含量需控制在6.0%以下;若超出此限,则需

通过压蒸安定性试验验证其合格性。而P·S·B型则对此无特定要求。

③三氧化硫含量：不得超过4.0%。

④强度等级：依据3天和28天的抗折与抗压强度测试结果，矿渣硅酸盐水泥被划分为32.5、32.5R、42.5、42.5R、52.5、52.5R六个等级。

⑤其他关键指标：凝结时间、体积安定性、氯离子含量等要求，均与普通硅酸盐水泥保持一致。

(2)水化特点。

矿渣硅酸盐水泥的水化过程独具特色，呈现为明显的两步水化，即所谓的二次水化现象。首先，水泥熟料开始水化，生成水化硅酸钙、氢氧化钙、水化铝酸钙、水化铁酸钙等产物，此过程与硅酸盐水泥相似。随后，活性混合材在水化过程中被激活，利用熟料矿物释放的氢氧化钙作为碱性激发剂，以及石膏作为硫酸盐激发剂，共同促进混合材中活性氧化硅和活性氧化铝的活性发挥，进而生成水化硅酸钙、水化铝酸钙和水化硫铝酸钙等水化产物。这种二次水化现象是掺入混合材的水泥所共有的一个显著特点。

(3)性能及应用。

①早期强度发展缓慢，后期强度显著提升。

矿渣硅酸盐水泥中熟料含量相对较低，导致早期熟料矿物水化产物减少，加之二次水化需待熟料水化完成后方能进行，因此其凝结硬化速度较慢，早期强度发展不明显。然而，其后期强度增长迅速，甚至可能超越同强度等级的硅酸盐水泥。鉴于此特性，该水泥不适用于对早期强度有较高要求的工程项目，如现浇混凝土楼板、梁、柱等结构。

②水化热低。

由于混合材的大量掺入，水泥熟料比例减小，特别是高放热量的C_3A和C_3S含量显著降低，使得水化过程中放热速度减缓，放热量减少。这一特性使得矿渣硅酸盐水泥成为大体积混凝土工程的理想选择。

③耐热性能优越。

矿渣本身具备良好的耐高温性能，且硬化后的水泥石中氢氧化钙含量较低，因此矿渣水泥在高温环境下表现出色，适用于轧钢、铸造等高温车间的窑炉基础及温度高达300~400℃的热气体通道等耐热工程。

④抗腐蚀性强。

二次水化过程中，大量氢氧化钙被消耗，增强了水泥对软水和海水的侵蚀抵抗能力。因此，矿渣硅酸盐水泥特别适用于海港、水工等易受硫酸盐和软水腐蚀的混凝土工程。

⑤对温湿度变化敏感。

在低温低湿条件下，水泥的凝结硬化速度会进一步减缓，不适宜冬季施工。相反，在湿热环境中，二次水化反应加速，凝结硬化速度显著提升，28天的强度可提升10%~20%，尤其适合蒸汽养护的混凝土预制构件生产。

⑥抗碳化能力较弱。

二次水化导致水泥石中$Ca(OH)_2$含量减少，碱度降低，使得矿渣硅酸盐水泥在相同二氧化碳浓度下的碳化速度较快，碳化深度较大，抗碳化能力相对较差，一般不建议用于热处理车间的建设。

⑦抗冻性能不佳。

混合材的大量掺入增加了水泥的需水量,水分蒸发后留下的毛细孔隙增多,加之早期强度较低,导致抗冻性能下降。因此,矿渣硅酸盐水泥不宜用于严寒地区,特别是水位波动频繁的部位。

⑧抗渗性较弱,干缩较大。

矿渣的磨细难度大,且磨细后颗粒多棱角状,平均粒径大于硅酸盐水泥,这些因素共同导致矿渣硅酸盐水泥的保水性差、抗渗性弱、泌水通道多、干缩较大。在实际应用中,需严格控制用水量并加强早期养护措施。

4)粉煤灰硅酸盐水泥、火山灰质硅酸盐水泥与复合硅酸盐水泥

粉煤灰硅酸盐水泥,代号P·F,其配方中掺入了20%~40%的粉煤灰;火山灰质硅酸盐水泥,代号P·P,则掺入了相同比例范围内的火山灰质混合材料;而复合硅酸盐水泥,代号P·C,则融合了两种或更多种混合材料,总掺量在20%~50%之间,且允许以不超过水泥质量8%的窑灰替代部分混合材料。若混合材中包含矿渣,则其掺量不得与矿渣硅酸盐水泥重叠。

(1)技术指标。

这三种水泥在细度、凝结时间、体积安定性、强度等级及氯离子含量等方面的要求均与矿渣硅酸盐水泥保持一致。同时,它们对三氧化硫和氧化镁的含量也有严格限制,三氧化硫含量不得超过4.0%,氧化镁含量则需控制在6.0%以内,超出时需通过压蒸安定性试验验证合格。

(2)性能及应用。

与矿渣硅酸盐水泥相似,这三种水泥同样展现出早期强度发展缓慢、后期强度快速增长、水化热低、耐腐蚀性强、对温湿度变化敏感、抗碳化能力和抗冻性相对较弱等共性。然而,由于掺入的混合材料种类与比例的不同,它们各自又具备独特的性能特点:

①粉煤灰硅酸盐水泥:以其独特的球形玻璃体结构粉煤灰为特色,该水泥干缩性小,抗裂性能优异。其混凝土拌合物和易性良好,但需注意其早期强度相对较低。因此,粉煤灰硅酸盐水泥特别适用于对承载要求不紧迫的工程,尤其是大体积水利工程。

②火山灰质硅酸盐水泥:火山灰颗粒细腻,比表面积大,在潮湿环境下能形成更多的水化硅酸钙,显著提升混凝土的抗渗性能。然而,在干燥或高温条件下,水化硅酸钙可能与二氧化碳反应导致"起粉"现象,故不适用于干燥环境或有抗冻、耐磨要求的工程。

③复合硅酸盐水泥:通过融合多种混合材料,复合硅酸盐水泥有效弥补了单一混合材料可能带来的性能缺陷,优化了水泥石的微观结构,促进了水泥熟料的水化过程。因此,其早期强度高于同强度等级的其他掺混合材料水泥,综合性能优越。目前,复合硅酸盐水泥已成为重点发展的水泥品种之一。

二、特性水泥的性能与应用

在土木工程中除了使用上述通用硅酸盐水泥外,为了满足某些工程的特殊性能要求,还常采用特性水泥和专用水泥。

1. 铝酸盐水泥

铝酸盐水泥是由铝矾土和石灰石为主要原料,经高温烧至全部或部分熔融所得的以铝酸钙为主要矿物成分的熟料,经磨细得到的水硬性胶凝材料,代号为CA。由于熟料中氧化铝的成分大于50%,因此又称高铝水泥,见国家标准《铝酸盐水泥》(GB/T 201—2015)。

1)矿物组成

铝酸盐水泥按 Al_2O_3 含量百分数分为四类,见表5-8。

表5-8 铝酸盐水泥分类与化学成分(GB/T 201—2015)

成分类型	Al_2O_3/(%)	SiO_2/(%)	Fe_2O_3/(%)	$R_2O(Na_2O+0.658K_2O)$/(%)	S/(%)	Cl/(%)
CA-50	$50 \leqslant Al_2O_3 < 60$	≤8.0	≤2.5	≤0.40	≤0.1	≤0.1
CA-60	$60 \leqslant Al_2O_3 < 68$	≤5.0	≤2.0			
CA-70	$68 \leqslant Al_2O_3 < 77$	≤1.0	≤0.7			
CA-80	$Al_2O_3 \geqslant 77$	≤0.5	≤0.5			

* 当用户需要时,生产厂家应提供结果和测定方法。

铝酸盐水泥的主要矿物成分见表5-9。

表5-9 铝酸盐水泥的主要矿物成分

矿物名称	矿物成分	简写
铝酸一钙	$CaO \cdot Al_2O_3$	CA
二铝酸一钙	$CaO \cdot 2Al_2O_3$	CA_2
硅铝酸二钙	$2CaO \cdot Al_2O_3 \cdot SiO_2$	C_2AS
七铝酸十二钙	$12CaO \cdot 7Al_2O_3$	$C_{12}A_7$

除了上述的铝酸盐外,铝酸盐水泥还含有少量的硅酸二钙等成分。

2)水化及硬化

铝酸一钙是铝酸盐水泥的主要组成矿物,其水化反应与温度有较大关系。当温度小于20 ℃时,其水化反应如下:

$$CaO \cdot Al_2O_3 + 10H_2O = CaO \cdot Al_2O_3 \cdot 10H_2O \quad (5-21)$$

水化铝酸一钙(简写为 CAH_{10})

当温度在20~30 ℃时,其水化反应如下:

$$2(CaO \cdot Al_2O_3) + 11H_2O = 2CaO \cdot Al_2O_3 \cdot 8H_2O + Al_2O_3 \cdot 3H_2O \quad (5-22)$$

水化铝酸二钙(简写为 C_2AH_8)

当温度大于30 ℃时,其水化反应如下:

$$3(CaO \cdot Al_2O_3) + 12H_2O = 3CaO \cdot Al_2O_3 \cdot 6H_2O + 2(Al_2O_3 \cdot 3H_2O) \quad (5-23)$$

水化铝酸三钙(简写为 C_3AH_6)

二铝酸一钙的水化产物与铝酸一钙的水化产物基本相同,其水化产物数量较少,对铝酸盐水泥的影响不大。七铝酸十二钙水化速度快,但强度低。硅铝酸二钙又称方柱石,为惰性矿物。少量的硅酸二钙水化生成水化硅酸钙凝胶。

由以上水化反应可以看出,铝酸盐水泥的水化产物主要是水化铝酸一钙(CAH_{10})、水化铝酸二钙(C_2AH_8)和铝胶($Al_2O_3 \cdot 3H_2O$)。CAH_{10}和C_2AH_8是针状和片状晶体,能在早期相互连成坚固的结晶连生体,同时生成的氢氧化铝凝胶填充在晶体的空隙内,形成密实的结构。因此,铝酸盐水泥早期强度增长很快。CAH_{10}和C_2AH_8是亚稳定型的,随着时间的推移,会逐渐转变为稳定的C_3AH_6,转化过程随着温、湿度的升高而加速。晶型转变的结果是水泥石内析出大量的游离水,固相体积减缩约50%,增加了水泥石的孔隙率,同时,由于C_3AH_6本身强度较低,所以水泥石的强度下降。因此,铝酸盐水泥的长期强度是下降的,其最终稳定强度值一般只有早期强度的1/2或更低。对于CA-50铝酸盐水泥,由于长期强度下降,应用时要测定其最低稳定值。国家标准规定:CA-50铝酸盐水泥混凝土的最低稳定值以在(50±2)℃水中养护的混凝土试件的7 d和14 d强度中的最低值来确定。

3)技术指标

①细度。比表面积不小于300 m^2/kg 或 0.045 mm 的筛余量不得大于20%。

②密度。与硅酸盐水泥相近,为3.0~3.2 g/cm^3。

③凝结时间。初凝和终凝时间应符合表5-10的要求。

表5-10 铝酸盐水泥凝结时间要求(GB/T 201—2015)

水泥类型	初凝时间	终凝时间
CA-50	不得大于30 min	不得小于6 h
CA-70		
CA-80		
CA-60	不得大于60 min	不得小于18 h

④强度等级。各类型铝酸盐水泥各龄期强度值不得小于表5-11中的要求。

表5-11 铝酸盐水泥各龄期的强度要求(GB/T 201—2015)

水泥类型	抗压强度/MPa				抗折强度/MPa			
	6 h	1 d	3 d	28 d	6 h	1 d	3 d	28 d
CA-50	20	40	50	—	3.0	5.5	6.5	—
CA-60		20	45	85	—	2.5	5.0	10.0
CA-70		30	40			5.0	6.0	
CA-80		25	30			4.0	5.0	

4)特性及应用

①凝结硬化迅速,早期强度卓越,其1 d的强度即可达到3 d强度的80%以上,非常适用于紧急抢修、军事建设、临时性项目及对早期强度有严格要求的工程。

②其水化热释放显著且主要集中于早期阶段,1 d内可释放总水化热的70%~80%,导致温度急剧上升。因此,铝酸盐水泥不适宜用于大体积混凝土施工,但在寒冷的冬季施工中则表现优异。

③具有出色的抗硫酸盐侵蚀性能,因水化产物中不含氢氧化钙,故特别适用于耐酸及

硫酸盐腐蚀环境的工程项目。

④耐热性能优良,在高温条件下能与骨料发生固相反应,形成稳定的结构体系。因此,铝酸盐水泥可用于制备承受1200～1400 ℃高温的耐热砂浆或混凝土,如窑炉衬里等。

⑤其耐碱性较弱,水化产物水化铝酸钙遇碱后强度显著降低。故铝酸盐水泥不可用于与碱性物质直接接触的项目,也不应与能析出氢氧化钙(如硅酸盐水泥、石灰等)的材料混合使用,以免引发闪凝现象,生成高碱性水化铝酸钙,导致混凝土开裂、强度衰减。

⑥在钢筋混凝土结构中应用时,需确保钢筋保护层的厚度不低于60 mm,且未经充分试验验证,不得随意添加任何外加剂。

⑦铝酸盐水泥CA-50的最佳使用温度为15 ℃,且不宜超过25 ℃。通常不建议用于需要长期承受荷载的工程结构中。

2. 快硬水泥

1)快硬硅酸盐水泥

由硅酸盐水泥熟料与适量石膏精细研磨而成,其强度等级以3 d抗压强度为标准进行标定的水硬性胶凝材料,被命名为快硬硅酸盐水泥(简称快硬水泥)。快硬水泥的生产流程与硅酸盐水泥大体相同,但在生产过程中,特别注重提升了硅酸三钙(占比50%～60%)和铝酸三钙(占比8%～14%)的含量,确保两者总量不低于60%,同时增加了石膏的掺入比例(最高可达8%),并提升了粉磨的细腻程度,使得比表面积达到330～450 m²/kg。

快硬硅酸盐水泥的关键技术指标包括:

①细度:通过0.080 mm方孔筛的筛余量需严格控制在10.0%以下。

②凝结时间:其初凝时间不得短于45 min,而终凝时间则不应超过600 min。

③强度等级:快硬硅酸盐水泥依据其1 d和3 d的强度表现,被划分为325、375、425三个强度等级,且各龄期的强度值必须满足表5-12所规定的最低要求。

表5-12 快硬硅酸盐水泥各龄期的强度要求

标号	抗压强度/MPa			抗折强度/MPa		
	1 d	3 d	28 d	1 d	3 d	28 d
325	15.0	32.5	52.5	3.5	5.0	7.2
375	17.0	37.5	57.5	4.0	6.0	7.6
425	19.0	42.5	62.5	4.5	6.4	8.0

注:28 d强度仅为参考。

快硬硅酸盐水泥以其快速的硬化过程和显著的早期强度优势著称,同时伴随高且集中的水化热释放。它在抗冻性能方面表现优异,但在耐腐蚀性方面则稍显不足。通常,快硬水泥被广泛应用于紧急抢修工程和低温施工环境中,以发挥其独特的性能优势。然而,鉴于其较大的水化热特性,快硬水泥并不适宜用于大体积混凝土工程及存在腐蚀性介质的工程项目中,以避免潜在的热应力和腐蚀问题。

2)快硬硫铝酸盐水泥

经过适当煅烧工艺处理的生料,生成了以无水硫铝酸钙和硅酸二钙为主要矿物成分的熟料。随后,加入适量石膏,并经过精细研磨,制成了早期强度卓越的水硬性胶凝材料,这一材料被命名为快硬硫铝酸盐水泥,其代号为 R·SAC。

快硬硫铝酸盐水泥的关键技术指标严谨且明确:

①细度方面,其比表面积必须达到或超过 350 m²/kg,以确保产品的细腻与性能。

②凝结时间上,初凝不得超过 25 min,而终凝则需保证在 180 min 以上,以满足不同施工需求。

③安定性要求极为严格,水泥中严禁存在游离氧化钙,一旦发现即视为废品,以确保工程的长期稳定性。

④强度等级依据 3 d 的抗压强度划分为三个标准等级,各等级及不同龄期的具体强度值均详细列于表 5-13 中,为设计与施工提供了坚实的依据。

表 5-13　快硬硫铝酸盐水泥各龄期的强度要求(JC/T 933—2019)

强度等级	抗压强度/MPa			抗折强度/MPa		
	1 d	3 d	28 d	1 d	3 d	28 d
42.5	33.0	42.5	45.0	6.0	6.5	7.0
52.5	42.0	52.5	55.0	6.5	7.0	7.5
62.5	50.0	62.5	65.0	7.0	7.5	8.0
72.5	56.0	72.5	75.0	7.5	8.0	8.5

快硬硫铝酸盐水泥熟料中的无水硫铝酸钙具有快速水化的特性,与掺入的石膏迅速反应生成钙矾石晶体及丰富的铝凝胶体。这些钙矾石晶体迅速结晶,构建起坚硬的水泥石骨架,而铝凝胶体则不断填充其间隙,从而显著缩短了水泥的凝结时间,并赋予其卓越的早期强度。与此同时,熟料中的 C_2S(硅酸二钙)持续水化,生成水化硅酸钙胶体和 $Ca(OH)_2$ 晶体,进一步促进了后期强度的稳步增长。

快硬硫铝酸盐水泥以其高早期强度、硬化后致密的结构(低孔隙率)、优异的抗渗性和低 $Ca(OH)_2$ 含量而著称,这些特性使其具备出色的抗硫酸盐腐蚀能力,但需注意其耐热性相对较弱。因此,该水泥广泛应用于要求早强、抗渗、抗硫酸盐腐蚀的混凝土工程中,同时也非常适合冬季施工、浆锚和喷锚支护、节点加固、紧急抢修及堵漏等场景。此外,鉴于硫铝酸盐的低碱度特性,它还被用于生产多种玻璃纤维制品,展现了其多样化的应用潜力。

3. 白色硅酸盐水泥

白色硅酸盐水泥,简称白水泥,代号为 P·W,是一种通过精细研磨氧化铁含量极低的硅酸盐水泥熟料、适量石膏及精选混合材而制得的水硬性胶凝材料。在水泥的磨制过程中,允许掺入不超过水泥总质量 10% 的石灰石或窑灰作为外加物,以调节水泥性能。同时,为了优化磨制效率,可加入不超过水泥质量 1% 的助磨剂,但前提是这些添加剂不得对水泥的原有性能造成负面影响。

白色硅酸盐水泥的生产工艺、矿物组成以及基本性能与普通硅酸盐水泥大致相同,但其在色泽上更为纯净,广泛应用于有高白度要求的建筑装饰、艺术制品及特定工程领域。有关白色硅酸盐水泥的详细技术要求和标准,请参阅国家标准《白色硅酸盐水泥》(GB/T 2015—2017)。

通用水泥因其内含丰富的氧化铁而普遍呈现灰色,且颜色深浅与氧化铁含量成正比。因此,白色硅酸盐水泥(白水泥)的生产核心在于严格控制铁元素的含量,通常需将其氧化铁含量维持在普通水泥的 10% 以下。为实现这一目标,首要步骤是精选原料,确保采用高白度的材料,如白垩、高岭土、瓷石、白泥、纯净石英砂及雪花石膏等;其次,在生料与熟料的粉磨过程中,为防止铁质污染,球磨机内壁需避免使用钢衬板,转而采用白色花岗岩或高强度陶瓷衬板,并选用烧结刚玉、瓷球及卵石等无铁质研磨体。在熟料煅烧阶段,优选天然气、柴油或重油等清洁燃料,以减少灰烬对熟料纯度的影响。此外,还可通过喷水、喷油等漂白技术,促使深色的 Fe_2O_3 还原为颜色较浅的 FeO 或 Fe_3O_4,进一步提升白度。

白色硅酸盐水泥的技术指标严格且具体:

①细度方面,通过 0.08 mm 方孔筛的筛余量需严格控制在 10% 以内。

②凝结时间上,初凝不得早于 45 min,而终凝则不得迟于 600 min。

③强度等级依据 3 d 和 28 d 的抗压及抗折强度划分为 32.5、42.5、52.5 三个等级,各龄期的强度值均须满足表 5-14 所规定的最低要求。

④白度检测中,利用白度仪测定的水泥样品白度值不得低于 87。

⑤安定性方面,通过沸煮法检验必须合格,同时熟料中的 MgO 含量不得超过 5.0%,SO_3 含量亦需控制在 3.5% 以内,以确保水泥的体积稳定性和耐久性。

表 5-14 白水泥各龄期的强度要求(GB/T 2015—2017)

强度等级	抗压强度/MPa		抗折强度/MPa	
	3 d	28 d	3 d	28 d
32.5	12.0	32.5	3.0	6.0
42.5	17.0	42.5	3.5	6.5
52.5	22.0	52.5	4.0	7.0

白色硅酸盐水泥主要用于各种装饰混凝土及装饰砂浆,例如水刷石、水磨石及人造大理石等。

4. 抗硫酸盐硅酸盐水泥

抗硫酸盐硅酸盐水泥依据其抵抗硫酸盐侵蚀能力的不同,被明确划分为中抗硫酸盐硅酸盐水泥与高抗硫酸盐硅酸盐水泥两大类别。

中抗硫酸盐硅酸盐水泥(简称中抗硫酸盐水泥),代号 P·MSR,是通过精确配比硅酸盐水泥熟料与适量石膏,并经过精细研磨而制成的水硬性胶凝材料。该材料专为抵御中等浓度硫酸根离子的侵蚀而设计,其化学成分中 C_3A(铝酸三钙)的含量被严格控制在 5% 以下,而 C_3S(硅酸三钙)的含量则不超过 55%,以确保其优异的抗侵蚀性能。

高抗硫酸盐硅酸盐水泥(简称高抗硫酸盐水泥),代号 P·HSR,则是采用更高标准的原料配比与生产工艺,旨在抵御更高浓度硫酸根离子的侵蚀。同样地,该水泥也是由硅酸盐水泥熟料与石膏共同磨细而成,但其 C_3A 含量被进一步限制在 3% 以内,C_3S 含量则不超过 50%,以提供更为卓越的抗硫酸盐侵蚀能力。

根据最新国家标准《抗硫酸盐硅酸盐水泥》(GB/T 748—2023)的明确规定,抗硫酸盐水泥被划分为 32.5 和 42.5 两个强度等级,且各龄期的强度值均需满足表 5-15 所规定的最低标准,以确保其在各种工程应用中的性能稳定性和可靠性。

表 5-15　抗硫酸盐硅酸盐水泥各龄期的强度要求(GB/T 748-2023)

水泥等级	抗压强度/MPa		抗折强度/MPa	
	3 d	28 d	3 d	28 d
32.5	10.0	32.5	2.5	6.0
42.5	15.0	42.5	3.0	6.5

在抗硫酸盐水泥中,由于限制了水泥熟料中 C_3A、C_4AF 和 C_3S 的含量,水泥的水化热较低,水化铝酸钙的含量较少,抗硫酸盐侵蚀的能力较强,适用于一般受硫酸盐侵蚀的海港、水利、地下、引水、隧道、道路和桥梁基础等大体积混凝土工程。

5. 水工硅酸盐水泥

水工硅酸盐水泥是专为水工结构混凝土配制而设计的水泥种类,涵盖了中、低热硅酸盐水泥以及低热矿渣硅酸盐水泥。

中热硅酸盐水泥,简称中热水泥,代号为 P·MH,是采用特定配比的硅酸盐水泥熟料,并加入适量石膏,经过精细研磨制成的水硬性胶凝材料。其显著特点是具有中等水化热,适用于特定工程需求,强度等级设定为 42.5。

低热硅酸盐水泥,则简称为低热水泥,代号为 P·LH,同样以精心配比的硅酸盐水泥熟料为基础,加入适量石膏,并经过精密磨制而成。该水泥以低水化热为特点,适用于对温度控制要求较高的工程环境,其强度等级同样达到 42.5。

低热矿渣硅酸盐水泥,简称低热矿渣水泥,代号为 P·SLH,是在硅酸盐水泥熟料的基础上,进一步掺入粒化高炉矿渣及适量石膏,通过精细加工制成的水硬性胶凝材料。该水泥不仅具有低水化热的特性,还因矿渣的加入而增强了某些性能,其强度等级为 32.5。在制备过程中,矿渣的掺量可控制在总质量的 20%～60% 之间,且允许使用不超过混合材料总量 50% 的粒化电炉磷渣或粉煤灰来替代部分粒化矿渣,以满足不同的工程需求。

水工硅酸盐水泥的技术指标经过精心设定,以确保其在水工结构中的卓越性能,具体如下:

①矿物含量要求严苛:

对于中热硅酸盐水泥熟料,C_3A(铝酸三钙)的含量必须严格控制在 6% 以下,而 C_3S(硅酸三钙)的含量则不得超过 55%。

低热硅酸盐水泥熟料同样要求 C_3A 含量低于 6%,但 C_3S 的含量则需保持在 40% 及以上的水平。

在低热矿渣硅酸盐水泥中,C_3A 的含量上限设定为 8%,以优化其性能。

②细度方面,水泥的比表面积需达到或超过 250 m^2/kg,以确保其细腻度和均匀性。

③凝结时间控制精确:

初凝时间不得超过 1 h,以快速形成初步强度。

终凝时间则不得少于 12 h,保证水泥浆体有足够的时间进行充分的水化反应。

④化学成分控制严格:

三氧化硫(SO_3)的含量不得超过 3.5%,以避免对水泥性能产生不利影响。

f-CaO(游离氧化钙)的含量在中、低热水泥中需控制在 10% 以下,而在低热矿渣水泥中则需更为严格地限制在 1.2% 以内,以确保水泥的安定性和耐久性。

⑤强度等级方面,各龄期的强度值均不得低于表 5-16 中所规定的最低要求,以确保水工结构在不同阶段均能满足设计强度需求。

表 5-16 中、低热水泥各龄期的强度要求(GB/T 200—2017)

品种	强度等级	抗压强度/MPa			抗折强度/MPa		
		3 d	7 d	28 d	3 d	7 d	28 d
中热硅酸盐水泥	42.5	12.0	22.0	42.5	3.0	4.5	6.5
低热硅酸盐水泥	42.5	—	13.0	42.5	—	3.5	6.5
低热矿渣水泥	32.5	—	12.0	32.5	—	3.0	5.5

⑥水化热。各龄期的水化热上限值见表 5-17。

表 5-17 中、低热水泥各龄期水化热上限值(GB/T 200—2017)

品种	强度等级	水化热/(kJ·kg^{-1})	
		3 d	7 d
中热水泥	42.5	251	293
低热水泥	42.5	230	260
低热矿渣水泥	32.5	197	230

这类水泥水化热低,性能稳定,主要适用于要求水化热较低的大地和大体积混凝土工程,可以克服因水化热引起的温度应力而导致混凝土的破坏。

6.膨胀水泥和自应力水泥

普通水泥在空气中的硬化过程中,往往伴随着一定程度的体积收缩,这一现象极易引发混凝土内部裂缝的形成,进而削弱混凝土的强度及耐久性。相比之下,膨胀水泥与自应力水泥在凝结硬化的关键阶段,通过生成大量钙矾石(AFt)而展现出独特的体积膨胀特性,这一特性有效抵消了收缩带来的负面影响,保障了混凝土结构的稳定性。

当膨胀水泥应用于钢筋混凝土结构中时,其体积膨胀特性使得钢筋受到一定程度的拉应力作用,而混凝土则相应承受压应力。这种由水泥水化作用预先产生的压应力,不仅显著减少了混凝土内部的微裂缝,还能够在一定程度上抵消外界环境带来的拉应力,从而显著提升了混凝土的抗拉强度。这种由水泥水化自然形成的预压应力,被称为"自应力",其大小以"自应力值"来量化表示。

基于自应力值的不同,水泥被明确划分为两大类别:若自应力值达到或超过 2.0 MPa,则归类为自应力水泥;反之,若自应力值小于 2.0 MPa,则归类为膨胀水泥。这样的分类有助于在特定工程应用中,根据实际需求选择合适的水泥类型,以达到最佳的施工效果。

膨胀水泥与自应力水泥依据其主要成分的不同,可细分为以下几大类型:

①硅酸盐型:此类型以硅酸盐水泥熟料为核心成分,辅以铝酸盐水泥及天然二水石膏

精心配制而成,展现出独特的性能特点。

②铝酸盐型:以铝酸盐水泥为主体,通过添加适量石膏进行配制。其中的铝酸盐自应力水泥尤为显著,以其高自应力值、卓越的抗渗性、优异的气密性以及较长的膨胀稳定期而著称。

③硫铝酸盐型:采用无水硫铝酸盐与硅酸二钙作为主要成分,并添加石膏进行精细化配制,以满足特定工程需求。

④铁铝酸盐型:以铁相、无水硫铝酸钙以及硅酸二钙为基石,结合石膏的加入,打造出具有独特性能的水泥品种。

自应力水泥,凭借其显著的膨胀性能,常被应用于预应力钢筋混凝土压力管及其配件等关键领域,以发挥其独特的优势。而膨胀水泥,尽管其膨胀性相对较低,但在限制膨胀的条件下,能够产生足够的压应力以有效抵消干缩引起的拉应力,从而显著降低并预防混凝土干缩裂缝的产生。因此,膨胀水泥在收缩补偿混凝土工程、防渗混凝土(如屋顶防渗、水池等)、防渗砂浆、结构加固、构件接缝与接头灌浆以及固定设备机座与地脚螺栓等方面得到了广泛应用。

三、专用水泥的性能与应用

1. 道路硅酸盐水泥

《道路硅酸盐水泥》(GB/T 13693—2017)标准明确定义:道路硅酸盐水泥是由道路硅酸盐水泥熟料、最多10%的活性混合材料及适量石膏经细磨而制成的水硬性胶凝材料,简称道路水泥。此熟料的核心成分为硅酸钙,并富含铁铝酸钙。值得注意的是,在道路硅酸盐水泥中,熟料的化学组成与通用硅酸盐水泥保持一致,但关键区别在于其铝酸三钙的含量被严格控制在不超过5.0%的范围内,而铁铝酸四钙的含量则需高于16.0%。这样的配比设计旨在满足道路建设中的特殊需求。

道路硅酸盐水泥的技术指标经过精心设定,以确保其优越性能,具体如下:

①细度:其比表面积严格控制在$300\sim450\ m^2/kg$之间,确保了水泥颗粒的细腻与均匀。

②凝结时间:初凝时间被限定在不超过1.5 h,以保障施工效率;而终凝时间则要求不少于10 h,确保水泥充分硬化,满足结构稳定性需求。

③体积安定性:通过沸煮法严格检验,确保质量合格。同时,熟料中的氧化镁(MgO)含量严格控制在5.0%以下,三氧化硫(SO_3)含量亦不得超过3.5%,以避免体积膨胀等不良影响。

④干缩性:依据国家标准所规定的试验方法,道路硅酸盐水泥在28 d内的干缩率被严格限制在0.10%以内,有效减少因水分蒸发引起的体积变化。

⑤耐磨性:依据国家标准所规定的试验方法,该水泥在28 d内的磨耗量被严格控制在$3.00\ kg/m^2$以下,显示出其卓越的耐磨性能,适用于高交通负荷的道路建设。

⑥强度等级:道路硅酸盐水泥被细分为32.5、42.5、52.5三个强度等级,每个等级在各龄期的强度值均不得低于表5-18中的具体要求,确保了水泥在不同使用条件下的强度

稳定性和可靠性。

表 5-18　道路硅酸盐水泥各龄期的强度要求(GB/T 13693—2017)

强度等级	抗压强度/MPa		抗折强度/MPa	
	3 d	28 d	3 d	28 d
32.5	16.0	32.5	3.5	6.5
42.5	21.0	42.5	4.0	7.0
52.5	26.0	52.5	5.0	7.5

道路硅酸盐水泥以其卓越的抗折强度、优异的耐磨性能以及显著的干缩抑制能力，展现出在抗冻、抗冲击及抗硫酸盐侵蚀方面的杰出表现。这些特性有效减少了混凝土路面因温度变化而产生的裂缝及日常磨损，进而降低了路面的维修成本，显著延长了使用寿命。因此，道路硅酸盐水泥尤为适用于公路路面铺设、机场跑道建设以及城市中人流量密集的广场等工程的面层混凝土施工，为各类交通设施提供了坚实、耐久的基础材料保障。

2. 砌筑水泥

由一种或多种水泥混合材料，辅以适量硅酸盐水泥熟料与石膏，经过精细研磨而制成的水硬性胶凝材料，因其良好的工作性能而被命名为砌筑水泥，其代号为 M。此类水泥依据强度特性划分为 12.5 和 22.5 两个等级，各龄期的具体强度值详见表 5-19。

表 5-19　砌筑水泥各龄期强度值(GB/T 3183—2017)

强度等级	抗压强度/MPa		抗折强度/MPa	
	7 d	28 d	7 d	28 d
12.5	7.0	12.5	1.5	3.0
22.5	10.0	22.5	2.0	4.0

砌筑水泥的强度很低，硬化较慢，但其和易性、保水性较好，主要用于工业与民用建筑的砌筑砂浆、内墙抹面砂浆，也可用于配制道路混凝土垫层或蒸养混凝土砌块，但一般不用于钢筋混凝土结构和构件。

【性能检测】

一、材料准备

硅酸盐水泥、普通水泥、矿渣水泥、粉煤灰水泥、火山灰水泥、复合水泥样品。

二、实施步骤

(1)分组讨论各种水泥的特性及应用。
(2)现有下列混凝土工程和构件的生产任务，选用合理的水泥品种并说明理由。
①大体积混凝土工程；
②有抗冻要求的混凝土工程；

③有硫酸盐腐蚀的地下工程；
④高炉或工业窑炉的混凝土基础；
⑤有抗渗(防水)要求的混凝土工程；
⑥冬季现浇施工混凝土工程；
⑦大跨度结构工程、高强度预应力混凝土工程；
⑧采用蒸汽养护的混凝土构件。

【课堂小结】

水泥作为本课程的核心内容之一，是水泥混凝土不可或缺的基石材料。其种类繁多，依据用途与性能差异，可划分为通用水泥、特性水泥及专用水泥三大类。通用水泥涵盖硅酸盐水泥、普通水泥、粉煤灰水泥、矿渣水泥、火山灰水泥及复合水泥等；特性水泥则包括快硬水泥、白水泥、膨胀水泥、中热水泥、低热水泥等特色品种；而专用水泥，如砌筑水泥与道路水泥，则专为特定工程需求设计。

各类水泥均以硅酸盐水泥为基础发展而来，后者含有 C_3S、C_2S、C_3A、C_4AF 四种主要矿物成分，水化后形成水化硅酸钙、水化铝酸钙、水化铁酸钙、水化硫酸钙及氢氧化钙等产物。硅酸盐水泥的技术特性广泛，涵盖密度、堆积密度、细度、标准稠度用水量、凝结时间、体积安定性、强度、水化热、不溶物与烧失量、含碱量等多个方面。储存时需分开放置，防潮防久存，以避免不当使用导致的腐蚀问题，如软水、盐类、酸类及强碱腐蚀等。防腐措施包括合理选择水泥品种、提升水泥石密度及制作保护层。

混合材料分为活性与非活性两类，其掺入显著影响硅酸盐水泥的性能，如降低早期强度但促进后期强度增长、减小水化热、增强抗腐蚀性，同时对温湿度变化更为敏感。通用水泥实则是硅酸盐水泥与五种掺混合材料的硅酸盐水泥的统称，它们因矿物成分比例的不同而各具特色，满足多样化混凝土与钢筋混凝土工程的需求。使用过程中，加强养护至关重要。

在特性与专用水泥领域，快硬水泥与铝酸盐水泥特别适用于紧急抢修工程，但需注意铝酸盐水泥不适用于蒸汽养护且后期强度可能下降。硅酸盐水泥则能配制耐热混凝土。白水泥与彩色水泥则适用于有装饰要求的易受潮的结构或部位。中热水泥、低热水泥及其衍生品种则适宜大体积混凝土工程。膨胀水泥应用得当可有效防止混凝土收缩裂缝。而砌筑水泥因其强度较低，则不宜用于钢筋混凝土结构工程。

【课堂测试】

一、选择题

1.下列强度等级的水泥品种中，属于早强型水泥的是(　　)。
A.P·O 42.5　　　　　　　　　　B.P·O 42.5R
C.P·Ⅰ 42.5　　　　　　　　　　D.P·Ⅱ 42.5
2.据国家的有关规定，终凝时间不得长于6.5 h的水泥是(　　)。
A 硅酸盐水泥　　　　　　　　　B.普通硅酸盐水泥
C.矿渣硅酸盐水泥　　　　　　　D.火山灰质硅酸盐水泥

3. 代号为 P·O 的通用硅酸盐水泥是(　　)。
   A. 硅酸盐水泥　　　　　　　　B. 普通硅酸盐水泥
   C. 粉煤灰硅酸盐水泥　　　　　D. 复合硅酸盐水泥
4. 水泥的初凝时间指(　　)。
   A. 从水泥加水拌合起至水泥浆失去可塑性所需的时间
   B. 从水泥加水拌合起至水泥浆开始失去可塑性所需的时间
   C. 从水泥加水拌合起至水泥浆完全失去可塑性所需的时间
   D. 从水泥加水拌合起至水泥浆开始产生强度所需的时间
5. (多选)高性能混凝土不宜采用(　　)。
   A. 强度等级 32.5 级的硅酸盐水泥　　B. 强度等级 42.5 级的硅酸盐水泥
   C. 强度等级 52.5 级的普通硅酸盐水泥　D. 矿渣硅酸盐水泥
   E. 粉煤灰硅酸盐水泥

二、问答题

1. 硅酸盐水泥熟料的主要矿物成分有哪些？各有何特性？
2. 硅酸盐水泥水化后有哪些水化产物？
3. 制造硅酸盐水泥时为何要加入适量石膏？石膏掺量的多少对硅酸盐水泥有什么影响？
4. 硅酸盐水泥体积安定性不良的原因是什么？如何检验安定性？
5. 测定水泥强度等级、凝结时间、体积安定性时，为什么必须采用标准稠度的浆体？
6. 影响硅酸盐水泥强度发展的主要因素有哪些？
7. 为什么硅酸盐水泥早期强度高,水化热大,耐腐蚀性差；而矿渣水泥早期强度低,水化热小,但后期强度增长较快,耐腐蚀性较强？
8. 简述水泥石腐蚀的类型及原因。
9. 掺混合材料的水泥和硅酸盐水泥在性能上有何差异？请说明原因。
10. 某工地材料仓库存放有白色胶凝材料,可能是磨细生石灰、建筑石膏、白色水泥,可用什么简便方法加以鉴别？
11. 现有下列混凝土工程结构,请分别选用合适的水泥品种,并说明理由。
    (1)大体积混凝土工程；
    (2)采用湿热养护的混凝土构件；
    (3)高强度混凝土工程；
    (4)严寒地区受到反复冻融的混凝土；
    (5)与硫酸盐介质接触的混凝土工程；
    (6)有耐磨要求的混凝土工程；
    (7)紧急抢修工程、军事工程或防洪工程；
    (8)高炉基础；
    (9)道路工程。

模块六　混凝土的检测与配制

【知识目标】
1. 掌握普通混凝土的组成及其原材料的质量控制；
2. 掌握普通混凝土拌合物的主要技术性质、要求及影响因素，掌握硬化后水泥混凝土的主要技术性质、要求及影响因素；
3. 掌握普通混凝土的配合比设计步骤；
4. 了解普通混凝土的质量控制；
5. 了解其他品种混凝土的特点及应用。

【能力目标】
1. 会检测混凝土拌合物的和易性；
2. 能做混凝土标准试块，会检测混凝土强度，并根据混凝土抗压强度，判定混凝土强度等级；
3. 能按要求进行混凝土配合比设计、试配与调整；
4. 能根据施工单位给出的混凝土强度历史资料，对混凝土质量进行合格性判定。

【素质目标】
1. 具备质量和环保意识；
2. 具备工匠精神、团队协作精神和社会责任感；
3. 养成科学严谨、求实创新、安全文明施工的良好职业道德。

【案例引入】
1. 某中学建设砖混结构校舍，11月中旬气温已达零下十几摄氏度。因人工搅拌振荡，故把混凝土拌得很稀，木模板缝隙又较大，漏浆严重；同年12月9日，施工者准备内粉刷，拆去支柱，在屋面上用手推车推卸白灰炉渣以铺设保温层，不料大梁突然断裂，屋面塌落。请分析原因。

2. 某住宅一层砖混结构，1月15日浇筑，同年3月7日拆模时突然梁断倒塌。施工队队长介绍，混凝土配合比是根据经验配制的，体积比1.5∶3.5∶6，即质量比1∶2.33∶4，水灰比为0.68。现场未粉碎混凝土用回弹仪测试，读数最高仅13.5 MPa，最低为0。请分析原因。

一、混凝土概述

混凝土是一种由胶凝材料、粗细骨料、水以及（在必要时）添加的外加剂，按精确比例混合、拌制、浇筑并成型后，经过适当时间的养护过程，逐渐硬化而成的人造石材。它具备显著的强度和耐久性特点。混凝土,亦称为水泥混凝土,是当前全球范围内使用量最为庞大的人工建筑材料,广泛应用于建筑、水利、道路桥梁及国防工程等多个领域。

1. 按表观密度分类

混凝土按体积密度大小分类,通常可分为以下几种。

1)重混凝土

重混凝土,其表观密度显著超过 2800 kg/m³,是一种采用高密度骨料如重晶石、铁矿石、铁屑等精心配制,并辅以重水泥如锶水泥等材料制成的特殊混凝土。其独特的厚重与密实特性,赋予了其卓越的抗 X 射线与 γ 射线穿透能力,因此,在核能工程领域,它常被用作关键的屏蔽材料。

2)普通混凝土

普通混凝土,其干表观密度介于 2000～2800 kg/m³ 之间,是建筑工程领域的常客。它采用常见的天然砂、石作为骨料,通过科学配比制成,广泛应用于各种承重结构的构建中,是建筑工程不可或缺的基础材料。

3)轻骨料混凝土

轻骨料混凝土,是一类干表观密度不超过 1950 kg/m³ 的混凝土,其配制过程中使用了轻粗骨料、轻砂或普通砂等轻质材料。根据骨料的不同,它可细分为多种类型,如采用膨胀珍珠岩、浮石、陶粒、煤渣等轻质材料作为骨料的骨料混凝土,以及泡沫混凝土、加气混凝土等多孔混凝土,还有无砂大孔混凝土等,后者在制备过程中不添加细骨料。这类混凝土因其轻质特性,在保温隔热及轻质结构领域发挥着重要作用。

2. 按强度分类

混凝土按强度等级分类,通常可分为以下几种。

1)普通混凝土

普通混凝土的抗压强度一般在 60 MPa(C60 等级)以下。抗压强度小于 30 MPa 的混凝土为低强度等级混凝土,抗压强度为 30～60 MPa(C30～C60)的混凝土为中强度混凝土。

2)高强度混凝土

高强度混凝土的抗压强度在 60～100 MPa 之间。

3)超高强混凝土

超高强混凝土的抗压强度在 100 MPa 以上。

3. 按胶凝材料分类

混凝土按所用胶凝材料分类,通常可分为水泥混凝土、沥青混凝土、石膏混凝土、水玻璃混凝土、聚合物混凝土等。其中,水泥混凝土在建筑工程中用量最大、用途最广。

4. 按生产和施工工艺分类

混凝土按生产和施工工艺分类,可分为现场浇筑混凝土、商品混凝土、泵送混凝土、喷射混凝土、碾压混凝土、真空脱水混凝土和离心密实混凝土。

5. 按用途分类

混凝土按用途分类,可分为结构混凝土、装饰混凝土、防水混凝土、道路混凝土、大体积混凝土、防辐射混凝土、耐热混凝土和耐酸混凝土等。

有时,掺加钢纤维或合成纤维作为增强材料的混凝土,可用于提高混凝土的强度及抗裂性能等。

二、混凝土特点

混凝土,尤其是水泥混凝土,之所以能在全球范围内广泛应用,得益于其一系列卓越的性能特点,这些特点深刻体现在以下几个方面:

1. 原材料获取便捷且广泛

混凝土的主要成分中,砂、石等骨料占比超过80%,这些材料多可就地取材,不仅有效降低了原材料的开采与运输成本,还显著提升了工程的经济性与可持续性。

2. 拌合物具有出色的可塑性

混凝土拌合物能够依据工程设计的复杂需求,灵活地浇筑成任意形状与尺寸的结构件或构筑物,展现出极高的塑形能力与适应性。

3. 与钢筋的完美结合

尽管钢筋与混凝土在物理性能上大相径庭,但两者却拥有相近的线膨胀系数和强大的黏结力,这种独特的互补性使得它们能够协同工作,共同发挥最佳性能,成为建筑领域中不可或缺的黄金搭档。

4. 高强度与卓越耐久性

随着科技的飞速发展,我国混凝土生产技术也实现了质的飞跃。在外加剂的辅助下,我们能够轻松配制出抗压强度超过 100 MPa 的高强及超高强混凝土,同时赋予其优异的抗渗、抗冻、抗腐蚀及抗碳化性能,确保混凝土结构在恶劣环境下依然能够保持稳定,使用年限可长达数百年之久。

5. 施工便捷性高

混凝土施工方式灵活多样,既可采用传统的人工浇筑方式,也可根据具体工程环境特点,灵活选择泵送、喷射等高效施工方式。此外,自流平混凝土的出现更是极大地减轻了工人的劳动强度,该类型混凝土浇筑后无须人工振动密实,仅凭其优异的流动性即可自动密实成型,提高了施工效率与质量。

除了上述显著的性能优势外,混凝土也面临着一些不容忽视的局限性,如自重较大、养护周期较长、抗拉强度相对较低、热导率较高、耐高温性能有限,以及在拆除后其再生利用性相对较差等。然而,随着混凝土技术的不断创新与新型功能材料的不断涌现,这些缺陷正逐步得到改进或有效克服。

鉴于在建筑工程领域内,普通水泥混凝土以水泥为胶凝材料,占据了用量最大、应用范围最广的地位,因此,本节将重点聚焦于普通混凝土的探讨。依据建筑工程项目材料质量控制的严格规定,对于进入施工现场的预拌混凝土,必须实施全面的质量检查流程。这包括但不限于查验其出厂合格证,以及配套的水泥、砂、石子、外加剂、掺合料等关键原材料的复试报告与合格证;同时,还需核实混凝土配合比单,确保其配比的准确性;最后,混凝土试件的强度报告也是不可或缺的检验环节,它直接关系到混凝土结构的最终质量与安全性能。

任务一　普通混凝土组成材料的验收

【工作任务】

在配制普通混凝土之前,对各项组成材料进行全面而细致的验收是至关重要的,这直接关系到准确判定砂、石、水等关键原材料是否符合标准要求。普通混凝土的核心构成包括水泥、砂、石子、水以及必要时添加的外加剂,这些材料各自性能的优劣,对混凝土最终的整体性能有着深远的影响。

为确保混凝土质量,需依据国家标准《建设用砂》(GB/T 14684—2022)与《建设用卵石、碎石》(GB/T 14685—2022)等权威规范,对各组成材料进行严格的性能测定。此过程需严格遵守材料检测的专业步骤与注意事项,确保每一个检测环节都精准无误,以科学严谨的态度完成检测工作。

通过这一系列的验收与测定流程,我们不仅能够深入理解普通混凝土的组成结构,还能有效掌握其原材料的质量控制要点,为后续的混凝土配制与使用工作奠定坚实的基础。这不仅有助于提升工程项目的整体质量,也是保障建筑安全与耐久性的关键一环。

【相关知识】

一、混凝土中各组成材料的作用

在混凝土的组成材料中,砂与石作为骨料,扮演着至关重要的骨架角色,其中细小颗粒巧妙地填充于大颗粒之间的空隙之中,形成了紧密而稳固的结构基础。水泥与水相互作用,形成细腻的水泥浆体,这层浆体不仅紧密地包裹在砂粒的周围,还深入填充了砂粒之间微小的缝隙,从而增强了整体的黏结力。进一步地,当水泥浆与砂子结合后,便形成了更加致密的水泥砂浆,这层砂浆如同一层坚韧的外衣,紧紧包裹在石子表面,并深入渗透至石子间的空隙,极大地提升了混凝土的密实度与强度。在混凝土硬化之前,水泥浆还承担着润滑剂的角色,它赋予了混凝土拌合物良好的流动性,使得施工操作更为便捷与高效。而当混凝土浇筑成型并经历水化反应后,水泥中的化学成分发生转变,生成了强大的水化产物,这些产物如同无形的纽带,将砂、石等骨料紧密地胶结在一起,形成了一个坚不可摧的整体。随着时间的推移,混凝土逐渐硬化,转变为坚硬的人造石材,并展现出卓越的力学强度与耐久性。图 6-1 直观地展示了混凝土这种复杂而精妙的组织结构,为我们深入理解其性能与特性提供了有力的支持。

二、混凝土组成材料的技术性质

(一)水泥

水泥作为混凝土中的核心胶结材料,其品质与选择对于混凝土的强度、耐久性以及经

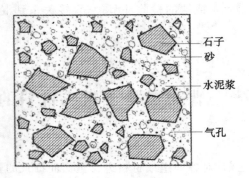

图 6-1 混凝土的组织结构

济性能具有决定性的影响。因此,在配制混凝土时,必须精心挑选合适的水泥品种,并准确确定其强度等级,以确保混凝土的整体性能达到最优状态。

1. 水泥品种的选择

在配制混凝土时,选择适用的水泥品种是至关重要的一步。这一决策应充分考虑到混凝土工程的具体特点、使用环境条件,以及各类水泥所独有的性能特点。通过综合分析与对比,选取最适合的水泥品种,以确保混凝土的整体质量与设计要求相匹配。

2. 水泥强度等级的选择

在配制混凝土时,所用的水泥强度等级应当与预设的混凝土设计强度等级相匹配,以确保混凝土的性能达到预期标准。一般来说,当需要配制高强度等级的混凝土时,应优先选择相应的高强度等级水泥,以充分发挥其强度优势;反之,对于低强度等级的混凝土,则应选用适当低强度的水泥,以避免不必要的浪费。

在具体实践中,对于一般强度要求的混凝土,推荐的水泥强度等级应为混凝土设计强度等级的 1.5~2.0 倍之间,这样的配比有助于在保证混凝土强度的同时,提升施工的可操作性和经济性。而对于要求更高强度的混凝土,水泥强度与混凝土强度的比例则需适当调整,一般建议控制在 0.9~1.5 倍之间,以确保混凝土在获得足够强度的同时,还能保持良好的工作性能和耐久性。

若采用高强度等级水泥来配制低强度等级的混凝土,尽管可能通过减少水泥用量或增大水灰比的方式勉强满足强度要求,但这种做法却会严重损害混凝土的和易性,导致施工过程中困难重重,且最终硬化的混凝土耐久性也会大打折扣。因此,从施工性能和长期耐久性的角度考虑,不建议使用高强度等级水泥来配制低强度等级的混凝土。

相反,若尝试使用低强度等级的水泥来配制高强度等级的混凝土,则会面临双重挑战:一是难以达到设计要求的强度标准;二是为了达到必要的强度,必须采用极低的水灰比,这意味着水泥用量将大幅增加。这不仅会使硬化后的混凝土更容易出现干缩变形和徐变变形,对混凝土结构的稳定性和耐久性构成威胁,还可能导致混凝土表面干裂等问题。此外,大量水泥的使用还会产生大量的水化热,对于大体积或较大体积的混凝土工程来说,这将显著增加温度应力和裂缝产生的风险。从经济角度来看,这种做法也是不合理的,因为增加了不必要的材料成本。

综上所述,为了确保混凝土的质量、施工性能和经济性,必须根据混凝土的设计强度等级来合理选择水泥的强度等级。

(二)细骨料——砂

粒径范围介于 0.15~4.75 mm 之间的骨料,我们通常称之为细骨料或细集料,即人们常说的砂子。砂子可进一步细分为天然砂与人工砂两大类。天然砂,是自然界中岩石经风化作用后形成的、大小不一的颗粒集合,具体包括河砂、山砂以及海砂。其中,河砂与海砂因长期受水流冲刷,颗粒表面显得圆润且洁净,但值得注意的是,海砂中可能掺杂有贝壳碎片及可溶性盐等有害杂质。而山砂则多呈现棱角分明、表面粗糙的特点,其含泥量及某些有害的有机杂质含量可能相对较高。

另一方面,人工砂则包括机制砂和混合砂,它们的颗粒形态尖锐,带有明显的棱角,同样具有较好的洁净度,但需注意控制片状颗粒及细粉的含量,同时其生产成本也相对较高。综合考量各方面因素,一般混凝土配制中多采用天然砂作为骨料,因其更为适宜。

与石子相似,砂子在混凝土中同样扮演着骨架支撑的重要角色,并有助于抑制水泥硬化过程中的收缩现象,从而减少收缩裂缝的产生。砂子与水泥浆共同协作,紧密包裹在石子表面,有效填充石子间的空隙,三者紧密结合,共同抵御外部荷载。

根据我国最新发布的《建设用砂》(GB/T 14684—2022)标准,砂子按照其细度模数 M_x 的大小被划分为粗、中、细三种规格;同时,根据技术要求的不同,又被分为Ⅰ类、Ⅱ类、Ⅲ类三种不同类别,以满足不同工程领域的具体需求。

对砂的质量要求主要有以下几个方面。

1. 有害杂质的含量

在配制混凝土时,所选用的砂必须保持高度的清洁度,确保不含有任何可能影响混凝土质量的杂质。然而,实际情况中,砂中往往不可避免地含有云母、硫酸盐、黏土、淤泥等有害成分。这些杂质附着于砂粒表面,会严重阻碍水泥与砂之间的有效黏结,进而削弱混凝土的整体强度。此外,它们的存在还会增加混凝土的用水量,加剧混凝土的收缩现象,从而对混凝土的耐久性造成不利影响。特别值得注意的是,氯化物含量过高会加速钢筋混凝土结构中钢筋的锈蚀过程,而某些硫酸盐和硫化物则可能对水泥石产生腐蚀作用,进一步损害混凝土的结构完整性。鉴于上述因素,对砂中有害杂质的含量必须实施严格的限制措施,以确保混凝土的性能和质量达到设计要求。

《建设用砂》(GB/T 14684—2022)对砂中有害杂质含量做了具体规定,见表 6-1。

表 6-1 混凝土用砂有害杂质及坚固性要求

项目		指标		
		Ⅰ类	Ⅱ类	Ⅲ类
云母(按质量计)/(%)	<	1.0	2.0	2.0
轻物质(按质量计)/(%)	<	1.0	1.0	1.0
有机物(比色法)		合格	合格	合格
硫化物及硫酸盐(按 SO_3 质量计)/(%)	<	0.5	0.5	0.5

续表

项目		指标		
		Ⅰ类	Ⅱ类	Ⅲ类
氯化物(按质量计)/(%)	<	0.01	0.02	0.06
含泥量(按质量计)/(%)	<	1.0	3.0	5.0
泥块含量(按质量计)/(%)	<	0	1.0	2.0
硫酸钠溶液5次干湿循环后的质量损失/(%)	<	8	8	8

2. 砂子的坚固性与碱活性

砂子的坚固性，是衡量其抵抗自然环境侵蚀与风化能力的重要指标。这一特性通常通过进行硫酸钠溶液的5次干湿循环试验来评估，其质量损失的程度直接反映了砂子坚固性的优劣。关于砂子坚固性的具体要求，请参照表6-1中的详细规定。

值得注意的是，当砂子中含有活性氧化硅时，这种成分有可能与水泥中的碱性物质发生反应，即所谓的碱-骨料反应。这种反应会导致混凝土的体积膨胀，进而引发开裂现象，严重影响混凝土的结构安全和使用寿命。因此，在选用骨料时，应优先考虑那些不含有活性氧化硅的砂子，以确保混凝土的长期稳定性和耐久性。

3. 砂的粗细程度与颗粒级配

砂的粗细度与颗粒级配是确保配制出的混凝土既能达到设计强度等级又能节约水泥用量的关键因素。在砂的用量保持恒定的情况下，若砂粒过细，其总表面积会相应增大，从而需要更多的水泥浆来包裹这些细砂粒，导致水泥用量增加；反之，若砂粒过粗，虽然能在一定程度上减少水泥用量，但会削弱混凝土拌合物的黏聚性，影响施工性能和混凝土质量。

因此，在选择用于拌制混凝土的砂时，应避免使用过于粗糙或细腻的砂子，而应注重砂的颗粒级配。这是因为混凝土中的砂粒间隙主要由水泥浆填充，通过优化砂的颗粒级配，可以最大限度地减少这些间隙，进而实现节约水泥和提高混凝土强度的双重目标。如图6-2所示，单一粒径的砂粒排列会导致较大的空隙率[图6-2(a)]，而采用两种不同粒径的砂粒进行搭配，则能显著减小空隙[图6-2(b)]；若进一步采用三种或更多不同粒径的砂粒进行混合搭配，空隙率将进一步降低[图6-2(c)]。这充分说明，为了更有效地减少砂粒间的空隙，提高混凝土的密实度和强度，应选用颗粒级配良好的砂，即采用多种不同粒径的砂子相互搭配使用。

依据国家标准《建设用砂》(GB/T 14684—2022)的明确规定，普通混凝土所采用的砂料，其细度模数通常需维持在2.0～3.5的范围内，以确保砂的粗细程度适中，有利于混凝土的配制。同时，该标准也强调了混凝土用砂的颗粒级配应满足特定要求，即其级配应落在任一合格级配区域内，否则将被视为颗粒级配不合格，可能影响混凝土的最终性能。

在颗粒级配的评估中，Ⅱ区级配的砂因其粗细适中、级配优良而被广泛认为是最理想的选择。相比之下，Ⅰ区砂富含粗粒，属于粗砂范畴，虽然可能在某些特定应用中有其优势，但在拌制混凝土时往往保水性较差，可能影响混凝土的均匀性和工作性。而Ⅲ区砂则

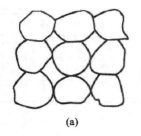 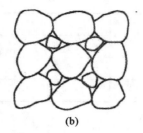 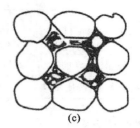

图 6-2 砂的不同级配情况

因其颗粒较细,属于细砂类别,虽然拌制的混凝土具有优异的保水性和黏聚性,但过多的水泥用量以及可能引发的较大干缩变形,增加了混凝土产生微裂缝的风险。

因此,混凝土用砂的级配选择至关重要,它直接影响到混凝土的整体性能和耐久性。在面临现有砂料级配不佳的情况时,可采取积极措施进行改善,其中最简单有效的方法之一便是通过人工级配手段,将粗砂与细砂按一定比例进行混合使用,以达到优化级配、提升混凝土性能的目的。

(三)粗骨料——石子

粗骨料一般是指粒径大于 4.75 mm 的岩石颗粒,有卵石和碎石两大类。卵石是由自然破碎、筛分而得。卵石多为圆形,表面光滑,与水泥黏结较差;碎石多棱角,表面粗糙,与水泥黏结较好。当采用相同混凝土配合比时,用卵石拌制的混凝土拌合物流动性较好,但硬化后强度较低;而用碎石拌制的混凝土拌合物流动性较差,但硬化后强度较高。

配制混凝土选用碎石还是卵石要根据工程性质、当地材料的供应情况、成本等各方面综合考虑。

为了保证混凝土的强度和耐久度,《建设用卵石、碎石》(GB/T 14685—2022)对卵石和碎石的各项指标做了具体规定,主要有以下几个方面。

1. 有害杂质含量

粗骨料中主要包含的有害杂质有黏土、淤泥、硫酸盐及硫化物,以及一些有机杂质等。这些有害物质对混凝土产生的负面影响,与它们在细骨料中的影响是相似的。此外,粗骨料中还可能存在针状(即颗粒长度超过其平均粒径的 2.4 倍)和片状(颗粒厚度小于平均粒径的 40%)的颗粒。针状和片状颗粒因其易折断的特性,当含量较高时,会显著降低新拌混凝土的流动性,并削弱硬化后混凝土的强度。因此,粗骨料中有害杂质及针片状颗粒的允许含量必须严格遵循表 6-2 中的规定。

表 6-2 粗骨料中有害杂质及针片状颗粒限制值

项目		指标		
		Ⅰ类	Ⅱ类	Ⅲ类
含泥量(按质量计)/(%)	≤	0.5	1.0	1.5
泥块含量(按质量计)/(%)	≤	0	0.5	0.7
有机物		合格	合格	合格

续表

项目		指标		
		Ⅰ类	Ⅱ类	Ⅲ类
硫化物及硫酸盐(按SO_3质量计)/(%)	≤	0.5	1.0	1.0
针片状颗粒含量(按质量计)/(%)	≤	5	15	25

2.强度和坚固性

1)强度

粗骨料应具备致密的质地和足够的强度,其强度指标通常通过岩石立方体抗压强度和压碎指标来表征。

岩石立方体抗压强度的测定,是选取母岩制成边长为 50 mm 的立方体(或直径与高度均为 50 mm 的圆柱体)试件,随后将其浸泡于水中 48 h,待其充分吸水饱和后,测定其极限抗压强度。这一强度值与设计要求的混凝土强度等级之比,应确保不低于 1.5 倍,以确保混凝土的整体强度。根据标准规范,火成岩试件的抗压强度不得低于 80 MPa,变质岩不得低于 60 MPa,而水成岩则不应低于 30 MPa。

至于压碎指标,则是通过将一定质量、气干状态下粒径介于 9.5~19.0 mm 之间的石子装入特定规格的圆桶内,随后在压力机上施加均匀荷载至 200 kN。卸荷后,首先称取试样的原始质量(m_0),再使用孔径为 2.36 mm 的筛子筛除被压碎的细粒,最后称取筛上剩余试样的质量(m_1)。压碎指标可用式(6-1)计算:

$$压碎指标 = \frac{m_0 - m_1}{m_0} \times 100\% \tag{6-1}$$

压碎指标值越小,说明石子的强度越高,即骨料抵抗破坏的能力越强。对不同强度等级的混凝土,所用石子的压碎指标应满足表 6-3 的要求。

表 6-3 碎石及卵石压碎指标和坚固性指标(GB/T 14685—2022)

项目		指标		
		Ⅰ类	Ⅱ类	Ⅲ类
碎石压碎指标/(%)	≤	10	20	30
卵石压碎指标/(%)	≤	12	14	16
硫酸钠溶液5次干湿循环后的质量损失/(%)	≤	5	8	12

在常规的生产质量控制中,压碎指标值常被用作检验石子强度的重要指标。然而,在特定情境下,如挑选石子、对粗骨料强度有严苛要求,或遇到质量争议时,采用岩石立方体抗压强度进行检验则更为适宜,以确保评估的全面性和准确性。

2)坚固性

石子的坚固性,指的是其在经受气候波动、环境变化及多种物理力学因素作用时,保持完整、抵抗碎裂的能力。为了确保混凝土的长期耐久性,用作混凝土粗骨料的石子必须具备足够的坚固性,以有效抵御冻融循环及自然风化等不利因素的侵蚀。《建设用卵石、碎石》(GB/T 14685—2022)标准中明确规定,采用硫酸钠溶液浸泡法来检验石子的坚固性,具体过程包括使试样经历5次严格的干湿循环后,测量其质量损失情况。详细的技术要求与评判标准,请参见表6-3。

3. 最大粒径和颗粒级配

1）最大粒径

当粗骨料的最大粒径增大时,其表面积相应减小,这有助于减少水泥用量,实现资源节约。因此,在条件允许的情况下,应倾向于选择较大粒径的粗骨料。然而,研究表明,当粗骨料最大粒径超过80 mm后,其节约水泥的效果将不再显著,并且过大的粒径还会给混凝土的搅拌、运输及振捣等施工环节带来不便。因此,在确定石子的最大粒径时,需综合考虑多种因素以达到最佳平衡。

根据《混凝土结构工程施工质量验收规范》(GB 50204—2015)的规定,从结构和施工的角度出发,粗骨料的最大粒径需满足以下要求:不得超过结构截面最小尺寸的1/4,同时也不得超过钢筋间最小净距的3/4;对于混凝土实心板,粗骨料的最大粒径虽可放宽至板厚的1/2,但最大不得超过50 mm。

对于泵送混凝土而言,采用连续级配的骨料更为适宜。在泵送高度不超过50 m时,粗骨料的最大粒径与输送管内径之比应控制在一定范围内,具体为碎石不宜大于1∶3,卵石不宜大于1∶2.5。随着泵送高度的增加,这一比例需相应调整：在50～100 m高度范围内,碎石不宜大于1∶4,卵石不宜大于1∶3;而当泵送高度超过100 m时,碎石的最大粒径与输送管内径之比不宜大于1∶5,卵石则不宜大于1∶4。这些规定旨在确保泵送过程的顺畅与混凝土的质量。

2）颗粒级配

粗骨料的颗粒级配同样至关重要,其选择原则与细骨料相似,旨在通过优化级配来降低空隙率,从而节约水泥用量,并显著提升混凝土的密实度与强度。

粗骨料的颗粒级配主要分为两大类:连续级配与单粒级配(或称间断级配)。

连续级配,顾名思义,是指石子粒径呈现连续分布,每一粒径级别的石子均占据一定比例,形成由大到小、紧密衔接的颗粒体系。这种级配方式使得石子颗粒间的粒径差异小,有利于配制出和易性优良的混凝土,有效避免离析现象(即骨料颗粒下沉与水泥浆上浮的分离状态)的发生。因此,连续级配被视为粗骨料最为理想的级配形式,广泛应用于各类建筑工程中。

相比之下,单粒级配则是通过人为筛选,剔除特定粒径级别的颗粒,使得粗骨料的级配不再连续。这种级配方式下,较大粒径骨料间的空隙直接由远小于其粒径的小颗粒填充,从而实现空隙率的最小化与密度的最大化,有助于水泥用量的节约。然而,由于颗粒粒径差异显著,混凝土拌合物易发生离析,给施工带来不便。因此,单粒级配在一般工程中较少单独使用,而是常采用两种或多种单粒级组合成近似连续粒级,或与连续粒级配合使用,以平衡其优缺点。

(四)拌合及养护用水

对拌合及养护混凝土用水的质量要求是:不影响混凝土的凝结和硬化,无损于混凝土的强度发展和耐久性,不加快钢筋的锈蚀,不引起应力钢筋脆断,不污染混凝土表面等。

《混凝土结构工程施工质量验收规范》(GB 50204—2015)规定,混凝土用水宜优先采用符合国家标准的饮用水。若采用其他水源时,水质要求应符合《混凝土用水标准》(JGJ 63—2006)的规定,水中各种杂质的含量应符合表 6-4 的规定。

表 6-4 混凝土用水中各种杂质含量限制值

项目		预应力混凝土	钢筋混凝土	素混凝土	项目		预应力混凝土	钢筋混凝土	素混凝土
pH 值	≥	5.0	4.5	4.5	氯化物(按 Cl^- 计)/(mg/L)	≤	500	1000	3500
不溶物/(mg/L)	≤	2000	2000	5000	硫酸盐(按 SO_4^{2-} 计)/(mg/L)	≤	600	2000	2700
可溶物/(mg/L)	≤	2000	5000	10000	碱含量/(mg/L)	≤	1500	1500	1500

注:1. 碱含量按 $Na_2O+0.658K_2O$ 计算值来表示。采用非碱活性骨料时,可不检验碱含量。

2. 混凝土养护用水可不检测不溶物和可溶物。

(五)混凝土外加剂

混凝土外加剂,作为搅拌过程中的关键添加剂,旨在显著改善混凝土的各项性能,其掺入量通常控制在胶凝材料总量的 5% 以内(特殊需求除外)。这些看似微小的添加物,实则构成了现代混凝土技术不可或缺的一环,以极小的用量实现了混凝土性能的巨大飞跃。正是外加剂的广泛应用与持续创新,引领了现代混凝土技术的不断突破,进而为整个建筑行业的蓬勃发展注入了强劲动力。

具体而言,高效减水剂的诞生,不仅加速了高强度混凝土的发展步伐,还极大地促进了混凝土泵送施工及自密实技术的实现,开启了混凝土施工的新纪元。引气剂的引入,则显著增强了混凝土的抗冻能力,使得我们能够制备出抗冻融循环次数高达 300 次以上的高性能混凝土(如 F300 级)。膨胀剂的应用,则为解决混凝土开裂与渗透问题提供了有效手段,显著提升了工程的耐久性与安全性。至于防冻剂,它在我国北方寒冷地区更是发挥了不可替代的作用,极大地延长了基础建设的施工周期,确保了工程项目的顺利推进。

因此,在我国经济建设日新月异的今天,大力推广并科学合理地使用混凝土外加剂,不仅具有深远的技术意义,还能带来显著的经济效益,是推动建筑业持续健康发展的重要举措。

1. 常用的混凝土外加剂

1)减水剂

减水剂是一种在维持混凝土坍落度稳定的前提下,能够有效降低拌合过程中所需用水量的外加剂。当前,国内市场上的减水剂种类繁多,依据其减水效果的差异,可细分为普通型和高效型两大类;根据对混凝土凝结时间的影响,又可分为标准型、早强型和缓凝型;此外,按照是否引入空气泡以改善混凝土性能,还可区分为引气型和非引气型减水剂。

(1)减水剂的作用机制解析。常用的减水剂,作为一类表面活性物质,其独特的分子构造由亲水基团与憎水基团精妙结合而成。在水泥与水混合搅拌的过程中,由于水泥颗粒间的分子间引力作用,会形成紧密的絮凝结构,这一结构导致10%～30%的拌合水(即游离水)被紧紧束缚其中,如图6-3(a)所示,进而限制了混凝土拌合物的流动性。

然而,当适量减水剂被引入后,其分子能够精准地定向吸附于水泥颗粒的表面,赋予这些颗粒相同的电性电荷,进而产生强烈的静电斥力。这股斥力有效地促使水泥颗粒相互分离,打破了原有的絮凝结构,使得原本被包裹的游离水得以释放,如图6-3(b)所示,从而显著提升了混凝土拌合物的流动性。

更为关键的是,当水泥颗粒表面充分吸附减水剂后,会在其表面形成一层稳定且均匀的溶剂化水膜,如图6-3(c)所示。这层水膜不仅增大了水泥颗粒的水化表面积,促进了水泥的充分水化反应,进而增强了混凝土的强度;同时,它还充当了卓越的润滑剂角色,促进了水泥颗粒间的顺畅滑动,进一步提升了混凝土的流动性与工作性能。

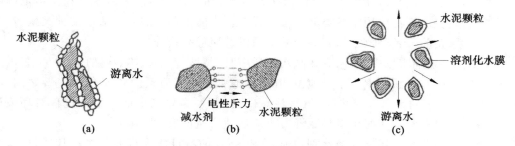

图6-3 水泥浆的絮凝结构和减水剂作用示意图

(2)普通减水剂。普通减水剂,指的是那些能够实现5%～10%减水率的减水剂种类。在这一类别中,木质素磺酸钙(简称木钙)、木质素磺酸钠(简称木钠)以及木质素磺酸镁(简称木镁)等是较为常用的代表。这三者共同构成了木质素系减水剂家族,它们源自纸浆或纤维浆生产过程中剩余的亚硫酸盐废液,通过石灰乳中和、生物发酵脱糖、蒸发浓缩以及喷雾干燥等精细工艺加工而成,最终呈现为棕黄色的粉末状产品。在混凝土制备中,其掺量通常控制在胶凝材料质量的0.2%～0.3%之间。表6-5详细列出了这类减水剂的主要技术性能特点,为实际应用提供了重要参考。

表6-5 木质素系减水剂性能比较

项目		木钙	木钠	木镁
pH值		4～6	9～9.5	—
减水率/(%)		5～8	8～10	5～8
引气性/(%)		约3	约2.5	约2.5
抗压强度比/(%)	3 d	90～100	95～105	约100
	28 d	100～110	100～120	约110
凝结时间/min	初凝	270	30	0
	终凝	275	60	30

木质素系减水剂展现出显著的缓凝特性,当掺入混凝土中时,它能有效降低水灰比,

减少单位用水量,进而增强混凝土的抗渗性和抗冻性,并显著改善混凝土的和易性。然而,其缓凝性和引气性也限制了其掺量,通常建议的适宜掺量不超过胶凝材料质量的0.25%,以避免过度缓凝可能导致的混凝土后期强度下降。

多年来,科研界对木质素磺酸钙进行了深入的改性研究,并取得了显著成果。改性后的木质素磺酸钙不仅掺量可提升至胶凝材料质量的0.5%~0.6%,而且减水率能超过15%,同时不引入其他不良效应。这使得木质素系减水剂在更广泛的混凝土工程中得以应用,特别是在大体积混凝土浇筑、滑模施工、泵送混凝土以及夏季高温施工等场景中表现尤为出色。

值得注意的是,在日最低气温低于5℃的寒冷条件下,为确保混凝土性能的稳定,建议将木质素系减水剂与早强剂或防冻剂复合使用,以应对低温带来的挑战。

(3)高效减水剂。作为减水剂领域的高端产品,高效减水剂以其卓越的减水能力和低引气性脱颖而出。自20世纪60年代初在日本率先应用以来,高效减水剂在全球范围内实现了飞速发展,广泛应用于各类混凝土工程中。当前市场上的高效减水剂种类繁多,主要包括萘系、蜜胺系、脂肪族系、氨基磺酸盐系以及聚羧酸系等。

在我国外加剂市场中,萘系高效减水剂凭借其相对较低的成本、成熟的生产工艺以及对水泥的良好适应性,占据了主导地位,其掺量通常在水泥质量的0.5%~1.0%之间,能实现12%~20%的减水率。然而,值得注意的是,萘系高效减水剂的生产过程对环境构成一定压力,且单独使用时可能导致混凝土流动性快速损失。

相比之下,聚羧酸系高效减水剂以其环保、高效的特点成为行业新宠。其掺量小、减水率高(可达30%以上),能显著降低水灰比至约0.25,并赋予混凝土超过100 MPa的抗压强度。在控制混凝土流动性损失方面,聚羧酸系高效减水剂表现出色,被誉为极具发展潜力的超塑化剂。近年来,随着国内技术的不断进步,聚羧酸系高效减水剂的应用范围迅速扩大,市场前景广阔。

根据《混凝土外加剂应用技术规范》(GB 50119—2013)的规定,混凝土工程中可采用的高效减水剂包括但不限于以下几类:多环芳香族磺酸盐类(如萘和萘的同系磺化物与甲醛缩合的盐类、氨基磺酸盐等)、水溶性树脂磺酸盐类(如磺化三聚氰胺树脂)以及脂肪族类(如脂肪族羟烷基磺酸盐高缩聚物)等。这些高效减水剂的选择与应用,为提升混凝土性能、优化施工效率提供了有力支持。

工程实践充分证明,萘系高效减水剂与氨基磺酸盐高效减水剂,无论是单独使用还是复合应用,均能成功配制出C50及以上强度等级的混凝土。在追求高减水率的混凝土工程中,缓凝高效减水剂成为首选;而对于强度等级要求不高、水灰比较大的混凝土,缓凝普通减水剂则更为适用。

缓凝高效减水剂在多种特定施工场景下展现出卓越性能,包括炎热气候条件下的混凝土施工、大体积及大面积浇筑、需连续浇筑以避免冷缝形成的工程、长时间停放或长途运输的混凝土、自密实混凝土以及滑模或拉模施工等,均能有效延缓凝结时间,确保施工顺利进行。此外,尽管高效减水剂混凝土的强度随温度降低而有所减弱,但在5℃养护条件下,其3 d强度增长率依然显著,因此适用于日最低气温0℃以上的施工环境。

值得注意的是,高效减水剂混凝土通常含气量较低,缓凝时间相对较短,这一特性使得在蒸养混凝土中无须额外延长静停时间,有效缩短了蒸养周期,实际应用中已广泛推广,通常能缩短蒸养时间一半以上。然而,对于掺有缓凝高效减水剂的混凝土而言,随着气温的进一步降低,其早期强度也会相应减弱,因此,在日最低气温低于 5 ℃ 的条件下施工需谨慎考虑其适用性。

2)早强剂

早强剂是指能提高混凝土早期强度,并对后期强度无显著影响的外加剂。根据我国现行规范,混凝土早期强度主要是指龄期为 1 d、3 d、7 d 的强度。

在蒸养工艺中,向混凝土中添加早强剂能够显著缩短蒸养周期并降低所需的蒸养温度。而在常温和低温环境下,早强剂的掺入则能有效提升混凝土的早期强度。然而,当环境温度降至 −5 ℃ 以下时,单纯依靠早强剂已不足以完全防止混凝土发生早期冻胀破坏,此时需额外掺加防冻剂以增强其抗冻性能。相反,在炎热的气候条件下,由于混凝土的早期强度本身就能得到较快的自然发展,此时掺加早强剂对于进一步促进强度增长的作用相对有限。

早强剂按其化学成分不同,可分为无机盐类早强剂、有机物类早强剂及复合型早强剂三大类。

(1)无机盐类早强剂:在这一类别中,氯化物和硫酸盐是最为广泛应用的两种类型。氯化物系列主要包括氯化钠和氯化钙,其掺量通常控制在水泥质量的 0.5%～1.0% 之间,能够显著提升混凝土的早期强度,具体表现为 3 d 强度提升 50%～100%,7 d 强度提升 20%～40%。硫酸盐类则涵盖了硫酸钠、硫代硫酸钠和硫酸铝等,它们的掺量范围较宽,为水泥质量的 0.5%～2.0%。当掺量达到水泥质量的 1.5% 时,能显著缩短混凝土达到设计强度 70% 所需的时间,几乎减半。此外,硝酸盐、碳酸盐、氟硅酸盐和铬酸盐等无机盐类也对增强混凝土早期强度有显著效果。

(2)有机物类早强剂:此类早强剂主要包括低级的有机酸盐(如甲酸盐、草酸钙等)、三乙醇胺、三异丙醇胺及尿素等。以三乙醇胺为例,其作为早强剂的适宜掺量为水泥质量的 0.02%～0.05%,且常与其他类型早强剂复合使用,以发挥更佳效果。典型的复合配方是将三乙醇胺与无机盐类早强剂进行复合,以实现优势互补。

(3)复合型早强剂:此类早强剂是多种成分的有机结合体,可能包含无机盐类与有机物类、无机盐类与无机盐类,或有机物类与有机物类之间的复合。相较于单一组分的早强剂,复合型早强剂通常展现出更为优异的早强效果,并能有效弥补单一组分可能存在的性能缺陷。同时,其掺量也相对较低,有利于控制成本。复合型早强剂在冬季低温和负温(温度不低于 −5 ℃)环境下的混凝土施工及抢修工程中应用广泛。然而,在使用过程中需注意以下几点:

①氯盐类早强剂因其对钢筋的腐蚀性,在使用时需严格控制氯离子含量。在干燥环境中,钢筋混凝土中的氯离子含量应限制在水泥质量的 0.6% 以内,而素混凝土中的氯离子含量则不应超过水泥质量的 1.8%。对于预应力混凝土结构、处于相对湿度大于 80% 环境中的钢筋混凝土,以及使用冷拉钢丝或冷拔低碳钢丝的混凝土,应严格禁止使用氯盐类早强剂,以防腐蚀风险。

②硫酸盐类早强剂在掺量较大时,可能导致混凝土表面出现明显的"白霜"现象,影响

整体美观。为有效减轻或避免这一问题,建议加强混凝土的早期养护措施,并控制其掺量一般不超过水泥质量的 2%,以维持混凝土外观质量。

③早强剂的使用会促使水泥水化热在短时间内集中释放,这在大体积混凝土中尤为显著,易引发内部温升过高,从而增加温度裂缝的风险。特别地,三乙醇胺等有机胺类早强剂在蒸养条件下可能导致混凝土表面爆皮、强度下降等不良后果。因此,在掺加早强剂时,必须严格控制掺量,避免超过水泥质量的 0.05%。过量掺加不仅不经济,还会严重干扰混凝土的凝结时间,甚至引发快凝、后期强度降低等不利现象,这在工程实践中应予以避免。

3)防冻剂

防冻剂,作为一种能够降低水的冰点、促进混凝土在负温条件下硬化并达到规定防冻强度的外加剂,广泛应用于混凝土工程中。其主要类型包括氯盐类(如氯化钠、氯化钾)、氯盐阻锈类(结合氯盐与亚硝酸钠),以及无氯盐类(由硝酸盐、亚硝酸盐、碳酸盐、乙酸钠或尿素等复合而成)。

在选用防冻剂时,需根据工程实际情况进行匹配:氯盐类防冻剂适用于无筋混凝土结构;氯盐阻锈类则专为钢筋混凝土设计;而无氯盐类防冻剂则广泛适用于钢筋混凝土及预应力钢筋混凝土工程。

使用防冻剂时,需留意以下几点关键要素:

(1)混凝土拌合物中冰点的降低程度与防冻剂的液相浓度直接相关,因此,随着气温的下降,应适当增加防冻剂的掺量以确保效果。

(2)除了添加防冻剂外,还需综合考虑混凝土其他成分的选择及养护措施。例如,优选硅酸盐水泥或普通硅酸盐水泥;当防冻剂中 Na^+、K^+ 含量较高时,应避免使用活性骨料;在负温条件下,混凝土表面应避免浇水以防止冻害。

(3)在日最低气温不低于 $-5\ ℃$ 时,可考虑采用早强剂或早强减水剂替代防冻剂。浇筑后的混凝土应覆盖一层塑料薄膜及两层草袋等保温材料以进行养护。

此外,还需注意防冻剂与其他材料的相互作用及潜在影响。例如,亚硝酸钠能显著改善硫铝酸盐水泥石的孔结构,显著提升其负温强度;碳酸锂则对硫铝酸盐水泥具有促凝作用,加速受冻临界强度的形成,但可能损害后期强度,因此常与亚硝酸钠复合使用。在复配防冻剂时,需避免配比不当导致的结晶、沉淀问题,以免影响混凝土生产与浇筑。同时,某些防冻剂(如尿素)过量使用会释放刺激性气体(氨气),影响室内空气质量;而碳酸钾等防冻剂则可能导致混凝土后期强度显著降低。因此,在生产和使用防冻剂时,必须严格控制配比与掺量,确保工程质量与安全。

4)引气剂

引气剂是一种在混凝土拌合过程中能够引入大量均匀、稳定且封闭的微小气泡(直径介于 $10\sim100\ \mu m$ 之间)的关键外加剂。其掺量极低,通常仅为水泥质量的 $0.005\%\sim0.012\%$。

当前广泛应用的引气剂主要包括松香热聚物、松香皂以及烷基苯硫酸盐等,其中松香热聚物因其卓越的效果和广泛的应用而备受青睐。松香热聚物是通过松香与硫酸、石碳酸的聚合反应,并经氢氧化钾中和后制得。

引气剂作为憎水性表面活性剂,能够显著降低水的表面张力和界面能,从而在搅拌过程中易于生成众多微小的封闭气泡。这些气泡表面被引气剂定向吸附,形成坚固的液膜,确保了气泡的稳定性和不易破裂性。正是这些遍布混凝土内部、微小而均匀的封闭气泡,对混凝土的多种性能产生了显著的改善作用。

(1)优化混凝土拌合物的和易性:大量微小且封闭的球状气泡如同润滑剂,减少了颗粒间的摩擦,显著提升了混凝土的流动性。同时,气泡表面的水分分布均匀,减少了自由移动的水量,从而大幅降低了混凝土的泌水量,进一步增强了其保水性和黏聚性。

(2)显著提升混凝土的抗渗性和抗冻性:均匀分布的封闭气泡有效阻断了混凝土中的毛细管渗水通道,优化了孔结构,使得混凝土的抗渗性得到质的飞跃。此外,这些气泡还具备优异的弹性变形能力,能够缓冲水结冰时产生的膨胀应力,从而显著提高了混凝土的抗冻性能。

(3)对混凝土强度的潜在影响:值得注意的是,由于大量气泡的存在,混凝土的有效受力面积有所减小,这在一定程度上降低了其强度。通常,每增加1%的混凝土含气量,其抗压强度将下降$4\%\sim6\%$。

因此,引气剂主要被应用于对抗渗性、抗冻性有较高要求的混凝土工程中,如抗渗混凝土、抗冻混凝土、泌水问题严重的混凝土、抗硫酸盐混凝土以及对外观有特殊要求的饰面混凝土等。然而,对于蒸汽养护的混凝土和预应力混凝土而言,引气剂的使用需谨慎考虑。

5)缓凝剂

缓凝剂是一种能显著延长混凝土凝结时间,且对混凝土后期性能无负面效应的外加剂。其主要性能特点概述如下:

(1)缓凝剂能有效延长混凝土的凝结时间,确保在连续浇筑过程中,混凝土不会因过早凝结硬化而形成施工冷缝,特别适用于碾压混凝土、大面积浇筑以及滑模或拉模施工的混凝土工程。

(2)该外加剂能减缓水泥的水化反应进程,降低水化产物的生成速度,进而减少对减水剂的过度吸附,有效提升混凝土的坍落度保持能力,确保混凝土在所需时间段内维持良好的流动性和可泵性,满足施工中的工作性要求。

(3)缓凝剂还能调节硬化过程中水泥水化时的放热速率,有效减小混凝土内外温差,避免温度应力引起的裂缝等问题。因此,在水工大坝、大型构筑物、桥梁承台以及工业民用建筑的大型基础底板等混凝土施工中,均可通过掺加缓凝剂来满足对水化热控制和凝结时间调整的需求。

缓凝剂的种类繁多,大致可划分为有机物与无机物两大类别。

在常用的有机缓凝剂中,我们可以列举以下几类:

①木质素系列缓凝剂;

②多羟基化合物及其衍生物,如蔗糖、糖蜜、葡萄糖及其钠盐、柠檬酸及其钠盐、酒石酸及其钠盐等,它们还包括羟基酸及其盐类;

③多元醇及其相关化合物,如三乙醇胺、丙三醇、聚乙烯醇、山梨醇等。

而常用的无机缓凝剂则包括硼砂、硫酸锌、磷酸三钠、磷酸五钠、六偏磷酸钠以及氯化锌等。

缓凝剂广泛应用于大体积混凝土、炎热气候下的混凝土施工、长时间存放及需远距离运输的商品混凝土中。然而,值得注意的是,无机盐类缓凝剂通常掺量较大,为胶凝材料质量的千分之几;相比之下,有机物缓凝剂的掺量则显著减小,仅为胶凝材料质量的万分之几至十万分之几。

无论是无机还是有机缓凝剂,若使用不当,均可能导致混凝土或水泥砂浆的最终强度下降。此外,不同的缓凝剂与水泥之间还存在着适应性差异。因此,在实际应用中,应通过严谨的试验来选择最合适的缓凝剂品种,并确定其最佳掺量,以确保施工质量和混凝土性能的稳定。

有些缓凝剂兼有缓凝、减水功能,如木钠、木钙、糖钙等,称为缓凝型减水剂。

在使用缓凝剂时,需特别注意以下几点事项:

①由于低的环境温度会削弱掺有缓凝剂的混凝土早期强度的发展,因此,在日最低气温低于5 ℃的环境下,不宜使用缓凝剂进行施工。此外,缓凝剂会导致混凝土早期强度增长缓慢,所需达到结构强度的静置时间延长,故不适用于对早强有要求的混凝土以及需进行蒸养的混凝土工程。

②羟基羧酸及其盐类缓凝剂(如柠檬酸、酒石酸钾钠等)在有效延长混凝土凝结时间的同时,也可能增加混凝土的泌水率,这一现象在水泥用量较少、水灰比较大的混凝土中尤为明显。为防止泌水离析现象加剧,进而降低混凝土的和易性、抗渗性等关键性能,建议在此类混凝土中避免单独使用此类缓凝剂。

③当使用以硬石膏、脱硫石膏或磷石膏等工业副产石膏作为调凝剂的水泥时,若掺入含有糖类组分的缓凝剂,可能会引发速凝或假凝现象。为避免此类问题,使用前务必进行混凝土外加剂的相容性试验,确保材料间的良好配合。

6)泵送剂

泵送剂广泛应用于长距离运输及泵送作业的预拌混凝土中,同时也适用于旨在减水增强、提升流动性的各类混凝土工程,旨在显著优化混凝土的泵送性能。其适用范围涵盖泵送施工、滑模施工、免振捣自密实施工、顶升施工及高抛施工等多种工艺。在无特定凝结时间要求或需适度缓凝的混凝土工程中,泵送剂亦可作为减水剂的替代选项使用。

然而,含有缓凝成分的泵送剂不适用于追求高早强性能的蒸汽养护或蒸压养护混凝土,同样也不推荐用于预制混凝土的生产中。对于现场搅拌的非泵送施工混凝土,若对坍落度及其保持性无特殊要求,尝试使用泵送剂时需谨慎,并通过试验验证其适用性,确保不会因凝结时间的延长而阻碍混凝土强度的正常发展。

泵送剂中常含有缓凝组分,这会导致混凝土凝结时间与静停时间相应延长,因此不适用于追求快速增强或有高早强需求的蒸汽/蒸压养护预制混凝土项目。此外,低温环境会削弱掺有泵送剂的混凝土早期强度,故在环境温度低于5 ℃的条件下,应避免使用泵送剂进行施工。

值得注意的是,糖蜜、低聚糖类缓凝减水剂因含有还原糖和多元醇,与某些作为调凝剂的硬石膏、氟石膏混合时,可能引发调凝剂在水中溶解度急剧下降,进而导致水泥出现假凝现象。因此,在使用此类泵送剂时,务必进行相容性试验,以确保施工安全与工程质量,防止潜在工程事故的发生。

混凝土泵送剂应展现出以下显著特点:

(1)高效减水性能:通过采用高效减水剂作为主要成分,混凝土泵送剂能够显著降低水灰比,同时大幅度提升混凝土的流动性,从而有效减轻泵送过程中的压力,确保施工的顺畅进行。

(2)低坍落度损失特性:坍落度作为衡量混凝土拌合物稠度的重要指标,其稳定性对于泵送施工至关重要。优质的混凝土泵送剂应确保从搅拌机出料至施工现场浇筑完毕的整个过程中,坍落度损失极小,以维持良好的流动性,防止因坍落度过大或过小而导致的管道堵塞问题。

(3)适度引气效果:在保证混凝土强度不受负面影响的前提下,混凝土泵送剂应具备一定的引气性,这有助于减少拌合料与输送管道内壁之间的摩擦阻力,同时增强拌合料的黏聚性,使泵送过程更加顺畅。

(4)优异的相容性:混凝土泵送剂通常由多种功能各异、相互协同的组分(或外加剂)复合而成,而非单一成分。因此,它应与各种类型的水泥展现出良好的相容性,确保在不同施工条件下均能发挥稳定的性能,满足混凝土泵送施工的各项要求。

①减水组分:依据混凝土工程的具体需求,可选用普通型减水剂(适用于强度等级较低、坍落度要求不严格且多为现场拌制和浇筑的混凝土)或高效减水剂(专为配制高强度、高流动性、远距离输送的混凝土而设计)。研究表明,在泵送剂配方中,将两种或多种减水剂进行科学复合,能够产生超叠加效应,不仅有助于降低生产成本,还能显著提升混凝土的可泵送性能。

②缓凝组分:该组分旨在延长混凝土的初凝与终凝时间,减缓水化放热速率,并有效减少坍落度损失。其主要成分涵盖磷酸盐类、羟基羧酸盐类、糖类以及多元醇类等多元化选择。

③引气组分:通过引入此类组分,能够显著改善混凝土的和易性,降低泵送过程中的阻力,同时增强混凝土的黏聚性,进而提升其抗渗性和抗冻性能。主要品种包括松香皂类、松香热聚物类以及具备引气特性的减水剂等。

④保水组分:该组分专注于减少混凝土中水分的过快蒸发,保持混凝土拌合物的均匀性和稳定性,有效控制坍落度损失。其主要种类有聚乙烯醇、甲基纤维素、羧甲基纤维素等,这些成分在混凝土中发挥着重要的保水与稳定作用。

上述泵送剂的基本组成成分,可根据具体的混凝土施工环境及实际需求进行灵活的调整与优化。例如,当项目对混凝土的早期强度有特定要求时,应适当复合早强组分以增强初期硬化性能;若需提升混凝土的抗渗性能以满足防水需求,则应掺加防水组分;同样地,在寒冷环境下施工,为确保混凝土具有良好的抗冻性,应复合防冻组分。通过这样精准的配比调整,可以确保泵送剂在不同工况下均能发挥最佳效能。

2. 使用外加剂的注意事项

当不同供应商提供的、品种多样的外加剂经过科学合理的复合或混合使用时,能够优化其效果,赋予混凝土更多的功能性。然而,鉴于我国外加剂市场的多样性及其功能的差异性,当不同供应商、不同品种的外加剂共同应用时,需警惕某些组分可能超出规定的掺量范围,这可能导致混凝土凝结时间异常、含气量过高,进而对混凝土性能产生不利影响。此外,在配制复合外加剂水溶液时,还需注意可能出现的分层、絮凝、变色、沉淀等相容性问题或化学反应,这些都可能影响外加剂的使用效果。

为确保使用的安全性与有效性,当计划将不同供应商、不同品种的外加剂共同使用时,务必向供应商咨询,并在其指导下进行试验验证,直至满足混凝土设计与施工的所有要求后方可投入使用。以下是关于外加剂品种选择、掺量控制及掺入方法的具体规定:

1) 外加剂品种的选择

混凝土外加剂种类繁多,效果各异。在选择时,首要考虑的是与所用水泥的适应性。使用前,应深入了解外加剂的性能特点,结合工程需求、现场施工条件及所用材料等因素,通过严格的试验验证,最终确定最适合的外加剂品种。

2) 外加剂掺量的控制

不同外加剂的掺量各不相同,即便是同一种外加剂,在搭配不同品牌的水泥或在不同季节使用时,其掺量也可能存在显著差异。掺量不足可能导致预期效果无法实现,而掺量过大则可能损害混凝土质量,甚至引发严重事故。因此,必须严格控制外加剂的掺量,并进行精确计量。在缺乏可靠依据的情况下,应通过专项试验来确定最佳掺量。

3) 外加剂的掺入方法

外加剂的掺加方法多种多样,常用的包括以下几种方式,具体选择应根据实际情况和外加剂的使用说明进行。

(1) 先掺法:该方法涉及将粉状外加剂预先与水泥混合均匀后,再加入集料和水进行搅拌。此做法有助于外加剂在混凝土中的均匀分散,减少集料对其的吸附,从而提升外加剂的效果。然而,由于其在实际工程操作中相对烦琐,因此更多应用于试验室环境或小规模混凝土施工现场。

(2) 同掺法:此法是直接将粉状或液体外加剂与混凝土的其他组成材料一同投入搅拌机中进行混合,或预先将液体外加剂与水混合后再加入其他材料。这种方法因其操作简便、易于控制,在大多数实际工程中得到了广泛应用。

(3) 后掺法:后掺法是在混凝土已经加水搅拌并初步进行水泥水化反应之后,再加入外加剂进行二次搅拌。这种方法旨在通过延迟外加剂的加入时间,减缓拌合物流动性的快速损失,从而避免混凝土在浇筑过程中因流动性不足而出现困难。

(4) 分次加入法:该法强调在混凝土的搅拌或运输过程中,分多次将外加剂加入混凝土拌合物中,以确保外加剂在混凝土中的浓度能够持续保持在一个稳定的水平。这种方法有助于更好地控制混凝土的性能,但也可能因操作复杂而在实际工程中的应用受到一定限制。

在相同条件下,后掺法和分次加入法对于减少混凝土拌合物的坍落度损失具有显著效果,并且还能有效减少外加剂的使用量。特别是对于含有较高比例 C_3A 和 C_4AF 矿物成分的新鲜水泥,这两种方法的效果尤为突出。然而,由于它们在操作上相对复杂,不太便于实际应用,因此在实际工程项目中的采用率并不高。

【性能检测】

一、材料准备

外加剂的检验报告;《混凝土外加剂应用技术规范》(GB 50119—2013)。

二、建设用外加剂的验收

外加剂进场时,供方应向需方提供下列质量证明文件:①型式检验报告;②出厂检验报告与合格证;③产品说明书。

外加剂进场时,对于同一供应商、同一品种的外加剂,必须严格遵循相关规范中针对各类外加剂所规定的检验项目及检验批量进行细致的检验与验收工作。检验样品的选取应遵循随机性原则,以确保结果的客观性和代表性。外加剂的进场检验方法需严格符合现行国家标准《混凝土外加剂》(GB 8076—2008)中的各项规定,以保证检验结果的准确性和可靠性。

此外,外加剂的计量系统在使用前必须经过严格的标定程序,确认其合格后方可投入使用。在使用过程中,应确保计量系统标识清晰,计量准确无误,其允许偏差应严格控制在±1%以内,以确保外加剂掺量的精确控制,从而保证混凝土的质量稳定。

1. 常用减水剂的验收流程

对于普通减水剂的验收,应以每50 t为一个检验批次,若总量不足50 t,亦应视为一个独立的检验批次。每个检验批次所取样品量需满足至少0.2 t胶凝材料所需减水剂的量。样品充分混合均匀后,分为等量的两份:一份用于执行检验项目,且每批次检验次数不得少于两次,以确保全面性;另一份则需密封保存半年,以备在需要时进行复检或对比试验。

(1)检验项目概览:普通减水剂的进场检验应涵盖pH值、密度(或细度)、含固量(或含水率)、减水率等基本指标。对于特定类型的早强型减水剂,还需额外检验1 d抗压强度比;而缓凝型减水剂则需关注其凝结时间差的变化。

(2)性能验证:关于减水剂的初始或经时坍落度(或扩展度),需依据实际工程中所用的原材料和配合比,与上一批次留样进行平行对比试验,以验证其性能稳定性。此过程需严格遵守现行国家标准所规定的允许偏差范围。

2. 常用早强剂的验收标准

早强剂的验收同样遵循每50 t一批的原则,不足此量亦按一批处理。每批次的取样量应满足至少0.2 t胶凝材料所需外加剂的量。取样后,需充分混合并均分为两份:一份用于执行检验项目,且每批次至少检验两次;另一份则密封保存半年,以备不时之需。

(1)核心检验项目:早强剂的进场检验项目包括但不限于密度(或细度)、含固量(或含水率)、碱含量、氢离子含量及1 d抗压强度比等关键指标。这些项目直接关联到早强剂的性能表现及对混凝土质量的影响。

(2)特定成分检测方法:对于含有硫氰酸盐、甲酸盐等特殊成分的早强剂,其氢离子含量的检测应采用更为精确的离子色谱法,以确保测量结果的准确性和可靠性。

任务二　混凝土拌合物的性能检测

【工作任务】

检测混凝土拌合物的表观密度、和易性，判定混凝土拌合物的质量。混凝土在凝结硬化以前，称为混凝土拌合物，亦称新拌混凝土。为了便于施工，保证能获得良好的浇灌质量，混凝土拌合物必须具有良好的工作性（或称和易性），因此，在水泥混凝土浇灌前必须对其和易性进行检测，保证各种施工工序（拌合、运输、浇筑、振捣等）易于操作并能获得质量均匀、密实的混凝土。检测时严格按照材料检测相关步骤和注意事项，细致认真地做好检测工作。混凝土拌合物的表观密度及和易性检测，是按照《普通混凝土拌合物性能试验方法标准》(GB/T 50080—2016)，测定混凝土拌合物的表观密度、坍落度，观察其黏聚性和保水性，评定其和易性。

【相关知识】

一、和易性的概念

和易性，即混凝土的工作性，指的是混凝土拌合物能够顺畅地经历拌合、运输、浇筑、振捣等施工工序，同时确保最终成品质量均匀且密实的性能。这一性质是综合性的，涵盖了流动性、黏聚性和保水性三大方面。

1. 流动性

流动性描述了混凝土拌合物在自重或机械振捣作用下能够自由流动，并均匀密实地填充模板空间的能力。它直接反映了拌合物的稀稠程度。过稠的拌合物流动性差，难以有效振捣以达到密实，可能导致内部或表面孔洞等缺陷；而过稀的拌合物虽然流动性好，却易发生分层与离析（表现为水泥浆上浮、石子下沉），进而影响混凝土的整体质量。

2. 黏聚性

黏聚性是指混凝土拌合物内部颗粒间具备的相互黏结力，这种力量能在施工过程中有效抵抗分层与离析，保持混凝土的整体均匀性。黏聚性的好坏直接关系到混凝土的均匀性，若黏聚性不足，骨料与水泥浆容易分离，导致混凝土不均匀，振捣后可能出现蜂窝状孔洞等质量问题。

3. 保水性

保水性是指混凝土拌合物在施工过程中保持其内部水分不轻易流失，避免产生严重泌水的性能。这一性质体现了拌合物的稳定性。保水性差的混凝土，其内部容易形成渗水通道，不仅影响混凝土的密实性，还会削弱其强度和耐久性，从而缩短使用寿命。

混凝土拌合物的和易性是流动性、黏聚性和保水性这三大特性的综合展现，它们之间既存在相互依存的关系，又存在一定的矛盾性。具体而言，提高水灰比虽然能够显著提升流动性,使得拌合物更易于流动和填充模板,但这一调整往往会导致黏聚性和保水性的下降,影响混凝土的均匀性和稳定性。相反,为了确保混凝土拌合物具备良好的黏聚性和保水性,以避免分层、离析和泌水等问题,就可能需要牺牲一定的流动性。

在实际工程中,不同项目对混凝土拌合物和易性的具体需求各异。因此,在调配混凝土时,必须根据工程的具体情况和要求,在流动性、黏聚性和保水性之间寻求最佳平衡点。这既要求我们在某些方面有所侧重,以满足工程的主要需求,又必须兼顾其他方面的性能,确保混凝土的整体质量达到设计要求。

二、和易性的测定

由于混凝土拌合物的和易性是一项复杂且多维的技术性质,目前尚难以通过单一指标全面而精确地评估其性能。为了量化和评价这一性质,业界通常采用坍落度试验和维勃稠度试验作为主要的衡量手段。首先,通过坍落度试验来测定混凝土拌合物的流动性,随后结合直观经验观察其黏聚性和保水性,以综合评估其和易性。

1. 坍落度

在平整、湿润且不吸水的操作平面上放置坍落度筒,随后将混凝土拌合物分三次(每次约筒高的 1/3)装入筒内。每次装料后,使用插捣棒从边缘向中心均匀插捣 25 次,以确保拌合物内部密实无空隙。完成第三次装料和插捣后,刮平表面,随后垂直向上提起坍落度筒。在重力作用下,拌合物会自然坍落,其坍落的高度(以 mm 为单位)即为该混凝土拌合物的坍落度,如图 6-4(a)所示。

坍落度的数值直接反映了混凝土拌合物的流动性。根据坍落度的大小,混凝土拌合物可大致分为以下几类:干硬性混凝土(坍落度小于 10 mm)、低塑性混凝土(坍落度 10～40 mm)、塑性混凝土(坍落度 50～90 mm)、流动性混凝土(坍落度 100～150 mm)以及大流动性混凝土(坍落度大于 160 mm)。

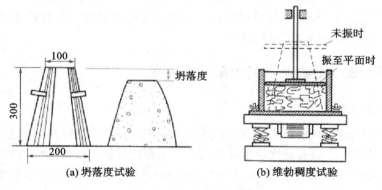

图 6-4 坍落度及维勃稠度试验

在进行坍落度试验的同时,还需细致观察混凝土拌合物的黏聚性和保水性表现。用插捣棒轻敲已坍落的拌合物锥体侧面,若锥体呈现渐进式下沉,则表明拌合物黏聚性优异;反之,若锥体骤然崩塌、部分崩解或出现离析,则意味着其黏聚性欠佳。另外,若锥体底部有较多稀浆渗出,且锥体部分因失浆而显露骨料,表明混凝土拌合物的保水性不佳;反之,若无此类现象,则保水性可视为良好。

在实际施工中,混凝土拌合物的坍落度选择需综合考虑多种因素,包括构件截面的尺寸、钢筋分布的疏密程度以及混凝土的成型方式等。具体而言,对于截面尺寸较小、钢筋密布且需人工捣实的构件,宜选用较大的坍落度;反之,则可适当减小坍落度。

值得注意的是,坍落度试验虽受操作技术和人为因素的较大影响,但鉴于其操作简便快捷,因此在实际应用中极为广泛。然而,此方法主要适用于骨料最大粒径不超过40 mm,且坍落度不小于10 mm的混凝土拌合物,以准确测定其流动性。

2. 维勃稠度试验

对于干硬性混凝土而言,若直接采用坍落度试验,可能会因测得的坍落度值过小而无法准确反映其工作性能。此时,维勃稠度试验便成为一个更为适宜的选择,具体如图6-4(b)所示。该试验的操作流程如下:

首先,将坍落度筒放置于维勃稠度仪上的特制圆形容器内,并确保其稳固地固定在规定的振动台上。随后,按照坍落度试验的标准方法,将拌制好的混凝土拌合物分三次装入坍落度筒内,每次装填后都需进行充分的插捣以确保拌合物密实。待最后一次装填并刮平表面后,垂直提起坍落度筒。

接着,将维勃稠度仪上的透明圆盘轻轻旋转至试体顶面,确保其与试体表面紧密接触但不施加额外压力。此时,启动振动台,并同步启动秒表进行计时。随着振动的进行,透明圆盘的底面会逐渐被水泥浆覆盖。当圆盘底面被水泥浆完全布满的瞬间,立即关闭振动台并停止秒表计时。此时,秒表所显示的时间即为该混凝土拌合物的维勃稠度值(以s为单位)。

维勃稠度值的大小直接反映了干硬性混凝土的流动性特性。具体而言,维勃稠度值越小,表示混凝土拌合物的流动性越大,即其更容易在施工中流动和铺展。

需要注意的是,维勃稠度试验主要适用于测定干硬性混凝土的流动性,并且对于粗骨料最大粒径不超过40 mm,维勃稠度值在5~30 s之间的混凝土拌合物尤为适用。这一范围确保了试验结果的准确性和可靠性。

三、影响混凝土拌合物和易性的主要因素

1. 水泥浆的数量

在混凝土拌合物中,水泥浆扮演着多重关键角色,它不仅是骨料间的黏结剂,还起到了润滑骨料、增强拌合物流动性的重要作用。当水灰比保持恒定时,拌合物中水泥浆的含量与其流动性成正比:水泥浆越多,拌合物的流动性相应增强。然而,水泥浆的添加需适度而为。过多时,不仅会增加水泥的消耗,还易导致流浆现象,损害拌合物的黏聚性,进而削弱混凝土的强度和耐久性。反之,若水泥浆过少,则可能无法充分填充骨料间的空隙或有效包裹骨料表面,引发混凝土拌合物的崩解,同样会导致黏聚性下降。因此,在配制混凝土拌合物时,必须精确控制水泥浆的用量,以确保既满足流动性需求,又符合强度标准,避免过多或过少带来的不利影响。

2. 水泥浆的稠度(水灰比)

水泥浆的稠度直接受水灰比调控,水灰比即混凝土拌合物中水的用量与水泥用量的比例关系。在水泥用量恒定的前提下,水灰比降低,水泥浆趋于浓稠,进而限制了拌合物的流动性。若水灰比过小,水泥浆过于黏稠,将显著降低拌合物的流动性,给施工带来不便,并可能影响混凝土的密实度。然而,水灰比过大虽能提升流动性,却也会削弱混凝土拌合物的黏聚性和保水性,导致流浆、离析等问题,严重损害混凝土的强度和耐久性。因此,合理选择水泥浆的稠度(即水灰比)至关重要,需根据混凝土的强度与耐久性要求精确确定,一般而言,混凝土常用的水灰比范围在 0.40～0.75 之间。

值得注意的是,无论是水泥浆的数量还是其稠度,归根结底,是用水量的多少在主导着混凝土拌合物的流动性。在采用固定材料配制混凝土时,为达到预期的流动性,单位用水量需保持恒定。特别是在使用特定骨料时,若单位体积用水量固定,即便单位体积水泥用量的增减在 50～100 kg 范围内,混凝土的坍落度通常也能维持相对稳定。但需强调的是,单纯通过增减用水量(即调整水灰比)来改善拌合物的流动性并非上策,而应在保持水灰比不变的基础上,通过调整水泥浆的数量来优化拌合物的流动性,以确保混凝土性能的综合提升。

3. 砂率

砂率,作为混凝土中砂的质量占砂与石总质量百分比的度量,其调整会显著改变骨料的空隙率与总表面积,从而对混凝土拌合物的和易性产生深远影响。当砂率偏高时,骨料的总表面积及空隙率均会增加,导致水泥浆相对匮乏,进而降低拌合物的流动性。反之,若砂率过低,则无法确保粗骨料间形成足够的砂浆层,不仅会降低拌合物的流动性,还会削弱其黏聚性和保水性。

存在一个最优的砂率值,我们称之为合理砂率。在此砂率下,砂能够恰好填满石子间的空隙,并在粗骨料表面形成一层适宜的砂浆层,有效减少骨料间的摩擦阻力,赋予混凝土拌合物卓越的流动性。如图 6-5 所示,在固定用水量和水泥用量的条件下,采用合理砂率能够使混凝土拌合物达到最大流动性,同时保持良好的保水性。此外,如图 6-6 所示,在追求特定坍落度时,选择合理砂率还能最小化水泥用量,这对于成本控制而言极具优势。

4. 组成材料的性质

水泥的品种、骨料的种类与形状,以及外加剂的种类等,均对混凝土的和易性产生显著影响。具体而言,若水泥的标准稠度用水量较大,则会导致拌合物的流动性相应减小。而骨料的颗粒若较大、外形圆滑且级配良好,则能有效提升拌合物的流动性。此外,在混凝土拌合物中适量掺入外加剂,如减水剂,能显著优化其和易性。

5. 时间及环境的温度、湿度

混凝土拌合物随时间推移,因水泥水化反应的进行及水分的自然蒸发,会逐渐变得干稠,从而导致和易性下降。环境温度的升高会加速水分的蒸发及水泥的水化速度,进而减小混凝土拌合物的流动性。同样,在空气湿度较低的环境中,拌合物中的水分蒸发更为迅

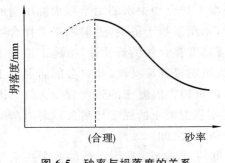
图 6-5　砂率与坍落度的关系
（水与水泥用量一定）

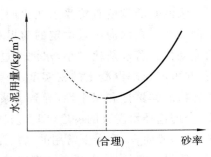
图 6-6　砂率与水泥用量的关系
（达到相同的坍落度）

速,导致坍落度损失加剧。这一现象在夏季施工或混凝土需进行较长距离运输时尤为明显。

6.施工工艺

采用机械拌合方式制备的混凝土,相较于同等条件下的人工拌合,其坍落度通常更大。在同一拌合方式下,有效拌合时间的延长也会使坍落度相应增大。值得注意的是,不同类型的搅拌机及其不同的拌合时间设置,均会对最终获得的混凝土坍落度产生不同影响。

四、改善和易性的措施

掌握了混凝土拌合物和易性的变化规律后,我们可以灵活运用这些规律来主动调整拌合物的和易性,以满足不同工程的具体需求。在实际施工过程中,可以采取以下有效措施来优化混凝土拌合物的和易性:

(1)采用合理且偏低的砂率:在保证混凝土性能的前提下,选择较低的砂率有助于提升混凝土的质量并节约水泥用量。

(2)优化砂、石的级配:通过改善砂、石的颗粒级配,可以有效提升拌合物的流动性与均匀性。

(3)选用适宜的砂、石粒径:在条件允许的情况下,尽量选用粒径较大的砂、石,这有助于减少空隙率,提高拌合物的密实度和强度。

(4)调整水泥浆用量:当混凝土拌合物坍落度偏小时,保持水灰比恒定,适量增加水泥浆的数量以改善流动性;反之,若坍落度过大,则在保持砂率不变的前提下,适量增加砂、石的比例,以调整拌合物的稠度。

(5)合理利用外加剂:在条件允许的情况下,应优先考虑掺加外加剂,如减水剂、引气剂等,这些外加剂能够显著改善混凝土拌合物的和易性,同时可能带来其他性能上的提升,如提高强度、改善耐久性等。

【性能检测】

一、混凝土拌合物取样

混凝土施工过程中,进行混凝土试验时,其取样方法和原则应遵循《普通混凝土拌合物性能试验方法标准》(GB/T 50080—2016)、《混凝土结构工程施工质量验收规范》(GB 50204—2015)及《混凝土强度检验评定标准》(GB/T 50107—2010)有关规定。

①同一组混凝土拌合物的取样应从同一盘混凝土或同一车混凝土中取样。取样量应多于试验所需量的1.5倍,且宜不小于20 L。

②混凝土拌合物的取样应具有代表性,宜采用多次采样的方法。一般在同一盘或同一车混凝土中约1/4处、1/2处和3/4处之间分别取样,从第一次取样到最后一次取样不宜超过15 min,然后人工搅拌均匀。从取样完毕到开始做各项性能试验不宜超过5 min。

二、混凝土拌合物的和易性检测

1. 坍落度法

1)仪器设备

①坍落度筒:该筒采用薄钢板或其他坚固金属精心制成,呈圆台形状,确保内壁光滑无瑕,无任何凹凸不平之处。其底面和顶面严格保持相互平行,并与筒体轴线垂直,以确保测量的准确性。在筒体外侧,于约2/3高度处巧妙安装了两个便于操作的把手,而下端则牢固焊接有脚踏板,便于稳固放置。筒体内部尺寸精确控制:底部直径为200 mm±2 mm,顶部直径为100 mm±2 mm,整体高度为300 mm±2 mm,筒壁厚度亦不低于1.5 mm,确保结构稳固耐用。具体形态如图6-7(a)所示。

②捣棒:选用直径为16 mm、长度达650 mm的优质钢棒,其端部经过精细打磨,呈现圆润光滑的状态,以避免在操作过程中产生不必要的损伤或误差。具体形态如图6-7(b)所示。

③辅助工具:此外,还配备了小铲、钢尺、喂料斗等必要工具,以辅助完成整个操作流程,确保试验的顺利进行。

2)检测步骤

①首先,确保坍落度筒的内壁和底板充分润湿,但表面无残留明水。随后,将底板稳妥地放置在坚实且水平的地面上,坍落度筒则精确置于底板中心位置。操作时,用脚牢牢踩住筒体两侧的脚踏板,以确保在装料过程中坍落度筒保持固定不动。

②将混凝土拌合物试样分三次均匀装入坍落度筒内,每次装料后,使用捣棒从筒体边缘开始,以螺旋形轨迹向中心均匀插捣25次,确保每层混凝土被充分捣实。捣实后,每层混凝土拌合物的高度应大致为筒体高度的1/3。

③特别注意的是,在插捣底层时,捣棒需贯穿整个混凝土层,直至底部。而在插捣第二层和顶层时,捣棒则应穿透当前层,直至下一层的表面,以保证各层之间的紧密结合。

④顶层混凝土拌合物装料时,应略高于筒口。在插捣过程中,若混凝土拌合物低于筒

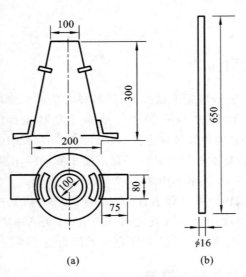

图 6-7　标准坍落度筒和捣棒（单位：mm）

口,应及时添加,以维持其高度。

⑤完成顶层插捣后,取下装料漏斗,并使用工具将多余的混凝土拌合物刮去,同时沿筒口边缘轻轻抹平,确保表面平整。

⑥彻底清除筒边及底板上的残留混凝土后,以垂直且平稳的动作提起坍落度筒,并轻轻放置于试样旁侧。待试样停止继续坍落或坍落时间达到 30 s 时,使用钢尺精确测量筒体高度与坍落后混凝土试体最高点之间的高度差,此值即为该混凝土拌合物的坍落度值,如图 6-4(a)所示。

此外,坍落度筒的提离过程应控制在 3~7 s 之间,以确保测量的准确性。从开始装料到提起坍落度筒的整个操作流程应连续进行,且需在 150 s 内完成,以维持混凝土拌合物的性能稳定。

3) 结果评定

①当坍落度筒被垂直平稳地提起后,若观察到混凝土发生崩塌或一侧出现明显的剪切破坏现象,则需立即重新取样并进行二次测定。若第二次试验再次复现上述不良现象,则表明该混凝土拌合物的和易性较差,此情况应详细记录以备后续分析。

②对经过坍落度测定后的混凝土试体进行黏聚性和保水性的评估。具体操作为:使用捣棒轻轻敲击已坍落的混凝土锥体侧面,若锥体保持稳定并逐渐下沉,则表明其黏聚性良好;反之,若锥体迅速倒塌、部分崩裂或出现明显的离析现象,则视为黏聚性不佳。此外,观察提起坍落度筒后的情况,若底部有较多稀浆析出,且锥体部分因失浆而导致集料外露,这标志着保水性较差;相反,若仅见少量或无稀浆自底部渗出,则表明保水性优良。混凝土拌合物的坍落度值以毫米(mm)为单位记录,结果需精确至最接近的 5 mm 整数。

2. 维勃稠度

1) 仪器设备

①维勃稠度仪:该设备由振动台面、减振器及控制系统等部件组成。振动台面尺寸为

长 380 mm、宽 260 mm，稳固地支承在四个高效减振器上，以减少外界干扰。其振动频率精确控制在 50 Hz±3 Hz 范围内，确保测试的稳定性。当容器为空时，台面的振幅被严格限定在 0.5 mm±0.1 mm 之间，以保证测试的准确性。设备整体结构如图 6-8 所示。

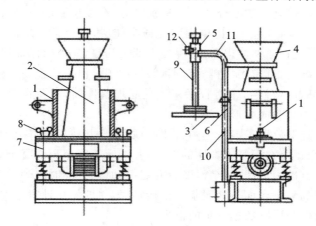

图 6-8 维勃稠度仪
1—容器；2—坍落度筒；3—透明圆盘；4—喂料斗；5—套筒；6,8,12—螺钉；
7—振动台；9—测杆；10—支柱；11—旋转架

②容器：采用优质钢板精心制作而成，内径精确至 240 mm±3 mm，高度为 200 mm±2 mm，筒壁厚度达 3 mm，筒底更是加厚至 7.5 mm，以增强其耐用性和稳定性。

③坍落度筒：此筒体遵循标准圆锥坍落度筒的设计规范，但为适配维勃稠度测试，特别去除了两侧的脚踏板，以便于操作和放置。

④旋转架与测量系统：旋转架(11)巧妙连接测杆(9)及喂料斗(4)，形成一个稳定且灵活的测量单元。测杆下端安装有透明且水平的圆盘(3)，通过螺钉(12)将测杆牢固地固定在套筒(5)内。在坍落度筒准确置于容器中心后，喂料斗的底部无缝对接于筒口之上。旋转架则稳稳安装在支柱(10)上，利用十字凹槽精确定位方向，并通过螺钉(6)确保稳固不移。安装完毕后，确保测杆或漏斗的轴线与容器轴线完全重合，以保证测试数据的精确性。

⑤透明圆盘：作为承载荷重的关键部件，该圆盘直径精确至 230 mm±2 mm，厚度控制在 10 mm±2 mm 之间。荷载(F)直接施加于圆盘上，而由测杆、圆盘及附加荷重组成的滑动部分总质量被精确调整至 2750 g±50 g，以满足测试要求。测杆上设有清晰刻度，便于直接读取混凝土的坍落度值。

⑥辅助工具：此外，还配备了捣棒、小铲以及精度高达 0.5 s 的秒表，以辅助完成整个测试流程，确保测试的全面性和准确性。

2）检测步骤

①将维勃稠度仪稳固地放置于坚实且水平的台面上，确保仪器稳定无晃动。同时，对容器、坍落度筒内壁及其他相关用具进行润湿处理，确保表面湿润但无残留明水。

②将喂料斗准确提升至坍落度筒正上方，并紧密扣合，随后校正容器的位置，确保容器的中心与喂料斗中心精确重合。之后，使用工具拧紧固定螺钉，以防止在测试过程中发

生偏移。

③将混凝土拌合物试样分三层均匀地装入坍落度筒内，每装一层后，使用捣棒在筒内从边缘至中心按螺旋轨迹均匀插捣 25 次，以确保混凝土被充分捣实。捣实后，每层混凝土的高度应大致为筒体高度的三分之一。特别注意，在插捣底层时，捣棒需贯穿整个混凝土层；而在插捣第二层和顶层时，捣棒则应穿透当前层，直至下一层的表面。顶层混凝土装料时应略高于筒口，在插捣过程中，若混凝土低于筒口，应及时添加以保证装料量。

④完成顶层插捣后，迅速将喂料斗转离，并使用工具沿坍落度筒口轻轻刮平混凝土顶面，确保其平整无凸起。随后，垂直且平稳地提起坍落度筒，避免在提起过程中使混凝土拌合物试样发生横向扭动或变形。

⑤将透明圆盘轻轻放置于混凝土圆台体的顶面上，并放松测杆上的螺钉。然后，缓缓转动圆盘，使其完全覆盖在混凝土锥体的上部，并继续下降至与混凝土顶面紧密接触。

⑥拧紧定位螺钉以固定圆盘位置，随后开启振动台，并同时启动秒表进行计时。当振动进行到透明圆盘的整个底面与水泥浆完全接触时，立即停止计时并关闭振动台。此时，记录下所需的时间作为后续数据分析的依据。

3. 结果评定

秒表记录的时间应作为混凝土拌合物的维勃稠度值，精确至 1 s。如维勃稠度值小于 5 s 或大于 30 s，则此种混凝土所具有的稠度已超出本仪器的适用范围。

三、混凝土拌合物的表观密度检测

1. 仪器设备

①容量筒：一种由金属精心打造的圆筒形工具，两侧巧妙地安装了把手以便于操作。针对骨料最大粒径不超过 40 mm 的拌合物，我们选用容积为 5 L 的容量筒，其内径与筒高均精确控制在 186 mm±2 mm 范围内，筒壁厚度则为 3 mm，确保测量精度。若集料的最大粒径超过 40 mm，则容量筒的内径与筒高均需设计为该粒径的 4 倍以上，以满足不同规格集料的测试需求。容量筒的上缘及内壁均经过精心打磨，确保光滑平整，顶面与底面严格平行，并与圆柱体的轴线保持垂直，以进一步提升测量的准确性。

②磅秤：选用量程达 100 kg 的高精度磅秤，感量精细至 50 g，确保称重的精准无误。

③振动台：振动频率精准设定为 50 Hz±3 Hz，空载时的振幅则严格控制在 0.5 mm±0.1 mm 之间，为试验提供稳定而可靠的振动环境。

④捣棒：采用直径为 16 mm、长度为 600 mm 的优质钢棒制成，其端部经过细心磨圆处理，以减少对试样的破坏，确保试验的顺利进行。

⑤辅助工具：包括小铲、抹刀、刮尺等，这些工具虽小，但在试验中却发挥着不可或缺的作用，助力试验人员高效完成各类操作。

2. 检测步骤

(1) 使用湿润的布仔细擦拭容量筒的内外部，确保其干净无杂质，随后称量并记录其质量 (m_1)，精确至 10 g。

(2) 混凝土的装料与捣实方法需根据拌合物的稠度灵活调整，具体而言：

①当坍落度不超过 90 mm 时,推荐采用振动台进行振实处理。在操作过程中,应一次性将混凝土拌合物填充至略高于容量筒筒口的位置。装料过程中,可适当使用捣棒进行初步插捣。若振动过程中混凝土下降至筒口以下,应及时补充混凝土,持续振动直至表面泌出浆体。

②若坍落度大于 90 mm,则宜采用捣棒进行插捣密实。插捣前,需根据容量筒的规格确定分层与插捣次数:对于 5 L 容量筒,混凝土应分为两层装入,每层插捣 25 次;若容量筒大于 5 L,则每层混凝土高度不应超过 100 mm,插捣次数按每 10000 mm^2 截面不小于 12 次计算。插捣时,应从边缘向中心均匀进行,确保捣棒在捣底层时贯穿整个深度,捣第二层时则需插透本层至下一层表面。每层捣实后,用橡皮锤沿容量筒外壁轻敲 5~10 次,以进一步振实混凝土,直至表面插捣孔消失且无大气泡冒出。

③对于自密实混凝土,应一次性填满容量筒,且在整个过程中避免进行振动和插捣操作。

④刮去筒口多余的混凝土拌合物,并用适量混凝土填补表面凹陷处,使其平整。同时,擦拭干净容量筒外壁,称量并记录混凝土拌合物试样与容量筒的总质量(m_2),精确至 10 g。

3. 结果评定

混凝土拌合物的表观密度(ρ_h)按式(6-2)计算,精确至 10 kg/m^3。

$$\rho_h = \frac{m_2 - m_1}{V} \times 1000 \quad (6\text{-}2)$$

式中:ρ_h——表观密度,kg/m^3;
m_1——空容量筒质量,kg;
m_2——混凝土拌合物与空容量筒质量,kg;
V ——空容量筒容积,L。

任务三　混凝土强度的检测与评定

【工作任务】

测定混凝土立方体抗压强度、抗弯拉强度,并根据测定结果评定水泥混凝土的强度等级。按照国家标准《混凝土物理力学性能试验方法标准》(GB/T 50081—2019)规定,制作、养护混凝土试件,测定试件的抗压强度,将检测结果对照国家标准,评定水泥混凝土的强度等级。检测时严格按照材料的相关步骤和注意事项,细致、认真地做好检测工作。要完成此任务,需要掌握有关水泥混凝土的强度等级知识及熟悉国家标准,掌握水泥混凝土强度的检测方法。

【相关知识】

在工程建设中,混凝土扮演着至关重要的角色,主要用于承载荷载及抵御各类外力作用。其力学性质的核心在于强度,这一关键属性通过针对试件进行的强度试验得以精确测定。混凝土的强度体系丰富多样,包括但不限于立方体抗压强度、轴心抗压强度、抗拉强度、黏结强度、抗弯强度以及抗折强度等。

为了全面评估混凝土的强度特性,一系列专业的试验被广泛应用,如抗压强度试验(特别是单轴抗压强度,作为工程实践中常用的强度指标)、多轴向受压试验(模拟混凝土在复杂应力状态下的表现)、抗拉强度试验、直接拉伸试验、劈裂试验以及抗弯试验等。在这些强度指标中,抗压强度通常最为显著,而抗拉强度则相对较低,因此,在建筑工程的实际应用中,混凝土主要被设计为承受压力荷载。

混凝土的抗压强度不仅是混凝土结构设计时的核心参数,也是衡量混凝土质量优劣的关键指标之一。在工程领域,当提及混凝土的强度时,通常默认指的是其抗压强度,这一指标对于确保结构的安全性与耐久性具有不可估量的价值。

一、混凝土受压破坏过程

混凝土作为一种由水泥石与粗细骨料构成的复合材料,其内部结构呈现出非均质且多相分散的特性,整体密实度有限。硬化过程中,由于水泥水化反应引发的化学与物理收缩,砂浆体积发生变化,从而在粗骨料与砂浆界面产生分布不均的拉应力,这些拉应力足以破坏界面结合,形成众多杂乱无章的界面裂缝。此外,混凝土成型后的泌水现象也是界面裂缝形成的原因之一,部分上升水分受阻于粗骨料下方,硬化后形成界面裂缝。

当混凝土受到外力作用时,其内部产生应力,这些应力容易在几何形状为楔形的微裂缝尖端形成集中,促使微裂缝进一步扩展、汇聚,最终演变为肉眼可见的裂缝,试件的破坏便随着这些裂缝的扩展而加剧。

试验结果显示,在混凝土试件单向静力受压且荷载不超过极限应力30%的初始阶段,裂缝变化不明显,荷载与形变之间呈现近似的线性关系。随着荷载增加至极限应力的30%~50%区间,裂缝数量增多,并稳定而缓慢地扩展,此时应力-应变关系不再保持线性。当荷载超过极限应力的50%时,界面裂缝开始变得不稳定,并逐渐向砂浆基体中扩展。一旦荷载达到极限应力的75%以上,界面裂缝与砂浆基体中的裂缝同时加剧,彼此连接形成连续的裂缝网络,导致变形急剧加速,荷载-应变曲线显著向水平轴弯曲。最终,当超过极限载荷后,连续裂缝迅速扩展,混凝土的承载能力急剧下降,变形迅速增大,直至试件完全破坏。

二、混凝土的抗压强度与强度等级

1. 立方体抗压强度

混凝土的抗压强度是指,在标准测试条件下,当标准尺寸的试件(边长为150 mm的正立方体)在压力作用下达到破坏极限时,单位面积所能承受的最大垂直压力值。这些试件需严格遵循规定的制作流程制成,随后在标准养护环境中(即温度维持在20 ℃±2 ℃,且相对湿度保持在95%以上)或置于$Ca(OH)_2$饱和溶液中进行养护,直至达到28 d的规定龄期。之后,依据标准的测试程序对该试件进行抗压强度测定,所得结果即为混凝土的立方体抗压强度(记作 f_{cu}),其数值通过式(6-3)计算得出,并以兆帕(MPa)为单位进行表示。

$$f_{cu} = \frac{F}{A} \qquad (6-3)$$

式中:f_{cu}——立方体抗压强度,MPa;
    F——试件破坏荷载,N;
    A——试件承压面积,mm²。

当采用非标准试件测定立方体抗压强度时,须乘以换算系数,见表6-6,折算为标准试件的立方体抗压强度。

表6-6 试件尺寸换算系数

试件尺寸/mm	100×100×100	150×150×150	200×200×200
换算系数	0.95	1.00	1.05

2. 立方体抗压强度标准值

按照标准流程制作并妥善养护的 150 mm×150 mm×150 mm 立方体试件,在达到 28 d 龄期后,通过标准试验方法测定的抗压强度数据中,存在一个特定值,该值以 MPa 为单位表示。此值设定为满足条件:强度低于此值的试件占比不超过 5%,即具有 95% 的保证率。这一特定值被定义为立方体抗压强度的标准值,以 $F_{cu,k}$ 来表示。

值得注意的是,单纯的立方体抗压强度仅代表一组混凝土试件抗压强度的算术平均值,它并未融入数理统计的严谨性和保证率的概念。相反,立方体抗压强度标准值则是通过数理统计方法精确确定,确保了至少有 95% 的立方体试件其抗压强度不低于此标准值。

3. 强度等级

混凝土的强度等级是根据立方体抗压强度标准值来确定的。强度等级以符号"C"和"立方体抗压强度标准值($f_{cu,k}$)"两项内容来表示,如"C25"即表示混凝土立方体抗压强度标准值为 25 MPa≤$f_{cu,k}$<30 MPa。

普通混凝土按立方体抗压强度标准值划分为 C15、C20、C25、C30、C35、C40、C45、C50、C55、C60、C65、C70、C75、C80 共 14 个等级。

三、混凝土轴心抗压强度

混凝土的强度等级是通过立方体试件测试来确定的,然而,在实际工程应用中,混凝土结构构件的几何形态鲜少为立方体,更常见的是棱柱体或圆柱体。为了更准确地反映混凝土在实际受力状况下的抗压性能,计算钢筋混凝土构件的承载力时,普遍采用混凝土的轴心抗压强度作为核心设计依据。

依据国家最新标准《混凝土物理力学性能试验方法标准》(GB/T 50081—2019)的明确规定,测定轴心抗压强度所采用的标准试件为 150 mm×150 mm×300 mm 的棱柱体。

该试件需在标准养护条件下养护满 28 d 龄期后,再按照标准试验方法进行检测,所得结果以 F_{ck} 表示。值得注意的是,混凝土的轴心抗压强度 F_{ck} 通常是立方体抗压强度 F_{cu} 的 70%～80%之间,这一比例反映了两者在受力特性上的差异。

四、混凝土抗拉强度

混凝土的抗拉强度很低,只有抗压强度的 1/20～1/10,且随着混凝土强度等级的提高,比值有所降低。测定混凝土抗拉强度的试验方法有直接轴心受拉试验和劈裂试验,直接轴心受拉试验时试件对中比较困难,因此我国目前常采用劈裂试验方法测定。劈裂试验方法是采用边长为 150 mm 的立方体标准试件,按规定的劈裂抗拉试验方法测定混凝土的劈裂抗拉强度 f_{ts}。混凝土劈裂抗拉强度按式(6-4)计算:

$$f_{ts} = \frac{2F}{\pi A} = 0.637 \frac{F}{A} \tag{6-4}$$

式中:f_{ts}——混凝土的劈裂抗拉强度,MPa;
F——破坏荷载,N;
A——试件劈裂面面积,mm^2。

五、混凝土抗弯强度

道路路面或机场跑道用混凝土,是以抗弯强度(或称抗折强度)为主要设计指标。水泥混凝土的抗弯强度试验是以标准方法制备成 150 mm×150 mm×550 mm 的梁形试件,在标准条件下养护 28 d 后,按三分点加荷,测定其抗弯强度(f_{cf}),按式(6-5)计算:

$$f_{cf} = \frac{FL}{bh^2} \tag{6-5}$$

式中:f_{cf}——混凝土抗弯强度,MPa;
F——破坏荷载,N;
L——支座间距,mm;
b——试件截面宽度,mm;
h——试件截面高度,mm。

如为跨中单点加荷得到的抗折强度,按断裂力学推导应乘以折算系数 0.85。

六、混凝土与钢筋的黏结强度

在钢筋混凝土结构中,要使钢筋和混凝土能共同承受荷载,它们之间必须要有一定的黏结强度。这种黏结强度主要来源于混凝土和钢筋之间的摩擦力、钢筋与水泥石之间的黏结力及变形钢筋的表面与混凝土之间的机械啮合力。

黏结强度与混凝土质量、混凝土强度、钢筋尺寸及变形钢筋种类、钢筋在混凝土中的位置(水平钢筋或垂直钢筋)、加荷类型(使钢筋受拉或受压)、混凝土温湿度变化等因素有关。

目前,还没有一种较适当的标准试验能准确测定混凝土与钢筋的黏结强度。美国材料试验学会(ASTMC234)提出了一种拔出试验方法:将 $\phi19$ 的标准变形钢筋,埋入边长为

150 mm 的立方体混凝土试件,标准养护 28 d 后,进行拉伸试验,试验时以不超过 34 MPa/min 的加荷速度对钢筋施加拉力,直到钢筋发生屈服,或混凝土开裂,或加荷端钢筋滑移超过 25 mm。记录出现上述三种中任一情况时的荷载值 F,用式(6-6)计算混凝土与钢筋的黏结强度:

$$f_N = \frac{P}{\pi d l} \tag{6-6}$$

式中:f_N——黏结强度,MPa;
　　d——钢筋直径,mm;
　　l——钢筋埋入混凝土中的长度,mm;
　　P——测定的荷载值,N。

七、影响混凝土强度的因素

1. 水泥强度等级与水灰比

水泥是混凝土中的活性组分,其强度大小直接影响着混凝土强度的高低。在配合比相同的条件下,所用的水泥标号越高,制成的混凝土强度也越高。当用同一品种同一标号的水泥时,混凝土的强度主要取决于水灰比。因为水泥水化时所需的结合水,一般只占水泥重量的 23% 左右,但在拌制混凝土时,为了获得必要的流动性,常需用较多的水(占水泥重量的 40%～70%)。混凝土硬化后,多余的水分蒸发也许会残存在混凝土中,形成毛细管、气孔或水泡,它们减小了混凝土的有效断面面积,并可能在受力时于气孔或水泡周围产生应力集中,使混凝土强度下降。

在保证施工质量的条件下,水灰比越小,混凝土的强度就越高。但是,如果水灰比太小,拌合物过于干涩,在一定的施工条件下,无法保证浇灌质量,混凝土中将出现较多的蜂窝、孔洞,也将显著降低混凝土的强度和耐久性。试验证明,混凝土强度,随水灰比增大而降低,呈曲线关系,而混凝土强度与灰水比呈直线关系,如图 6-9 所示。

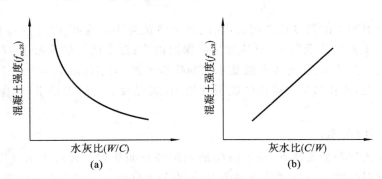

图 6-9　混凝土强度与水灰比及灰水比的关系

水泥石与骨料的黏结情况与骨料种类和骨料表面性质有关,表面粗糙的碎石比表面光滑的卵石(砾石)的黏结力大,硅质集料与钙质集料也有差别。在其他条件相同的情况下,碎石混凝土的强度比卵石混凝土的强度高。

$$f_{cu,0} = \alpha_a f_{ce}(C/W - \alpha_b) \tag{6-7}$$

式中：$f_{cu,0}$——混凝土 28 d 立方体抗压强度，MPa；

f_{ce}——水泥的实际强度，MPa；

C/W——灰水比；

α_a、α_b——回归系数，与骨料品种、水泥品种有关，其数值可通过试验求得。《普通混凝土配合比设计规程》(JGJ 55—2011) 提供的经验值为：

采用碎石：　　　　　　$\alpha_a = 0.46$；$\alpha_b = 0.07$。

采用卵石：　　　　　　$\alpha_a = 0.48$；$\alpha_b = 0.33$。

2. 骨料的影响

当骨料中含有杂质较多，或骨料材质低劣（强度较低）时，会降低混凝土的强度。表面粗糙并有棱角的骨料，与水泥石的黏结力较强，可提高混凝土的强度。所以在相同混凝土配合比的条件下，用碎石拌制的混凝土强度比用卵石拌制的混凝土强度高。骨料粒形以三围长度相等或相近的球形或立方体形为好，若含有较多针片状颗粒，则会增加混凝土孔隙率，增加混凝土结构缺陷，导致混凝土强度降低。

3. 养护的温度和湿度

混凝土强度的增长，是水泥的水化、凝结和硬化的过程，必须在一定的温度和湿度条件下进行。在保证足够湿度的情况下，不同养护温度，其结果也不相同。温度高，水泥凝结硬化速度快，早期强度高，所以在混凝土制品厂常采用蒸汽养护的方法提高构件的早期强度，以提高模板和场地的周转率。低温时水泥混凝土硬化比较缓慢，当温度低至 0 ℃ 以下时，硬化不但停止，且具有冰冻破坏的危险。养护温度对混凝土强度发展的影响如图 6-10 所示。

水是水泥进行水化反应的必要条件，只有周围环境有足够的湿度，水泥水化才能正常进行，混凝土强度才能得到充分发展。如果湿度不够，水泥难以水化，甚至停止水化。混凝土强度与保湿养护时间的关系如图 6-11 所示。因此，混凝土浇筑完毕后，必须加强养护。

为了保证混凝土的强度持续增长，在混凝土浇筑完毕后应在 12 h 内进行覆盖，以防水分蒸发。冬天施工的混凝土，要注意采取保温措施；夏季施工的混凝土，要特别注意浇水保湿。使用硅酸盐水泥、普通硅酸盐水泥和矿渣水泥，浇水保湿应不少于 7 d；使用火山灰和粉煤灰水泥，或在施工中掺用缓凝型外加剂，或混凝土有抗渗要求时，保湿养护不应少于 14 d。

4. 养护时间（龄期）

混凝土在正常养护条件下，强度将随龄期的增长而增加。混凝土的强度在最初的 3~7 d 内增长较快，28 d 后强度增长逐渐变慢，但只要保持适当的温度和湿度，其强度会一直有所增长，如图 6-11 所示。所以，一般以混凝土 28 d 的强度作为设计强度值。

普通水泥混凝土，在标准混凝土养护条件下，混凝土强度大致与龄期的对数成正比，计算如下：

$$f_n = \frac{f_n - \lg n}{\lg 28} \tag{6-8}$$

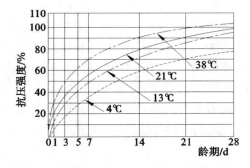

图 6-10 养护温度对混凝土强度发展的影响

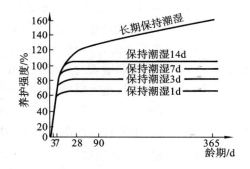

图 6-11 混凝土强度与保湿养护时间的关系

式中：f_n——n d 龄期混凝土的抗压强度，MPa；

f_{28}——28 d 龄期混凝土的抗压强度，MPa；

n——养护龄期，$n \geqslant 3$ d。

式(6-8)适用于在标准条件下养护的不同水泥拌制的中等强度的混凝土。根据此式，可由所测混凝土早期强度，或者由混凝土 28 d 强度推算 28 d 前混凝土达到某一强度值需要养护的天数。由于影响混凝土强度的因素很多，强度发展也很难一致，因此该公式仅供参考。

5. 施工质量

施工质量的好坏对混凝土强度有非常重要的影响。施工质量包括配料准确、搅拌均匀、振捣密实、养护适宜等。任何一道工序忽视了规范管理和操作，都会导致混凝土强度的降低。

6. 试验条件的影响

同一批混凝土试件，在不同试验条件下，所测抗压强度值会有差异，其中最主要的因素是加荷速度的影响。加荷速度越快，测得的强度值越大，反之则小。

八、提高混凝土强度的措施

1. 采用高强度等级水泥

在相同的配合比情况下，水泥的强度等级越高，混凝土强度越高，但由于水泥强度等级的提高，受原料、生产工艺等因素制约，故单纯靠提高水泥强度来提高混凝土强度，往往不现实，也不经济。

2. 降低水灰比

这是提高混凝土强度的有效措施。降低混凝土拌合物水灰比，即可降低硬化混凝土的孔隙率，提高混凝土的密实度，增加水泥与骨料之间的黏结力，从而提高混凝土强度。但降低水灰比，会使混凝土拌合物的工作性下降，因此，施工时必须有相应的技术措施配合，如采用机械强力振动、掺加外加剂等。

3. 采用湿热养护

湿热养护分蒸汽养护和蒸压养护两类。

蒸汽养护是将混凝土放在温度低于 100 ℃ 常压蒸汽中进行养护。混凝土经过 16~20 h 蒸汽养护，其强度可达正常条件下养护 28 d 强度的 70%~80%。蒸汽养护最适合于掺混合材料的矿渣水泥、火山灰水泥及粉煤灰水泥混凝土。而对普通水泥和硅酸盐水泥混凝土，因在水泥颗粒表面过早形成水化产物凝胶膜层，阻碍水分子继续深入水泥颗粒内部，使其后期强度增长速度减缓，其 28 d 强度比标准养护 28 d 强度低 10%~15%。

蒸压养护是将混凝土置于 175 ℃、0.8 MPa 蒸压釜中进行养护，这种养护方式能大大促进水泥的水化，明显提高混凝土强度，特别适用于掺混合材料的硅酸盐水泥。

4. 采用机械搅拌合振捣

混凝土采用机械搅拌不仅比人工搅拌效率高，而且搅拌更均匀，故能提高混凝土的密实度和强度。采用机械振捣混凝土，可使混凝土拌合物的颗粒产生振动，降低水泥浆的黏度及骨料之间的摩擦力，使混凝土拌合物转入流体状态，提高流动性。同时，混凝土拌合物被振捣后，其颗粒互相靠近，使混凝土内部孔隙大大减少，从而使混凝土的密实度和强度提高。

5. 掺加混凝土外加剂、掺合料

在混凝土中掺入早强剂可提高混凝土早期强度；掺入减水剂可减少用水量，降低水灰比，提高混凝土强度。此外，在混凝土中掺入减水剂的同时，掺入磨细的矿物掺合料（如硅灰、优质粉煤灰、超细矿粉），可显著提高混凝土强度，配制出超高强度的混凝土。

九、水泥混凝土的质量控制与强度评定

（一）混凝土的质量控制

加强质量控制是现代化科学管理生产的重要环节。混凝土质量控制的目标，是要生产出质量合格的混凝土，即所生产的混凝土应能按规定的保证率满足设计要求的技术性质。混凝土质量控制包括以下三个过程。

（1）混凝土生产前的初步控制：主要包括人员配备、设备调试、组成材料的检验及配合比的确定与调整等。

（2）混凝土生产过程中的控制：包括控制量程、搅拌、运输、浇筑、振捣及养护等。

（3）混凝土生产后的合格性控制：包括批量划分、确定批取样数、确定检测方法和验收界限等。

在以上过程的任一步骤中（如原材料质量、施工操作、试验条件等）都存在着质量的随机波动，故进行混凝土质量控制时，如要做出质量评定就必须用数理统计方法。在混凝土生产质量管理中，由于混凝土的抗压强度与其他性能有较好的相关性，能较好地反映混凝土整体质量情况，因此，工程中通常以混凝土抗压强度作为评定和控制其质量的主要指标。

（二）混凝土强度的评定

在正常连续生产的情况下，可用数理统计方法来检验混凝土强度或其他技术指标是否达到质量要求。统计方法可用算术平均值、标准差、变异系数和保证率等参数综合地评

定混凝土强度。

1. 混凝土强度的波动规律

实践结果证明,同一等级的混凝土,在施工条件基本一致的情况下,其强度波动服从正态分布规律。正态分布是一形状如钟形的曲线,以平均强度为对称轴,距离对称轴越远,强度概率值越小。对称轴两侧曲线上轴的水平距离等于标准差(σ)。曲线与横坐标之间的面积为概率的总和,等于100%。在数理统计中,常用强度平均值、标准差、变异系数和强度保证率等统计参数来评定混凝土质量。

2. 强度平均值、标准差、变异系数

1)混凝土抗压强度平均值($\overline{f}_{cu}$)

它代表混凝土抗压强度总体的平均水平,其值按式(6-9)计算:

$$\overline{f}_{cu} = \frac{1}{n} \times \sum_{i=1}^{n} f_{cu,i} \tag{6-9}$$

式中:n——试件的组数;

$f_{cu,i}$——第i组试件抗压强度试验值。

抗压强度平均值反映了混凝土总体抗压强度的平均值,但并不反映混凝土强度的波动情况。

2)标准差(σ)

标准差又称均方差,反映混凝土强度的离散程度,即波动程度,用σ表示,其值可按式(6-10)计算:

$$\sigma = \sqrt{\frac{\sum_{i=1}^{n} f_{cu,i}^2 - n\overline{f}_{cu}^2}{n-1}} \tag{6-10}$$

式中:n——试件的组数($n>25$);

$f_{cu,i}$——第i组试件的抗压强度试验值,MPa;

$\overline{f}_{cu}$——n组试件抗压强度算术平均值,MPa。

3)变异系数(C_v)

混凝土的标准差与抗压强度平均值之比,称为变异系数,又称离差系数,即:

$$C_v = \frac{\sigma}{\overline{f}_{cu}} \tag{6-11}$$

C_v也是说明混凝土质量均匀性的指标。在相同生产管理水平下,混凝土抗压强度标准差会随抗压强度平均值的提高或降低而增大或减小,它反映绝对波动量的大小,有量纲;而变异系数C_v反映的是抗压强度平均值水平不同的混凝土之间质量相对波动的大小,无量纲,其值越小,说明混凝土质量越稳定,混凝土生产的质量水平越高。

3. 混凝土强度保证率(P)

强度保证率是指混凝土抗压强度总体分布中,不小于设计要求的抗压强度标准值($f_{cu,k}$)的概率。以正态分布曲线下的阴影部分来表示,如图6-12所示。强度正态分布曲

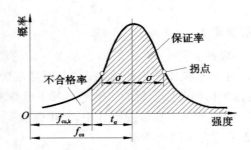

图 6-12 混凝土强度正态分布曲线及保证率

线下的面积为概率的总和,等于 100%。强度保证率可按如下方法计算。

首先,计算出概率 t,即:

$$t = \frac{\overline{f_{cu}} - f_{cu,k}}{\sigma} = \frac{\overline{f_{cu}} - f_{cu,k}}{C_v \overline{f_{cu}}} \tag{6-12}$$

根据标准正态分布的曲线方程,可求出概率 t 与强度保证率 $P(\%)$ 的关系,见表 6-7。根据以上数值,按表 6-8 确定混凝土生产质量水平。

表 6-7 不同 t 值的保证率 P

t	0.00	0.50	0.84	1.00	1.20	1.28	1.40	1.60
$P/(\%)$	50.0	69.2	80.0	84.1	88.5	90.0	91.9	94.5
t	1.645	1.70	1.81	1.88	2.00	2.05	2.33	3.00
$P/(\%)$	95.0	95.5	96.5	97.0	97.7	99.0	99.4	99.87

表 6-8 混凝土生产质量水平

生产水平			优良		一般		差	
混凝土抗压强度等级			<C20	≥C20	<C20	≥C20	<C20	≥C20
评定指标	混凝土抗压强度标准差 σ/MPa	商品混凝土厂 预制混凝土构件厂	≤3.0	≤3.5	≤4.0	≤5.0	>4.0	>5.0
		集中搅拌混凝土的施工现场	≤3.5	≤4.0	≤4.5	≤5.5	>4.5	>5.5
	混凝土抗压强度不低于规定抗压强度标准值的百分率 $P/(\%)$	商品混凝土厂 预制混凝土构件厂 集中搅拌混凝土的施工现场	≥95		>85		≤85	

4. 混凝土强度评定

根据《混凝土强度检验评定标准》(GB/T 50107—2010)的规定,混凝土强度评定分为统计方法评定和非统计方法评定。

1)统计方法评定

这种方法适用于预拌混凝土厂、预制混凝土构件厂或采用现场集中搅拌的混凝土施工单位,根据混凝土强度的稳定性,统计方法评定又分为以下两种情况。

(1) 已知标准差方法。当混凝土生产条件在较长时间内能保持一致，且同一品种混凝土的强度变异性能保持稳定时，应由连续的三组试件组成一个验收组，其强度应同时满足下列要求。

$$\overline{f}_{cu} \geqslant f_{cu,k} + 0.7\sigma$$
$$f_{cu,min} \geqslant f_{cu,k} - 0.7\sigma \qquad (6\text{-}13)$$

式中：$\overline{f}_{cu}$——同一验收批混凝土立方体抗压强度平均值，N/mm^2；

$f_{cu,k}$——混凝土立方体抗压强度标准值，N/mm^2；

σ——验收批混凝土立方体抗压强度标准差，N/mm^2；

$f_{cu,min}$——同一验收批混凝土立方体抗压强度最小值，N/mm^2。

当混凝土强度等级高于 C20 时，其强度的最小值尚应满足式(6-14)的要求。

$$f_{cu,min} \geqslant 0.9 f_{cu,k} \qquad (6\text{-}14)$$

(2) 未知标准差方法。当混凝土生产条件不能满足前述规定，或在前一个检验期内的同一品种混凝土没有足够的数据用以确定验收批混凝土强度的标准差时，应由不少于 10 组试件组成一个验收批，其强度应同时满足式(6-15)和式(6-16)的要求。

$$\overline{f}_{cu} - \lambda_1 S_{f_{cu}} \geqslant 0.9 f_{cu,i} \qquad (6\text{-}15)$$
$$f_{cu,min} \geqslant \lambda_2 f_{cu,i} \qquad (6\text{-}16)$$

式中：$S_{f_{cu}}$——同一验收批混凝土立方体抗压强度标准差，MPa；当 $S_{f_{cu}}$ 计算值小于 0.06 $f_{cu,k}$ 时，取 0.06 $f_{cu,k}$；

λ_1、λ_2——合格判定系数，按表 6-9 取用。

表 6-9 混凝土强度的合格判定系数

试件组数/组	10～14	15～24	>24
λ_1	1.70	1.65	1.60
λ_2	0.9	0.85	

混凝土立方体抗压强度的标准差可按式(6-17)计算。

$$S_{f_{cu}} = \sqrt{\frac{\sum_{i=1}^{n} f_{cu,i}^2 - n\overline{f}_{cu}^2}{n-1}} \qquad (6\text{-}17)$$

式中：$f_{cu,i}$——第 i 组混凝土立方体抗压强度值，N/mm^2；

n——一个验收批混凝土试件的组数。

2) 非统计方法评定

该种方法适用于零星生产的预制构件混凝土或现场搅拌批量不大的混凝土。这种情况下，因试件数量有限（试件组数少于 10 组），不具备按统计方法评定混凝土强度的条件，因而采用非统计方法。按非统计方法评定混凝土强度时，其强度应同时满足下列要求：

$$\overline{f}_{cu} \geqslant 1.15 f_{cu,k}$$
$$f_{cu,min} \geqslant 0.95 f_{cu,k} \qquad (6\text{-}18)$$

3）混凝土强度的合格性判定

混凝土强度应分批进行检验评定，当检验结果能满足上述规定时，则该混凝土强度判定为合格；当不满足上述规定时，则该批混凝土强度判定为不合格。

对不合格批混凝土制成的结构或构件，应进行鉴定。对不合格的结构或构件必须及时处理。

当对混凝土试件强度的代表性有怀疑时，可采用从结构或构件中钻取试件的方法或采用非破损检验方法，按有关标准的规定对结构或构件中混凝土的强度进行推定。

结构或构件拆模、出池、出厂、吊装、预应力筋张拉或放张，以及施工期间需短暂负荷时的混凝土强度，应满足设计要求或现行国家标准的有关规定。

【性能检测】

一、水泥混凝土立方体抗压强度的检测

1. 仪器设备

①压力试验机：其精度（即标示的相对误差）需达到至少±2%，且量程应确保试件的预期破坏荷载值位于全量程的20%~80%之间。

②钢尺：量程为300 mm，最小刻度精确至1 mm。

③试模：由铸铁或钢材制成，需具备足够的刚度并便于拆装。试模内部应经过抛光处理，不平度不得超过试件边长的0.05%。组装后，相邻面的不垂直度应控制在±0.5°以内。

④振动台：用于试验的振动台，其振动频率应维持在50 Hz±3 Hz范围内，空载时的振幅应约为0.5 mm。

⑤钢制捣棒：直径为16 mm，长度为600 mm，一端设计为弹头状。

⑥小铁铲，刮刀。

2. 试件的制作

（1）混凝土抗压强度试验通常以三个试件为一组进行。每组试件所使用的拌合物应从同一盘或同一车运输的混凝土中取出，或在试验时通过机械或人工方式单独拌制。对于检验现浇混凝土工程或预制构件质量的试件分组及取样原则，应遵循《混凝土结构工程施工质量验收规范》（GB 50204—2015）及其他相关标准的规定。

（2）在制作前，应仔细擦拭试模，并在其内表面均匀涂抹一层矿物油脂。

（3）所有试件应在取样后立即制作。试件的成型方法需根据混凝土的稠度来确定。通常，坍落度小于70 mm的混凝土采用振动台振实；而坍落度大于70 mm的混凝土则使用捣棒进行人工捣实。

①采用振动台成型时，应将混凝土拌合物一次性装入试模，装料过程中使用抹刀沿试模内壁进行人工插捣，以使混凝土拌合物略高于试模上口。振动过程中，需防止试模在振动台上自由跳动。振动应持续至混凝土表面出现浆体为止，随后刮去多余的混凝土，并用抹刀抹平表面。

②采用人工插捣方法时,混凝土拌合物应分两层装入试模,每层装料厚度大致相等。插捣应按照螺旋方向从边缘向中心均匀进行。捣底层时,捣棒应触及试模底部;捣上层时,捣棒应插入下层 20~30 mm 深度。插捣过程中,捣棒应保持垂直,不得倾斜。同时,还需使用抹刀沿试模内壁多次插入。每层的插捣次数需根据实际截面积确定,一般每 100 cm² 截面积不应少于 12 次(参见表 6-10)。插捣完毕后,刮除多余的混凝土,并用刮刀抹平表面。

表 6-10　混凝土试件尺寸与每层振捣次数选用表及强度换算系数

试件尺寸	允许骨料最大粒径/mm	每层插捣次数	强度换算系数
100 mm×100 mm×100 mm	30	12	0.95
150 mm×150 mm×150 mm	40	25	1.00
200 mm×200 mm×200 mm	60	50	1.05

3. 试件的养护

试件成型后,应立即覆盖其表面以防止水分蒸发,随后在温度为 20 ℃±5 ℃ 的环境中静置一昼夜(最长不超过两昼夜),之后方可拆模。

(1)标准养护:拆模后的试件需即刻置于温度为 20 ℃±5 ℃、湿度 90% 以上的标准养护室内进行养护。试件应放置在架子上,彼此间隔保持在 10~20 mm 之间,避免直接用水喷淋试件。若条件有限,无标准养护室,则可将试件置于温度为 20 ℃±5 ℃ 的静止水中养护,且水的 pH 值不得低于 7。

(2)同条件养护:试件成型后,同样需覆盖表面以防水分散失。其拆模时间可参照实际构件的拆模时间确定。拆模后,试件需继续在同条件下进行养护。

4. 抗压强度检测

①试件从养护地点取出后,应迅速进行试验,以减少试件内部温度和湿度的显著变化对试验结果的影响。

②试验前,需将试件表面擦拭干净,准确测量其尺寸(精确至 1 mm),并检查外观质量。根据实测尺寸计算试件的承压面积;若实测尺寸与公称尺寸之差在 1 mm 以内,则可采用公称尺寸进行计算。

③将试件平稳安放在试验机的下压板上,确保试件的承压面与成型时的顶面垂直,且试件中心与下压板中心精确对齐。启动试验机,当上压板接近试件时,仔细调整球座以确保接触均匀。混凝土试件的加载应连续且均匀,对于强度等级低于 C30 的混凝土,加荷速度控制在 0.3~0.5 MPa/s;而对于强度等级 C30 及以上者,加荷速度则为 0.5~0.8 MPa/s。当试件接近破坏并开始迅速变形时,停止调整试验机油门,直至试件完全破坏。随后,准确记录破坏时的荷载值。

5. 结果计算与评定

①混凝土试件立方体抗压强度(f_{cu})为:

$$f_{cu} = \frac{F}{A} \tag{6-19}$$

②该组试件的抗压强度值以三个试件测量的算术平均值确定。若三个测值中的最大或最小值之一与中间值的差异超过中间值的15%，则应将最大值与最小值剔除，仅取中间值作为该组试件的抗压强度。若存在两个测值与中间值的差异均超过15%，则判定该组试件的试验结果无效。

③以150 mm×150 mm×150 mm 尺寸试件的抗压强度值作为标准基准。对于使用其他尺寸试件测得的强度值，需通过乘以相应的尺寸换算系数进行调整，以确保结果的统一性和可比性。换算系数的具体数值请参考表6-10。

二、混凝土强度非破损检测——回弹法检验

混凝土非破损检验，亦称无损检测，其显著优势在于能够对同一试件进行多次重复测试而不造成任何损害，从而快速直接地评估混凝土的强度、内部缺陷的具体位置与尺寸，并能准确判断混凝土受损或劣化的程度。因此，无损检测技术在工程实践中得到了广泛的认可与应用。

在混凝土非破坏检验的众多方法中，回弹法、电测法、谐振法及取芯法等均为常用手段。此外，为了获得更为全面、准确的混凝土强度与耐久性评估，常常采用两种或多种方法相结合的方式进行综合判断。

具体而言，回弹仪作为测定混凝土强度的一种有效工具，其工作原理是通过内置的拉力弹簧驱动一定尺寸的金属弹击杆，以预定能量撞击混凝土表面，随后根据弹击后回弹的距离值来反映被测混凝土表面的硬度。基于混凝土表面硬度与其抗压强度之间的相关性，可以进一步估算出混凝土的抗压强度值。

1. 仪器设备

1）回弹仪

中型回弹仪（见图6-13）主要由弹击系统、示值系统和仪壳部件等组成，冲击功为2.207 J。

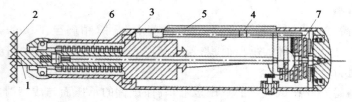

图6-13 中型回弹仪

1—弹击杆；2—混凝土试件；3—冲锤；4—指针；5—刻度尺；6—拉力弹簧；7—压力弹簧

2）钢砧

钢砧的洛氏硬度 RHC 为 60±2。

2. 检测步骤

(1) 在使用回弹仪进行率定时，需将回弹仪垂直向下对准钢砧进行弹击，并连续进行三次稳定的弹击操作，取其平均值作为结果。弹击过程中，弹击杆需分四次进行旋转，每次旋转角度为90°，确保全面测试。每次旋转后的率定平均值必须满足80±2的标准要求，否则该回弹仪不得使用。

(2)对于混凝土构件的测区与测面布置,每个构件应至少设置10个测区,且相邻两测区之间的距离不得超过2 m。测区的选择应确保均匀分布并具有代表性,通常优先选择构件的侧面作为测区。每个测区内宜设置两个相对的测面,每个测面的面积约为20 cm×20 cm。

(3)在准备检测面时,需确保测面平整光滑。如有需要,可使用砂轮等工具对表面进行适当加工处理。测面应自然干燥至适宜状态。对于每个测面,应均匀布置8个测点;若测区仅包含一个测面,则应增加至16个测点,以确保测试结果的全面性和准确性。

(4)进行回弹值测定时,首先将回弹仪垂直对准混凝土表面并轻轻按压,使弹击杆伸出并挂上冲锤。随后,将回弹仪的弹击杆垂直且缓慢均匀地对准测试点施加压力,直至冲锤脱钩并冲击弹击杆。冲锤带动指针向后移动至稳定位置后,即可准确读取回弹值(需精确至1 N)。

3. 试验结果处理

①计算回弹值时,首先从测区的16个原始回弹值中剔除各自的3个最大值和3个最小值,随后对剩余的10个回弹值进行算术平均,结果保留至0.1 N,以此作为该测区在水平方向上测试的混凝土平均回弹值(N)。

②关于回弹值测试的角度及浇筑面/底面修正:若测试面为非水平方向或位于浇筑面/底面,则需首先根据相关规定进行角度修正,随后再进行浇筑面的相应修正。

③混凝土表面在碳化后,其硬度会有所提升,从而导致测得的回弹值增大。因此,当碳化深度达到或超过0.5 mm时,需按照相关规定对回弹值进行相应的修正。

④基于室内试验所建立的强度(f)与回弹值(N)之间的关系曲线,可准确查找并确定构件测区内的混凝土强度值。

⑤在计算混凝土构件的强度时,首先计算其强度的平均值(精确至0.1 MPa)和标准差(精确至0.01 MPa),然后基于这些值,最终推导出混凝土构件的强度推定值(MPa),结果保留至0.1 MPa。

任务四　混凝土的长期性与耐久性检测

【工作任务】

测定混凝土的收缩值和徐变系数,评价混凝土的长期性;混凝土的长期性能包括收缩和徐变,通过完成混凝土的收缩和受压徐变试验,熟悉混凝土的变形形式和徐变的特点,评定混凝土的长期性;评定水泥混凝土的耐久性,是按照《普通混凝土长期性能和耐久性能试验方法标准》(GB/T 50082—2009)的规定,制作、养护水泥混凝土试件,测定水泥混凝土抗冻性、抗渗性等指标,并将测定结果对照国家标准,评定水泥混凝土的耐久性。检测时严格按照相关检测步骤和注意事项,细致、认真地做好检测工作。通过完成此任务,掌握混凝土的变形、影响混凝土耐久性的因素以及如何提高混凝土的耐久性,同时掌握混凝土耐久性的检测方法。

【相关知识】

一、混凝土的变形

在混凝土的硬化阶段及后续使用过程中,其会受到多种因素的影响而发生形变。这种变形不仅直接关系到混凝土的强度与耐久性,更是裂缝产生的直接诱因。导致混凝土变形的因素纷繁复杂,但总体上可归结为两大类:非荷载变形与荷载变形。

1. 非荷载作用下的变形

1) 化学收缩

水泥水化过程中,生成物的总体积相较于反应前物质会有所减小,从而引发体积的收缩,此现象称为化学收缩。随着混凝土硬化龄期的增长,化学收缩逐渐加剧,尤其在最初的 40 d 内收缩速度极快,随后趋于稳定。值得注意的是,化学收缩是不可逆的,虽然它通常不会对结构物造成显著破坏,但会在混凝土内部形成细微裂缝。

2) 干湿变形

混凝土因周围环境湿度的变化而产生的变形,被称为干湿变形,其特点表现为干缩湿胀。在湿润环境中,水泥凝胶体中的胶体粒子因吸附水膜增厚而间距增大,导致混凝土轻微膨胀;相反,在干燥条件下,随着水分子蒸发和水泥凝胶或毛细管失水,混凝土则会发生收缩。若将已收缩的混凝土重新置于水中养护,部分收缩变形可得到恢复,但仍有 30%~50% 的变形是不可逆的。

尽管湿胀变形对结构的影响微乎其微,但干缩变形却对混凝土构成较大威胁。干缩可能导致混凝土表面产生拉应力,进而引发开裂,严重损害其耐久性。通常,混凝土的极限收缩值可达 $(50 \sim 90) \times 10^{-5}$ mm/mm。在工程设计中,为安全起见,常将混凝土的线收缩率控制在 $(15 \sim 20) \times 10^{-5}$ mm/mm 范围内,即每米长度上胀缩不超过 0.15~0.20 mm。为有效防止干缩现象,应采取加强养护、降低水灰比、减少水泥用量及增强振捣等措施。

3) 温度变形

混凝土因热胀冷缩而产生的变形被统称为温度变形。其温度线膨胀系数为 $(1 \sim 1.5) \times 10^{-5}/℃$,意味着温度每上升或下降 1 ℃,每米长度的混凝土将膨胀或收缩 0.01~0.015 mm。这种温度变形对大体积混凝土尤为不利。在混凝土硬化的初期阶段,水泥水化过程中会释放出大量热量,而混凝土的散热能力相对较慢,导致大体积混凝土内外形成显著的温差。这种温差在混凝土表面产生巨大的拉应力,极端情况下会引发裂缝的产生。

因此,在大体积混凝土工程中,需采取一系列措施来降低混凝土的发热量,比如选用低热水泥、减少水泥用量、掺加缓凝剂以及实施人工降温等,旨在减小内外温差,从而有效防止裂缝的形成与发展。

对于纵向延伸较长的混凝土结构以及大面积混凝土工程,为防止其因大气温度变化而开裂,通常会每隔一定距离设置温度伸缩缝,并在结构内部配置温度钢筋等增强措施,以提高混凝土的抗裂性能。

2. 荷载作用下的变形

1) 短期荷载作用下的变形

混凝土是由水泥石、砂、石子等组成的不均匀复合材料,是一种弹性塑性体。混凝土受力后既会产生可以恢复的弹性变形,又会产生不可恢复的塑性变形。全部应变(ε_0)由弹性应变(ε_e)与塑性应变(ε_p)组成,如图 6-14 所示。

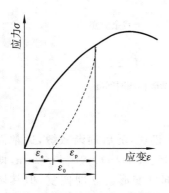

图 6-14　混凝土应力-应变图

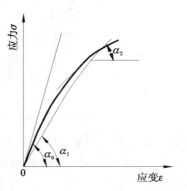

图 6-15　α_0、α_1、α_2 示意图

在混凝土应力-应变曲线上,任意一点应力与对应应变的比值,被定义为该应力状态下的混凝土变形模量 E。此模量深刻揭示了混凝土所承受应力与其所引发应变之间的非线性关系,因此,混凝土的变形模量并非固定值,而是随应力状态变化的。

依据《混凝土物理力学性能试验方法标准》(GB/T 50081—2019)的规定,采用标准尺寸 150 mm×150 mm×300 mm 的棱柱体试件,于试件轴心抗压强度 40% 的应力水平下进行多次(至少四次)加载与卸载循环后,当所得应力-应变曲线与初始加载切线近似平行时,所测得的变形模量值即视为该混凝土的弹性模量。

混凝土的变形模量可通过三种方式表达:初始弹性模量 E_0,以初始加载切线的斜率 $\tan\alpha_0$ 表示;割线弹性模量 E_c,对应加载-卸载循环中某特定割线的斜率 $\tan\alpha_1$;切线弹性模量 E_h,表示在特定应力点处应力-应变曲线的切线斜率 $\tan\alpha_2$,如图 6-15 所示。

在分析和计算钢筋混凝土结构的变形、裂缝形成,以及大体积混凝土中的温度应力时,混凝土的弹性模量是一个至关重要的参数。

影响混凝土弹性模量的主要因素涵盖混凝土的强度等级、骨料性质以及养护条件等。一般而言,随着混凝土强度等级从 C15 提升至 C80,其弹性模量也相应地从大约 2.20×10^4 MPa 增加至 3.80×10^4 MPa。此外,骨料含量的增加也会提升混凝土的弹性模量。同时,优化混凝土的水灰比、加强养护以及延长龄期,均有助于增大混凝土的弹性模量。

2) 长期荷载作用下的变形

混凝土在长期荷载作用下会产生徐变现象。混凝土在长期荷载作用下,随着时间的延长,沿着作用力的方向发生的变形,一般要延续 2~3 年才逐渐趋向稳定。这种随时间而发展的变形性质,称为混凝土的徐变。混凝土无论是受压、受拉、受弯时,都会产生徐变。混凝土在长期荷载作用下,其变形与持荷时间的关系如图 6-16 所示。

当混凝土开始承受荷载时,会立即产生瞬时应变。随着荷载持续作用时间的延长,混

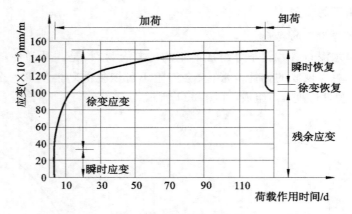

图 6-16 混凝土徐变曲线

凝土会逐渐发生徐变变形。这种徐变变形在初期增长较为迅速,随后逐渐减缓,通常需要经过 2~3 年的时间才能达到稳定状态,最终徐变应变可达到 $(3\sim15)\times10^{-4}$ mm/m,即每米长度上产生 0.3~1.5 mm 的变形。当荷载卸载后,一部分变形会立即恢复,但其恢复量小于加载瞬间产生的瞬时变形。卸载后的一段时间内,变形还会持续恢复,这一过程被称为徐变恢复。最终,会有一部分变形残留下来,无法完全恢复,这部分变形称为残余应变。

混凝土的徐变现象,普遍认为是由于水泥石中的凝胶体在长期荷载作用下发生的黏性流动,并向毛细孔中迁移。在混凝土早期阶段加载时,由于水泥尚未充分水化,凝胶体含量较高且水泥石中毛细孔较多,凝胶体易于流动,因此徐变发展较快。随着水泥的持续硬化,凝胶体含量相对减少,毛细孔数量也减少,徐变的发展速度逐渐放缓。

混凝土徐变受多种因素影响。当混凝土水灰比较小或在水环境中养护时,徐变量相对较小。对于相同水灰比的混凝土,水泥用量越多,徐变量通常越大。此外,当混凝土中使用的骨料弹性模量较大时,徐变量也较小。而所受的应力水平越高,徐变量也相应增大。

混凝土的徐变对混凝土结构既有积极影响也有消极影响。其有利之处在于能够缓解混凝土内部的应力集中现象,使应力分布更为均匀。对于大体积混凝土而言,徐变还能帮助消除一部分因温度变形而产生的破坏应力。然而,徐变也会增加结构的总变形量;在预应力钢筋混凝土结构中,徐变会导致预应力的损失,进而降低结构的承载能力。

二、混凝土的耐久性

在建筑工程领域,混凝土不仅需要具备充足的强度以确保安全承载各类载荷,还须展现与周围环境相匹配的耐久性,以有效延长建筑物的服役寿命。具体而言,对于承受水压的混凝土结构,需具备卓越的抗渗性能;面对与水直接接触并经历冻融循环的环境,则要求混凝土展现出色的抗冻能力;而在腐蚀性介质中,混凝土必须具备良好的抗侵蚀性。因此,混凝土的耐久性被定义为其抵抗环境介质侵蚀、长期保持优异使用性能及外观完整性的能力,这一特性对于维护混凝土结构的安全与正常运作至关重要。

混凝土的耐久性是一项涵盖多方面的综合性技术指标，它不仅涉及抗渗性、抗冻性、抗侵蚀性等基本性能，还包括了如抗碳化、抗碱-骨料反应等更为复杂的耐久性要素。

1. 混凝土的抗渗性

混凝土的抗渗性，即其抵抗液体（如水、油等）渗透的能力，是评估混凝土耐久性的关键指标之一。该性能直接关系到混凝土的抗冻性和抗腐蚀性。若混凝土抗渗性不足，易导致水分渗透，进而在遭遇冰冻或腐蚀性介质时，加速混凝土的劣化过程，对钢筋混凝土结构而言，还可能诱发钢筋腐蚀、保护层开裂乃至剥落等严重问题。

混凝土的抗渗性通过抗渗等级来量化表示，该等级基于28天龄期的标准混凝土试件，在特定试验条件下，以试件不渗水时所能承受的最大水压（MPa）为判定依据，并使用代号"P"后跟具体数值来标识，如P4、P6、P8、P10、P12，分别对应能承受0.4 MPa至1.2 MPa不等的静止水压力而不发生渗透。

混凝土渗水现象的主要根源在于其内部形成了连通的渗水通道，这些通道可能源于施工振捣不充分留下的孔隙，或是水泥浆中多余水分蒸发后形成的气孔、水泥浆泌水造成的毛细孔，以及粗骨料界面下水分富集形成的孔穴。渗水通道的数量与分布，在很大程度上受水灰比的影响。试验数据表明，水灰比的增加会显著削弱混凝土的抗渗性，尤其当水灰比超过0.6时，抗渗性能会急剧下降。

为提升混凝土的抗渗性，可采取一系列重要措施，包括但不限于：提高混凝土的密实度，优化其孔隙结构，以及减少连通孔隙的数量。这些目标可通过降低水灰比、精心选择骨料级配、加强施工过程中的振捣与养护，以及适量掺加引气剂等方法来实现，从而有效增强混凝土的抗渗性能。

2. 混凝土的抗冻性

混凝土的抗冻性，指的是其在完全水饱和状态下，能够经受多次冻融循环而不发生破坏，且其强度不会显著降低的能力。这一性能是评估混凝土在寒冷气候条件下耐久性的重要指标。

混凝土的抗冻性通过抗冻等级来具体量化，该等级基于28 d龄期的标准混凝土试件，在完全浸水饱和后，进行严格的冻融循环试验得出。抗冻等级以试件在强度损失率不超过25%、质量损失率不超过5%的条件下，所能承受的最大冻融循环次数来表示。具体分为F10、F15、F25、F50、F100、F150、F200、F250及F300九个等级，分别对应混凝土至少能承受10次、15次、25次、50次、100次、150次、200次、250次及300次的冻融循环而不失效。

混凝土受冻破坏的根源在于其内部孔隙中的水在低温下结冰，体积急剧膨胀（约增大8%），从而产生巨大的膨胀压力。当这种内部应力超过混凝土的极限抗拉强度时，混凝土便会出现裂缝。随着冻融循环的反复进行，裂缝逐渐扩展，最终导致混凝土的整体破坏。

混凝土的抗冻性受多种因素影响，包括其密实程度、孔隙率、孔隙特征以及孔隙的充水程度等。一般而言，结构密实或具有封闭孔隙的混凝土表现出更好的抗冻性。此外，降低水灰比可以有效提高混凝土的密实度，进而增强其抗冻性。同时，在混凝土中适量添加引气剂或减水剂，也能显著改善其抗冻性能。

3.混凝土的抗侵蚀性

混凝土的抗侵蚀性,是指其抵御外界各类侵蚀性介质(如软水、硫酸盐、一般酸性物质及强碱等)破坏作用的能力。在地下工程、码头建设及海底结构等环境中,混凝土常面临复杂多变的环境介质侵蚀,因此,这些应用场景下的混凝土必须具备出色的抗侵蚀性能。

混凝土的抗侵蚀性能受多方面因素影响,包括所采用的水泥类型、混凝土的密实程度以及孔隙结构特征等。具体而言,那些结构致密或具有封闭孔隙的混凝土,往往展现出更强的抗侵蚀能力。为了提升混凝土的抗侵蚀性,需根据工程所处环境的特定条件,科学合理地选择水泥品种。关于常用水泥品种的选择原则及建议,可参见前述相关模块内容。

4.混凝土的抗碳化

混凝土的碳化是指其内部$Ca(OH)_2$与空气中的CO_2发生化学反应,生成$CaCO_3$和H_2O的过程。这一过程是CO_2从混凝土表面逐渐渗透至内部的渐进式扩散。碳化不仅改变了水泥石的化学组成与组织结构,还降低了混凝土的碱度,进而对混凝土的强度和收缩性能产生影响。

碳化速率受多种因素制约,包括混凝土的密实程度、水泥种类、环境中CO_2的浓度以及环境湿度等。具体而言,当水灰比较低,混凝土结构较为致密时,CO_2和水分难以渗透,碳化速度相应减缓;使用掺有混合材的水泥,由于其碱度较低,碳化速度会随着混合材掺量的增加而加快(在常见水泥类型中,火山灰水泥的碳化速率最快,而普通硅酸盐水泥则最慢);环境中CO_2浓度越高,碳化反应进行得越快;在相对湿度维持在50%~75%的环境中,碳化速率达到峰值,而当相对湿度达到100%或低于25%时,碳化作用将基本停止。

碳化对混凝土的影响具有双重性。一方面,水泥水化过程中产生的氢氧化钙为钢筋营造了一个碱性环境,形成了保护性的钝化膜,防止了钢筋的锈蚀。然而,碳化会降低混凝土的碱度,一旦碳化深度穿透混凝土保护层触及钢筋表面,钝化膜将被破坏,导致钢筋开始锈蚀。锈蚀的钢筋体积膨胀,进而引发混凝土保护层的开裂,开裂后的混凝土又加剧了CO_2和水分的渗入,促进了碳化的进一步进行和钢筋锈蚀的加速,最终可能导致混凝土沿钢筋开裂而损坏。另一方面,碳化过程中生成的碳酸钙填充了水泥石的孔隙,同时碳化产生的水分有助于未水化水泥的继续水化,从而提高了碳化层混凝土的密实度,对增强其抗压强度具有积极作用。例如,在混凝土预制桩的制作中,就常利用碳化作用来提升桩体的表面硬度。但总体而言,碳化对混凝土的负面影响大于正面效应,因此,提高混凝土的抗碳化能力显得尤为重要。

为在实际工程中有效减少或避免碳化作用,可采取以下措施:根据钢筋混凝土所处的具体环境选择合适的水泥品种,确保设置足够的混凝土保护层厚度,降低水灰比以提高混凝土密实度,加强施工过程中的振捣作业,适量掺加外加剂以及在混凝土表面涂刷保护层等。

5.混凝土的抗碱-骨料反应

碱-骨料反应是一种化学现象,涉及水泥中的碱性氧化物(主要是Na_2O和K_2O)与骨料中的活性二氧化硅发生反应,在骨料表面形成复杂的碱-硅酸凝胶。这种凝胶在吸水后会显著膨胀(体积可膨胀至原来的三倍以上),进而导致混凝土内部产生应力,引发开裂并最终破坏混凝土结构。

碱-骨料反应的发生需同时满足以下三个必要条件：

①水泥中碱含量超标：即水泥中的碱含量，按$(Na_2O + 0.658K_2O)\%$计算，需超过0.6%的阈值。

②骨料中存在活性二氧化硅：骨料中需含有如蛋白石、玉髓、鳞石英等富含活性二氧化硅的矿物成分。

③水分存在：碱-骨料反应必须在有水的环境下进行，无水条件下该反应不会发生。

为有效抑制碱-骨料反应对混凝土结构的损害，在实际工程中常采取以下策略：

①严格控制水泥总含碱量：确保不超过0.6%的限定值。

②选用非活性骨料：避免使用含有活性二氧化硅的骨料。

③降低混凝土单位水泥用量：以此减少混凝土中的总碱含量。

④掺入火山灰质混合材：通过添加此类混合材来降低反应产物的膨胀值。

⑤保持混凝土干燥：采取措施防止水分侵入混凝土内部，尽量使混凝土处于干燥环境中。

6. 提高混凝土耐久性的措施

混凝土所处的环境和使用条件不同，对其耐久性要求也不相同。提高混凝土耐久性常采取以下措施。

①合理选择水泥品种。水泥品种的选择应与工程结构所处环境条件相适应，可参照任务四的内容选用合适的水泥品种。

②控制混凝土的最大水灰比及最小水泥用量。在一定的工艺条件下，混凝土的密实度与水灰比有直接关系，与水泥用量有间接关系。所以混凝土中水泥用量和水灰比，不能仅满足于混凝土对强度的要求，还必须满足耐久性要求。《普通混凝土配合比设计规程》(JGJ 55—2011)对建筑工程所用混凝土的最大水灰比和最小水泥用量做了规定，见表6-11。

③选用较好的砂、石骨料。尽可能选用级配良好、技术条件合格的砂、石骨料，在允许的最大粒径范围内，尽量选用较大粒径的粗骨料，以减小骨料的孔隙率和总表面积，节约水泥，提高混凝土的密实度和耐久性。

④掺加引气剂或减水剂，提高混凝土的抗冻性、抗渗性。

⑤改善混凝土施工条件，保证施工质量。

表 6-11 混凝土的最大水灰比和最小水泥用量

环境条件	结构类别	最大水灰比			最小水泥用量/kg		
		素混凝土	钢筋混凝土	预应力混凝土	素混凝土	钢筋混凝土	预应力混凝土
干燥环境	正常居住或办公用房室内部件	不做规定	0.65	0.60	200	260	300

续表

环境条件		结构类别	最大水灰比			最小水泥用量/kg		
			素混凝土	钢筋混凝土	预应力混凝土	素混凝土	钢筋混凝土	预应力混凝土
潮湿环境	无冻害	高湿度的室内部件、室外部件,在非侵蚀性土和(或)水中部件	0.70	0.60	0.60	225	280	300
	有冻害	经受冻害的室外部件,在非侵蚀性土和(或)水中且经受冻害的部件,高湿度且经受冻害的室内部件	0.55	0.55	0.55	250	280	300
有冻害和除冰剂的潮湿环境		经受冻害和除冰剂作用的室内和室外部件	0.50	0.50	0.50	300	300	300

【性能检测】

一、混凝土抗渗性检测

1. 仪器设备

①混凝土抗渗仪:该设备应能确保水压以规定的速率稳定地施加于试件上,确保测试的准确性。

②加压装置:可采用螺旋或其他有效形式,其设计需确保能将试件顺利压入试件套内,且压力适中。

2. 试样制备

①根据混凝土抗渗设备的要求,精确制作抗渗试件,每组包含 6 个试件。

②试件成型后,需在 24 小时内拆除模具,并使用钢丝刷仔细清除两端面的水泥浆膜,随后将试件转移至标准养护室进行养护。通常情况下,试件需养护至 28 天龄期方可进行试验,但若有特殊需求,也可在其他指定龄期进行测试。

3. 检测步骤

①在试验前一天,将试件从养护室取出并晾干表面水分。随后,在试件侧面均匀涂抹一层熔化的密封材料,以确保试验过程中不发生侧漏。

②使用螺旋或其他适合的加压装置,将涂抹了密封材料的试件压入已经过烘箱预热处理的试件套中。待试件稍许冷却后,即可解除压力,并将整套装置安装到混凝土抗渗仪上进行试验。

③试验从初始水压 0.1 MPa 开始,之后每隔 8 小时增加 0.1 MPa 的水压,同时需密

切观察试件端面的渗水情况。

④若在试验过程中,有 3 个或以上的试件端面出现渗水现象,则应立即停止试验,并记录当前的水压值作为试验结果。

⑤若在试验期间发现水从试件周边渗出,应立即中断试验,并重新对试件进行密封处理后再行测试。

4. 结果整理

混凝土的抗渗标号以每组 6 个试件中 4 个试件未出现渗水时的最大水压力计算,其计算式为:

$$P = 10H - 1 \tag{6-20}$$

式中:P——抗渗标号;

H——6 个试件中 3 个渗水时的水压力,MPa。

二、混凝土抗冻性检测(慢冻法)

1. 仪器设备

①冷冻箱(室):内置试件后,能够稳定维持箱(室)内温度在 $-15 \sim -20$ ℃ 的范围内。

②融解水槽:专为试件设计,确保水温能够持续保持在 $15 \sim 20$ ℃ 之间。

③筐篮:采用钢筋精心焊接而成,其尺寸精确匹配所装载试件的大小,确保稳固与安全。

④案秤:具备 10 kg 的称量范围,感量精细至 5 g,满足精确测量的需求。

⑤压力试验机:具备至少±2% 的精确度,其量程设定需确保试件的预期破坏荷载值位于全量程的 20%~80% 之间,以保证测试的准确性和安全性。试验机的上、下压板及与试件接触处可铺设钢垫板,钢垫板的两受压面均经过精密机械加工处理。此外,与试件直接接触的压板或垫板尺寸应大于试件的承压面,且其表面不平度需控制在每 100 mm 不超过 0.02 mm 的高标准,以确保测试的精准度。

2. 试样制备

慢冻法评估混凝土抗冻性能时,应选用立方体形状的试件,其尺寸与制作流程需遵循混凝土立方体抗压强度试验的标准。每次试验所需试件组数需严格依据表 6-12 所示的规范执行,确保每组包含 3 块试件。

除非另有特别指示,试件应在达到 28 d 龄期时安排进行冻融循环试验。在试验前 4 日,需将待测的冻融试件从养护环境中取出,进行详尽的外观检查,之后置于 $15 \sim 20$ ℃ 的温水中浸泡。浸泡过程中,需确保水面始终高出试件顶面至少 20 mm,以确保试件充分吸水。经过 4 天的浸泡后,方可对试件进行冻融循环试验。

与此同时,作为对比的试件应继续保留在标准养护室内,直至抗冻试件完成全部冻融循环后,再与抗冻试件同步进行压力测试,以评估其性能变化。

表 6-12　慢冻法试验所需的试件组数

设计抗冻标号	F25	F50	F100	F150	F200	F250	F300
检查强度时的冻融循环次数/次	25	50	50～100	100～150	150～200	200～250	250～300
鉴定28 d强度所需试件组数/组	1	1	1	1	1	1	1
冻融试件组数/组	1	2	2	2	2	2	2
对比试件组数/组	1	1	2	2	2	2	2
总计试件组数/组	3	3	5	5	5	5	5

3. 检测步骤

①浸泡流程完成后,试件需取出,表面水分用干净布巾擦拭干净,随后进行称重并依据编号放置于筐篮中。之后,将整个筐篮移入冷冻箱(室)内开始冻融循环试验。在冷冻箱(室)内,筐篮应被妥善架空,试件与筐篮接触处需垫以适当垫条,并确保至少保留 20 mm 的空隙,同时筐篮内各试件之间亦应保持至少 20 mm 的间距。

②进行抗冻试验时,冻结阶段的温度应严格控制在 $-15 \sim -20$ ℃之间。试件应在箱内温度降至 -2 ℃时迅速放入,若此操作导致箱内温度显著回升,则冻结时间的计算应从温度重新回落至 -15 ℃时开始。每次从放入试件到箱内温度再次降至 -15 ℃的时间不得超过 2 h。冷冻箱(室)内的温度监控应以箱体中心处的读数为准。

③每轮冻融循环中,试件的冻结时长需根据其具体尺寸确定。对于 100 mm×100 mm×100 mm 及 150 mm×150 mm×150 mm 的试件,冻结时间不得少于 4 h;而对于 200 mm×200 mm×200 mm 的试件,则不应少于 6 h。若在同一冷冻箱(室)内同时进行多种规格试件的冻融试验,冻结时间应以最大尺寸试件的要求为准。

④冻结阶段结束后,试件应立即从冷冻箱(室)中取出并放入水温维持在 15～20 ℃的水槽中进行融化。融化过程中,水槽内水面需至少高出试件表面 20 mm,且试件在水中的融化时间不得少于 4 h。完成融化即标志着一轮冻融循环的结束,随后可将试件再次送入冷冻箱(室)准备下一轮循环。

⑤在冻融试验的全过程中,应定期对试件进行外观检查。一旦发现试件出现严重破损,应立即进行称重。若试件的平均失重率超过 5%,则可判定其已达到破坏标准,并应终止进一步的冻融循环试验。

⑥当混凝土试件完成表 6-12 所规定的冻融循环次数后,需立即进行抗压强度试验。试验前,应对试件进行称重及详细的外观检查,准确记录试件表面的破损情况、裂缝分布及边缘缺损等细节。若试件表面破损严重,可采用石膏进行找平处理后再行试压。

⑦在冻融试验过程中,若因故需暂停试验,为避免试件失水及强度受损,应将试件迅速转移至标准养护室内妥善保存,直至恢复冻融试验。同时,在试验报告中应明确注明暂停试验的原因及具体暂停时间。

4. 结果整理

①混凝土冻融试验后应按式(6-21)计算其强度损失率:

$$\Delta f_c = \frac{f_{c0} - f_{cn}}{f_{c0}} \times 100\% \tag{6-21}$$

式中：Δf_c——n 次冻融循环后的混凝土强度损失率，以 3 个试件的平均值计算，%；

f_{c0}——对比试件的抗压强度平均值，MPa；

f_{cn}——经 n 次冻融循环后的 3 个试件抗压强度平均值，MPa。

②混凝土试件冻融后的质量损失率可按式(6-22)计算：

$$\Delta\omega_n = \frac{G_0 - G_n}{G_0} \times 100\% \tag{6-22}$$

式中：$\Delta\omega_n$——n 次冻融循环后的质量损失率，以 3 个试件的平均值计算，%；

G_0——冻融循环试验前的试件质量，kg；

G_n——n 次冻融循环后的试件质量，kg。

混凝土的抗冻标号，以同时满足强度损失率不超过 25%，质量损失率不超过 5% 时的最大循环次数来表示。

任务五　普通混凝土的配制

【工作任务】

为某办公楼现浇钢筋混凝土柱配制混凝土，设计强度等级设定为 C30。施工过程中，采用机械化方式进行拌合与振捣，并选定混凝土拌合物的坍落度范围在 30～50 mm 之间。鉴于施工单位缺乏混凝土强度的历史统计资料，我们将严格遵循《普通混凝土配合比设计规程》(JGJ 55—2011)进行配合比的科学设计。此过程旨在根据工程对水泥混凝土各项性能的具体需求，精确确定混凝土中各组成材料之间的最佳数量比例。首先，依据原材料的固有性能及混凝土的技术指标要求，进行初步的理论计算，以得出初步的配合比方案。随后，这一方案将在试验室通过实际试拌进行调整与优化，直至形成基准配合比，确保混凝土性能的基础稳定性。接下来，对基准配合比进行强度验证试验，同时若工程有额外的抗渗、抗冻等性能要求，也需进行相应的专项检验。通过这些检验，我们能够确定一个既满足设计与施工要求，又具备经济性的试验配合比。最后，考虑到施工现场砂、石材料的实际含水率可能存在的波动，我们将基于试验室配合比，结合现场实测的含水率数据，进行必要的调整，从而得出最终的施工配合比。

【相关知识】

一、混凝土配合比表示方法

水泥混凝土配合比表示方法，有下列两种。

1. 单位用量表示法

以每 1 m³ 混凝土中各种材料的用量表示，例如：水泥 310 kg、水 155 kg、砂 750 kg、石子 1116 kg。

2. 相对用量表示法

以混凝土各项材料的质量比来表示(以水泥质量为1),例如,水泥∶水∶砂∶石子＝1∶0.5∶2.4∶3.6。

二、混凝土配合比设计的基本要求

配合比设计的任务,就是根据原材料的技术性能及施工条件,确定能满足工程要求的技术经济指标的各项组成材料的用量。其基本要求如下。

①满足施工条件所需要的和易性。
②满足混凝土结构设计的强度等级。
③满足工程所处环境和设计规定的耐久性。
④在满足上述要求的前提下,尽可能节约水泥,降低成本。

三、混凝土配合比设计的资料准备

在设计混凝土配合比之前,应掌握以下基本资料。

①明确工程设计所规定的混凝土强度等级及其所需的质量稳定性强度标准差,作为确定混凝土配制强度的基准。

②分析工程所处环境对混凝土耐久性的具体需求,据此设定所配制混凝土的最大允许水灰比及最小水泥用量,以确保混凝土的长久性能。

③了解结构构件的详细断面尺寸及钢筋配置状况,为合理确定混凝土骨料的最大粒径提供依据,以确保混凝土与钢筋的协同工作性能。

④评估混凝土施工方法及管理水平,以便精准选择适宜的混凝土拌合物坍落度及骨料最大粒径,优化施工效率与质量。

⑤全面掌握原材料的性能指标,具体包括水泥的品种、强度等级、密度等物理特性,砂、石骨料的种类、表观密度、级配分布、最大粒径等材质特征,拌合用水的水质标准,以及外加剂的种类、性能特点、推荐掺量等,为混凝土配合比的精确设计提供坚实的数据支持。

四、混凝土配合比设计中的三个重要参数

混凝土配合比设计,核心在于精确设定水泥、水、砂与石子这四种基本材料之间的三大比例关系:水灰比(即水与水泥的质量比)、砂率(砂子质量占砂、石总质量的百分比)以及单位用水量(每立方米混凝土所需的水量)。合理确定这三个关键参数,是确保混凝土满足设计要求的四项基本原则——施工和易性、强度等级、耐久性及经济性的基石。

水灰比作为调控混凝土强度和耐久性的关键因素,其设定应遵循在满足既定强度和耐久性标准的前提下,优先选择较大值,以实现水泥用量的节约。砂率的确定则侧重于保障混凝土拌合物的黏聚性和保水性,通常是在确保这些性能的前提下,尽量采用较小值,以优化拌合物的工作性能。

至于单位用水量,它直接反映了混凝土拌合物中水泥浆与骨料之间的配比关系。在确定单位用水量时,首要目标是确保混凝土达到所需的流动性,同时在此基础上力求取较

小值,以促进混凝土性能的全面优化。

五、混凝土配合比设计的步骤

(一)初步配合比的计算

1. 确定配制强度 $f_{cu,0}$

考虑到实际施工条件与试验室条件的差别,为了保证混凝土能够达到设计要求的强度等级,在进行混凝土配合比设计时,必须使混凝土的配制强度高于设计强度等级。根据《普通混凝土配合比设计规程》(JGJ 55—2011)的规定,配制强度 $f_{cu,0}$,可按式(6-23)计算:

$$f_{cu,0} = f_{cu,k} + 1.645\sigma \quad (6-23)$$

式中:$f_{cu,0}$——混凝土配制强度,MPa;

$f_{cu,k}$——混凝土设计强度等级,MPa;

σ——混凝土强度标准差,MPa。

σ 可根据施工单位以往的生产质量水平进行测算,如施工单位无历史统计资料时,可按表 6-13 选取。

表 6-13　σ 取值表

混凝土强度等级	<C20	C20~C35	>C35
σ/MPa	4.0	5.0	6.0

2. 初步确定水灰比(W/C)

根据已算出的混凝土配制强度($f_{cu,0}$)及所用水泥的实际强度(f_{ce})或水泥强度等级,按式(6-24)计算出所要求的水灰比值(混凝土强度等级小于 C60 级):

$$\frac{W}{C} = \frac{m_w}{m_c} = \frac{\alpha_a \times f_{ce}}{f_{cu,0} + \alpha_a \times \alpha_b \times f_{ce}} \quad (6-24)$$

式中:f_{ce}——水泥 28 d 抗压强度实测值,MPa。

α_a、α_b——回归系数,应根据工程所用的水泥、集料,通过试验由建立的水灰比与混凝土强度关系式确定。当不具备上述试验统计资料时,可取碎石混凝土 $\alpha_a=0.46$,$\alpha_b=0.07$;卵石混凝土 $\alpha_a=0.48$,$\alpha_b=0.33$。

为了保证混凝土的耐久性,计算出的水灰比值不得大于表 6-11 中规定的最大水灰比值。如计算出的水灰比值大于规定的最大水灰比值,应取表 6-11 中规定的最大水灰比值进行设计。

3. 确定 1m³ 混凝土的用水量(m_{w0})

根据混凝土施工要求的坍落度及所用骨料的品种、最大粒径等因素,对干硬性混凝土的用水量可参考表 6-14 选用;对塑性混凝土的用水量可参考表 6-15 选用。如果是大流动性混凝土,以表 6-15 中坍落度为 90 mm 的用水量为基础,按坍落度每增大 20 mm,用水量增加 5 kg。如果混凝土掺了外加剂,其用水量按式(6-25)计算:

$$m_{wa} = m_{w0}(1-\beta) \tag{6-25}$$

式中：m_{wa}——掺外加剂时混凝土的单位用水量，kg；

m_{w0}——未掺外加剂时混凝土的单位用水量，kg；

β——外加剂减水率，应经试验确定。

表 6-14　干硬性混凝土的单位用水量选用表　　　　单位：kg/m³

维勃稠度/s	卵石最大粒径/mm			碎石最大粒径/mm		
	10	20	40	16	20	40
16～20	175	160	145	180	170	155
11～15	180	165	150	185	175	160
5～10	185	170	155	190	180	165

表 6-15　塑性混凝土的单位用水量选用表　　　　单位：kg/m³

坍落度/mm	卵石最大粒径/mm				碎石最大粒径/mm			
	10	20	31.5	40	16	20	31.5	40
10～30	190	170	160	150	200	185	175	165
35～50	200	180	170	160	210	195	185	175
55～70	210	190	180	170	220	205	195	185
75～90	215	195	185	175	230	215	205	195

注：1. 本表不宜用于水灰比小于 0.4 或大于 0.8 的混凝土。

2. 本表用水量系采用中砂时的平均值，若用细（粗）砂，每立方米混凝土用水量可增加（减少）5～10 kg。

3. 掺用外加剂或掺合料时，用水量应作相应调整。

4. 确定 1 m³ 混凝土的水泥用量（m_{c0}）

根据确定出的水灰比和 1 m³ 混凝土的用水量，可求出 1 m³ 混凝土的水泥用量 m_{c0}：

$$m_{c0} = \frac{m_{w0}}{W/C} \tag{6-26}$$

为了保证混凝土的耐久性，由式（6-26）计算得出的水泥用量还要满足表 6-11 中规定的最小水泥用量的要求，如果算得的水泥用量小于表 6-11 中规定的最小水泥用量，应取表 6-11 中规定的最小水泥用量。

5. 选用合理的砂率（β_s）

一般应通过试验找出合理的砂率。如无试验经验，可根据骨料种类、规格及混凝土的水灰比，参考表 6-16 选用合理砂率。

表 6-16　混凝土砂率选用表　　　　单位：%

水灰比(W/C)	卵石最大粒径/mm			碎石最大粒径/mm		
	10	20	40	10	20	40
0.40	26～32	25～31	24～30	30～35	29～34	27～32
0.50	30～35	29～34	28～33	33～38	32～37	30～35
0.60	33～38	32～37	31～36	36～41	35～40	33～38

续表

水灰比 (W/C)	卵石最大粒径/mm			碎石最大粒径/mm		
	10	20	40	10	20	40
0.70	36～41	35～40	34～39	39～44	38～43	36～41

注：1. 本表适用于坍落度为 10～60 mm 的混凝土。坍落度大于 60 mm，应在本表的基础上，按坍落度每增大 20 mm，砂率增大 1% 的幅度予以调整；坍落度小于 10 mm 的混凝土，其砂率应经试验确定。

2. 本表数值系采用中砂时的选用砂率，若用细（粗）砂，可相应减少（增加）砂率。

3. 只用一个单粒级粗骨料配制的混凝土，砂率应适当增加。

4. 对薄壁构件砂率取偏大值。

6. 计算 1 m³ 混凝土粗、细骨料的用量 m_{g0} 及 m_{s0}

确定砂子、石子用量的方法很多，最常用的是假定表观密度法和绝对体积法。

1）假定表观密度法

如果混凝土所用原料的情况比较稳定，所配制混凝土的表观密度将接近一个固定值，这样就可以先假定 1 m³ 混凝土拌合物的表观密度，列出以下方程：

$$m_{c0} + m_{s0} + m_{g0} + m_{w0} = m_{cp} \tag{6-27}$$

$$\beta_s = \frac{m_{s0}}{m_{s0} + m_{g0}} \times 100\% \tag{6-28}$$

式中：m_{c0}、m_{s0}、m_{g0}、m_{w0}——分别为 1 m³ 混凝土中水泥、砂、石子、水的用量，kg；

m_{cp}——1 m³ 混凝土拌合物的假定质量，kg，可取 2350～2450 kg；

β_s——砂率，%。

2）绝对体积法

假定混凝土拌合物的体积等于各组成材料的绝对体积和拌合物中空气的体积之和。因此，在计算混凝土拌合物的各材料用量时，可列出下式：

$$\frac{m_{c0}}{\rho_c} + \frac{m_{s0}}{\rho_s} + \frac{m_{g0}}{\rho_g} + \frac{m_{w0}}{\rho_w} + 0.01\alpha = 1 \tag{6-29}$$

式中：ρ_c、ρ_s、ρ_g、ρ_w——分别为水泥密度、砂的表观密度、石子的表观密度、水的密度，kg/m³，水泥的密度可取 2900～3100 kg/m³；

α——混凝土的含气量百分数，在不使用引气剂外加剂时，可取 $\alpha=1$。

联立式(6-26)、式(6-27)或式(6-28)、式(6-29)，即可求解出 m_{s0}、m_{g0}。

通过以上六个步骤便可将混凝土中水泥、水、砂子和石子的用量全部求出，得到混凝土的初步配合比。

（二）确定基准配合比和试验室配合比

混凝土的初步配合比是根据经验公式估算而得出的，不一定符合工程需要，必须通过试验对配合比进行调整。调整配合比的目的有两个：一是使混凝土拌合物的和易性满足施工要求；二是使水灰比满足混凝土强度和耐久性的要求。

1. 调整和易性，确定基准配合比

按初步配合比称取一定量原材料进行试拌。当所有骨料最大粒径 $D_{max} \leqslant 31.5$ mm 时，试配的最小拌合量为 15 L。当 $D_{max} = 40$ mm 时，试配的最小拌合量为 25 L。试拌时的搅拌方法应与生产时使用的方法相同。搅拌均匀后,先测定拌合物的坍落度,并检验黏聚性和保水性。如果和易性不符合要求,应进行调整。调整的原则如下:若坍落度过大,应保持砂率不变,增加砂、石的用量;若坍落度过小,应保持水灰比不变,增加用水量及相应的水泥用量;如拌合物黏聚性和保水性不良,应适当增加砂率(保持砂、石总重量不变,提高砂用量,减少石子用量);如拌合物砂浆过多,应适当降低砂率(保持砂、石总重量不变,减少砂用量,增加石子用量)。每次调整后再试拌,评定其和易性,直到和易性满足设计要求为止,并记录好调整后各种材料用量,测定实际体积密度。

假定调整后混凝土拌合物的体积密度为 $\rho_{0h}(kg/m^3)$,调整和易性后的混凝土试样总质量为:

$$m_{Qb} = m_{cb} + m_{wb} + m_{sb} + m_{gb} \tag{6-30}$$

由此得出基准配合比(调整和易性后 1 m³ 混凝土中各材料用量):

$$\begin{aligned} m_{cj} &= \frac{m_{cb}}{m_{Qb}}\rho_{0h} \\ m_{wj} &= \frac{m_{wb}}{m_{Qb}}\rho_{0h} \\ m_{sj} &= \frac{m_{sb}}{m_{Qb}}\rho_{0h} \\ m_{gj} &= \frac{m_{gb}}{m_{Qb}}\rho_{0h} \end{aligned} \tag{6-31}$$

式中:m_{Qb}——调整和易性后的混凝土试样总质量,kg;

m_{cb}、m_{wb}、m_{sb}、m_{gb}——调整和易性后的混凝土试样中水泥、水、砂、石用量,kg;

m_{cj}、m_{wj}、m_{sj}、m_{gj}——调整和易性后,1 m³ 混凝土中水泥、水、砂、石用量,kg。

2. 检验强度和耐久性,确定试验室配合比

经过和易性调整后得到的基准配合比,其水灰比选择不一定恰当,即混凝土强度和耐久性有可能不符合要求,应检验强度和耐久性。强度检验一般采用三组不同的水灰比,其中一组为基准配合比中的水灰比,另外两组配合比的水灰比值,应较基准配合比中的水灰比值分别增加和减少 0.05,其用水量应与基准配合比相同,砂率值可分别适当增加或减少,调整好和易性,测定其体积密度,制作三个水灰比下的混凝土标准试块,并经标准养护 28 d,进行抗压试验(如对混凝土还有抗渗、抗冻等耐久性要求,还应增加相应的项目试验)。由试验所测得的混凝土强度与相应的水灰比作图,求出与混凝土配制强度相对应的水灰比,并按以下原则确定 1 m³ 混凝土拌合物的各材料用量及试验室配合比。

①用水量(m_w)应在基准配合比用水量的基础上,根据制作强度试件时测得的坍落度或维勃稠度进行调整确定;

②水泥用量(m_c)应以用水量乘以选定出来的灰水比计算确定;

③粗、细骨料用量(m_s、m_g)应在基准配合比的粗、细骨料用量基础上,按选定的灰水比进行调整后确定。

经试配确定配合比后,还应按下列步骤校正 $\rho_{c,c}$:

$$\rho_{c,c} = (m_c + m_w + m_s + m_g)/(1 \text{ m}^3) \tag{6-32}$$

再按下式计算混凝土配合比校正系数 δ：

$$\delta = \frac{\rho_{c,s}}{\rho_{c,c}} \tag{6-33}$$

式中：$\rho_{c,s}$——混凝土体积密度实测值，kg/m^3；

$\rho_{c,c}$——混凝土体积密度计算值，kg/m^3。

当混凝土体积密度实测值与计算值之差的绝对值不超过计算值的 2% 时，按以前的配合比即为确定的试验室配合比；当两者之差超过 2% 时，应将配合比中每项材料用量乘以校正系数 δ，即为试验室配合比。

根据本单位常用的材料，可设计出常用的混凝土配合比备用。在使用过程中，应根据原材料情况及混凝土质量检验的结果予以调整。但遇有下列情况之一时，应重新进行配合比设计：

① 对混凝土性能指标有特殊要求时；

② 水泥、外加剂或矿物掺合料品种、质量有显著变化时；

③ 该配合比的生产间断半年以上时。

3. 确定施工配合比

以上混凝土配合比是以干燥骨料为基准得出的，而工地存放的砂石一般都含有水分。假定现场砂、石子的含水率分别为 $a\%$ 和 $b\%$，则施工配合比中 $1\ m^3$ 混凝土的各组成材料用量分别如下：

$$水泥用量：m'_c = m_c$$

$$砂用量：m'_s = m_s(1+a\%)$$

$$石子用量：m'_g = m_g(1+b\%)$$

$$用水量：m'_w = m_w - m_s a\% - m_g b\%$$

六、掺减水剂混凝土配合比设计

混凝土掺减水剂而不需要减水和减水泥时，其配合比设计的方法与步骤与不掺减水剂时完全相同，但当掺减水剂后需要减水或同时又需要减少水泥用量时，则其计算方法有所不同。掺减水剂混凝土配合比设计的计算原则和步骤如下。

① 首先按《普通混凝土配合比设计规程》(JGJ 55—2011) 计算出不掺外加剂的混凝土的配合比。

② 在不掺外加剂的混凝土的配合比用水量和水泥用量的基础上，进行减水和减水泥，然后算出减水和减水泥后的每立方米混凝土水和水泥的实际用量。

③ 混凝土配合比中减水和减水泥后，这时相应增加砂、石骨料用量。计算砂、石用量仍可按体积法或重量法求得。

④ 计算 $1\ m^3$ 混凝土中减水剂的掺量，以占水泥重量的百分比计。

⑤ 混凝土试拌及调整。最后即可得出正式配合比。

在设计掺减水剂混凝土的配合比时，应注意以下几点。

① 当掺用减水剂以期提高混凝土的强度时，不能仅仅减水而不改动砂、石骨料用量，而应既减水又须增加砂、石骨料用量，否则将造成混凝土亏方（混凝土体积减小）。

② 当掺用减水剂以期改善混凝土拌合物的和易性时,应适当增大砂率,以免引起拌合物的保水性和黏聚性变差。

③ 当掺用减水剂以期节省水泥时,必须注意减少水泥后 1 m^3 混凝土中的水泥用量不得低于 GB 50204—2015 中规定的最低水泥用量值。

七、水泥混凝土配合比设计实例

某框架结构工程现浇室内钢筋混凝土梁,混凝土设计强度等级为 C30。施工采用机械拌合及振捣,选择的混凝土拌合物坍落度为 35～50 mm。施工单位无混凝土强度统计资料。所用原材料如下。

水泥:普通水泥,强度等级为 42.5 MPa,实测 28 d 抗压强度为 45.9 MPa,密度 ρ_c = 3.0 g/cm³。

砂:中砂,级配Ⅱ区合格。表观密度 ρ_s = 2.65 g/cm³。

石子:碎石,5～31.5mm。表观密度 ρ_g = 2.70 g/cm³。

水:自来水,密度 ρ_w = 1.00 g/cm³。

外加剂:FDN 非引气高效减水剂(粉剂),适宜掺量为 0.5%。

试求:

(1)混凝土基准配合比。

(2)混凝土掺加 FDN 减水剂的目的是既要使混凝土拌合物和易性有所改善,又要能节约一些水泥用量,故决定减水 8%,减水泥 5%,求此掺减水剂混凝土的配合比。

(3)经试配制混凝土的和易性和强度均符合要求,无须作调整。又知现场砂子的含水率为 3%,石子含水率为 1%,试计算混凝土施工配合比。

解:

(一)求混凝土基准配合比

1. 计算混凝土的配制强度 $f_{cu,0}$

据题意可知:$f_{cu,k}$=30.0 MPa,查表 6-13 取 σ=5.0 MPa,则:

$$f_{cu,0} = f_{cu,k} + 1.645\sigma = (30.0+1.645\times5.0) \text{ MPa} = 38.23 \text{ MPa}$$

2. 确定混凝土水灰比 W/C

1)按强度要求计算

根据题意可得:

$$f_{ce}=45.9 \text{ MPa}, \alpha_a=0.46, \alpha_b=0.07$$

则:

$$\frac{W}{C} = \frac{m_w}{m_c} = \frac{\alpha_a f_{ce}}{f_{cu,0}+\alpha_a \alpha_b f_{ce}} = \frac{0.46\times45.9}{38.23+0.46\times0.07\times45.9} = 0.53$$

2)复核耐久性

由于框架结构混凝土梁处于干燥环境,经复核,耐久性合格,可取水灰比值为 0.53。

3. 确定用水量 m_{w0}

根据题意,骨料为中砂、碎石,碎石最大粒径为 31.5 mm,查表取 m_{w0}=185 kg。

4. 计算水泥用量 m_{c0}

(1)计算：
$$m_{c0} = \frac{m_{w0}}{W/C} = \frac{185}{0.53} \text{ kg} = 349 \text{ kg}$$

(2)复核耐久性：经复核，耐久性合格。

5. 确定砂率 β_s

根据题意，采用中砂、碎石(最大粒径 31.5 mm)为骨料，水灰比为 0.53，查表取 $\beta_s = 35\%$。

6. 计算砂、石子用量 m_{s0}、m_{g0}

采用绝对体积法进行计算。将数据代入绝对体积法的计算公式，取 $\alpha = 1$，可得：

$$\begin{cases} \dfrac{m_{s0}}{2650} + \dfrac{m_{g0}}{2700} = 1 - \dfrac{349}{3000} - \dfrac{185}{1000} - 0.01 \\ \dfrac{m_{s0}}{m_{s0} + m_{g0}} \times 100\% = 35\% \end{cases}$$

解方程组，可得 $m_{s0} = 644$ kg, $m_{g0} = 1198$ kg。

7. 计算基准配合比

$$m_{c0} : m_{w0} : m_{s0} : m_{g0} = 349 : 185 : 644 : 1198 = 1 : 0.53 : 1.85 : 3.43$$

(二)计算掺减水剂混凝土的配合比

设 1 m³ 掺减水剂混凝土中的水泥、水、砂、石、减水剂的用量分别为 m_c、m_w、m_s、m_g、m_j，则其各材料用量计算如下。

(1)水泥：$\qquad m_c = 349 \times (1-5\%) \text{ kg} = 332 \text{ kg}$

(2)水：$\qquad m_w = 185 \times (1-8\%) \text{ kg} = 170 \text{ kg}$

(3)砂、石：用绝对体积法计算，即

$$\begin{cases} \dfrac{332}{3.0} + \dfrac{170}{1.0} + \dfrac{m_s}{2.65} + \dfrac{m_g}{2.70} + 10 \times 1 = 1000 \\ \dfrac{m_s}{m_s + m_g} \times 100\% = 35\% \end{cases}$$

解方程组，可得 $m_s = 644$ kg, $m_g = 1198$ kg。

(4)减水剂 FDN：$\qquad m_j = 332 \times 0.5\% \text{ kg} = 1.66 \text{ kg}$

(三)换算成施工配合比

设施工配合比下 1 m³ 掺减水剂混凝土中的水泥、水、砂、石、减水剂的用量分别为 m_c'、m_w'、m_s'、m_g'、m_j'，则其各材料用量为：

$$m_c' = m_c = 332 \text{ kg}$$
$$m_s' = m_s \times (1+a\%) = 664 \times (1+3\%) \text{ kg} = 684 \text{ kg}$$
$$m_g' = m_g \times (1+b\%) = 1198 \times (1+1\%) \text{ kg} = 1210 \text{ kg}$$
$$m_j' = m_j = 1.66 \text{ kg}$$
$$m_w' = m_w - m_s \times a\% - m_g \times b\% = (170 - 664 \times 3\% - 1233 \times 1\%) \text{ kg} = 138 \text{ kg}$$

【性能检测】

配制某办公楼现浇钢筋混凝土柱用混凝土。

原始资料：混凝土设计强度等级为C30。施工采用机械拌合及振捣,选择的混凝土拌合物坍落度为30～50 mm。施工单位无混凝土强度统计资料。

1. 材料准备

1）普通水泥

模块五任务二硅酸盐水泥的性能检测用水泥,强度、密度等指标见检测结果。

2）砂

模块三性能检测所用砂,砂的表观密度、细度、级配情况以及含水率见检测结果。

3）石子

模块三性能检测所用石,石子的表观密度、最大粒径、级配情况以及含水率见检测结果。

4）水

自来水,密度为 1.00 g/cm³。

2. 仪器设备

(1)搅拌机。容量50～100 L,转速18～22 r/min。

(2)磅秤。量程100 kg,感量50 g。

(3)托盘天平。量程1000 g,感量0.5 g;量程5000 g,感量1 g,各一台。

(4)量筒。容积1000 mL。

(5)拌板。1.5 m×2 m左右,厚约3 mm。

(6)其他：钢抹子、铁锹、坍落度筒、刮尺和钢板尺等。

3. 混凝土配合比设计

参见前述混凝土配合比的设计。

4. 混凝土的配制

(1)一般规定。

①试验室制备混凝土拌合物时,所用的原材料应符合技术要求,并与施工实际用料相同,拌合用的原材料应提前运入室内,使材料的温度与室温相同（应保持 20 ℃±5 ℃）。水泥如有结块,需用0.9 mm筛孔将结块筛除,并仔细搅拌均匀装袋待用。

②试验室拌制混凝土时,材料用量以质量计,量程的精确度：集料为±1％;水、水泥和外加剂均为±0.5％。

③拌制混凝土所用的各项用具(如搅拌机、拌合钢板和铁锹等),应预先用水湿润。测定时需配制拌合物约15 L。

(2)按混凝土计算配合比确定的各材料用量进行精准称量,然后进行拌合及稠度检测,以测定拌合物的性能。拌合可采用人工拌合或机械拌合。

①人工拌合。

a.在拌合前先将钢板、铁锹等工具洗刷干净保持湿润。将称好的砂、水泥倒在钢板上,先用铁锹翻拌至颜色均匀,再放入称好的石子与之拌匀,至少翻拌三次,然后堆成锥形。

b.将中间扒开一凹坑,加入拌合用水(外加剂一般随水一同加入),小心拌合,至少翻拌六次,每翻拌一次后,应用铁锹在全部拌合物面上压切一次。

c.拌合时间从加水完毕时算起,应大致符合下列规定:拌合物体积为 30 L 以下时 4～5 min;拌合物体积为 30～50 L 时 5～9 min;拌合物体积为 50～75 L 时 9～12 min。

②机械拌合。

a.在机械拌合混凝土时应在拌合混凝土前预先拌制适量的混凝土用于挂浆(与正式配合比相同),避免在正式拌合过程中水泥浆的流失,挂浆多余的混凝土倒在拌合钢板上,使钢板也粘有一层砂浆,一次拌合的量不宜少于搅拌机容积的 20%。

b.将称好的石子、水泥、砂按顺序倒入机内,干拌均匀,然后将水徐徐加入机内一起拌合 1.5～2 min。

5.和易性的调整

(1)在初步计算原料用量的基础上,另外还需备好两份用于调整坍落度的水泥与水,备用的水泥与水的比例应符合原定的水灰比,其用量各为原来计算用量的 5% 和 10%。

(2)若测得拌合物的坍落度达不到要求,或黏聚性、保水性认为不满意时,可掺入备用的 5% 或 10% 的水泥和水;坍落度过大时,可酌情增加砂和石子的用量,尽快拌合均匀,重做坍落度测定,直到符合要求为止。从而得出检验混凝土用的基准配合比。

6.试件的制作

以混凝土基准配合比中的基准 W/C 和基准$(W/C) \pm 0.5$,配制三组不同的配合比,其用水量不变,砂率可增加或减小 1%。制备好拌合物,应先检验混凝土的稠度、黏聚性、保水性及拌合物的表观密度,然后每种配合比制作一组(3 块)试件,标养 28 d 试压。

7.混凝土配合比的确定

(1)根据试验所得到的不同 W/C 的混凝土强度,用作图或计算求出与配制强度相对应的灰水比值,并初步求出每立方米混凝土的材料用量,具体如下。

用水量(m_w)——取基准配合比中的用水值,并根据制作强度试件时的坍落度(或维勃稠度)值,加以适当调整。

水泥用量(m_c)——取用水量除以经试验定出的、为达到配制强度所必需的 W/C。

粗、细骨料用量$(m_g$ 与 $m_s)$——取基准配合比中粗、细骨料用量,并作适当调整。

(2)配合比表观密度校正。混凝土体积密度计算值为 $\rho_{c,c}$($\rho_{c,c} = m_w + m_c + m_s + m_g$),体积密度实测值为 $\rho_{c,s}$,则校正系数 δ 为:

$$\delta = \rho_{c,s}/\rho_{c,c} \tag{6-34}$$

当表观密度的实测值与计算值之差不超过计算值的 2% 时,不必校正,则上述确定的配合比即为配合比的设计值。当两者差值超过计算值的 2% 时,则须将配合比中每项材料用量均乘以校正系数 δ,即为最终定出的混凝土配合比设计值。

【知识拓展】

除了常用的普通混凝土外,其他品种的混凝土,如轻混凝土(轻骨料混凝土、大孔混凝土、多孔混凝土)、高强混凝土、高性能混凝土、抗渗混凝土(普通抗渗混凝土、外加剂抗渗混凝土、膨胀水泥抗渗混凝土)、流态混凝土、泵送混凝土、大体积混凝土、纤维混凝土(钢纤维混凝土、聚丙烯纤维混凝土及碳纤维增强混凝土、玻璃纤维混凝土),应用也越来越广。这些混凝土的品种不同,性能、特点各异,分别适用于不同的环境要求,在实际工程中应合理选用。

【课堂小结】

本模块重点介绍了普通混凝土组成材料的验收、混凝土拌合物性能检测、混凝土强度的检测与评定、混凝土的长期性与耐久性,以及普通混凝土的配制。

【课堂测试】

1. 普通混凝土的组成材料有哪几种?在混凝土中各起什么作用?
2. 配制普通混凝土时如何选择水泥的品种和强度等级?
3. 配制普通混凝土时选择石子的最大粒径应考虑哪些方面的因素?
4. 现浇钢筋混凝土柱,混凝土强度等级为 C25,截面最小尺寸为 120 mm,钢筋间最小净距为 40 mm,现有普通硅酸盐水泥(强度等级为 42.5 和 52.5)及粒径在 5~20 mm 之间的卵石。

(1)选用哪一强度等级的水泥最好?
(2)卵石粒级是否合适?
(3)将卵石烘干,称取 5 kg 经筛分后筛余百分率见表 6-17,试判断卵石级配是否合格。

表 6-17 筛余百分率

筛孔尺寸/mm	26.5	19.0	16.0	9.5	4.75	2.36
筛余百分率/(%)	0	0.30	0.90	1.70	1.90	0.20

5. 什么是混凝土拌合物的和易性?它包括哪几方面的含义?如何评定混凝土的和易性?
6. 影响混凝土拌合物和易性的主要因素有哪些?
7. 当混凝土拌合物的流动性太大或太小时,可采取什么措施进行调整?
8. 什么是合理砂率?采用合理砂率有何技术和经济意义?
9. 解释关于混凝土强度的几个名词:
(1)立方体抗压强度;(2)立方体抗压强度标准值;(3)强度等级;(4)轴心抗压强度;(5)配制强度;(6)设计强度。
10. 什么是混凝土的抗渗性?P8 表示什么含义?
11. 什么是混凝土的抗冻性?F150 表示什么含义?
12. 提高混凝土耐久性的措施有哪些?
13. 使用外加剂应注意哪些事项?
14. 混凝土配合比设计的基本要求是什么?
15. 在混凝土配合比设计中,需要确定哪三个参数?
16. 影响混凝土和易性的主要因素是(　　)。

A. 石子 B. 砂子
C. 水泥 D. 单位体积用水量

17. 下列混凝土掺合料中，属于非活性矿物掺合料的是（　　）。
A. 石灰石粉 B. 硅灰
C. 沸石粉 D. 粒化高炉矿渣粉

18.（多选）影响混凝土拌合物和易性的主要因素包括（　　）。
A. 强度 B. 组成材料的性质
C. 砂率 D. 单位体积用水量
E. 时间和温度

模块七 建筑砂浆的检测与配制

【知识目标】
1. 掌握建筑砂浆的组成材料及其技术要求；
2. 掌握建筑砂浆的和易性与强度等技术性质及其检测方法；
3. 掌握砌筑砂浆的配合比设计。

【能力目标】
1. 能对建筑砂浆进行性能检测，并正确应用于工程中；
2. 能针对不同工程需求进行砌筑砂浆的配合比设计。

【素质目标】
1. 具备质量和环保意识；
2. 具备工匠精神、团队协作精神和社会责任感。

【案例引入】
根据中国环境科学研究院的调研数据，建筑扬尘的排放经验因子被测定为 0.292 kg/m²。若以一座中等城市每年在建工程面积 25505600 m² 为基准进行计算，这将导致每年产生约 7447.6 t 的扬尘污染。为有效减少城市粉尘污染、改善大气环境质量，禁止现场搅拌水泥砂浆成为关键举措，预计此举将显著降低污染。

在此背景下，中国的科学家、工程师及企业界正积极探索解决生产水泥砂浆过程中产生的严重污染问题。其中，推广使用新型湿拌砂浆便是一项重要的解决方案。这种砂浆是在专业生产工厂内预先拌制而成，其优势在于能够最大限度地控制污染的范围和程度，同时，工厂内的流水线作业确保了水泥砂浆的高品质与一致性。一旦出现问题，便于进行批量处理与统一升级，从而提高了生产效率与环保水平。

任务一 新拌砂浆的性能检测

【工作任务】
测定新拌砂浆的稠度和分层度，评定砂浆在运输存放和使用过程中的流动性和保水性，控制现场拌制砂浆的质量。要生产出具有良好和易性的砂浆，就必须掌握砂浆的组成材料，以及原材料的质量控制，同时对砂浆的流动性和保水性进行检测，以保证砂浆的质量。检测时严格按照材料检测的相关步骤和注意事项，细致认真地做好检测工作。通过完成该学习任务,掌握建筑砂浆稠度、砂浆分层度的测试方法,熟悉测试所需的仪器设备。

【相关知识】

一、建筑砂浆的组成材料

1. 胶凝材料

建筑砂浆中常用的无机胶凝材料涵盖了水泥、石灰、石膏及黏土等。当需要配制修补砂浆或具备特殊用途的砂浆时,还会采用有机胶结剂作为胶凝材料的选择之一。对于在干燥环境下使用的砂浆,无论是气硬性胶凝材料还是水硬性胶凝材料均可适用;然而,在潮湿环境或水下作业时,则必须选用水泥作为胶凝材料,以确保其稳定性和耐久性。

在选择砌筑砂浆用水泥的强度等级时,应严格依据设计要求进行。通常,水泥的强度为砂浆强度等级的 4 至 5 倍时最为理想。为了有效利用资源并节约材料,配制砂浆时应优先考虑采用低强度等级的水泥或专用砌筑水泥。具体而言,对于 M15 及以下强度等级的砂浆,推荐选用 32.5 级通用硅酸盐水泥或砌筑水泥;而对于 M15 以上强度等级的砂浆,则宜选用 42.5 级通用硅酸盐水泥。值得注意的是,在水泥混合砂浆中,掺入石灰膏等掺合料虽可能降低砂浆的强度,但在此情况下,所选用的水泥强度等级可适当提高,但最高不宜超过 42.5 级,以保持砂浆的综合性能。

2. 细骨料

砂浆中的细骨料主要是指建筑专用的砂子,而在制备特种砂浆时,还可选用白色或彩色砂等特殊材质。此外,一些经过筛选与试验合格的工业废渣,如充分燃烧或未完全燃烧的煤渣(需确保有害杂质含量低)、铸造工业的废砂以及石屑,也能作为有效的细骨料替代品。

建筑砂浆用砂需遵循混凝土用砂的技术标准。鉴于砂浆层较薄的特点,中砂常被优选作为拌制材料,既能满足和易性要求,又能有效节约水泥用量。其最大粒径应控制在 2.5 mm 以内;而对于表面光滑的抹灰及勾缝砂浆,细砂更为适宜,其最大粒径不超过 1.2 mm。

需明确的是,砂子含泥量与掺合料中的黏土膏是两个不同的物理性质概念。砂子含泥量指的是附着在砂子表面的泥土含量,需严格控制;而黏土膏则是由高度分散的土颗粒组成,其表面覆盖有一层水膜,有助于改善砂浆的和易性。然而,砂的含泥量过高不仅会增加水泥的使用量,还可能引发砂浆收缩值增大、耐水性减弱等问题,从而影响砌筑质量。因此,对于强度等级达到或超过 M5 的砂浆,砂中含泥量应严格限制在 5% 以下;而对于强度等级低于 M5 的砂浆,该限制则放宽至 10%。

在采用人工砂、山砂、特细砂以及炉渣砂等特殊骨料时,必须通过严格的试验验证,确保其能够满足砂浆的各项技术要求。

3. 掺合料

掺合料是指为了改善砂浆的和易性、降低水泥用量并节约成本而加入的无机材料,包括但不限于石灰膏、黏土膏及粉煤灰等。这些掺合料的使用需遵循以下规定:

1)石灰膏

为确保砂浆质量,生石灰必须充分熟化为石灰膏(lime paste)后方可使用。熟化过程中,应使用孔径不大于 3 mm×3 mm 的筛网进行过滤,且熟化时间不得短于 7 天;对于磨细的生石灰粉,其熟化时间则不应少于 2 天。石灰膏的使用量应根据稠度控制在 120 mm ±5 mm 的范围内进行计量。此外,为防止石灰膏在沉淀池中干燥、冻结或受污染,应采取相应措施。严禁使用已脱水硬化的石灰膏,因其不仅无法发挥塑化效果,反而可能削弱砂浆的强度。

2)黏土膏

黏土膏(clay paste)需达到规定的细度标准,方能有效发挥其塑化作用。在制备过程中,建议使用搅拌机加水搅拌,并通过不大于 3 mm×3 mm 孔径的筛网过滤。值得注意的是,黏土中若含有过高的有机物,将降低砂浆质量,因此需通过比色法鉴定,确保黏土中的有机物含量浅于标准色。

3)电石膏

电石膏的制作原料——电石渣,需经过不大于 3 mm×3 mm 孔径的筛网筛选。在检验时,需将其加热至 70 ℃ 并保持 20 min,确认无乙炔气味后方可使用。

4)粉煤灰

粉煤灰及磨细生石灰的品质指标,必须分别符合国家标准《用于水泥和混凝土中的粉煤灰》(GB/T 1596—2017)及行业标准《建筑生石灰》(JC/T 479—2013)的相关规定。

在试配过程中,石灰膏、黏土膏和电石膏的稠度均应维持在 120 mm±5 mm 的范围内,以确保掺合料在砂浆中的最佳性能表现。

4. 水

对水质的要求,与混凝土的要求相同,应符合国家现行标准《混凝土用水标准(附条文说明)》(JGJ 63—2006)的规定。

5. 外加剂

为了优化砂浆的和易性及其他关键性能,砂浆中可适量掺入多种外加剂,包括增塑剂(亦称微沫剂,其核心成分为引气剂)、早强剂、缓凝剂、防冻剂及防水剂等。其中,建筑砂浆领域最为常用的外加剂当属增塑剂,它通过引入引气剂在砂浆内部生成大量微小气泡,这些气泡能有效提升水泥的分散性,减少水泥颗粒间的摩擦力,从而显著改善砂浆的流动性和保水性。

对于砌筑砂浆中掺入的增塑剂、早强剂、缓凝剂、防冻剂及防水剂等外加剂,其种类选择与用量设定均需经过具备相应资质的检测机构进行严格的检验与试配后确定。同时,所选用外加剂的技术性能指标必须严格遵循国家现行的相关标准,包括但不限于《砌筑砂浆增塑剂》(JG/T 164—2004)、《混凝土外加剂》(GB 8076—2008)以及《砂浆、混凝土防水剂》(JC/T 474—2008)等标准所规定的质量要求,以确保砂浆的整体性能达到预期目标。

二、砂浆拌合物性质

砂浆拌合物与混凝土拌合物在性质上具有相似性,均应展现出卓越的和易性。砂浆的和易性,是指其拌合物在施工过程中易于操作,且能确保质量均匀一致的综合特性。这一特性具体涵盖流动性和保水性两大方面,流动性保证了砂浆能够顺畅地填充并覆盖所需区域,而保水性则确保了砂浆在凝固过程中不会过早丧失水分,从而维护其稳定的物理性能。

1. 流动性(稠度)

砂浆的流动性,即其在自重或外部作用力下的流动能力,是通过稠度这一指标来衡量的。稠度,具体表现为砂浆稠度测定仪中圆锥体沉入砂浆内部的深度(单位:mm),这一深度直接反映了砂浆的流动性强弱:圆锥体沉入越深,表明砂浆的流动性越强。砂浆的流动性需维持在适宜范围内:流动性过强易导致砂浆分层、泌水;反之,流动性不足则会增加施工难度,使灰缝填充变得困难。因此,新拌制的砂浆应确保具有恰当的稠度。

影响砂浆稠度的因素众多,包括但不限于胶结材料的种类与用量,用水量,掺合料的种类与数量,砂的颗粒形状、粗细程度及级配,外加剂的种类与掺加量,以及搅拌时间的长短。

在选择砂浆稠度时,需综合考虑砌体材料的特性、施工时的气候条件等因素。例如,在基底材料多孔且吸水性强,或在高温环境下施工时,应适当增加砂浆的流动性;相反,对于致密、吸水性弱的基底材料,或在湿冷条件下作业,则应适当减小砂浆的流动性。关于砂浆流动性的具体选用标准,可参见表 7-1。

表 7-1 砂浆流动性选用表(沉入度/mm)

砌体种类	干燥气候或多孔吸水材料	寒冷气候或密实材料	抹灰工程	机械加工	手工操作
砖砌体	80~100	60~80	底层	80~90	100~120
普通毛石砌体	60~70	40~50	中层	70~80	70~90
振捣毛石砌体	20~30	10~20	面层	70~80	90~100
炉渣混凝土砌体	70~90	50~70	灰浆面层	—	90~120

2. 保水性

保水性,即砂浆拌合物保持其内部水分不轻易散失的能力,是评估砂浆质量的重要指标之一。优质的保水性意味着砂浆在储存、运输及使用过程中能够有效锁住水分,防止快速蒸发,确保各组分的稳定性,从而便于在砌筑过程中铺展成均匀且密实的砂浆层。这不仅促进了胶结材料的正常水化反应,还为最终工程质量提供了坚实保障。

砂浆的保水性通常通过分层度来量化评估。分层度测试流程如下:首先测定砂浆拌合物的初始稠度,随后将其装入分层度测定仪中静置 30 min。之后,取出底部三分之一的砂浆再次测量其稠度,两次稠度测量的差值即为分层度,结果以 mm 为单位记录。

理想的砂浆分层度应控制在 10~20 mm 之间,且最大不超过 30 mm。若分层度过大,超过 30 mm,则表明砂浆易发生泌水、分层或水分迅速流失,给施工带来不便。相反,若分层度过小,低于 10 mm,则砂浆可能过于干稠,难以操作,且易引发干缩开裂问题。

为了改善砂浆的保水性,可采取以下措施:确保砂浆中胶结材料和掺合料的适量添加,例如,在 1 m³ 的水泥砂浆中,水泥用量不宜少于 200 kg;而在水泥混合砂浆中,水泥与掺合料的总量则应维持在 300～350 kg 之间。此外,采用更细的砂粒并增加其掺量,以及掺入适量的引气剂,均能有效提升砂浆的保水性能。

3. 凝结时间

砂浆的凝结时间,与混凝土相似,亦需维持在一个合理的范围内,既不过短也不过长。为了精确测定这一关键参数,我们采用贯入阻力法进行测试。具体而言,从砂浆拌合开始,直至其贯入阻力达到 0.5 MPa 所经历的时间,即被定义为砂浆的凝结时间。

详细的试验步骤如下:首先,需将稠度控制在 100 mm±10 mm 范围内的砂浆制备完成,并均匀地装填于砂浆容器中,表面抹平。随后,在室温 20 ℃±2 ℃ 的稳定环境下静置保存。从砂浆成型后的 2 h 起,我们开始使用贯入试针进行阻力测定,试针需深入砂浆内部 25 mm,记录下此时所受到的阻力值。这一过程将持续进行,直至贯入阻力达到 0.5 MPa 的阈值为止。

在试验过程中,需详细记录每一次测定的时间及其对应的贯入阻力值,随后根据这些数据绘制成图表。通过图表分析,我们可以直观地获取砂浆的凝结时间,为后续的施工和质量控制提供重要依据。

三、砂浆的密度

水泥砂浆拌合物的密度不宜小于 1900 kg/m³;水泥混合砂浆拌合物的密度不宜小于 1800 kg/m³。

【性能检测】

一、砂浆的稠度检测

1. 仪器设备

①砂浆稠度测定仪,如图 7-1 所示。
②捣棒。直径 10 mm,长 350 mm,一端呈半球形的钢棒。
③台秤。
④搅拌锅、搅拌板、量筒、秒表等。

2. 检测步骤

①将充分拌合的砂浆一次性装入砂浆筒内,直至距离筒口约 10 mm 处。随后,使用捣棒均匀插捣 25 次,并辅以 5～6 次的轻微振动,以确保砂浆表面平整无气泡。完成后,将砂浆筒平稳地移至稠度仪的底座上。

②松开圆锥体滑杆的制动螺钉,使试锥的尖端轻轻接触砂浆表面。随后,迅速拧紧制动螺钉,确保齿条测杆的下端与滑杆上端紧密贴合,同时调整指针至零刻度位置。

③在确认一切准备就绪后,再次拧松制动螺钉,允许圆锥体在自身重力作用下自由沉入砂浆中。同时启动计时器,当时间达到 10 s 时,立即重新拧紧制动螺钉以固定圆锥体

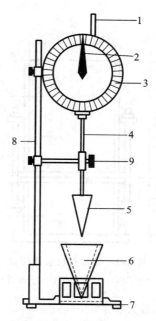

图 7-1 砂浆稠度测定仪

1—齿条测杆；2—指针；3—刻度盘；4—滑杆；5—圆锥筒；6—砂浆筒；7—底座；8—支架；9—制动螺钉

位置。随后，从刻度盘上精确读取圆锥体的下沉深度（精确至 1 mm）。

④对于同一筒内的砂浆，其稠度仅允许测定一次。若需进行重复测定，必须重新取样并遵循上述步骤进行操作。

3. 结果评定

对于砂浆稠度的最终评定，应取两次独立测定结果的算术平均值作为最终结果。若两次测定值之间的差异超过 20 mm，则视为数据离散度过大，需重新配制砂浆并重新进行测定，以确保测定结果的准确性和可靠性。

二、砂浆分层度检测

1. 仪器设备

①砂浆分层度测定仪，如图 7-2 所示。

②砂浆稠度测定仪。

③木锤（木质锤子）。

2. 检测步骤

①将拌合好的砂浆，经稠度试验后重新拌合均匀，一次注满分层度测定仪内。用木锤在容器周围距离大致相等的四个不同地方轻敲 1~2 次，并随时添加砂浆，然后用抹刀抹平。

②静置 30 min，去掉上层 200 mm 砂浆，然后取出底层 100 mm 砂浆重新拌合均匀，再测定砂浆稠度。

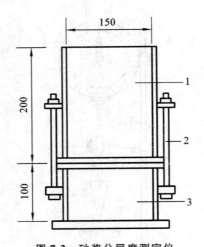

图 7-2 砂浆分层度测定仪
1—无底圆筒；2—连接螺栓；3—有底圆筒

③取两次砂浆稠度的差值，即为砂浆的分层度（以 mm 计）。

3. 结果评定

①取两次试验结果的算术平均值作为该砂浆的分层度值。

②两次分层度试验值之差，大于 20 mm 时应重做试验。

任务二　建筑砂浆强度的检测

【工作任务】

本任务旨在依据《建筑砂浆基本性能试验方法标准》(JGJ/T 70—2009)的规定，精心制作砂浆标准试块，并经过严格的 28 d 标准养护周期。随后，将采用科学方法测定这些试块的抗压极限强度，确保测试结果的准确性。通过对比一组标准砂浆试件的立方体抗压极限强度与既定标准，我们将准确评定砂浆的强度等级。

在执行检测过程中，必须严格遵守材料检测的所有步骤与注意事项，秉持细致入微、认真负责的态度，确保检测工作的精确无误。通过圆满完成此任务，熟练掌握建筑砂浆抗压强度技术性能的测试流程，并对测试过程中所需的各类仪器设备有深入的了解与熟悉。

【相关知识】

一、砂浆的强度等级

砂浆强度等级（strength classification of mortar）是依据一组六块边长为 70.7 mm 的立方体标准试件，在严格控制的标准养护条件下（即温度维持在 20 ℃±3 ℃，相对湿度方面,水泥砂浆需大于 90%,而混合砂浆则为 60%~80%)养护 28 d 后,通过标准试验方法测得的平均抗压强度值(以 MPa 为单位)来划定的。

砌筑砂浆的强度等级涵盖广泛,具体分为 M30、M25、M20、M15、M10、M7.5、M5 七个等级,这些等级能够满足不同建筑结构的强度需求。而混合砂浆的强度等级则相对集中,主要包括 M5、M7.5、M10、M15 四个等级,专为特定混合比例及用途设计。

二、砂浆的黏结力

砂浆的黏结力对砌体的强度、耐久性、稳定性及抗震性能具有直接且显著的影响。这种黏结力的大小与砂浆自身的强度紧密相关,通常而言,砂浆的抗压强度越高,其展现出的黏结力也越强。此外,砂浆与基层材料的黏结效果还受到基层表面状态、润滑程度、清洁度以及施工与养护条件等多重因素的影响。具体而言,在粗糙、适度湿润且清洁的基层上使用,并经过良好养护的砂浆,能够形成更为牢固的黏结界面。

因此,在砌筑墙体之前,务必对块材表面进行彻底的清理,并适当浇水以保持其湿润状态,必要时还需进行凿毛处理,以增加表面的粗糙度,从而有利于砂浆的附着。砌筑完成后,应加强对砌体的养护工作,通过合理的养护措施来进一步提升砂浆与块材之间的黏结力,确保砌体的整体性能和耐久性。

三、砂浆的变形

砂浆在承受外部荷载、经历温度波动或湿度变化时,均会经历一定程度的变形。若变形过大或变形分布不均,将直接削弱砌体的整体稳定性,可能诱发沉降现象或产生裂缝,对结构安全构成威胁。此外,砂浆中若混合料掺量过多或采用轻骨料作为成分之一,亦会显著增大其收缩变形的倾向。

为了有效缓解和控制砂浆的收缩问题,一种常用的技术手段是在砂浆制备过程中,适量添加膨胀剂。膨胀剂的加入能够在砂浆硬化过程中产生一定的体积膨胀效应,从而在一定程度上抵消或减小砂浆的自然收缩,提高砌体的抗裂性和耐久性。

【性能检测】

一、砌筑砂浆抗压强度测定(试验法)

1. 仪器设备

①压力试验机。
②试模。尺寸为 70.7 mm×70.7 mm×70.7 mm,分无底试模与有底试模两种。
③捣棒。直径 10 mm,长 350 mm,一端呈半圆形。
④垫板等。

2. 试样制备

1) 试件制作

①对于多孔吸水基面的砂浆试件制作,首先将无底试模稳妥放置于一块预先铺设了高吸水性湿纸(确保湿纸质量上乘)的普通黏土砖上,该砖需满足吸水率不低于10%且含水率控制在2%以下的条件。随后,在试模内壁均匀涂抹一层机油以防粘连。接着,将充分拌合的砂浆一次性倒入试模中,并使用捣棒按照由外向内的螺旋方向均匀插捣25次,确保砂浆填充紧密且略高于试模口6~8 mm。待砂浆表面自然形成麻斑状(此过程需要15~30 min),立即使用刮刀沿试模口边缘刮平并细致抹光。

②针对密实(不吸水)基底所需的砂浆试件,则采用有底试模进行操作。同样,在试模内壁涂抹机油后,分两层装入拌好的砂浆,每层均用捣棒均匀插捣12次,随后用刮刀沿试模壁边缘轻轻插捣数次以消除气泡。之后,让试件静置15~30 min,待其初步稳定后,刮去多余砂浆并仔细抹光表面。

2) 试件养护

试件在装模成型后,需置于温度控制在20 ℃±3 ℃的环境中静置24 h±2 h,待其初步硬化后方可脱模。若环境温度较低,可适当延长静置时间,但最长不得超过48 h。脱模后,试件需按照以下两种方式进行养护:

①自然养护法:将试件置于室内通风良好的环境中进行自然养护。对于混合砂浆,需在相对湿度维持在60%~80%、温度适宜的条件下进行;而水泥砂浆则需保持试件表面持续湿润,如可置于湿砂堆中养护,以确保其水化过程的顺利进行。

②标准养护法:混合砂浆试件需在温度严格控制在20 ℃±3 ℃、相对湿度保持在60%~80%的专用养护室内进行养护;而水泥砂浆试件则需在温度同样控制在20 ℃±3 ℃、但相对湿度需达到90%以上的高度潮湿环境中进行养护。在养护过程中,应确保试件之间保持不小于10 mm的间隔,以避免相互干扰。

3. 检测步骤

①从养护环境取出已完成28 d养护的试件后,应立即着手进行试验,以防止试件内部温湿度发生显著波动,影响试验结果。首先,仔细清洁试件表面,随后精确测量其尺寸至1 mm精度,并据此计算出试件的承压面积。若实测尺寸与公称尺寸之差在1 mm以内,可基于公称尺寸进行计算,以确保数据的准确性和一致性。

②将试件稳妥地放置于压力机的下压板之上,确保试件的承压面严格垂直于成型时的顶面,且试件中心与下压板中心精确对齐,以减少试验过程中的偏差。

③启动压力机,随着上压板逐渐靠近试件,细致调整球座位置,确保接触面均匀受力,避免局部应力集中。加载过程应保持平稳且连续,加载速率应控制在0.5~1.5 kN/s之间,具体取值依据砂浆强度而定:当砂浆强度不大于5 MPa时,宜采用较低速率(接近0.5 kN/s);而当强度大于5 MPa时,则宜采用较高速率(接近1.5 kN/s)。当试件接近破坏边缘,开始出现迅速变形时,立即停止调整压力机的油门,持续观察并记录直至试件完全破坏,同时准确记录下破坏时的荷载值。

4. 结果评定

单个试件的抗压强度按式(7-1)计算(精确至0.1 MPa):

$$f_{\mathrm{m,cu}} = \frac{F}{A} \tag{7-1}$$

式中：$f_{\mathrm{m,cu}}$——砂浆立方体抗压强度(MPa)；

F——立方体破坏荷载(N)；

A——试件承压面积(mm^2)。

每组试件为六个，取六个试件测值的算术平均值作为该组试件的抗压强度值，平均值计算精确至 0.1 MPa。

当六个试件的最大值或最小值与平均值的差超过 20% 时，以中间四个试件的平均值作为该组试件的抗压强度值。

二、砌筑砂浆抗压强度测定(贯入法)

1. 仪器设备

① 贯入式砂浆强度检测仪：该设备需确保贯入力维持在 800 N±8 N 的精确范围内，工作行程则需严格控制在 20 mm±0.10 mm 的精度内，以保证检测结果的准确性。

② 贯入深度测量表：此测量表的最大量程应精确至 20 mm±0.02 mm，且分度值需达到 0.01 mm，以实现对贯入深度的精细测量。

2. 测点布置

① 构件划分：在检测砌筑砂浆的抗压强度时，应将面积不超过 25 m^2 的砌体构件或构筑物视为一个独立的检测单元。

② 抽样检测原则：进行批抽样检测时，需选取龄期相近、位于同楼层、同品种及同强度等级的砌筑砂浆，且这些砂浆所砌筑的砌体总体积不超过 250 m^3 作为一批。抽检的构件数量应至少占砌体总构件数的 30%，且最低不少于 6 个构件。对于基础砌体，可视为一个单独楼层进行计数。

③ 灰缝检测要求：被检测的灰缝必须饱满，其厚度不得低于 7 mm，并需避开竖缝、门窗洞口、后砌洞口及预埋件边缘等可能影响检测结果的区域。

④ 特定砌体要求：对于多孔砖砌体和空斗墙砌体，其水平灰缝的深度需确保大于 30 mm，以满足检测条件。

⑤ 检测前表面处理：在检测范围内，所有饰面层、粉刷层、勾缝砂浆、浮浆及表面损伤层等均需彻底清除，确保待测灰缝砂浆完全暴露，并通过打磨处理使其表面平整，以便于进行精确检测。

⑥ 测点分布与数量：每个构件应至少设置 16 个检测点，且这些测点应均匀分布在构件的水平灰缝上。相邻测点之间的水平间距不宜小于 240 mm，以避免相互影响。同时，每条灰缝上的测点数量不宜超过 2 点，以确保检测结果的代表性和准确性。

3. 检测步骤

① 将测钉稳妥地插入贯入杆的测钉座内，确保测钉尖端朝外，并牢固固定测钉以防松动。

② 使用摇柄顺时针旋转螺母，直至挂钩稳固挂住，随后逆时针旋转螺母，将其调整至

贯入杆顶端位置,以准备贯入操作。

③将贯入仪的扁头精确对准灰缝中央,确保仪器垂直紧贴于被测砌体灰缝砂浆的表面。紧握贯入仪把手,平稳扳动扳机,使测钉顺利贯入被测砂浆中。

④完成贯入后,轻轻拔出测钉,随即使用吹风器仔细清除测孔内的粉尘,确保测量准确性。

⑤将贯入深度测量表的扁头精确对准灰缝,并将测头轻轻插入测孔中,同时保持测量表垂直于被测砌体灰缝砂浆表面。直接从表盘中读取并记录显示的贯入深度值 d'_i,并准确记录在专用的记录表中。

注意事项:

①每次试验前,务必清除测钉上附着的水泥灰渣等杂质,并使用测钉量规检验测钉长度。若发现测钉能轻松通过量规槽,应立即更换为新的测钉,以确保测试结果的准确性。

②在操作过程中,若发现测点处的灰缝砂浆存在空洞或测孔周围砂浆不完整,应立即放弃该测点,并重新选择其他符合条件的测点进行补测,以保证测试数据的有效性和可靠性。

4. 结果评定

①贯入深度 d_i,按式(7-2)计算,精确至 0.01 mm。

$$d_i = 20.00 - d'_i \tag{7-2}$$

②将 16 个贯入深度值中的 3 个较大值和 3 个较小值剔除,余下的 10 个贯入深度值取平均值。

③根据计算所得的构件贯入深度平均值,按不同的砂浆品种由《贯入法检测砌筑砂浆抗压强度技术规程》(JGJ/T 136—2017)中的附录 D 查得其砂浆抗压强度换算值。

任务三 建筑砂浆的配制

【工作任务】

配制某工程砌筑砖墙所用强度等级为 M10 的水泥石灰混合砂浆。采用强度等级为 32.5 级的矿渣水泥;砂子为中砂,含水率为 2%,干燥堆积密度为 1500 kg/m³;石灰膏的稠度为 40 mm。此工程施工水平优良。

遵循《砌筑砂浆配合比设计规程》(JGJ/T 98—2010)的明确要求,我们进行砂浆配合比的设计工作,这一过程旨在根据工程项目的具体性能需求,精确确定砂浆中各组成材料之间的比例关系。首先,我们依据原材料的物理化学特性及砂浆的技术标准,进行初步的理论计算,得出初步的设计配合比。随后,这一配合比将在试验室中进行试拌调整,通过细致的试验验证,优化得到基准配合比。接下来,对基准配合比进行深入的拌合物性能测试,包括沉入度、分层度以及强度的全面检验,以确保所设计的砂浆既能满足设计与施工的技术要求,又能在经济性上达到最优,从而确定出试验配合比。最终,考虑到施工现场砂的实际含水率可能对配合比产生的影响,我们需要对试验室中得出的试验配合比进行必要的调整,以得出适用于实际施工条件的施工配合比。在检测过程中,我们始终严格遵循材料检测的标准流程与注意事项,秉持着细致入微、认真负责的态度,确保每一项检测工作都能准确无误地完成。

【相关知识】

一、砌筑砂浆的配合比

1. 砌筑砂浆

砌筑砂浆(masonry mortar),作为一种关键的建筑材料,其主要功能在于将砖块、石材、砌块等单元体紧密黏结,构筑成坚固的砌体结构,如图 7-3 所示。在砌筑工程的实施过程中,砌筑砂浆不仅扮演着黏结砌体材料的角色,还负责有效传递应力,确保整体结构的稳定性和安全性。

图 7-3 砌筑砂浆

优质的砌筑砂浆,除了需具备优越的和易性,便于施工操作外,其硬化后还需展现出一定的强度、强大的黏结力以及卓越的耐久性。这些特性共同确保了砌筑结构的稳固性、持久性和整体性能,是砌筑工程中不可或缺的重要组成部分。

常用的砌筑砂浆种类如下:

①水泥砂浆:由水泥、砂子与水精心配比而成。尽管其和易性相对较弱,但具备出色的强度特性,因此特别适用于潮湿环境、水下作业以及要求砂浆强度等级较高的工程项目。

②石灰砂浆:此砂浆由石灰、砂子与水混合而成,其显著特点是和易性优良,然而强度相对较低。鉴于石灰属于气硬性胶凝材料,石灰砂浆通常被应用于地上部位、对强度要求不高的低层建筑或临时性建筑,而不适宜在潮湿环境或水下环境中使用。

③水泥石灰混合砂浆:该砂浆融合了水泥、石灰、砂子与水的优点,其强度、和易性及耐水性均介于水泥砂浆与石灰砂浆之间,因此应用范围广泛,尤其常见于地面以上的各类建筑工程中。

2. 砌筑砂浆的黏结强度

砖、石、砌块等建筑材料通过砂浆的黏结作用紧密连接成一个坚固的整体,从而有效传递荷载。因此,砂浆与基材之间必须具备一定的黏结强度。砂浆的黏结力(adhesive strength of mortar),作为砌体抗剪强度、耐久性、稳定性以及建筑物抗震能力和抗裂性的重要基石,其重要性不言而喻。

通常而言,砂浆的抗压强度与其对基材的黏结强度成正比,即抗压强度越高,黏结强度也相应增强。然而,砂浆的黏结强度还受到基层材料表面状态、清洁度、湿润程度、施工养护措施以及胶凝材料种类等多重因素的深刻影响。值得一提的是,通过在砂浆中加入聚合物添加剂,可以显著提升其黏结性能。

在砌体结构中,砂浆的黏结性相较于其抗压强度而言,具有更为关键的作用。然而,由于抗压强度的测定相对简便,因此在实际工程中,我们常将砂浆的抗压强度作为必检项目和配合比设计的重要依据。尽管如此,我们仍应充分认识到砂浆黏结强度的重要性,并在设计和施工过程中采取相应措施,以确保砌体的整体性能和耐久性。

3. 砌筑砂浆配合比设计应满足的基本条件

①砂浆拌合物需具备良好的和易性,以满足施工操作的顺畅进行与质量要求。
②砌筑砂浆的强度与耐久性必须严格符合设计规范的既定标准。
③从经济角度出发,应优化配比,力求减少水泥及掺合料的用量,实现成本效益最大化。

4. 水泥混合砂浆配合比设计步骤

在进行砌筑砂浆设计时,首先需依据工程类型及砌体部位的具体要求,精准选定砂浆的强度等级。随后,依据所选强度等级,进一步确定砂浆的配合比。

关于砂浆强度等级的选取,一般遵循以下原则:普通砖混多层住宅常选用 M5 或 M10 级砂浆;办公楼、教学楼及多层商店等建筑则倾向于 M5 至 M10 级砂浆;平房宿舍、商店、食堂、仓库、锅炉房、变电站、地下室、工业厂房及烟囱等,则多选用 M5 级砂浆;检查井、雨水井、化粪池等构筑物亦适用 M5 级砂浆;而对于特别重要的砌体结构,推荐采用 M15 或 M20 级高强砂浆。在高层混凝土空心砌块建筑中,为确保结构安全,应选用 M20 及以上强度等级的砂浆。

确定砂浆配合比的过程中,可优先参考相关手册或资料中的推荐值,随后通过试验室试配与调整,最终锁定适用于实际施工的配合比。对于水泥混合砂浆,亦可采用下文所述的计算方法进行配比设计。至于水泥砂浆,则常基于经验进行初步选择,再通过试验验证与调整,以确保配比的精准性。

值得注意的是,《砌筑砂浆配合比设计规程》(JGJ/T 98—2010)明确规定,砂浆的配合比应采用质量比进行表示,并遵循特定的计算步骤进行确定。

1)确定砂浆试配强度 $f_{m,0}$

$$f_{m,0} = kf_2 \tag{7-3}$$

式中:$f_{m,0}$——砂浆的试配强度(MPa),精确至 0.1 MPa;

f_2——砂浆强度等级值(MPa),精确至 0.1 MPa;

k——系数,按表 7-2 取值。

表 7-2 k 值

施工水平	k 值
优良	1.15
一般	1.20
较差	1.25

2)计算每立方米砂浆中的水泥用量 Q_c

对于吸水材料,水泥强度和用量成为影响砂浆强度的主要因素。因此,每立方米砂浆的水泥用量,可按下式计算:

$$Q_c = \frac{1000 \times (f_{m,0} - \beta)}{\alpha f_{ce}} \tag{7-4}$$

式中:Q_c——每立方米砂浆的水泥用量(kg),应精确至 1 kg;

f_{ce}——水泥的实测强度(MPa),应精确至 0.1 MPa;

α、β——砂浆的特征系数,按表 7-3 选用。

表 7-3 砂浆特征系数 α、β 参考数值

砂浆种类	α	β
水泥砂浆	1.03	3.50
水泥混合砂浆	3.03	−15.09

在无法取得水泥的实测强度值时,可按式(7-5)计算:

$$f_{ce} = \gamma_c f_{ce,k} \tag{7-5}$$

式中:f_{ce}——水泥的实测强度(MPa);

γ_c——水泥强度等级值的富余系数,宜按实际统计资料确定,无统计资料时可取 1.0;

$f_{ce,k}$——水泥强度等级值(MPa)。

当计算出的水泥用量不足 200 kg/m³ 时,应取 $Q_c = 200$ kg。

3)计算每立方米砂浆中掺合料(石灰膏)用量 Q_D

为保证砂浆具有良好的流动性和保水性,每立方米砂浆中胶凝材料及掺合料的总量 Q_A 应控制在 300~350 kg/m³ 之间,这样,砂浆中掺合料的用量为:

$$Q_D = Q_A - Q_c \tag{7-6}$$

式中:Q_D——每立方米砂浆的石灰膏用量(kg),应精确至 1 kg;

Q_A——每立方米砂浆中水泥和石灰膏总量,应精确至 1 kg,可为 350 kg;

Q_c——每立方米砂浆的水泥用量(kg),应精确至 1 kg。

石灰膏的稠度按 120 mm±5 mm 计。当石灰膏的稠度为其他值时,其用量应乘以换算系数,换算系数见表 7-4。

表 7-4 石灰膏不同稠度时的用量换算系数

石灰膏稠度/mm	120	110	100	90	80	70	60	50	40	30
换算系数	1.00	0.99	0.97	0.95	0.93	0.92	0.90	0.88	0.87	0.86

4)确定每立方米砂浆中的砂用量 Q_s。

砂浆中的水、胶凝材料和掺合料是用来填充砂子的空隙的,1 m³ 砂子就构成了 1 m³ 砂浆。因此,每立方米砂浆中的砂子用量,以干燥状态(含水率小于 0.5%)下砂的堆积密度值作为计算值,即:

$$Q_s = 1 \times \rho'_s \tag{7-7}$$

$$Q_s = 1 \times \rho_{0,\mp} \times (1+\omega) \tag{7-8}$$

式中:Q_s——每立方米砂浆的砂用量(kg);

ρ'_s——砂子的堆积密度(kg/m³);

$\rho_{0,\mp}$——砂子干燥状态下的堆积密度(kg/m³);

ω——砂子的含水率(%)。

砂子干燥状态下堆积体积恒定,当砂子含水 5%~7%时,体积最大可膨胀 30%左右,当砂子含水处于饱和状态时,体积比干燥状态要减小 10%左右。

5)确定每立方米砂浆中的用水量 Q_w。

砂浆中用水量多少,对其强度影响不大,满足施工所需稠度即可。每立方米砂浆中的用水量,根据砂浆稠度等要求可选用 210~310 kg。混合砂浆用水量选取时应注意以下问题:混合砂浆中的用水量不包括石灰膏或黏土膏中的水,一般小于水泥砂浆用量;当采用细砂或粗砂时,用水量分别取上限和下限;稠度小于 70 mm 时,用水量可小于下限;施工现场气候炎热或干燥季节,可酌情增加用水量。

6)配合比的试配、调整

试配时应采用工程中实际使用的材料。水泥砂浆、混合砂浆搅拌时间不小于 120 s,掺用粉煤灰和外加剂的砂浆,搅拌时间不小于 180 s,按计算配合比进行试拌,测定拌合物的沉入度和分层度。若不满足要求,应调整材料用量,直到符合要求为止。由此得到的即为基准配合比。

检验砂浆强度时至少应采用三个不同的配合比,其中一个为基准配合比,另外两个配合比的水泥用量按基准配合比分别增加和减少 10%,在保证沉入度、分层度合格的条件下,可将用水量或掺合料用量作相应调整。三组配合比分别成型、养护,测定 28 d 砂浆强度,由此确定符合试配强度要求的且水泥用量最低的配合比作为砂浆配合比。

当材料有变更时,其配合比必须重新通过试验确定。

对水泥砂浆,可按表 7-5 选取材料用量,再按上述方式进行适配与调整。

表 7-5 每立方米水泥砂浆材料用量

强度等级	水泥用量/kg	砂用量/kg	用水量/kg
M5	200~230		
M7.5	230~260		
M10	260~290		
M15	290~330	1 m³ 砂的堆积密度	270~330
M20	340~400		
M25	360~410		
M30	430~480		

注:1. M15 及 M15 以下强度等级水泥砂浆,水泥强度等级为 32.5 级;M15 以上强度等级水泥砂浆,水泥强度等级为 42.5 级。

2. 当采用细砂或粗砂时,用水量分别取上限或下限。

3. 稠度小于 70 mm 时,用水量可小于下限。

4. 施工现场气候炎热或干燥季节,可酌情增加用水量。

【例 7-1】某工程砌筑砖墙,用水泥石灰混合砂浆,强度等级为 M10,使用 32.5 级的普通硅酸盐水泥;中砂,含水率为 3%,干燥堆积密度为 1450 kg/m³;石灰膏的稠度为 100 mm。此工程施工水平一般,试计算此砂浆的配合比。

解:

(1)确定砂浆试配强度 $f_{m,0}$。

f_2=10 MPa,查表 7-2 得 K=1.2,根据式(7-3)可得到砂浆的试配强度:

$$f_{m,0} = kf_2 = 1.2 \times 10 \text{ MPa} = 12 \text{ MPa}$$

(2)计算每立方米砂浆中水泥的用量 Q_c。

根据式(7-5)可得水泥的实测强度值:

$$f_{ce} = r_c f_{ce}, k = 1.0 \times 32.5 \text{ MPa} = 32.5 \text{ MPa}$$

查表 7-3,得 α=3.03,β=-15.09,根据式(7-4)可得每立方米砂浆中水泥的用量为:

$$Q_c = \frac{1000 \times (f_{m,0} - \beta)}{\alpha f_{ce}} = \frac{1000 \times (12 + 15.09)}{3.03 \times 32.5} \text{ kg} = 275 \text{ kg}$$

(3)计算每立方米砂浆中石灰膏的用量 Q_D。

取每立方米砂浆中胶凝材料和掺合料的总用量 Q_A=350 kg,由式(7-6)得每立方米砂浆中石灰膏的用量为:

$$Q_D = Q_A - Q_c = (350 - 275) \text{ kg} = 75 \text{ kg}$$

查表 7-4 得,稠度为 100 mm 的石灰膏用量应乘以换算系数 0.97,则每立方米砂浆中应掺加的石灰膏的用量为:

$$75 \text{ kg} \times 0.97 = 72.75 \text{ kg}$$

(4)计算每立方米砂浆中砂子的用量 Q_s。

根据式(7-8)得:

$$Q_s = 1 \times \rho_{0,干} \times (1+\omega) = 1 \times 1450 \times (1+0.03) \text{ kg} = 1493.5 \text{ kg}$$

(5)计算每立方米砂浆中的用水量 Q_w。

取用水量 Q_w=280 kg。

故,此砂浆的设计配合比为:

水泥:石灰膏:砂:水=275:72.75:1493.5:280=1:0.26:5.43:1.02

二、抹面砂浆的配合比

抹面砂浆(plastering mortar)是指涂抹在建筑物或构件表面的砂浆,又称抹灰砂浆,如图 7-4 所示。

依据抹面砂浆的多样化功能,我们可以将其细分为普通抹面砂浆、装饰砂浆以及一系列具备特殊功能的抹面砂浆,包括但不限于防水砂浆、绝热砂浆、耐酸砂浆等。

图 7-4 抹面砂浆

优质的抹面砂浆需展现出卓越的和易性,确保能够轻松涂抹成均匀且平滑的薄层;同时,它必须具备与基层之间强大的黏结力,以抵御长期使用过程中的开裂与脱落现象。在潮湿环境或频繁受外力作用的区域(如墙裙、地面等),还需具备出色的耐水性和强度。

普通抹面砂浆,作为建筑工程中应用最为广泛的材料之一,其核心功能在于保护墙体与地面免受风雨侵袭及有害物质的腐蚀,进而提升建筑的防潮、防腐蚀与抗风化能力,延长使用寿命;同时,它还赋予了建筑物表面平整、洁净与美观的特性。

鉴于抹面砂浆需与基面紧密结合,其和易性与黏结力至关重要。施工过程中,抹面常分两层或三层进行,每层因功能不同而选用不同特性的砂浆。底层砂浆主要承担黏结基层的角色,故需具备优异的和易性与高黏结力,且保水性要好,以防基层材料吸水影响黏结效果。基层表面适度粗糙,有助于增强与砂浆的黏合度。中层抹灰主要用于找平,视情况可省略。面层抹灰则侧重于美观,故多选用细砂。

针对不同基材,底层抹灰材料的选择亦有所差异:砖墙常用水泥砂浆;板条墙或板条顶棚则多选用混合砂浆或石灰砂浆;而混凝土墙、梁、柱、顶板等则倾向于混合砂浆、麻刀石灰浆或纸筋石灰浆。

对于防水、防潮要求高的区域及易碰撞部位(如墙裙、踢脚板、地面、雨篷、窗台、水井、水池等),应优先选用水泥砂浆。在硅酸盐砌块墙面上进行砂浆抹面或粘贴饰面时,建议于砂浆层内嵌入一层预先固定的钢丝网,以增强稳固性,避免长期使用后的脱落问题。

常用抹面砂浆配合比及应用范围,可参照表 7-6。

表 7-6 常用抹面砂浆配合比参照表

材料	配合比(体积比)	应用范围
石灰:砂	1:2～1:4	用于砖石墙表面(檐口、勒脚、女儿墙及潮湿房间的墙除外)

续表

材料	配合比（体积比）	应用范围
石灰∶黏土∶砂	1∶1∶4～1∶1∶8	干燥环境的墙表面
石灰∶石膏∶砂	1∶0.4∶2～1∶1∶3	用于不潮湿房间木质表面
石灰∶石膏∶砂	1∶0.6∶2～1∶1∶3	用于不潮湿房间的墙及顶棚
石灰∶石膏∶砂	1∶2∶2～1∶2∶4	用于不潮湿房间的脚线及其他修饰工程
石灰∶水泥∶砂	1∶0.5∶4.5～1∶1∶5	用于檐口、勒脚、女儿墙外角以及比较潮湿的部位
水泥∶砂	1∶3～1∶2.5	用于浴室、潮湿车间等墙裙、勒脚等或地面基层
水泥∶砂	1∶2～1∶1.5	用于地面、顶棚或墙面面层
水泥∶砂	1∶0.5～1∶1	用于混凝土地面随时压光
水泥∶石膏∶砂∶锯末	1∶1∶3∶5	用于吸声粉刷
水泥∶白石子	1∶2～1∶1	用于水磨石（打底用1∶2.5的水泥砂浆）

【性能检测】

配制某工程砌筑砖墙用水泥石灰混合砂浆。要求砂浆强度等级为M10；使用32.5级的普通硅酸盐水泥；中砂，含水率为3%，干燥堆积密度为1450 kg/m³；石灰膏的稠度为100 mm，此工程施工水平一般。

一、仪器设备

①砂浆搅拌机。
②拌合铁板。约1.5 m×2 m，厚约3 mm。
③磅秤。称量50 kg，感量50 g。
④台秤。称量10 kg，感量5 g。
⑤拌铲、抹刀、量筒、盛器等。

二、配合比设计

参见例7-1。

三、砂浆试配、调整

1.一般规定

①拌制砂浆所需的原材料，必须严格符合既定的质量标准，并需提前运送至试验室中。在拌合过程中，试验室的温度应精确控制在20 ℃±5 ℃的范围内，以确保砂浆品质的稳定。

②若水泥中出现结块现象，必须充分进行拌合直至均匀，随后通过0.9 mm的筛网进行过筛处理。同样，砂也需通过5 mm的筛网进行细致的筛选。

③在拌制砂浆的过程中，对于材料的称量计量需达到高度的精确度：水泥、外加剂等材料的误差应控制在±0.5%以内；而砂、石灰膏、黏土膏等材料的误差则不应超过±1%。

④在搅拌工作开始之前，务必先将搅拌机、拌合铁板、拌铲、抹刀等所有工具的表面用水充分润湿，但需注意避免在拌合铁板上形成积水，以免影响砂浆的拌合质量。

2. 人工拌合

依据设计给定的配合比（以质量比为基准），精确称取各项所需材料。首先，将水泥与砂置于拌板上进行初步干拌，直至均匀混合。随后，将混合物堆成小堆，并在中心位置创造一个凹陷区域。此时，将预先称量好的石灰膏（或黏土膏）倒入此凹陷区域，并随之加入部分水以稀释石灰膏。

接下来，进行充分的搅拌操作，同时逐步添加水分，直至整个混合料呈现出均匀的色泽，且其和易性达到预设要求。这一过程通常需要持续搅拌约 5 min，以确保材料间的充分融合与反应。

为了准确计量用水量，可预先用量筒盛装一定量的水。拌合完成后，通过测量量筒中剩余的水量，并据此计算出实际用于拌合的用水量，从而实现对用水量的精确控制。

3. 机械拌合

①拌制一小批与正式拌合砂浆相同配合比的砂浆，目的是让搅拌机内壁均匀黏附一层薄砂浆，以此确保后续正式拌合时砂浆的配合比成分准确无误。

②精确称量出所需的各种材料量，随后将砂和水泥依次装入搅拌机内。

③启动搅拌机后，缓慢而均匀地加入水（对于混合砂浆，需提前将石灰膏或黏土膏用水稀释至适宜的浆状），并持续搅拌约 3 min（注意，搅拌的用量应至少达到搅拌容量的 20%，而搅拌时间则不应短于 2 min，以确保材料充分混合均匀）。

④待搅拌完成后，将砂浆拌合物倾倒在拌合铁板上，使用拌铲进行两次翻拌操作，以进一步确保其均匀性。之后，应立即对拌好的砂浆进行相关的性能试验。

【知识拓展】

一、装饰砂浆

装饰砂浆，一种专为美化建筑物内外墙表面而设计的特殊抹灰材料，通过其独特的色彩、线条与花纹，赋予墙面丰富的装饰效果。其底层与中层构造与常规抹灰砂浆相仿，而关键在于面层的处理，它精选有色胶凝材料、骨料，并结合特殊工艺，创造出多变的视觉效果。

在装饰砂浆中，胶凝材料的选择颇为广泛，包括普通水泥、矿渣水泥、火山灰质硅酸盐水泥、白色及彩色水泥，或是通过在常规水泥中掺入耐碱矿物制得的彩色水泥，以及石灰、石膏等。骨料方面，则常选用色彩丰富的大理石、花岗石细石渣，或是玻璃、陶瓷碎片等，以增添装饰的多样性。

对于外墙装饰，装饰砂浆提供了多种实用且美观的做法：

1. 拉毛

先以水泥砂浆铺设底层,再用水泥石灰砂浆构筑面层,于半干状态下,用工具拍拉出凹凸不平的纹理,营造自然粗犷的质感。

2. 水刷石

采用细石渣与水泥混合制成面层,待水泥初凝时喷水冲刷,使石渣半露,形成独特质感,耐久且美观,常用于外墙装饰。

3. 水磨石

结合各色大理石渣与水泥,硬化后机械磨平抛光,适用于地面装饰,可预先设计图案色彩,抛光后艺术效果更佳。同时,也可用于预制楼梯踏步、窗台板等多种建筑构件,多用于室内环境。

4. 干粘石

在水泥砂浆面层上直接黏结彩色石渣、小石子等,粒径不超过 5 mm,要求黏结牢固,装饰效果与水刷石相似,但施工更为高效,材料节约。

5. 斩假石(剁假石)

制作流程与水刷石相似,但在水泥浆硬化后,用斧刃剁出粗糙表面,模拟花岗岩效果,极具视觉冲击力。

6. 假面砖

利用木条和钢片在砂浆面层上压制出仿砖缝与砖印,再施以涂料或绘制清水砖墙图案,营造逼真的砖墙效果。

此外,装饰砂浆还不断创新,采用喷涂、弹涂、辊压等现代工艺,创造出更多元化的装饰面层,不仅操作简便,还极大提升了施工效率。

二、绝热砂浆

采用水泥、石灰、石膏等优质胶凝材料,并结合膨胀珍珠岩、膨胀蛭石或陶砂等轻质多孔骨料,经过精确配比制成的砂浆,被称为绝热砂浆(thermal insulation mortar)。此类砂浆不仅质量轻盈,而且展现出卓越的绝热性能,其导热系数介于 $0.07\sim0.10$ W/(m·K) 之间,这一特性使其广泛应用于屋面绝热层、墙体保温系统以及供热管道的隔热层等多个领域。

三、吸声砂浆

通常,绝热砂浆由轻质多孔骨料精心构成,兼具出色的吸声性能。此外,通过科学配比水泥、石膏、砂与锯末(其体积比例精确控制为 1∶1∶3∶5),我们可以制备出高效的吸声砂浆(sound absorption mortar)。另外,一种常见做法是在石灰、石膏砂浆中巧妙掺入玻璃纤维、矿物棉等柔软纤维材料,以进一步增强其吸声效果。这类吸声砂浆被广泛应用于室内墙壁与顶棚的吸声处理,为创造宁静舒适的室内环境提供了有力支持。

四、耐酸砂浆

采用水玻璃与氟硅酸钠作为核心胶结材料,并精心掺入石英岩、花岗岩、铸石等高强度耐酸粉料及细骨料,经过充分拌制与硬化处理,制得性能卓越的耐酸砂浆(acid resisting mortar)。水玻璃在硬化后,展现出了极为优异的耐酸性能,成为耐酸砂浆中的关键成分。耐酸砂浆广泛应用于各种场合,包括但不限于作为衬砌材料、铺设耐酸地面,以及作为耐酸容器内壁的防护层,为各类设备设施提供了可靠的耐酸保护。

五、防射线砂浆

通过在水泥中精准掺入重晶石粉和重晶石砂,可以配制出具备高效防 X 射线和 γ 射线能力的防射线砂浆(radiation shielding mortar)。其标准的配合比大致为水泥:重晶石粉:重晶石砂 = 1:0.25:(4~5)。此外,若在水泥砂浆中进一步掺加硼砂、硼酸等特定添加剂,则能制备出具有抗中子辐射能力的特殊砂浆。此类防射线砂浆广泛应用于各类射线防护工程中,为人员与设备提供了坚实的辐射安全防护屏障。

六、膨胀砂浆

在水泥砂浆中巧妙掺入膨胀剂,或者选择使用专门的膨胀水泥,能够配制出具有优异性能的膨胀砂浆(expanded mortar)。此类砂浆在修补工程及大板装配工程中展现出非凡的应用价值,它能够有效地填充裂缝,确保粘贴面的密实无隙,从而显著提升结构的整体性和耐久性。

【课堂小结】

砂浆,作为一种复合建筑材料,由胶凝材料、细骨料、掺合料、水及外加剂精心配制而成,广泛应用于砌筑、抹面、修补及装饰等多种建筑工程领域。它不仅是结构间的黏结剂,还承担着饰面、衬垫及应力传递的重要角色。鉴于其不含粗骨料的特点,建筑砂浆亦被称为细骨料混凝土。

根据用途的多样性,建筑砂浆可细分为砌筑砂浆、抹灰砂浆(涵盖普通抹面砂浆、防水砂浆、装饰砂浆等)以及特殊用途砂浆(如隔热砂浆、耐腐蚀砂浆、吸声砂浆等),每一种都针对特定的工程需求而设计。

从胶凝材料的角度出发,砂浆又可分为多种类型,包括水泥砂浆、石灰砂浆、水泥石灰混合砂浆、石膏砂浆、沥青砂浆及聚合物砂浆等,每种类型均以其独特的胶凝材料为基础,展现出不同的性能特点。

根据生产工艺的差异,同样可将砂浆划分为预拌砂浆、干粉砂浆及工地现场搅拌砂浆三大类,满足了不同施工环境和条件下的需求。

新拌制的砂浆需具备良好的和易性,这既涵盖了砂浆的流动性,也涉及其保水性能。砂浆的强度,通常以其立方体抗压强度为衡量标准,并据此划分为六个不同的强度等级。

当基层材料具有较强的吸水性时,砂浆的强度将主要受到水泥强度等级及水泥用量的影响。为确保砂浆达到预期的强度标准,进而保障工程质量,砌筑砂浆需经过严格的配合比设计。

至于抹面砂浆,则要求不仅需具备良好的和易性,以便轻松抹成均匀平整的薄层,还需与基层形成强大的黏结力,确保长期使用过程中不开裂、不脱落,从而维持建筑物的美观与结构安全。

【课堂测试】

1. 当砂浆原材料种类及比例一定时,其流动性主要取决于单位用水量。(　　　)
　　A. 正确　　　　　　　　　　B. 错误
2. 配制砌筑砂浆和抹面砂浆应选用中砂,不宜选用粗砂。(　　　)
　　A. 正确　　　　　　　　　　B. 错误
3. 配制 1 m³ 砂浆时,所用砂子亦为 1 m³。(　　　)
　　A. 正确　　　　　　　　　　B. 错误
4. 砂浆的性能和混凝土有何不同?
5. 砂浆的和易性包括哪几方面的含义?各用什么表示?
6. 什么是砂浆的保水性?为什么要选用保水性良好的砂浆?
7. 什么是砂浆的强度?影响砂浆强度的因素有哪些?
8. 砌筑砂浆常用种类有哪些?常用于什么地方?
9. 某工程砌筑砖墙所用强度等级为 M5 的水泥石灰混合砂浆,采用强度等级为 32.5 级的矿渣水泥;砂子为中砂,含水率为 2%,干燥堆积密度为 1500 kg/m³;石灰膏的稠度为 40 mm,此工程施工水平优良,试设计此砂浆的配合比。
10. 一工程砌砖墙,需配制 M7.5 级、稠度为 80 mm 的水泥石灰混合砂浆,施工水平一般。现材料供应如下:水泥为 32.5 级的普通水泥;中砂,含水率小于 0.5%,干燥堆积密度为 1450 kg/m³;石灰膏稠度为 100 mm。试求 1 m³ 砂浆中各材料的用量。

模块八　墙体材料的检测与选用

【知识目标】

1. 了解墙体材料的品种与发展情况；
2. 熟悉砌墙砖和建筑砌块的基本概念；
3. 掌握烧结砖和非烧结砖的品种、规格、技术标准与应用；
4. 掌握建筑砌块的品种、规格、技术标准与应用。

【能力目标】

1. 能识别砌墙砖和建筑砌块的种类；
2. 能根据砖和砌块的相关标准，掌握材料性能、技术性质及适用范围，实现科学合理的选择与正确使用；
3. 根据标准能正确对砖和砌块等墙体材料进行进场验收、取样送检、外观检验等工作；
4. 通过查标准能对砖和砌块进行合格性判定；
5. 能根据试验检测结果评价墙体材料质量。

【素质目标】

1. 具备良好的职业道德和职业素质；
2. 具有从事本行业应具备的墙体材料的相关理论知识和技术应用能力；
3. 具备运用现行标准分析问题和解决问题的能力；
4. 具备团队协作能力和吃苦耐劳的精神。

【案例引入】

1. 用于建造房屋的材料如果质量不合格，房屋会怎样？
2. 传统的砖木结构房屋和现代的高楼大厦在使用材料方面有哪些不同？
3. 不同厂家生产的水泥，如何确保其在用户使用过程中提供稳定可靠的质量保障？
4. 建筑物的不同组成构件常用的材料有哪些？

　　墙体材料在建筑工程中扮演着至关重要的角色，它们不仅承担承重与重力传递的任务，还负责围护与隔断空间。在房屋构建中，墙体往往占据建筑物总质量的近一半，同时其施工用工量与造价也约占总体的三分之一。因此，合理选择墙体材料对于减轻建筑物自重、优化功能布局、提升节能效果及降低建造成本等方面均具有不可估量的价值。

　　随着社会的不断进步，建筑结构形式日新月异，特别是高层框架结构的迅猛发展，对墙体材料提出了更为严苛与多元的要求。传统的墙体材料，如烧结普通黏土砖，因其块体小导致的施工效率低下、对耕地的破坏以及环境污染等问题,已难以满足现代建筑的需求。

为积极响应保护耕地、节约能源、改善环境、实施可持续发展战略的号召,并稳步推进碳达峰与碳中和目标的实现,同时着眼于提升建筑工程质量、丰富建筑功能,推广应用轻质、高强、大尺寸的新型墙体材料已成为行业共识。这些新型材料不仅顺应了机械化、装配化施工的趋势,还为实现建筑业的绿色转型与高质量发展奠定了坚实基础。

任务一 砌墙砖的检测与选用

【工作任务】

精准识别并深入了解烧结普通砖、烧结多孔砖、烧结空心砖,以及蒸压灰砂砖、粉煤灰砖、炉渣砖等常用的非烧结砖种类,全面掌握它们的性能特点并进行相应的检测。根据具体工程项目的需求,科学合理地选择并应用砌墙砖材料。

【相关知识】

砖作为建筑材料,在我国拥有悠久而辉煌的历史。最早可追溯至奴隶社会末期问世的烧结砖,至秦始皇统一六国后,其应用得到了空前的发展,被广泛用于都城的构筑、宫殿的营造以及陵墓的建造之中。而举世闻名的万里长城,更是烧结砖在建筑工程中卓越应用的经典例证。

砌墙砖,这一广义的术语,涵盖了所有以黏土、工业废弃物或其他地方特有资源为主要原料,通过不同生产工艺制造,专用于建筑墙体砌筑的砖材。它们种类繁多,依据生产工艺的不同,可细分为烧结砖与非烧结砖两大类;按照孔洞的多寡,则可分为普通砖、多孔砖与空心砖;而根据所采用原材料的差异,还可进一步区分为黏土砖、页岩砖等多种类型。

一、烧结砖

烧结砖,作为一类经高温焙烧工艺制成的砖材,其分类依据主要是孔洞率的大小,具体可细分为烧结普通砖、烧结多孔砖与烧结空心砖三大类。烧结砖在我国拥有超过两千年的悠久历史,其中,孔洞率小于5%的烧结砖被定义为烧结普通砖。

(一)烧结普通砖

1. 烧结普通砖的生产

烧结普通砖的制作原料广泛,包括但不限于黏土、页岩、煤矸石、粉煤灰、淤泥、建筑渣土及固体废弃物等。依据所用原料的不同,烧结普通砖可细分为黏土砖(N)、煤矸石砖(M)、粉煤灰砖(F)、建筑渣土砖(Z)、页岩砖(Y)、淤泥砖(U)、污泥砖(W)及固体废弃物砖(G)等多种类型。尽管它们在原料来源及生产工艺上略有差异,但总体性能相似。

在众多烧结普通砖中,烧结普通黏土砖最为常见,其生产工艺流程包括采土、配料调制、制坯、干燥、焙烧及成品处理等步骤。在焙烧过程中,砖坯中的铁化合物会在氧化气氛中生成高价氧化铁,赋予砖体红色外观,此类砖称为红砖。若进一步在还原气氛中闷窑处理,氧化铁将还原成氧化亚铁,使砖体呈现青灰色,即为青砖。相较于红砖,青砖结构更为致密,耐久性更佳。此外,焙烧过程中的火候控制至关重要,火候不足会导致欠火砖,表现为孔隙率大、强度低、耐久性差、颜色浅且敲击声哑;而火候过度则可能产生过火砖,其颜色深、强度高,但常伴随弯曲变形,影响外观质量。

2. 烧结普通砖的主要技术性质

《烧结普通砖》(GB/T 5101—2017)国家标准对烧结普通砖的尺寸偏差、外观质量、强度等级、抗风化性能、泛霜、石灰爆裂及欠火砖等关键技术性能均作出了详尽规定。任何不符合该标准要求的烧结普通砖,如尺寸偏差超标、外观质量不达标、强度等级不合格、抗风化性能差、泛霜严重、存在石灰爆裂现象或判定为欠火砖、酥砖及螺旋纹砖等,均被视为不合格品。

1)尺寸偏差

烧结普通砖为直角六面体,其公称尺寸为 240 mm×115 mm×53 mm。尺寸允许偏差应符合表 8-1 的标准规定。通常将 240 mm×115 mm 的面称为大面,240 mm×53 mm 的面称为条面,115 mm×53 mm 的面称为顶面,如图 8-1 所示。

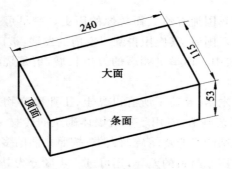

图 8-1 普通砖的尺寸

表 8-1 尺寸允许偏差(GB/T 5101—2017) 单位:mm

公称尺寸	指标	
	样本平均偏差	样本极差≤
240	±2.0	6.0
115	±1.5	5.0
53	±1.5	4.0

2)外观质量

烧结普通砖的外观应符合表 8-2 的规定。

表 8-2　外观质量（GB/T 5101—2017）　　　　　　　　　　　　　单位：mm

项目		指标
两条面高度差	≤	2
弯曲	≤	2
杂质凸出高度	≤	2
缺棱掉角的三个破坏尺寸	不得同时大于	5
裂纹长度 a. 大面上宽度方向及其延伸至条面的长度 b. 大面上长度方向及其延伸至顶面的长度或条、顶面上水平裂纹的长度	≤	 30 50
完整面*	不得少于	一条面和一顶面

注：为砌筑砂浆而施加的凸凹纹、槽、压花等不算作缺陷。

＊凡有下列缺陷之一者，不得称为完整面。
——缺陷在条面或顶面上造成的破坏面尺寸同时大于 10 mm×10 mm。
——条面或顶面上裂纹宽度大于 1 mm，其长度超过 30 mm。
——压陷、粘底、焦花在条面或顶面上的凹陷或凸出超过 2 mm，区域尺寸同时大于 10 mm×10 mm。

3）强度等级

烧结普通砖按抗压强度分为 MU30、MU25、MU20、MU15 和 MU10 五个强度等级，具体见表 8-3 的规定。

表 8-3　烧结普通砖的强度等级（GB/T 5101—2017）　　　　　　　单位：MPa

强度等级	抗压强度平均值 $\bar{f}$ ≥	强度标准值 f_k ≥
MU30	30.0	22.0
MU25	25.0	18.0
MU20	20.0	14.0
MU15	15.0	10.0
MU10	10.0	6.5

4）抗风化性能

风化区的划分见表 8-4。风化区用风化指数进行划分。风化指数是指日气温从正温降至负温或负温升至正温的每年平均天数与每年从霜冻之日起至霜冻消失之日止这一期间降雨总量（以毫米计）的平均值的乘积。风化指数大于 12700 为严重风化区，风化指数小于 12700 为非严重风化区。

表 8-4 风化区的划分(GB/T 5101—2017)

严重风化区		非严重风化区	
1. 黑龙江省	11. 河北省	1. 山东省	11. 福建省
2. 吉林省	12. 北京市	2. 河南省	12. 台湾省
3. 辽宁省	13. 天津市	3. 安徽省	13. 广东省
4. 内蒙古自治区	14. 西藏自治区	4. 江苏省	14. 广西壮族自治区
5. 新疆维吾尔自治区		5. 湖北省	15. 海南省
6. 宁夏回族自治区		6. 江西省	16. 云南省
7. 甘肃省		7. 浙江省	17. 上海市
8. 青海省		8. 四川省	18. 重庆市
9. 陕西省		9. 贵州省	
10. 山西省		10. 湖南省	

严重风化区中的 1、2、3、4、5 地区的砖应进行冻融试验,其他地区砖的抗风化性能符合表 8-5 规定时可不做冻融试验。淤泥砖、污泥砖、固体废弃物砖应进行冻融试验。15 次冻融试验后,每块砖样不准出现分层、掉皮、缺棱、掉角等冻坏现象;冻后裂纹长度不得大于表 8-2 中第 5 项裂纹长度的规定。

表 8-5 抗风化性能(GB/T 5101—2017)

砖种类	严重风化区				非严重风化区			
	5 h 沸煮吸水率/(%) ≤		饱和系数 ≤		5 h 沸煮吸水率/(%) ≤		饱和系数 ≤	
	平均值	单块最大值	平均值	单块最大值	平均值	单块最大值	平均值	单块最大值
黏土砖、建筑渣土砖	18	20	0.85	0.87	19	20	0.88	0.90
粉煤灰砖	21	23			23	25		
页岩砖 煤矸石砖	16	18	0.74	0.77	18	20	0.78	0.80

5)泛霜和石灰爆裂

泛霜现象是指黏土原料中的可溶性盐类在砖或砌块表面析出,形成白色粉末、絮团或片状物质。此现象不仅损害了建筑物的外观美感,而且盐类结晶的膨胀还可能造成砖体表层变得酥松,严重时甚至导致表层脱落。

至于石灰爆裂,它是指烧结普通砖的原料或内燃物质中若含有石灰质成分,在焙烧过程中,这些石灰质可能被过度烧制成过火石灰并残留于砖内。当砖体在使用过程中吸水后,过火石灰与水发生化学反应,导致体积急剧膨胀,进而引发砖体爆裂的现象。

烧结普通砖的石灰爆裂要求应符合表 8-6 的规定。

表 8-6　烧结普通砖石灰爆裂

序号	指标要求
1	破坏尺寸大于 2 mm 且小于或等于 15 mm 的爆裂区域，每组砖不得多于 15 处。其中大于 10 mm 的不得多于 7 处
2	不允许出现最大破坏尺寸大于 15 mm 的爆裂区域
3	试验后抗压强度损失不得大于 5 MPa

3. 烧结普通砖的产品标记

烧结普通砖的产品标记遵循严格的编码规则，依据产品名称的英文缩写、类别、强度等级及标准编号的顺序进行编排。例如，一款强度等级为 MU15 的黏土烧结普通砖，其标准标记应为：FCB-N-MU15-GB/T 5101。

此外，为确保使用安全，该砖的放射性物质含量必须严格遵循《建筑材料放射性核素限量》(GB 6566—2010)的国家标准。

4. 烧结普通砖的特性与应用

烧结普通砖作为历史悠久的墙体材料，以其卓越的强度和耐久性著称，同时，其多孔结构赋予了其优异的保温隔热、隔音降噪性能，因此成为建筑围护结构的理想选择，广泛应用于建筑物的内墙、外墙、柱体、拱门、烟囱、沟道及各类构筑物的砌筑中。此外，通过在砌体中嵌入适量的钢筋或钢丝，还能有效替代混凝土柱和过梁，增强结构强度。

然而，值得注意的是，传统烧结黏土砖的生产过程对土地资源造成了巨大压力，加剧了我国土地资源的紧张状况，且存在自重大、能耗高、尺寸受限、施工效率低及抗震性能不足等问题。鉴于此，众多地方政府已出台相关政策，逐步限制乃至禁止黏土砖的生产，旨在保护农田资源，减少生态环境破坏。

为响应这一号召，我国近年来积极推动墙体材料革新，鼓励采用粉煤灰、煤矸石等工业废弃物为原料的蒸压砖等新型墙体材料，以替代传统黏土砖，实现建筑行业的可持续发展。

(二)烧结多孔砖和多孔砌块

烧结多孔砖(如图 8-2 所示)与多孔砌块(如图 8-3 所示)，是以黏土、页岩、煤矸石、粉煤灰、江河湖淤泥等天然资源及工业固体废弃物为主要原材料，通过高温焙烧工艺精心制成。它们广泛应用于建筑物的承重结构中，以其独特的性能发挥着重要作用。

1. 分类

根据其主要原料的不同，可细分为黏土砖及黏土砌块(N)、页岩砖及页岩砌块(Y)、煤矸石砖及煤矸石砌块(M)、粉煤灰砖及粉煤灰砌块(F)、淤泥砖及淤泥砌块(U)，以及固体废弃物砖与固体废弃物砌块(G)。每种分类均体现了其独特的原料特性。

2. 规格

烧结多孔砖与多孔砌块通常采用直角六面体的标准外型设计，以增强与砂浆的结合力，特别在结合面上设有精心设计的粉刷槽与砌筑砂浆槽。

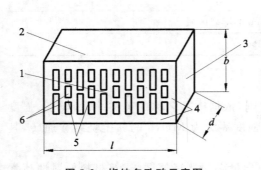

图 8-2 烧结多孔砖示意图
1—大面(坐浆面);2—条面;3—顶面;
4—外壁;5—肋;6—孔洞;l—长度;
b—宽度;d—高度

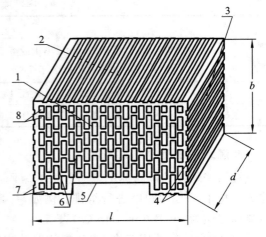

图 8-3 烧结多孔砌块示意图
1—大面(坐浆面);2—条面;3—顶面;
4—粉刷沟槽;5—砂浆槽;6—肋;
7—外壁;8—孔洞;l—长度;b—宽度;d—高度

粉刷槽:专为混水墙用黏土砖和黏土砌块设计,其条面与顶面均匀分布有粉刷槽或类似构造,确保粉刷层牢固附着,槽深至少达到 2 mm,以提升墙面平整度与耐久性。

砌筑砂浆槽:砌块至少在一个条面或顶面设置砌筑砂浆槽,以促进砂浆的充分填充与黏结。当两个条面或顶面均设有砂浆槽时,槽深应控制在 15～25 mm 之间;若仅有一个面设有,则槽深需加深至 30～40 mm 之间。此外,砂浆槽的宽度应超过所在砌块面宽度的 50%,以确保砂浆的有效分布与黏结强度。

尺寸规格:烧结多孔砖与多孔砌块的长度、宽度、高度尺寸遵循严格标准,具体如下:

①砖类规格(mm):包括 290、240、190、180、140、115、90 等多种尺寸,以满足不同建筑需求。

②砌块规格(mm):涵盖 490、440、390、340、290、240、190、180、140、115、90 等多种尺寸,同时支持供需双方根据实际需求协商确定其他特殊规格尺寸。

3. 技术要求

(1)尺寸允许偏差。尺寸允许偏差应符合表 8-7 的规定。

表 8-7 尺寸允许偏差(GB/T 13544—2011)　　　　　　单位:mm

尺寸	样本平均偏差	样本极差≤
>400	±3.0	10.0
300～400	±2.5	9.0
200～300	±2.5	8.0
100～200	±2.0	7.0
<100	±1.5	6.0

(2)外观质量。烧结多孔砖和多孔砌块的外观质量应符合表 8-8 的规定。

表 8-8　外观质量(GB/T 13544—2011)　　　　　　　　单位:mm

项目		指标
完整面,≥		一条面和一顶面
缺棱掉角的三个破坏尺寸,不得同时大于		30
裂纹长度	大面(有孔面)上深入孔壁 15 mm 以上宽度方向及其延伸到条面的长度,≤	80
	大面(有孔面)上深入孔壁 15 mm 以上长度方向及其延伸到顶面的长度,≤	100
	条顶面上的水平裂纹,≤	100
杂质在烧结多孔砖或多孔砌块上造成的凸出高度,≤		5

(3)密度等级。烧结多孔砖和多孔砌块的密度等级应符合表 8-9 的规定。

表 8-9　密度等级(GB/T 13544—2011)　　　　　　　　单位:kg/m³

密度等级		3 块砖或砌块干燥表观密度平均值
烧结多孔砖	烧结多孔砌块	
—	900	≤900
1000	1000	900～1000
1100	1100	1000～1100
1200	1200	1100～1200
1300	—	1200～1300

(4)强度等级。烧结多孔砖和多孔砌块的强度等级应符合表 8-10 的规定。

表 8-10　强度等级(GB/T 13544—2011)　　　　　　　　单位:MPa

强度等级	抗压强度平均值 $\bar{f}$ ≥	强度标准值 f_k ≥
MU30	30.0	22.0
MU25	25.0	18.0
MU20	20.0	14.0
MU15	15.0	10.0
MU10	10.0	6.5

(5)孔型孔结构及孔洞率。孔型孔结构及孔洞率应符合表 8-11 的规定。

表 8-11　孔型孔结构及孔洞率（GB/T 13544—2011）

孔型	孔洞尺寸/mm		最小外壁厚/mm	最小肋厚/mm	孔洞率/(%)		孔洞排列
	孔宽度尺寸 b	孔长度尺寸 l			砖	砌块	
矩型条孔或矩型孔	≤13	≤40	≥12	≥5	≥28	≥33	1.所有孔宽应相等,孔采用单向或双向交错排列; 2.孔洞排列上下、左右应对称,分布均匀,手抓孔的长度方向尺寸必须平行于砖的条面

注：1.矩型孔的孔长 L、孔宽 b 满足式 $L≥3b$ 时,为矩型条孔。
2.孔四个角应做成过渡圆角,不得做成直尖角。
3.如设有砌筑砂浆槽,则砌筑砂浆槽不计算在孔洞率内。
4.规格大的砖和砌块应设置手抓孔,手抓孔尺寸为(30～40) mm×(75～85) mm。

(6)泛霜和石灰爆裂。

烧结多孔砖和多孔砌块不允许出现严重泛霜。

石灰爆裂要求应符合表 8-12 的规定。

表 8-12　石灰爆裂指标要求

序号	指标要求
1	破坏尺寸大于 2 mm 且小于或等于 15 mm 的爆裂区域,每组砖和砌块不得多于 15 处。其中大于 10 mm 的不得多于 7 处
2	不允许出现最大破坏尺寸大于 15 mm 的爆裂区域

(7)抗风化性能。

严重风化区中的 1、2、3、4、5 地区(风化区划分见表 8-4)的烧结多孔砖、多孔砌块和其他地区以淤泥、固体废弃物为主要原料生产的多孔砖和多孔砌块必须进行冻融试验；其他地区以黏土、粉煤灰、页岩、煤矸石为主要原料生产的砖和砌块的抗风化性能符合表 8-13 规定时可不做冻融试验,否则必须进行冻融试验。15 次冻融循环试验后,每块砖和砌块不允许出现裂纹、分层、掉皮、缺棱掉角等冻坏现象。

表 8-13　抗风化性能（GB/T 13544—2011）

砖种类	严重风化区				非严重风化区			
	5 h 沸煮吸水率/(%)，≤		饱和系数，≤		5 h 沸煮吸水率/(%)，≤		饱和系数，≤	
	平均值	单块最大值	平均值	单块最大值	平均值	单块最大值	平均值	单块最大值
黏土砖和砌块	21	23	0.85	0.87	23	25	0.88	0.90
粉煤灰砖和砌块	23	25			30	32		
页岩砖和砌块	16	18	0.74	0.77	18	20	0.78	0.80
煤矸石砖和砌块	19	21			21	23		

4.应用

烧结多孔砖与多孔砌块的孔洞率均超过 25%，其表观密度大致维持在 1400 kg/m³ 左右，展现出轻盈的自重以及卓越的保温隔热性能，同时块体体积也相对较大。尽管多孔砖的孔洞设计导致其在受压时有效承压面积有所缩减，但得益于制坯过程中施加的高压处理，这些砖的孔壁变得异常致密，且对原材料的品质有着较高的要求。这些特性有效弥补了因有效面积减小可能带来的强度损失，使得烧结多孔砖依然保持着较高的强度水平，因此常被广泛应用于六层及以下建筑的承重墙体中。

（三）烧结空心砖和空心砌块

烧结空心砖与空心砌块（如图 8-4 所示），是以黏土、页岩、煤矸石、粉煤灰、江河湖淤泥、建筑渣土以及多种其他固体废弃物作为核心原料，通过精心焙烧工艺制成。这类砖块因其独特的空心结构，主要被应用于建筑物的非承重部分，展现出广泛的适用性和环保价值。

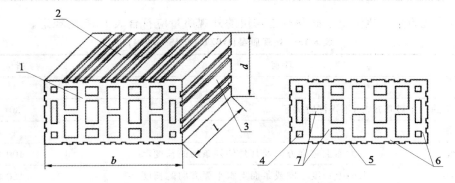

图 8-4　烧结空心砖和空心砌块示意图

1—顶面；2—大面；3—条面；4—壁孔；5—粉刷槽；6—外壁；7—肋；l—长度；b—宽度；d—高度

1.分类

根据其主要原料的不同，烧结空心砖与空心砌块可细分为多个类别，具体包括黏土系列的空心砖（N）与空心砌块、页岩系列的砖（Y）与空心砌块、煤矸石系列的砖（M）与空心砌块、粉煤灰系列的砖（F）与空心砌块、淤泥系列的砖（U）与空心砌块、建筑渣土系列的空心砖（Z）与空心砌块，以及利用各类固体废弃物制成的砖（G）与空心砌块，每一类别均体现了对资源的高效利用与环保理念的实践。

2. 规格

烧结空心砖与空心砌块均遵循直角六面体的标准外型设计，专为混水墙使用而设计的空心砖与砌块，其大面与条面上精心设置了均匀分布的粉刷槽或类似构造，以确保粉刷层附着力，其深度严格不低于 2 mm。

关于烧结空心砖与空心砌块的尺寸规格，具体要求如下：

长度规格（单位：mm）：包括 390、290、240、190、180（或 175）、140 等标准尺寸，满足不同建筑需求。

宽度规格（单位：mm）：涵盖 190、180（或 175）、140、115 等标准，确保砌筑时的稳定性与灵活性。

高度规格（单位：mm）：提供 180（或 175）、140、115、90 等多种选择，以匹配不同的建筑高度与结构设计。

此外，对于特殊或非标准尺寸的需求，可由供需双方根据实际情况进行友好协商，共同确定，以确保产品的适用性与项目的顺利进行。

3. 技术要求

(1) 尺寸允许偏差。尺寸允许偏差应符合表 8-14 的规定。

表 8-14　尺寸允许偏差（GB/T 13545—2014）　　　　　　　　　　单位：mm

尺寸	样本平均偏差	样本极差，≤
>300	±3.0	7.0
>200~300	±2.5	6.0
100~200	±2.0	5.0
<100	±1.7	4.0

(2) 外观质量。烧结空心砖和空心砌块的外观质量应符合表 8-15 的规定。

表 8-15　外观质量（GB/T 13545—2014）　　　　　　　　　　单位：mm

项目		指标
弯曲，≤		4
缺棱掉角的三个破坏尺寸，不得同时大于		30
垂直度差，≤		4
未贯穿裂纹长度	大面上宽度方向及其延伸到条面的长度，≤	100
	大面上长度方向或条面上水平面方向的长度，≤	120
贯穿裂纹长度	大面上宽度方向及其延伸到条面的长度，≤	40
	壁、肋沿长度方向、宽度方向及其水平方向的长度，≤	40
肋、壁内残缺长度，≤		40
完整面，≥		一条面或一大面

注：凡有下列缺陷之一者，不能称为完整面：①缺陷在大面、条面上造成的破坏面尺寸同时大于 20 mm×30 mm。②大面或条面上裂纹宽度大于 1 mm，其长度超过 70mm。③压陷、粘底、焦花在大面或条面上的凹陷或凸出超过 2 mm，区域尺寸同时大于 20 mm×30 mm。

(3) 密度等级。烧结空心砖和空心砌块的密度等级分为 800、900、1000、1100 四个等级，应符合表 8-16 的规定。

表 8-16　密度等级（GB/T 13545—2014）

密度等级	五块体积密度平均值/(kg/m^3)
800	≤800
900	801～900
1000	901～1000
1100	1001～1100

(4) 强度等级。

烧结空心砖和空心砌块的强度等级应符合表 8-17 的规定。

表 8-17　烧结空心砖和空心砌块的强度等级（GB/T 13545—2014）

强度等级	抗压强度/MPa		
	抗压强度平均值 $\bar{f}$，≥	变异系数 δ≤0.21 抗压强度标准值 f_k，≥	变异系数 δ＞0.21 单块最小抗压强度值 f_{min}，≥
MU10.0	10.0	7.0	8.0
MU7.5	7.5	5.0	5.8
MU5.0	5.0	3.5	4.0
MU3.5	3.5	2.5	2.8

(5) 其他技术要求。其他技术要求包括孔洞排列及其结构、泛霜、石灰爆裂、抗风化性能等，均应符合相应规定，且产品中不允许有欠火砖（砌块）、酥砖（砌块）。

4. 应用

烧结空心砖与空心砌块，其孔洞率普遍保持在 40% 以上，这一特性赋予了它们较轻的自重与相对较低的强度，因此它们主要被应用于非承重墙体的构建，如多层建筑中的内隔墙或是框架结构的填充墙等场景。

作为烧结空心制品的主力军，烧结多孔砖、多孔砌块以及烧结空心砖与空心砌块，在生产过程中相较于传统的烧结普通砖展现出了显著的优势。一方面，它们显著减少了黏土原材料的消耗量与烧砖所需的燃料，从而有助于保护耕地资源；另一方面，这些制品缩短了砖坯的干燥周期，直接提升了劳动生产率。

此外，采用空心黏土砖不仅能降低砖块的运输成本，还通过提升砌筑效率、减少砌筑砂浆的使用量，进一步降低了建筑物的整体重量。同时，这种材料还具备优异的保温隔热性能，能有效调节室内湿度，为居住者提供更加舒适的居住环境。鉴于上述诸多优点，烧结多孔砖与空心砖正逐渐获得更为广泛的应用，而发展高强度的多孔砖与空心砖也已成为我国墙体材料革新与发展的重要方向。

二、非烧结砖

不经焙烧而制成的砖都是非烧结砖,如蒸压砖、碳化砖、免烧免蒸砖等。

(一)蒸压灰砂砖

蒸压灰砂砖是以石灰、砂子为原材料,允许掺入着色剂和外加剂,经配料、拌合、压制成型和蒸压养护而制成的砖,简称为灰砂砖。蒸压灰砂实心砖代号为 LSSB。

1. 灰砂砖的技术性质

(1)规格。灰砂砖的外形尺寸应考虑工程应用砌筑灰缝的宽度和厚度要求,由供需双方协商后,在订货合约中确定其标示尺寸即可。

(2)强度等级。灰砂砖强度等级的划分见表 8-18。

表 8-18 灰砂砖的强度等级(GB/T 11945—2019)   单位:MPa

强度等级	抗压强度,不小于	
	平均值	单块值
MU10	10.0	8.5
MU15	15.0	12.8
MU20	20.0	17.0
MU25	25.0	21.2
MU30	30.0	25.5

2. 灰砂砖的应用

灰砂砖在高压环境中精心成型,并历经蒸压养护的精细处理,其内部组织致密而坚实,展现出高强度、卓越稳定性、极低的干缩率、精确控制的尺寸偏差以及光滑平整的外观。这些特性使其广泛适用于各类民用建筑、公用设施及工业厂房的内外墙构造,乃至房屋基础建设中,完美契合了 240 mm×115 mm×53 mm 这一与传统实心黏土砖相同的标准规格,从而有效替代了烧结黏土砖,成为国家积极倡导与推广的新型墙体材料。

然而,值得注意的是,灰砂砖应避免用于长期承受超过 200 ℃高温、极端温差变化或酸性环境侵蚀的场合,同时亦不适宜直接暴露于流水冲刷的环境之中。

鉴于灰砂砖表面的光滑平整特性,在实际应用中,应特别注重增强砖与砂浆之间的黏结力,以确保墙体的稳固与安全。

此外,灰砂砖在出窑后,需确保其线性干燥收缩率符合既定标准,或在工厂内妥善堆放至少 15 天,以进一步稳定其物理性能,为后续施工提供最佳的材料基础。

(二)蒸压粉煤灰砖

蒸压粉煤灰砖是以粉煤灰、生石灰为主要原料,可掺加适量的石膏等外加剂和其他骨料,经坯料制备、压制成型、高压蒸汽养护而制成的砖,产品代号为 AFB。蒸压粉煤灰砖如图 8-5 所示。

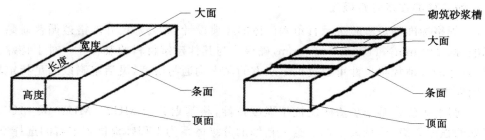

图 8-5 蒸压粉煤灰砖

1. 蒸压粉煤灰砖的技术性质

(1)规格标准。粉煤灰砖采用直角六面体的经典设计,其公称尺寸严格遵循普通黏土砖的标准,即 240 mm×115 mm×53 mm。对于特殊需求或定制项目,其他规格尺寸可通过供需双方友好协商后灵活确定,以满足不同应用场景的具体要求。

(2)强度等级。粉煤灰砖根据其抗压强度和抗折强度的不同,分为 MU30、MU25、MU20、MU15 和 MU10 五个强度等级,见表 8-19。

表 8-19 粉煤灰砖的强度等级(JC/T 239—2014)　　　　　　　　　　单位:MPa

强度等级	抗压强度,不小于		抗折强度,不小于	
	平均值	单块值	平均值	单块值
MU30	30.0	24.0	6.2	5.0
MU25	25.0	20.0	5.0	4.0
MU20	20.0	16.0	4.0	3.2
MU15	15.0	12.0	3.3	2.6
MU10	10.0	8.0	2.5	2.0

2. 粉煤灰砖的应用

粉煤灰砖广泛应用于工业与民用建筑的墙体和基础构建中。然而,在涉及基础施工或处于易受冻融循环及干湿交替影响的建筑部位时,为确保结构安全与耐久性,必须选用 MU15 及以上强度等级的粉煤灰砖。此外,对于需长期承受高温(超过 200 ℃)环境、经历急剧温度变化或存在酸性介质侵蚀风险的建筑部位,粉煤灰砖则不宜使用。

为了有效预防或减少因材料收缩而产生的裂缝问题,采用粉煤灰砖砌筑的建筑物在设计时应充分考虑增设圈梁及合理设置伸缩缝等措施,以此提升建筑的整体结构稳定性和使用寿命。

(三)蒸压炉渣砖

蒸压炉渣砖是一种采用炉渣作为主要原料,辅以适量石灰与石膏,经过精心调配,充分搅拌混合后压制成型,再经过蒸养或蒸压养护工艺精心制成的实心砖体,业界统称为炉渣砖。其生产过程融合了高效利用工业废弃物与先进制砖技术的精髓,是绿色建筑材料的典范。

1. 炉渣砖的技术特性概述

(1)规格标准。炉渣砖秉承直角六面体的经典设计,其公称尺寸严格遵循普通黏土砖的标准,即 240 mm×115 mm×53 mm,确保了与其他建筑材料的兼容性。对于特殊工程需求,砖体的其他规格尺寸可通过供需双方的深入沟通与协商,灵活定制以满足特定场景的应用要求。

(2)强度等级。基于炉渣砖的抗压强度特性,将其划分为 MU25、MU20 及 MU15 三个明确的强度等级,详见表 8-20。这一精细的分级体系为工程师提供了丰富的选择空间,可根据不同工程项目的承载需求,精准选用适宜强度的炉渣砖,以确保建筑结构的安全稳固与长久耐用。

表 8-20 炉渣砖的强度等级(JC/T 525—2007) 单位:MPa

强度等级	抗压强度平均值 $\bar{f}$,≥	变异系数 δ≤0.21 强度标准值 f_k,≥	变异系数 δ>0.21 单块最小抗压强度 f_{min},≥
MU25	25.0	19.0	20.0
MU20	20.0	14.0	16.0
MU15	15.0	10.0	12.0

2. 炉渣砖的应用

炉渣砖可用于一般工业与民用建筑的墙体和基础。但应注意,不得用于受高温、受急冷急热交替作用或有酸性介质侵蚀的部位。

【性能检测】

一、烧结砖的取样

1. 检测目的

旨在深入理解烧结普通砖的质量检验流程与方法,以便准确评估并判断所使用烧结普通砖的质量是否达到合格标准。

2. 取样方法

烧结普通砖的检验批次设定为 3.5 万至 15 万块为一批,若数量不足 3.5 万块,则同样视为一个检验批次处理。取样过程遵循随机抽样原则,确保样本的代表性。具体而言:

外观质量检验:从每批产品的堆垛中随机抽取 50 块砖样进行外观检查。

尺寸偏差检验:在已完成外观质量检验的样品中,再随机抽取 20 块砖样进行尺寸偏差的详细测量。

其他项目检验:对于强度等级检测,从外观质量和尺寸偏差检验后的样品中抽取 10 块;而针对泛霜、石灰爆裂、冻融性能、吸水率及饱和系数等项目的检验,则各抽取 5 块样品。若仅需进行单项检验,可直接从整批产品中随机抽取相应数量的样品。

二、砌墙砖的尺寸检测

1. 检测目的

本次检测旨在验证砖试样的几何尺寸是否精准符合既定标准,从而全面评判砖块的整体质量水平。

2. 仪器准备

采用专为砖块测量设计的卡尺,其分度值精确至 0.5 mm,如图 8-6 所示,确保测量结果的准确性和可靠性。

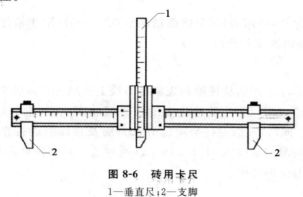

图 8-6 砖用卡尺

1—垂直尺;2—支脚

3. 检测方法

选取 20 块代表性样品进行检测。对于每一块样品,其各方向的尺寸测量均遵循以下原则:若单次测量值不足 0.5 mm,则按 0.5 mm 计;最终,每一方向的尺寸以两次测量的算术平均值作为最终结果。具体测量步骤如下:

长度测量:在砖的两个主要大面的中心位置,分别进行两次长度测量。

宽度测量:同样,于砖的两个主要大面的中心位置,各自完成两次宽度测量。

高度测量:在两个条面的中心处,也需分别进行两次高度测量。值得注意的是,若被测部位存在缺损、凹凸不平等情况,应在紧邻的平整区域进行测量,并优先选择可能对尺寸造成不利影响的一侧进行测量,以确保测量结果的严谨性和公正性,如图 8-7 所示。

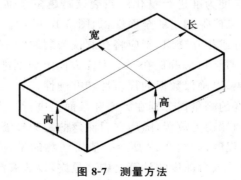

图 8-7 测量方法

4. 结果计算与评定

每一方向尺寸以两个测量值的算术平均值表示,精确至 1 mm。

三、砌墙砖外观质量检测

1. 检测目的

本次检测旨在全面检查砖块外表面的完整性与完好程度,以此作为评判砖块质量优劣的重要依据。

2. 仪器设备

所需仪器设备包括:砖用卡尺(分度值精确至 0.5 mm),用于精细测量;钢直尺(分度值为 1 mm),用于辅助测量及校验。

3. 检测方法

(1)缺损检验:专注于评估缺棱掉角现象在砖块上造成的具体破损程度。此过程通过测量破损部分在长、宽、高三个主要棱边上的投影尺寸来实现,这一尺寸被称为"破坏尺寸",如图 8-8 所示。同时,还需关注缺损部分在条面及顶面上的投影面积,即"破坏面",以进一步量化缺损的影响范围,如图 8-9 所示。通过这一系列精确测量,能够全面且客观地反映砖块外表面的受损情况。

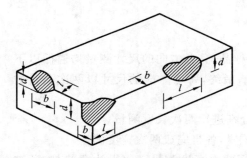

图 8-8 缺棱掉角破坏尺寸测量方法图

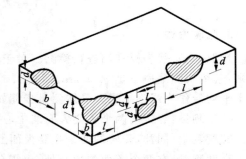

图 8-9 缺损在条面、顶面上造成的破坏面测量方法

(2)裂纹测量:裂纹依据其走向可分为长度方向、宽度方向及水平方向三种类型,其长度以被测方向上的投影长度为准进行量化。当裂纹跨越多个面连续延伸时,需累计其在各面上的投影长度总和,以确保测量的全面性,如图 8-10 所示。对于多孔砖而言,若孔洞与裂纹在形态上难以区分或相互交织,则应将孔洞视为裂纹的一部分进行统一测量,如图 8-11 所示。在进行裂纹测量时,应保在三个主要方向上分别进行,并选取每侧最长的裂纹作为该方向的测量结果,以确保数据的代表性和准确性。

(3)弯曲检验:弯曲度的测量需分别在大面和条面上进行。操作时,使用砖用卡尺,将其两只脚沿砖块的棱边两端稳妥放置,随后在目测弯曲最为显著的位置,将垂直尺轻轻推压至砖面,以测定其弯曲程度,如图 8-12 所示。值得注意的是,由杂质或搬运过程中碰伤所导致的凹陷部分,不应计入弯曲度的计算之中。最终,以所有测量中得到的最大弯曲值作为该砖块的弯曲检验结果。

图 8-10 裂纹测量示意图

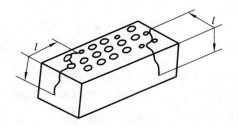

图 8-11 多孔砖裂纹尺寸测量方法

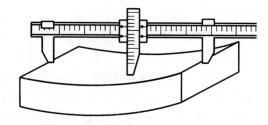

图 8-12 弯曲测量方法

（4）杂质凸出高度检验：此检验旨在量化杂质在砖面上造成的凸起程度。具体操作为，采用专用卡尺，将其两只脚分别置于杂质凸出两侧的砖平面上，确保稳固后，使用垂直尺测量杂质距砖面的最大垂直距离，以此作为杂质凸出高度的表示，如图 8-13 所示。

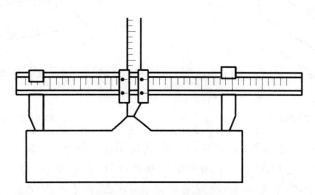

图 8-13 杂质凸出高度测量方法

4. 结果计算与评定

外观测量以 mm 为单位，不足 1 mm 者，按 1 mm 计。

四、砖的强度等级测定

1. 检测目的

本检测旨在通过科学测定砖的抗压强度，以准确判定其强度等级，确保砖材符合既定的质量标准与工程需求。

2. 仪器设备

(1)压力试验机(300~500 kN):该设备具备高精度,其示值误差严格控制在±1%以内。下压板采用球铰支座设计,以确保测试的稳定性与准确性。同时,预期破坏荷载应处于设备量程的20%~80%之间,以充分发挥设备性能。

(2)抗压试件制作平台:平台表面需保持平整且水平,材质可选用坚固耐用的金属材料或其他适宜材料,以满足试件制作过程中的精度要求。

(3)辅助工具:包括锯砖机或切砖机、直尺、抹刀等,用于试件的精确切割、尺寸测量及表面处理。

3. 检测方法

1)试件制备

烧结普通砖:准备10块试件,采用切断或锯割方式将其分为两个半截砖,确保每段长度不低于100 mm,如图8-14所示。若不足,需用备用试件补足。随后,在室温下的净水中浸泡10~20 min,取出后按断口相反方向叠放,中间涂抹厚度不超过5 mm的42.5级普通硅酸盐水泥浆进行黏结,上下表面则分别用不超过3 mm的同种水泥浆抹平,确保试件上下两面平行且垂直于侧面,如图8-15所示。

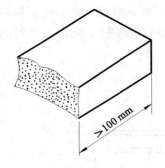

图8-14 半截砖样

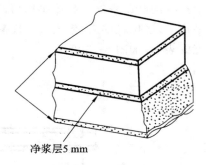

图8-15 抹面试样

多孔砖与空心砖:各准备10块试件。多孔砖沿竖孔方向加压,空心砖则分别以大面和条面方向(各5块)进行加压。采用坐浆法制备试件,先在平台上放置玻璃板,再铺湿垫纸及不超过5 mm厚的水泥净浆,将浸泡后的砖平稳放置于水泥浆上,确保侧面垂直于玻璃板。待水泥浆初凝后,连同玻璃板翻转至另一准备好的平台上,重复坐浆过程,并使用水平尺校正水平。

非烧结砖:同样准备10块试件,将同一块试样的两个半截砖按切断口相反方向叠放,叠合部分长度应不小于100 mm。若不足,需另取备用试件补足。

制成的抹面试件应置于不低于10 ℃的不通风室内养护3 d,再进行试验。非烧结砖不需养护,直接用于试验。

2)检测步骤

为了准确计算受压面积,应测量每个试件连接面或受压面的长度L(mm)和宽度B

（mm），各自测量两个数值并取其平均值，确保精确度达到 1 mm。随后，根据这些尺寸计算出受压面积。

在试验过程中，试件应被平稳地放置在加压板的正中央，确保其受压面与加压板垂直。加载过程需保持均匀且平稳，避免任何形式的冲击和振动，以确保测试结果的准确性。推荐的加荷速度为(5±0.5) kN/s，直至试件发生破坏为止。在此过程中，应详细记录试件所承受的最大破坏荷载 P。

4. 结果计算与评定

每块试件的抗压强度按下式计算（精确至 0.1 MPa）：

$$R_\mathrm{P} = \frac{P}{LB} \tag{8-1}$$

式中：R_P——抗压强度，单位为兆帕(MPa)；
$\quad\quad P$——最大破坏荷载，单位为牛顿(N)；
$\quad\quad L$——受压面（连接面）的长度，单位为毫米(mm)；
$\quad\quad B$——受压面（连接面）的宽度，单位为毫米(mm)。

根据《烧结普通砖》(GB/T 5101—2017)的规定，烧结普通砖的抗压强度的算术平均值和强度标准值分别按式(8-2)和式(8-3)计算：

$$\delta = \frac{S}{\bar{f}} \tag{8-2}$$

$$S = \sqrt{\frac{1}{9}\sum_{i=1}^{10}(f_i - \bar{f})^2} \tag{8-3}$$

式中：S——10 块试样的抗压强度标准差，单位为兆帕(MPa)，精确至 0.01 MPa；
$\quad\quad \bar{f}$——10 块试样的抗压强度平均差，单位为兆帕(MPa)，精确至 0.1 MPa；
$\quad\quad f_i$——单块试样抗压强度值，单位为兆帕(MPa)，精确至 0.01 MPa。

任务二　墙用砌块的选用

【工作任务】

准确识别并评估加气混凝土砌块、粉煤灰砌块、混凝土空心砌块及石膏砌块的质量；深入理解这些砌块的结构特性、关键技术指标及验收规范，同时精通它们各自的性能优势与应用领域。根据具体工程项目需求，能够做出合理的砌墙砌块选择。

【相关知识】

砌块，作为现代砌筑工艺中的人造块材，是一种创新的墙体材料，其形态以直角六面体为主，亦不乏各类异形设计。依据产品主要规格尺寸，砌块可分为大型（高度超过 980 mm）、中型（高度介于 380～980 mm 之间）、小型（高度在 115～380 mm 之间）三类；按功能用途，则分为承重砌块与非承重砌块；依据孔洞有无，又分为空心砌块与实心砌块；此外，还可根据主要原材料及生产工艺进行命名，如普通混凝土砌块、硅酸盐混凝土砌块、轻集料混凝土砌块、石膏砌块、烧结砌块、蒸压蒸养砌块等。

砌块的生产工艺相对简便,不仅能够有效利用地方资源和工业废渣,还促进了黏土资源的节约与环境的改善。其较大的尺寸规格提升了施工效率,进一步优化了墙体性能,并有助于降低工程成本。目前,混凝土空心砌块、蒸压加气混凝土砌块及粉煤灰砌块等已成为广泛应用的砌块类型。

一、蒸压加气混凝土砌块

蒸压加气混凝土砌块是以钙质材料(石灰、水泥)和硅质材料(矿渣、粉煤灰、砂等)为主要原材料,掺加发气剂及其他调节材料,通过配料浇注、发气静停、切割、蒸压养护等工艺制成的一种多孔轻质块体材料。其代号为 AAC-B。

1. 加气混凝土砌块的技术要求

根据国家标准《蒸压加气混凝土砌块》(GB/T 11968—2020)规定,其主要技术指标如下。

(1)规格尺寸。蒸压加气混凝土砌块的规格尺寸如表 8-21 所示。

表 8-21　蒸压加气混凝土砌块的规格尺寸(GB/T 11968—2020)　　　　单位:mm

长度 L	宽度 B			高度 H			
600	100 150 240	120 180 250	125 200 300	200	240	250	300

注:如需要其他规格,可由供需双方协商确定。

(2)尺寸允许偏差。砌块按尺寸偏差分为Ⅰ型和Ⅱ型。Ⅰ型适用于薄灰缝砌筑,Ⅱ型适用于灰缝筑砌。尺寸允许偏差见表 8-22。

表 8-22　蒸压加气混凝土砌块尺寸允许偏差(GB/T 11968—2020)　　　　单位:mm

项目	Ⅰ型	Ⅱ型
长度 L	±3	±4
宽度 B	±1	±2
高度 H	±1	±2

(3)抗压强度和干密度。加气混凝土砌块按抗压强度分为 A1.5、A2.0、A2.5、A3.5、A5.0 五个级别,干密度分为 B03、B04、B05、B06、B07 五个级别;干密度级别 B03、B04 适用于建筑保温。具体要求见表 8-23。

表 8-23　蒸压加气混凝土砌块强度和干密度要求(GB/T 11968—2020)

强度级别	抗压强度/MPa,不小于		干密度级别	平均干密度/ (kg/m³),不大于
	平均值	最小值		
A1.5	1.5	1.2	B03	350

续表

强度级别	抗压强度/MPa,不小于		干密度级别	平均干密度/(kg/m³),不大于
	平均值	最小值		
A2.0	2.0	1.7	B04	450
A2.5	2.5	2.1	B04	450
			B05	550
A3.5	3.5	3.0	B04	450
			B05	550
			B06	650
A5.0	5.0	4.2	B05	550
			B06	650
			B07	750

2. 蒸压加气混凝土砌块的产品标识规范

蒸压加气混凝土砌块的产品标识由五大部分构成:蒸压加气混凝土代号、强度等级、干密度级别、规格尺寸以及标准编号。例如,一款强度等级为 A3.5、干密度级别为 B05、品质为优等品、规格尺寸为 600 mm×200 mm×250 mm 的蒸压加气混凝土砌块,其完整标记应为:ACC-B A3.5 B05 600 mm×200 mm×250 mm(Ⅰ)GB/T 11968。

3. 蒸压加气混凝土砌块的应用领域

蒸压加气混凝土砌块凭借其诸多优势,如低表观密度、卓越的保温与耐火性能、良好的加工性、强大的抗震能力以及施工便捷性,在建筑行业得到了广泛应用。它非常适合作为一般建筑物的墙体材料,不仅能用作多层建筑的承重墙、非承重外墙及内隔墙,还能有效应用于屋面保温系统。然而,值得注意的是,在缺乏可靠防护措施的情况下,该材料不宜用于建筑物的基础部分以及长期温度高于 80 ℃的建筑区域。

二、普通混凝土小型砌块

普通混凝土小型砌块,是以水泥、矿物掺合料、砂、石及水等为主要原材料,通过搅拌、成型及养护等工艺精心制成的小型建筑砌块。依据其空心率的不同,可细分为空心砌块(空心率不低于 25%,以代号 H 标识)与实心砌块(空心率低于 25%,以代号 S 区分);而根据砌块在砌筑墙体时的结构用途及受力特性,又可划分为承重结构用砌块(简称承重砌块,代号 L)与非承重结构用砌块(简称非承重砌块,代号 N),以满足不同建筑设计与功能需求。

1. 普通混凝土小型砌块的技术要求

(1)规格尺寸。根据《普通混凝土小型砌块》(GB/T 8239—2014)规定,混凝土砌块的规格尺寸如表 8-24 所示。

表 8-24　普通混凝土小型砌块的规格尺寸(GB/T 8239—2014)　　　　单位:mm

长度	宽度	高度
390	90、120、140、190、240、290	90、140、190

注:其他规格尺寸可由供需双方协商确定。采用薄灰缝的块型,相关尺寸可作相应调整。

(2)强度等级。普通混凝土小型砌块的强度有 MU5.0、MU7.5、MU10.0、MU15.0、MU20.0、MU25.0、MU30.0、MU35.0 和 MU40.0 九个强度等级,如表 8-25 所示。

表 8-25　普通混凝土小型砌块抗压强度(GB/T 8239—2014)

强度等级	抗压强度/MPa,不小于		强度等级	抗压强度/MPa,不小于	
	5块平均值	单块最小值		5块平均值	单块最小值
MU5.0	5.0	4.0	MU25.0	25.0	20.0
MU7.5	7.5	6.0	MU30.0	30.0	24.0
MU10.0	10.0	8.0	MU35.0	35.0	28.0
MU15.0	15.0	12.0	MU40.0	40.0	32.0
MU20.0	20.0	16.0			

2. 混凝土小型砌块的应用

普通混凝土小型砌块广泛应用于各类公用、民用住宅建筑、工业厂房、仓库及农村建筑的内外墙结构。为有效预防砌块因失水收缩引起的墙体裂缝问题,需采取以下关键措施:确保小砌块在自然养护状态下至少达到 28 天的养护期后方可使用于墙体构建;出厂时,小砌块的含水率需严格遵循国家标准《普通混凝土小型砌块》(GB/T 8239—2014)所规定的范围;在施工现场堆放时,应采取妥善的防雨措施以保护砌块免受水分影响;砌筑作业前,应避免对小砌块进行额外的浇水预湿处理;此外,根据建筑的具体条件合理设置伸缩缝,并在关键部位增设构造钢筋,以进一步提升墙体的抗裂性能与整体稳定性。

三、轻集料混凝土小型空心砌块

轻集料混凝土小型空心砌块是以陶粒、膨胀珍珠岩、浮石、火山渣、煤渣等各种轻粗、细集料和水泥按一定比例配制,经搅拌、成型、养护而成的空心率大于或等于 25%、干表观密度小于 1950 kg/m³ 的轻质混凝土小型砌块。

1. 轻集料混凝土小型空心砌块的技术要求

(1)规格尺寸。根据《轻集料混凝土小型空心砌块》(GB/T 15229—2011)规定,轻集料混凝土小型空心砌块的主要规格尺寸为 390 mm×190 mm×190 mm。其他规格尺寸可由供需双方商定。

(2)强度等级。轻集料混凝土小型空心砌块的强度等级及密度等级范围如表 8-26 所示。

表 8-26　轻集料混凝土小型空心砌块的强度等级及密度等级（GB/T 15229—2011）

强度等级	抗压强度/MPa,不小于		密度等级范围/(kg/m³),不大于
	平均值	最小值	
MU2.5	2.5	2.0	800
MU3.5	3.5	2.8	1000
MU5.0	5.0	4.0	1200
MU7.5	7.5	6.0	1200
			1300
MU10.0	10.0	8.0	1200
			1400

2. 轻集料混凝土小型空心砌块的应用

相较于普通混凝土空心小砌块，轻集料混凝土小型空心砌块显著展现了其轻质、优异的保温隔热性能以及卓越的耐火性。此类砌块广泛应用于非承重结构的围护墙及框架结构的填充墙之中，同时，它们也适宜于构建既需承重又强调保温效果的墙体，或是专门用于保温的墙体结构，尤其在高层建筑中的填充墙和内隔墙应用上，更是展现出其无可比拟的优势。

【性能检测】

一、砌块的识别

1. 检测目的

识别砌块的种类与特点。

2. 材料准备

混凝土空心砌块、加气混凝土砌块、粉煤灰砌块、石膏砌块。

3. 检测方法

(1) 分组识别混凝土空心砌块、加气混凝土砌块、粉煤灰砌块、石膏砌块。
(2) 分析各种砌块的特点和应用范围。

二、蒸压加气混凝土砌块的检测

1. 检测目的

检测蒸压加气混凝土砌块的外观质量、尺寸偏差。

2. 量具准备

(1) 钢直尺：规格为 1000 mm，分度值为 1 mm。
(2) 角尺：规格为 630 mm×400 mm。

(3) 平尺:规格为 750 mm×40 mm。

(4) 塞尺:分度值为 0.01 mm。

(5) 深度游标卡尺:规格为 300 mm,分度值为 0.2 mm。

3. 检测方法

(1) 尺寸测量:使用钢直尺,在长度、宽度、高度的两个对应面的中部各精确测量一个尺寸,取其中绝对偏差最大的值作为最终结果,测量精度需达到 1 mm。

(2) 缺棱掉角检测:利用角尺或钢直尺,对砌块受损部分在长、宽、高三个方向上的投影尺寸进行精确测量,确保测量结果精确至 1 mm。

(3) 裂纹长度评估:通过角尺或钢直尺测量裂纹,其长度依据所在面最大的投影尺寸确定;若裂纹从一面延伸至另一面,则长度应为两个面上投影尺寸之和,测量时需精确至 1 mm。

(4) 损伤深度测定:将平尺平稳放置于砌块表面,随后使用深度游标卡尺,确保其垂直于平尺,以此测量损伤的最大深度,测量精度应达到 1 mm。

(5) 平面弯曲度检测:采用平尺、角尺结合塞尺的方法,对砌块弯曲部位的最大间隙尺寸进行测量,确保测量结果精确至 0.2 mm。

(6) 直角度检验:利用角尺和塞尺,精确测量砌块角部的最大间隙尺寸,并确保在测量过程中,砌块的两个相邻边能完全贴合于角尺的量程范围内,以达到最佳测量效果,测量结果需精确至 0.2 mm。

任务三 墙用板材的选用

【工作任务】

精确辨识各类建筑工程中应用的墙体板材,深入理解它们的结构设计特点,全面掌握每种板材的性能优势及广泛的应用领域。在此基础上,能够依据不同的工程项目需求,科学合理地选择最适合的墙体板材,以优化工程质量和效率。

【相关知识】

随着建筑工业化的不断推进以及建筑结构体系的持续创新,建筑墙用板材领域迎来了蓬勃的发展,各类轻质墙板与复合板材应运而生。这些现代化板材不仅继承了传统墙体材料的优点,更在重量、保温性能、隔声效果、防火安全性及装饰美观度等方面实现了显著提升,有效降低了空间占用,并极大地提升了施工速度与便利性。因此,积极推广与发展轻质板材已成为墙体材料革新与升级的重要趋势。

一、水泥类墙用板材

水泥类墙用板材以其卓越的力学性能和耐久性,广泛应用于建筑物的承重墙、外墙及复合外墙的外饰面。然而,这类板材因表观密度较高、抗拉强度相对不足,且在施工中大型板材易受损,故需特别注意。为满足不同使用功能的需求,特别是为了提升保温隔热性能和减轻自重,生产过程中可采取多种创新方式:如制成空心板材以减少材料用量,加入纤维材料以增强结构强度,或在水泥板上设计装饰性表面层以美化外观。

1. 预应力混凝土空心板

预应力混凝土空心墙板,采用高强度低松弛预应力钢绞线、优质水泥、砂与石作为原材料,经过精密的张拉、搅拌、挤压成型、养护、预应力放张及精确切割等工艺制成。此板材可根据具体项目需求,灵活配制泡沫聚苯乙烯保温层、外饰面层和防水层等,以实现多功能集成。

其标准尺寸范围广泛,宽度介于 500～1200 mm 之间,高度则在 120～360 mm 内,而长度则建议不超过宽度的 40 倍,以确保结构安全与施工便捷。在强度方面,该板所采用的混凝土强度等级应不低于 C30 标准;若采用轻骨料混凝土,则其强度等级亦应满足 LC30 的规范要求。此外,其外观质量必须严格遵循表 8-27 所规定的标准,以确保整体品质与美观度。

表 8-27 预应力混凝土空心板的外观质量(GB/T 14040—2007)

序号	项目		质量要求	检验方法
1	露筋	主筋	不应有	目测观察
		副筋	不宜有	
2	孔洞	任何部位	不应有	目测观察
3	蜂窝	支座预应力筋锚固部位 跨中板顶	不应有	目测观察
		其余部位	不宜有	
4	裂缝	板底裂缝 板面纵向裂缝 肋部裂缝	不应有	观察和用尺、刻度放大镜量测
		支座预应力筋挤压裂缝	不宜有	
		板面横向裂缝 板面不规则裂缝	裂缝宽度不应大于 0.1 mm	
5	板端部缺陷	混凝土疏松、夹渣或外伸主筋松动	不应有	观察、摇动外伸主筋
6	外表缺陷	板底表面	不应有	目测观察
		板顶、板侧表面	不宜有	
7	外形缺陷		不宜有	目测观察
8	外表沾污		不应有	目测观察

注:露筋指板内钢筋未被混凝土包裹而外露的缺陷;孔洞指混凝土中深度和长度均超过保护层厚度的孔穴;蜂窝指混凝土表面缺少水泥砂浆而形成石子外露的缺陷;裂缝指伸入混凝土内的缝隙;板端部缺陷指板端处混凝土疏松、夹渣或受力筋松动等缺陷;外表缺陷指板表面麻面、掉皮、起砂和漏抹等缺陷;外形缺陷指板端头不直、倾斜、缺棱掉角、棱角不直、翘曲不平、飞边、凸肋和疤瘤等缺陷;外表沾污指构件表面有油污或其他黏杂物。

预应力混凝土空心板可用于承重或非承重的内外墙板、楼面板、层面板、阳台板、雨棚等。

2. GRC 轻质隔墙板

GRC 轻质隔墙板,全称为玻璃纤维增强水泥(glass fiber reinforced cement)轻质多孔隔墙条板,是一种集现代科技与环保理念于一身的建筑材料。它是以低碱度硫铝酸盐水泥或快硬硫铝酸盐水泥作为黏结基质,耐碱玻璃纤维无捻粗纱及其网格布作为强韧骨架,珍珠岩、陶粒等轻质无机复合材料作为填充轻集料,并科学掺入粉煤灰、矿渣等外掺料,精心打造而成的空心条板。

GRC 轻质隔墙板凭借其重量轻、强度高、卓越的隔热保温性能、良好的隔声效果、不燃的安全特性以及便捷的加工安装等优势,广泛应用于各类建筑物的内隔墙及复合墙体的外墙面,成为现代建筑节能减排、提升居住品质的理想选择。

3. 纤维水泥平板

纤维水泥平板,作为建筑行业的佼佼者,其核心原料为精选纤维与优质水泥,经过特殊工艺精心制成。依据所添加纤维种类的不同,可细分为温石棉纤维水泥板与无石棉纤维水泥板两大类;而依据成型加压方式的差异,则进一步划分为纤维水泥无压板与纤维水泥压力板两种规格。

此类板材以其卓越的轻质高强特性、出色的防潮防火性能、优异的抗变形能力以及良好的可加工性,在各类建筑项目中大放异彩,尤其适用于高层建筑中对防火、防潮有严格要求的隔墙系统,以及复合外墙和内隔墙等多种应用场景,展现出强大的市场适应力和广泛的应用前景。

4. 蒸压加气混凝土板

蒸压加气混凝土板,是一种通过精心配比钙质材料(如水泥、石灰等)与硅质材料(包括砂、粉煤灰、粒化高炉矿渣等),并科学掺入发气剂及其他调节剂,历经搅拌、精细浇筑、成型及蒸压养护等复杂工序精制而成的轻质板材。

依据国家标准《蒸压加气混凝土板》(GB/T 15762—2020),根据应用部位与功能需求,该板材细分为屋面板(AAC-W)、楼板(AAC-L)、外墙板(AAC-Q)及隔墙板(AAC-G)等多个品种。其规格尺寸灵活多样,长度范围涵盖1800～6000 mm,宽度统一为600 mm,而厚度则提供75～300 mm不等的多重选择。

蒸压加气混凝土板之所以备受青睐,源于其内部密布的大量微小非连通气孔,这些气孔赋予了板材高达70%～80%的孔隙率,从而实现了自重轻、绝热性能卓越、隔声吸音效果显著等诸多优势。同时,该板材还展现出良好的耐火性能与一定的承重能力,广泛应用于钢结构、钢筋混凝土结构的工业与民用建筑中,作为外墙、内隔墙及屋面的理想材料。此外,部分产品还适用于低层或加层建筑的楼板铺设、钢梁钢柱的防火保护以及外墙保温等领域。

在施工方面,蒸压加气混凝土板更是展现出便捷高效的特点,无需吊装设备,仅凭人工即可完成安装,且施工速度快捷,效率显著提升,是我国当前广泛采用并极具发展潜力的新型建筑材料之一。

二、石膏类墙用板材

1. 纸面石膏板

纸面石膏板,作为一种以建筑石膏为核心原料,巧妙融入适量添加剂与纤维以增强板芯,再以特制高强度板纸为外护层,经过精细加工而成的板材,展现出多样化的性能分类。它涵盖了普通纸面石膏板、耐水型、耐火型以及集耐火耐水性能于一体的特殊品种。具体而言,普通纸面石膏板是通过将建筑石膏与适量纤维增强材料及外加剂混合作为芯材,并与坚韧的护面纸复合而成;若向芯材中添加防水防潮的外加剂,并选用耐水护面纸,则可生产出耐水纸面石膏板;进一步地,若加入无机耐火纤维增强材料及阻燃剂等成分,则制得耐火纸面石膏板;而耐火耐水纸面石膏板,则是在此基础上再融合耐水外加剂,并与耐水护面纸紧密黏合,形成双重防护的卓越板材。

纸面石膏板规格尺寸如下。

①长度:1500 mm、1800 mm、2100 mm、2400 mm、2440 mm、2700 mm、3000 mm、3300 mm、3600 mm、3660 mm。

②宽度:600 mm、900 mm、1200 mm、1220 mm。

③厚度:9.5 mm、12.0 mm、15.0 mm、18.0 mm、21.0 mm、25.0 mm。

按《纸面石膏板》(GB/T 9775—2008)的规定,纸面石膏板的性能指标应满足表 8-28 的要求。

表 8-28　纸面石膏板性能要求

板材厚度/mm	单位面积质量/(kg/m^2)	断裂荷载/N,不低于		吸水率	表面吸水量	遇火稳定性
		纵向	横向			
9.5	9.5	360	140	不大于10.0%(仅适用于耐水纸面石膏板和耐水耐火纸面石膏板)	不大于 160 g/m^2(仅适用于耐水纸面石膏板和耐水耐火纸面石膏板)	不小于 20 min(仅适用于耐火纸面石膏板和耐水耐火纸面石膏板)
12.0	12.0	460	180			
15.0	15.0	580	220			
18.0	18.0	700	270			
21.0	21.0	810	320			
25.0	25.0	970	380			

纸面石膏板以其质轻、卓越的防火性能、出色的隔音与保温隔热效果以及强大的加工适应性(包括可刨、可钉、可锯等特性)和施工便捷性著称,同时还具备优异的拆装性能,能有效增加使用空间。因此,它广泛应用于各类工业与民用建筑之中,特别是在高层建筑中,成为内墙构造与装饰装修的优选材料。

普通纸面石膏板适用于一般工程项目的内隔墙、墙体覆面板、天花板装饰及预制石膏板复合隔墙板的构建。然而,在厨房、卫生间等空气湿度常超过 70% 的潮湿环境中使用时,需特别采取防潮措施以保障其性能。

耐水纸面石膏板则专为相对湿度高于 75% 的极端潮湿环境设计,如浴室、厕所及盥洗室等区域的吊顶与隔墙建设。若在这些场合的板材表面进一步施加防水处理,其防潮效果将更加显著。

耐火纸面石膏板则专注于满足对防火性能有高度要求的建筑场所的需求,为这些建筑提供坚实的防火屏障。

而耐水耐火纸面石膏板,则是将耐水与耐火两大优势集于一身,专为那些既要求耐水又需具备高度防火性能的建筑空间量身定制,是建筑安全与功能性的完美结合。

2. 纤维石膏板

纤维石膏板,以优质石膏为核心原料,辅以木质刨花、玻璃纤维或纸筋等增强材料,历经铺浆、精密脱水、成型及烘干等多道工序精心打造而成。依据板材结构,可分为单层纤维石膏板(亦称均质板)与三层纤维石膏板;按用途则细分为复合板、轻质板及结构板等多种类型。其规格尺寸灵活多样,长度介于 1200～3000 mm 之间,宽度为 600～1220 mm,厚度则有 10 mm 与 12 mm 两种选择,导热系数维持在 0.18～0.19 W/(m·K) 之间,隔声效果卓越,可达 36～40 dB。

相较于纸面石膏板,纤维石膏板展现出更高的强度与更佳的安装便捷性。其板体密实坚固,耐损性强,支持开槽操作,锯切与钉钉均得心应手。同时,高密度特性赋予其良好的隔声性能,且无纸面设计大幅提升了耐火性,表面材料不易燃烧。此外,纤维石膏板还积极响应环保号召,充分利用废纸资源。然而,它也存在表观密度偏大、表面划线难度大、光滑度略显不足及价格偏高等小缺憾。尽管如此,纤维石膏板仍广泛应用于非承重墙、天棚吊顶及内墙贴面等领域。

3. 石膏空心板

石膏空心板,一种采用石膏作为胶凝材料,巧妙融入轻质材料(如膨胀珍珠岩、膨胀蛭石)及改性材料(矿渣、石灰、粉煤灰、外加剂等),通过搅拌、成型、抽芯及干燥等先进工艺制成的空心条板。其标准尺寸范围广泛,长度自 2500～3000 mm 不等,宽度则介于 500～600 mm 之间,厚度则有 60～90 mm 多种选择,常见设计包括 7 孔与 9 孔条形板材。

石膏空心板以其优异的加工性能、轻盈的自重、纯净的洁白外观以及卓越的防火与可加工性能脱颖而出。它不仅支持在板面灵活喷刷或粘贴各类饰面材料,其空心结构还便于预埋电线与管件,安装时无需龙骨,极大地简化了施工流程。因此,石膏空心板成为非承重内墙装修的理想选择。

4. 石膏刨花板

石膏刨花板,巧妙融合石膏胶凝材料的稳定性与木质刨花碎料及非木质纤维植物的增强特性,通过添加适量水分与化学缓冲剂,混合成半干性材料后压制成型。该板材完美融合了纸面石膏板与普通刨花板的优点,不仅强度高、易于加工,还兼具阻燃、防火、隔热、隔声及环保等多重优势。这些特性使得石膏刨花板成为非承重内隔墙及装饰板材基材的理想之选。

三、复合墙板

复合墙板是一种集多功能于一体的创新墙材,它通过精心设计的分层复合工艺,将不同功能的材料巧妙融合。这类墙板通常由三层结构构成:外层(面层)、中间层以及内层。

外层主要采用防水或装饰性材料,旨在提供卓越的防水性能和美观的视觉效果;中间层则选用普通混凝土或金属材料,以承受并分散来自结构主体的荷载;而内层则专注于保温功能,常采用矿棉、泡沫塑料、加气混凝土等高效保温材料制成。当前,建筑工程领域已广泛采纳各类复合板材,并取得了显著的应用成效。

1. 混凝土夹芯板

混凝土夹芯板是一种高性能板材,其设计精妙地采用了 20~30 mm 厚的钢筋混凝土作为坚固的内外表层,而在这两层之间,则填充了诸如矿渣棉、岩棉、泡沫混凝土等优质的保温材料,以实现卓越的隔热保温效果。内外两层坚固的面板之间,通过精心布置的钢筋件进行牢固连接,确保整体结构的稳定性和安全性。这种夹芯板结构灵活,适用于建筑物的内外墙装饰与保温需求,其典型构造如图 8-16 所示。

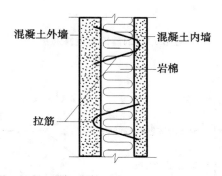

图 8-16 混凝土夹芯板

2. 钢丝网水泥夹芯板

钢丝网水泥夹芯板,这一创新板材,巧妙地将泡沫塑料、岩棉、玻璃棉等轻质高效芯材嵌入精心设计的立体钢丝网架之中,随后在施工现场喷抹水泥砂浆,最终凝固成轻质而坚固的板材。尽管市场上钢丝网夹芯板材的名称繁多,如泰柏板、钢丝网架夹芯板、GY 板、舒乐合板、3D 板、万力板等,它们虽名称各异,但基本结构却殊途同归,共同展现了其独特的魅力。图 8-17 展示了其结构示意图,直观展现了其构造之美。钢丝网水泥夹芯板以其轻质高强、防火防潮、防震隔声、隔热保温以及卓越的耐久性著称,同时施工便捷,广泛应用于建筑物的墙板、屋面板及各类保温板领域。

3. 轻型夹芯板

轻型夹芯板,作为现代建筑材料的佼佼者,采用轻质保温隔热材料作为核心层,两侧则精心黏附上轻质高强的薄板作为内外表层。外层薄板选材广泛,包括但不限于彩色镀锌钢板、不锈钢板、铝合金板等,赋予板材时尚美观的外观;夹层材料则多选用聚苯乙烯、岩棉等高效保温隔热材料;内层薄板则可选塑料类板材或石膏类板,以满足不同场景下的需求。图 8-18 所示为彩钢夹芯板的结构示意图,展现了其精巧的构造。轻型夹芯板以其自重轻、强度高、保温隔热性能优越、施工灵活便捷、经久耐用且支持多次拆装重复使用的特点,成为各类建筑物墙体与屋面的理想选择。

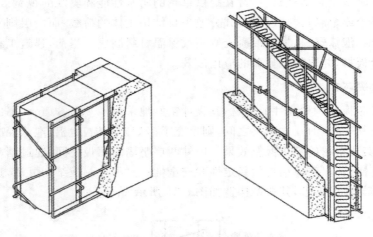

图 8-17 钢丝网水泥夹芯板

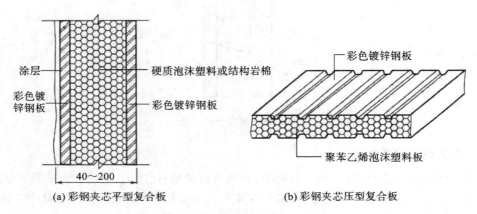

(a) 彩钢夹芯平型复合板　　(b) 彩钢夹芯压型复合板

图 8-18 彩钢夹芯板的结构示意图

【性能检测】

板材的识别。

一、检测目的

识别板材的种类与特点。

二、材料准备

纸面石膏板、纤维石膏板、石膏空心板、石膏刨花板、预应力混凝土空心板、GRC 轻质隔墙板、蒸压加气混凝土板、水泥刨花板、混凝土夹芯板、钢丝网水泥夹芯板、彩钢夹芯板等建筑工程墙体用板材。

三、检测方法

（1）分组识别纸面石膏板、纤维石膏板、石膏空心板、石膏刨花板、预应力混凝土空心板、GRC轻质隔墙板、蒸压加气混凝土板、水泥刨花板、混凝土夹芯板、钢丝网水泥夹芯板、彩钢夹芯板。

（2）分析各种墙体板材的特点和应用范围。

【课堂小结】

砌墙砖主要划分为烧结砖与非烧结砖两大类别。烧结砖系列涵盖了烧结普通砖、烧结多孔砖及烧结空心砖，它们以高强度、卓越耐久性、易获取的原材料、简便的生产工艺以及亲民的价格而著称。然而，受限于较低的生产效率与对土地资源的显著消耗，烧结砖的生产与使用正面临逐步被限制乃至禁止的趋势。反观非烧结砖，其种类繁多，以灰砂砖、粉煤灰砖、炉渣砖等为代表，这些砖材同样展现出高强度特性，能够完全替代普通烧结砖应用于广泛的工业与民用建筑之中，但需注意避免在急剧温度变化或腐蚀性介质环境中使用。

在砌块领域，蒸压加气混凝土砌块、普通混凝土小型空心砌块及粉煤灰砌块等是常见之选。其中，蒸压加气混凝土砌块尤为突出，凭借其轻质、卓越的保温隔热性能、施工便捷性，以及可锯、刨、钉的灵活性，已成为工业与民用建筑，特别是高层框架结构非承重隔墙的首选材料。

墙用板材方面，水泥类板材、石膏类板材与复合墙板共同构成了多样化的选择。随着建筑行业的蓬勃发展，复合类板材以其轻质高强、耐久性好、施工效率高等显著优势，加之集保温、隔热、吸音、防水、装饰等多功能于一体，赢得了市场的广泛青睐与推崇。

【课堂测试】

一、名词解释

1.蒸压粉煤灰砖；2.泛霜；3.非烧结砖；4.欠火砖。

二、填空题

1.目前所用的墙体材料有_____、_____和_____三大类。

2.烧结普通砖的外形为_____，其标准尺寸为_____。

3.煤渣砖按其抗压强度和抗折强度分为_____、_____、_____、_____四个强度级别。

4.常用的复合墙板主要由_____、_____及_____组成。

三、选择题

1.下面不是加气混凝土砌块特点的是（　　）。

A.轻质　　　　　　　　　　　B.保温隔热

C. 抗冻性强　　　　　　　　D. 韧性好
2. 烧结普通砖评定强度等级的依据是（　　）。
A. 抗压强度的平均值　　　　B. 抗折强度的平均值
C. 抗压强度的单块最小值　　D. 抗折强度的单块最小值
3. 利用空心砖、工业废渣砖等，可以（　　）。
A. 大幅提高产量　　　　　　B. 保护农田
C. 节省能源　　　　　　　　D. 提高施工效率
4. 黏土砖在砌墙前要浇水润湿，其目的是（　　）。
A. 把砖冲洗干净　　　　　　B. 保证砌筑砂浆的稠度
C. 增加砂浆与砖的黏结力　　D. 减少收缩

四、判断题

1. 欠火砖吸水率大，过火砖吸水率小，一般吸水率能达到 20% 以上。（　　）
2. 加气混凝土砌块适用于低层建筑的承重墙、多层建筑的间隔墙和高层框架结构的填充墙，也可用于一般工业建筑的围护墙。（　　）
3. 烧结多孔砖和烧结空心砖都可作为承重墙体材料。（　　）
4. 凡是孔洞率大于 15% 的砖称为空心砖。烧结空心砖主要用于非承重的填充墙和隔墙。（　　）

五、问答题

1. 简要叙述烧结普通砖的强度等级是如何确定的。
2. 采用烧结空心砖有何优越性？烧结多孔砖和烧结空心砖，在外形、性能和应用等方面有何不同？
3. 简述粉煤灰砌块的组成、性能及应用。
4. 蒸压加气混凝土砌块的强度、体积密度、产品等级是怎样划分的？其主要技术要求有哪些？
5. 墙板是如何分类的？什么是复合墙板？复合外墙板有哪些品种？分别适用的范围是什么？
6. 为何要限制烧结黏土砖的使用？简述墙体材料改革的重大意义及发展方向。你所在的地区采用了哪些新型墙体材料？它们与烧结普通黏土砖相比有何优越性？

模块九　建筑钢材的检测与选用

【知识目标】
1. 精准掌握建筑钢材的定义、细致分类及其对应的牌号；
2. 深入理解钢材化学成分如何影响钢材性质，并熟悉钢材锈蚀现象及其有效控制策略；
3. 全面掌握钢筋混凝土结构用钢与钢结构用钢的种类、牌号，以及它们的进场验收流程、复检标准、取样方法及检测报告编制等关键知识；
4. 精通建筑钢材的主要力学性能、工艺性能及其在实际工程中的应用。

【能力目标】
1. 能够准确识别并区分钢结构用钢与钢筋混凝土结构用钢的各类牌号；
2. 能够依据工程项目具体特点，科学合理地选择适用的钢材品种及牌号；
3. 能够独立完成钢材的进场验收工作，并按照规范进行取样送检；
4. 能够依据相关标准对建筑钢材进行全面质量检测，并准确无误地填写试验报告；
5. 能够依据检测结果及相关指标，准确判定钢材质量是否合格。

【素质目标】
1. 具备本行业所需的建筑钢材相关理论知识与实操技能，达到行业要求的标准；
2. 能够熟练运用现行建筑钢材标准，有效分析并解决工程实际中的钢材应用难题；
3. 展现出良好的团队协作能力，以及面对挑战时坚持不懈、吃苦耐劳的职业精神。

【案例引入】
　　重庆，这座镶嵌于连绵群山之中的城市，素有"山城"之美誉。得益于其独特的地理位置，桥梁不仅是连接重庆各区域不可或缺的交通动脉，更成为这座城市独具魅力的风景线，其变迁历程深刻映照着重庆日新月异的发展轨迹。在重庆市内，桥梁星罗棋布，见证了城市的繁荣与成长。随着经济的蓬勃发展，传统桥梁已难以满足城市快速扩张的需求。据重庆市住房和城乡建设委员会权威发布，至2020年底，重庆中心城区已傲然矗立起30座雄伟的跨江大桥，彰显着城市的勃勃生机与无限潜力。

　　细细观察，不难发现，这些现代桥梁与传统桥梁之间存在着显著的差异，其中最为显著的一点便是大量采用了混凝土与钢材作为建筑材料。钢材，作为建筑领域的关键材料，其重要性不言而喻。为了满足多样化的建筑结构设计需求，钢材的研发不断精进，衍生出了众多规格型号。因此，深入理解钢材的基本性能，熟悉其常见规格，并根据建筑设计要求精准选用合适的钢材，便成为本模块内容的核心使命。

　　建筑钢材的范畴广泛，涵盖了用于钢结构的各类型材(诸如圆钢、角钢、槽钢、工字钢等)、钢板，以及专用于钢筋混凝土结构的钢筋、钢丝等，它们在建筑工程中扮演着举足轻重的角色。

一、生铁和钢

生铁是钢材制造不可或缺的基础原料。钢与生铁，同属于铁碳合金家族，其核心差异在于碳含量的多寡，具体以 2.06% 的碳含量为分界线：低于此值的称为钢，高于此值的则定义为生铁。生铁的炼制过程涉及将铁矿石、焦炭及石灰石（作为助熔剂）按比例投入炼铁高炉中，通过高温环境，焦炭中的碳与铁矿石中的氧化铁发生剧烈的化学反应，促使铁与氧分离，实现铁的还原，同时伴随一氧化碳和二氧化碳气体的炉顶排放。这一过程产出的铁碳合金，其碳含量普遍介于 2.06%～6.67% 之间，且富含磷、硫等杂质元素，因此被归类为生铁。由于高碳含量及杂质影响，生铁表现出硬而脆、缺乏塑性与韧性等特性，综合性能欠佳，故在建筑领域应用有限。

为了优化生铁的性能，获得力学性能更为优异的铁碳合金，需进一步对生铁进行精炼。鉴于生铁中的杂质在高温下对氧具有较强的亲和力，可采用氧化法促使这些杂质转化为固体或气体氧化物，从而与铁有效分离，实现生铁的提纯。炼钢过程中，将生铁置于炼钢炉内，并通入足量氧气，在高温作用下，部分碳与氧结合生成一氧化碳气体逸出，其余杂质则转化为固体氧化物并随炉渣排出。这一过程不仅将铁的含碳量降至 2.06% 以下，还显著减少了磷、硫等杂质的含量至可接受范围内，最终得到的铁碳合金即为钢，此精炼过程即为炼钢。

二、钢材的分类

钢水经过脱氧处理后浇铸形成钢锭，在随后的冷却固化过程中，由于钢中某些元素在液相铁中的溶解度高于固相，这些元素倾向于向凝固较晚的钢锭中心聚集，进而造成钢锭截面上化学成分分布不均，此现象被称为化学偏析，其中磷、硫等元素的偏析尤为显著，对钢材质量构成显著影响。

根据脱氧程度、化学成分和用途的不同可以将钢材进行分类。

1. 钢材按照脱氧程度分类

在炼钢工艺中，通过向钢水中通入氧气以降低碳、硫、磷等元素的含量，但此过程会产生大量 FeO 及气泡，对钢材质量造成不利影响，如增加微观组织缺陷，以及引发热脆和冷脆倾向。因此，在完成除碳及杂质元素后，还需进行深度脱氧处理。常用的方法是在钢水中添加脱氧剂，如锰铁、硅铁、铝等，它们能与 FeO 反应，生成氧化锰、二氧化硅及三氧化二铝等氧化物并随炉渣排出，从而实现氧与铁的分离。脱氧剂的效能各异，导致钢液的脱氧程度有所不同，据此可将钢材分为以下几类：

1）沸腾钢（F）

此类钢脱氧不完全，仅采用弱脱氧剂如锰铁，脱氧过程中虽生成氧化锰，但同时产生的氧化铁在浇注时会与钢中碳反应生成一氧化碳气体，导致钢锭剧烈沸腾，故名沸腾钢。其特点为碳及有害杂质磷、硫偏析严重，含气泡多，因此致密度、冲击韧性及焊接性能较差，尤其低温冲击韧性显著降低。然而，由于成本较低，沸腾钢曾广泛应用于非关键性建筑结构中，但近年来其产量已逐渐减少，逐渐被镇静钢所取代。

2) 镇静钢(Z)

采用锰铁、硅铁及铝锭等多种脱氧剂联合作用,实现高效脱氧,氧含量可降至极低水平(通常不超过 0.01%,常见范围为 0.002%~0.003%),浇注时钢液平稳流入模具,无沸腾现象,故得名镇静钢。此类钢有害氧化物杂质含量少,氮多以氮化物形式存在,组织致密度高、气泡少、偏析程度低,各项力学性能优于沸腾钢,适用于承受冲击荷载或其他重要结构。

3) 半镇静钢(b)

其脱氧程度和质量介于沸腾钢与镇静钢之间,综合性能良好,代号为"b"。

4) 特殊镇静钢(TZ)

脱氧程度最为彻底,质量最优,适用于极端重要的结构工程,代号为"TZ"。

2. 钢材按照化学成分分类

钢材依据其化学成分的不同,可划分为碳素钢与合金钢两大类。碳素钢进一步细分为低碳钢(含碳量低于 0.25%)、中碳钢(含碳量介于 0.25%~0.60%之间)以及高碳钢(含碳量超过 0.60%)。而合金钢则根据合金元素的总量进行区分,包括低合金钢(合金元素总量小于 5%)、中合金钢(合金元素总量在 5%~10%之间)以及高合金钢(合金元素总量超过 10%)。

从杂质含量的角度,钢材又可被归类为普通碳素钢(其含硫量在 0.045%~0.050%之间,含磷量不超过 0.045%)、优质碳素钢(含硫量低于 0.035%,含磷量亦低于 0.035%)、高级优质钢(含硫量与含磷量均低于 0.025%)以及特级优质钢(含硫量低于 0.015%,含磷量严格控制在 0.025%以下)。值得注意的是,高级优质钢的钢号后常附加"高"字或"A"以示区别,特级优质钢则在其钢号后加"E"进行标识。

在建筑领域,最为常用的钢材种类主要包括普通碳素钢中的低碳钢,以及合金钢系列中的低合金高强度结构钢。这些钢材以其优异的性能,满足了建筑行业的多样化需求。

3. 钢材按照用途分类

1) 结构钢

结构钢是建筑工程中不可或缺的关键材料,广泛应用于钢结构和钢筋混凝土结构的构建。它细分为两大类:一类是专为工程结构设计的钢材,包括建筑用钢及特定用途钢(如船舶制造、桥梁建设、锅炉制造等领域所需的钢材);另一类则是机械零件用钢,涵盖了掺碳钢、调质钢、弹簧钢、轴承钢等多种类型,以满足机械部件的高性能要求。

2) 工具钢

工具钢以其卓越的性能,在制造各类切削刀具、精密量具及模具等工业工具中发挥着核心作用,确保了工具的高耐用性和精准度。

3) 特殊性能钢

特殊性能钢是针对特定物理、化学性质需求而设计的钢材,包括但不限于不锈钢(具有优异的抗腐蚀性能)、耐热钢(能在高温环境下保持稳定性能)、耐磨钢(增强材料的耐磨性)以及电工用钢(满足电气工程特定要求的钢材)。

钢材以其质地均匀、密实度高、强度卓越、塑性和抗冲击韧性优良等特点,成为建筑施工中极易加工且适应多种连接方式(如焊接、铆接)的理想材料。然而,钢材的生产过程能耗较高,成本相对较大,同时在潮湿环境下易受腐蚀,耐火性能也需特别关注。依据建筑工程项目材料质量控制的标准要求,对进入施工现场的钢筋必须进行严格的材质复试,主要检测项目包括屈服强度、抗拉强度、伸长率及冷弯性能,以确保其满足工程使用标准。

任务一　建筑钢材的性能检测

【工作任务】

依据相关国家标准的规定,检测入场钢材的技术性能,并据此评定其质量等级。建筑钢材的技术性能主要涵盖力学性能和工艺性能两大方面,这两大性能是选择钢材种类及评估其质量优劣的关键依据。

其中,力学性能作为钢材最为核心的使用性能,包括拉伸性能、冲击韧性、耐疲劳性和硬度等多个关键指标。特别是拉伸性能,它是衡量钢材适用性的重要标志。依据《金属材料 拉伸试验 第 1 部分:室温试验方法》(GB/T 228.1—2021)的标准流程,我们通过实施拉伸试验,精确测定钢材的屈服强度、抗拉强度及伸长率,并据此绘制应力-应变曲线图,直观展现钢材在受力过程中的行为特性,最终依据这些数据科学评定钢材的强度等级。

此外,钢材的工艺性能同样不容忽视,它直接关系到钢材的加工难易程度及使用效果。工艺性能主要包括冷弯性能和焊接性能。针对冷弯性能的检测,我们遵循《金属材料 弯曲试验方法》(GB/T 232—2010)的标准操作,对钢材进行冷弯试验,以此评估钢材在弯曲过程中的变形能力及可加工性,同时有效揭示其潜在缺陷。

【相关知识】

一、力学性能

1. 抗拉性能

抗拉性能是钢材的关键特性之一。当钢材受到拉伸力时,其内部会产生应力,并伴随尺寸上的变化,这一现象被称为应变。应力和应变之间存在明确的对应关系,这种关系可通过应力-应变曲线来直观地表示。以低碳钢为例,其应力-应变曲线如图 9-1 所示,该图清晰地描绘了钢材在受力过程中尺寸变化的规律,并可将此曲线细分为以下四个阶段:

1)弹性阶段

在图 9-1 中,线段 OA 呈现为直线,表明在此阶段内应力与应变成正比关系。若此时撤销拉力,试件能够完全恢复原始形状,不留任何残余形变,这一阶段因此被称为弹性阶段(elastic stage),对应图中的 OA 段。弹性阶段的终点 A 点所对应的应力值被定义为弹性极限,通常用 σ_p 表示。OA 段的斜率则称为弹性模量,记作 E,它等于该段应力与应变的比值,且为常数,即 $E=\sigma/\varepsilon=\tan\alpha$,单位常用 MPa 表示。弹性模量不仅体现了钢材的刚度,即产生单位弹性变形所需的外力大小,从宏观角度看,它是衡量物体抵抗弹性变形能力的重要参数;而从微观层面分析,它则反映了原子、离子或分子间键合的强度。因此,弹性模量是计算钢材在受力状态下结构变形不可或缺的关键指标。

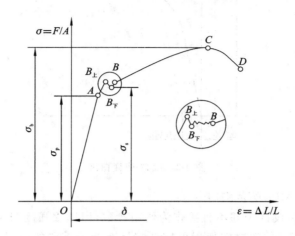

图 9-1　低碳钢受拉的应力-应变曲线

2) 屈服阶段

一旦应力超越了弹性极限,应变的增长速度便开始超过应力的增长,直至应力达到 $B_上$ 点(上屈服点)时,钢材对进一步变形的抵抗能力显著减弱,变形急剧增加,这种变形在撤去外力后无法恢复,称为塑性变形。此时,应力-应变曲线呈现锯齿状波动,即在不增加外力的情况下,变形仍持续增大,此现象即为屈服,对应的阶段称为屈服阶段(yield stage),对应于图 9-1 中的 AB 段。

在屈服阶段,锯齿状曲线的最高点对应的应力被称为上屈服点($B_上$),而波动过程中的最低点对应的应力则称为下屈服点($B_下$)。由于 $B_下$ 点相对稳定且易于测量,因此通常将 $B_下$ 点对应的应力值作为钢材的屈服强度,用 σ_s 表示,单位为 MPa。当钢材所受应力达到屈服强度后,其变形会迅速增加,尽管此时尚未发生断裂,但已无法满足正常使用要求,因此在结构设计中,屈服强度常被用作确定许用应力的关键依据。

以常用碳素结构钢 Q275 为例,其屈服强度通常超过 275 MPa。

对于硬钢,如中碳钢和高碳钢,由于其抗拉强度高且塑性变形小,在受拉时其应力-应变曲线与低碳钢存在显著差异,往往不表现出明显的屈服现象,因此无法直接测定屈服点。为此,相关规范规定以产生 0.2% 残余变形时的应力值作为屈服极限的替代指标,这一值被称为条件屈服点,用 $\sigma_{0.2}$ 表示,如图 9-2 所示。

3) 强化阶段

当钢材经历屈服阶段达到一定程度后,由于其微观组织内部发生了一系列变化(如晶格畸变、位错重排等),钢材抵抗进一步变形的能力再次得到提升。在图 9-1 中,这一过程表现为曲线自 $B_下$ 点起持续上升至最高点 C 点,此阶段被命名为强化阶段(strengthening stage),对应于图 9-1 中的 BC 段。C 点所对应的应力值即为抗拉强度,通常用 σ_b 表示,单位为 MPa,它代表了钢材所能承受的最大拉应力。对于常用的低碳钢而言,其抗拉强度

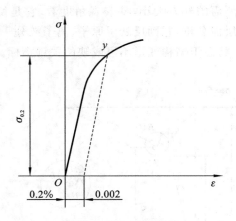

图 9-2 应力-应变曲线

一般位于 375～500 MPa 的范围内。

尽管抗拉强度在设计中并不直接作为使用参数,但屈服强度与抗拉强度之间的比值 σ_s/σ_b(屈强比)对于评估钢材的使用可靠性却具有至关重要的意义。屈强比越小,通常意味着结构在承受外力时具有更高的安全裕量,即防止结构突然破坏的潜力更大。然而,过小的屈强比也可能导致钢材强度的利用率偏低,从而造成材料资源的浪费。因此,一个合理的屈强比范围通常被设定在 0.60～0.75 之间。但值得注意的是,在针对一、二、三级抗震等级设计的框架和斜撑构件(包括梯段)中,若采用 HRB335E、HRB400E、HRB500E、HRBF335E、HRBF400E 或 HRBF500E 等型号的纵向受力普通钢筋,其实测的屈强比应严格控制在不大于 0.8 的范围内,以确保结构的抗震性能和安全可靠性。

4)颈缩阶段

当应力达到最高点 C 点后,试件薄弱处的截面面积将显著减小,塑性变形急剧增加,而钢材承载能力明显下降,产生"颈缩现象"(见图 9-3),直到钢材断裂,此阶段称为颈缩阶段(necking stage)。

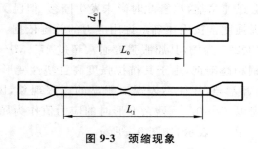

图 9-3 颈缩现象

将拉断的试件按原有位置于断裂处拼接,测其断后标距长度 L_1(单位为 mm)。断后标距 L_1 与原始标距 L_0 的差值,即试件的伸长量 ΔL 占原始标距 L_0(单位为 mm)的百分率,称为伸长率,以 δ 表示。即:

$$\delta = \frac{L_1 - L_0}{L_0} = \frac{\Delta L}{L_0} \times 100\% \tag{9-1}$$

伸长率是衡量钢材塑性好坏的重要技术指标,伸长率越大,表明钢材的塑性越好,反之越差。通常钢材以 δ_5 和 δ_{10} 分别表示 $L_0=5d_0$ 和 $L_0=10d_0$ 时的伸长率。

钢材的塑性也可以用其断面收缩率 ψ 表示,即:

$$\psi = \frac{A_0 - A_1}{A_0} \times 100\% \tag{9-2}$$

式中:A_0 和 A_1——试件拉伸前后的断面面积。

2. 冲击韧性

冲击韧性是衡量材料在遭受冲击载荷时,其吸收塑性变形能量与断裂能量能力的一个关键指标,它深刻反映了材料内部细微缺陷的敏感度及其抵抗冲击破坏的性能。冲击韧性的量化评估基于标准试件在摆锤打击至破坏后,其缺口处单位截面积上所消耗的功(单位:J),这一数值即定义为钢材的冲击韧性值,通常表示为 α_k(单位:J/cm²)。

试验采用的标准试样规格为 10 mm×10 mm×55 mm,并特制有 V 形缺口,具体形状如图 9-4(a)所示。在试验准备阶段,需将带有 V 形缺口的金属试样按照图 9-4(b)所示的方式稳妥地安置于冲击试验机上。随后,通过摆锤从试件缺口背面进行冲击,使试件在承受冲击力的作用下发生断裂,整个试验过程如图 9-4 所示。

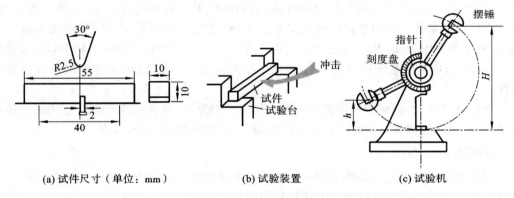

(a) 试件尺寸(单位:mm)　　(b) 试验装置　　(c) 试验机

图 9-4　冲击韧性试验

冲击韧性值等于冲击吸收功与试样缺口底部处横截面面积之比,即

$$\alpha_k = \frac{A_k}{A} \tag{9-3}$$

式中:A——试样缺口处的截面积,cm²;

A_k——冲击吸收功,指具有一定形状和尺寸的金属试样在冲击负荷作用下折断时所吸收的功,J。

显然,A_k(或 α_k)值越大,表示冲断时所吸收的功越多,钢材的冲击韧性越好。

影响钢材冲击韧性的因素错综复杂,包括钢材的化学成分、组织状态、冶炼及轧制质量等,均对冲击韧性值 α_k 产生显著影响。具体而言,钢中杂质元素如磷、硫含量偏高会引发偏析现象、增加非金属夹杂物,并在生产加工过程中可能形成微裂纹,这些都会极大地削弱钢材的冲击韧性。同时,钢材的冲击韧性还高度依赖于环境温度的变化。试验数据揭示,在温度初步下降时,冲击韧性的降低相对平缓,然而,一旦达到某个特定温度区间,冲击韧性会急剧下滑,导致钢材脆性急剧增强,此现象被称为钢材的冷脆性,该特定温度则被称为冷脆转化温度。冷脆转化温度越低,意味着钢材在低温条件下的冲击性能越优异。值得注意的是,钢材中的碳含量是调控冷脆转化温度的关键因素,碳含量越高,冷脆转化温度随之上升,进而降低了材料在低温下的冲击韧性。

鉴于低温冲击韧性测量的复杂性和重要性,相关规范中常将−20 ℃或−40 ℃下的负温冲击值作为评估钢材低温冲击性能的关键指标。

此外,钢材的组织结构、冶炼方法、加工工艺等多种因素也对其冲击韧性产生深远影响。因此,在钢材使用前,必须严格依据设计要求和使用环境,遵循相关规范标准,对钢材进行冲击韧性检验,以确保其性能符合特定应用的需求。

3. 耐疲劳性

在交变荷载的反复作用下,钢材有可能在远低于其抗拉强度的应力水平下突然发生断裂,这种破坏模式被称为疲劳破坏,其特性通过疲劳强度(亦称疲劳极限)来量化描述。疲劳强度具体是指在疲劳试验中,材料能够承受的、在特定交变应力下,经过规定周期而不发生疲劳破坏的最大应力值。

进行疲劳强度测定时,需根据结构的实际使用条件来选定合适的应力循环类型(如拉-拉循环、拉-压循环等),确定应力特征值(即最小应力与最大应力之比,又称应力比 P)以及设定周期基数。以钢筋的疲劳极限测定为例,通常采用的是应力幅值变化的拉应力循环;对于非预应力筋,其应力比 P 通常设定在 0.1~0.8 之间,而预应力筋则设定在 0.7~0.85 之间;周期基数则设定为不低于 200 万次或 400 万次,以确保测试的充分性和可靠性。

普遍观点认为,钢材的疲劳破坏主要由拉应力引发,且钢材的疲劳强度与其抗拉强度之间存在关联,通常而言,抗拉强度较高的钢材,其疲劳强度也相对较高。

4. 硬度

钢材的硬度是衡量其表面局部体积内抵抗外部物体压入并产生塑性变形能力的一个重要指标。常用的钢材硬度测定方法包括布氏硬度法和洛氏硬度法。

布氏硬度法的测定原理基于使用直径为 $D(\text{mm})$ 的淬火钢球,在规定的荷载 $F(\text{N})$ 作用下压入试件表面,经过设定的时间后卸载,形成直径为 $d(\text{mm})$ 的压痕。随后,通过计算压痕表面积 $A(\text{mm}^2)$ 与所用荷载 F 的比值,得出的应力值即为试件的布氏硬度值(HB),该值以数字形式表示,无须附加单位。HB 值的大小直接反映了钢材的硬度,数值越高,表示钢材越硬。图 9-5 直观地展示了布氏硬度测定的过程与原理。

另一方面,洛氏硬度法则通过测量压头压入试件表面的深度来评估材料的硬度。洛氏法的一个显著特点是压痕极小,这一特性使得它特别适合用于评估机械零件热处理后的硬度变化,从而判断热处理效果的好坏。

二、工艺性能

1. 冷弯性能

金属在常温条件下抵抗弯曲变形而不发生破坏的能力,被称为冷弯性能,这是建筑钢

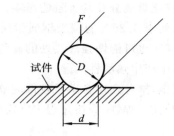

图 9-5　布氏硬度试验原理图

材不可或缺的一项关键工艺特性,对钢筋的加工过程具有重大意义。冷弯性能的优劣通常通过弯曲角度 α(外角)或弯心直径 d 与材料厚度 a 的比值(d/a)来衡量。具体而言,当 α 值增大或 d/a 比值减小时,意味着材料的冷弯性能更为优越,如图 9-6 所示。

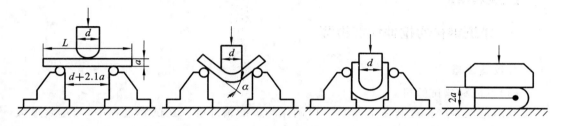

图 9-6　钢材的冷弯性能示意图

在钢的技术标准体系中,针对不同牌号的钢材,均明确规定了其冷弯性能的指标要求。在常温环境下,需按照规定的弯心直径和弯曲角度对钢筋进行弯曲测试。检测过程中,需仔细观察两根弯曲钢筋的外表面,确保无裂纹、断裂或起层等缺陷出现,方可判定该钢筋的冷弯性能为合格。反之,若发现上述任一现象,则判定其冷弯性能不合格。

一般而言,伸长率较高的钢材往往具备较好的冷弯性能。然而,值得注意的是,与拉伸试验相比,冷弯试验对钢材施加了更为严苛的条件,因此更能有效揭露钢材内部可能存在的气孔、杂质、裂纹、偏析等缺陷。此外,冷弯试验还能在焊接工艺中发挥作用,帮助识别局部脆性以及焊接接头质量的潜在问题。因此,钢材的冷弯性能不仅是评估其质量的重要指标之一,更是确保焊接质量不可或缺的一环。综上所述,钢材的冷弯性能必须严格符合标准,以确保其在实际应用中的可靠性和安全性。

2. 焊接性能

焊接是连接钢结构、钢板、钢筋及预埋件的主要技术手段,在建筑工程中,超过 90% 的钢结构构件采用焊接方式构建。焊接质量的高低,直接取决于所采用的焊接工艺、焊接材料以及钢材本身的焊接性能。

钢材的可焊性,是衡量其是否易于通过常规焊接方法与工艺进行连接的重要属性。优质的可焊性意味着钢材能够轻松适应一般焊接技术,焊接接口处不易产生裂纹、气孔、夹渣等缺陷;同时,焊接后的钢材在力学性能上,特别是强度方面,应不低于原材,且表现出较低的硬脆倾向。

钢材的可焊性优劣,深受其化学成分及其含量的影响。具体而言,高含碳量会增加焊接接头的硬脆性,因此,含碳量低于0.25%的碳素钢通常展现出良好的可焊性。此外,合金元素的加入,如硅、锰、钒、钛等,也可能增强焊接处的硬脆性,从而降低可焊性;特别地,硫元素的存在会导致焊接过程中产生热脆性问题。

针对工程中的焊接结构用钢,推荐选用含碳量较低的氧气转炉或平炉生产的镇静钢。对于高碳钢及合金钢,为了提升其可焊性,焊接过程中常需采取焊前预热及焊后热处理等辅助措施。

在钢筋焊接作业中,还需特别注意以下几点:冷拉钢筋的焊接应在冷拉工艺之前进行;焊接前,必须彻底清除焊接部位的铁锈、熔渣、油污等杂质;同时,应尽量避免将不同国家生产的进口钢筋,或进口钢筋与国产钢筋直接进行焊接,以减少潜在的质量风险。

【性能检测】

一、建筑钢材的拉伸性能检测

1. 仪器设备

(1)万能材料试验机。

其示值误差严格控制在1%以内,以确保测试的精准度。在试验过程中,当达到最大荷载时,推荐将指针维持在第三象限(即180°~270°之间),或者确保数显系统显示的破坏荷载位于量程的50%~75%之间,这样的操作不仅保障了设备的安全运行,也确保了测试结果的准确性和有效性。此外,该试验机的测力系统需严格遵循GB/T 16825.1—2022标准进行定期校核,且其精度应达到或优于1级标准,以进一步确保测试数据的可靠性。

(2)游标卡尺。

游标卡尺的测量精度为0.1 mm,如图9-7所示。

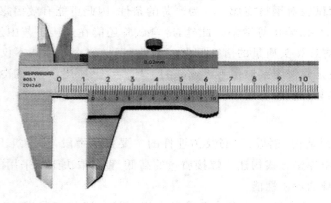

图 9-7 游标卡尺

(3)直钢尺、两脚扎规、打点机等。

2. 试样准备

(1)从每批已通过外观质量和尺寸检验的钢筋中,随机抽取两根,随后在每根钢筋距离其端部 50 cm 的位置截取适当长度的样本作为试验试样。

(2)对于直径在 8～40 mm 范围内的钢筋,通常无须进行车削加工。然而,若受限于试验机的承载能力,直径为 22～40 mm 的钢筋则需经过车削加工以制成试件,以确保测试的顺利进行。

(3)在试件表面,使用钢筋沿其轴线方向划出一条直线。随后,在这条直线上通过冲制浅眼或划线的方式明确标出标距的端点(即标点)。进一步地,沿标距长度用油漆细致地划分出十等分点,并标记分隔标点。对标距长度 L_0 的测量需精确到 0.1 mm。一般而言,长试件的长度设定为 10 倍于钢筋原始直径 d_0 加上 200 mm;而短试件的长度则为 5 倍于 d_0 加上 200 mm。此外,试件的具体长度也可参照图 9-8 所示的标准进行确定。

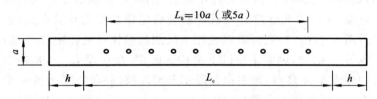

图 9-8 钢筋拉伸试件

L_0—标距长度;a—试件原始直径;h—夹头长度;L_c—试件平行长度(不小于 L_0+a)

(4)测量标距长度(精确至 0.1 mm),采用如图 9-8 所示的钢筋拉伸试件,计算钢筋强度用截面积采用如表 9-1 所示公称横截面积。

表 9-1　钢筋的公称横截面积(GB/T 1499.2—2018)

公称直径/mm	公称横截面积/mm²	公称直径/mm	公称横截面积/mm²
8	50.27	22	380.1
10	78.54	25	490.9
12	113.1	28	615.8
13	153.9	32	804.2
16	201.1	36	1018
18	254.5	40	1257
20	313.2	50	1964

3. 检测步骤

(1)启动万能试验机后,请确保回油阀与送油阀均处于关闭状态。

(2)请在试验机配套的操作面板上,完整填写试验类型、试件的具体尺寸以及编号等相关信息。

(3)将试件稳固地安装在试验机的夹头之中。随后,开启送油阀,并启动试验机以执行拉伸操作。在此过程中,可以通过调整送油量来精确控制拉伸的速度。在试件屈服之前,应严格按照表 9-2 的规定来控制应力增加的速度,并确保试验机控制器锁定在这一速率上,直至成功测定出所需的性能速率;而当试件屈服后,或仅需测定其抗拉强度时,试验机活动夹头在荷载作用下的移动速度应控制在每分钟不大于 $0.5L_c$(其中 L_c 代表试件的平行长度)。

表 9-2 屈服前的加载速度(GB/T 228.1—2010)

金属材料的弹性模量/MPa	应力速度/[N/(mm²·s)]	
	最小	最大
<150000	1	10
>150000	3	30

(4)持续对试件施加荷载,直至其完全断裂,随后由万能试验机自动生成并出具相关的力学性能数据。

(5)将已断裂的试件两段在断裂处仔细对齐,力求使其轴线尽量保持在一条直线上。若断裂处出现缝隙,则应将此缝隙纳入试件断裂后标距长度的计算范围内。若断裂点到邻近标距点的距离大于 $L_0/3$,则可直接使用卡尺测量被拉长的标距长度 L_1(mm)。反之,若该距离小于或等于 $L_0/3$,则需采用以下位移法确定:在长段 L_1 上,从断裂点起,选取与短段相等数量的刻度作为 B 点,再根据长段剩余刻度数(偶数情况如图 9-9(a)所示)的一半找到 C 点;若剩余刻度数为奇数(如图 9-9(b)所示),则取剩余刻度数减 1 与加 1 的平均值来分别确定 C 与 C_1 点。移位后的 L_1 应分别计算为 $AO+OB+2BC$(偶数情况)或 $AO+OB+BC+BC_1$(奇数情况)。若直接测量所得的伸长率已满足技术条件的规定值,则无须采用移位法。值得注意的是,若试件在标距端点或标距范围内断裂,则该试验结果将被视为无效,需重新进行试验。

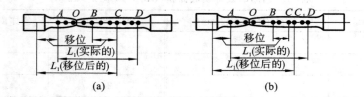

图 9-9 试件断裂后标距部分长度用位移法确定

4. 结果整理

1)屈服强度

$$\sigma_s = \frac{F_s}{A} \tag{9-4}$$

式中:σ_s——屈服强度,MPa;
F_s——屈服点荷载,N;
A——试件的公称横截面积,mm^2。

当 σ_s>1000 MPa 时,应计算至 10 MPa;当 σ_s 为 200~1000 MPa 时,计算至 5 MPa;当 σ_s≤200 MPa 时,计算至 1 MPa,小数点后数字按"四舍六入五成双法"处理。

2) 极限抗拉强度

$$\sigma_b = \frac{F_b}{A} \tag{9-5}$$

式中：σ_b ——抗拉强度，MPa；

F_b ——最大荷载，N；

A ——试件的公称横截面积，mm^2。

3) 断后伸长率（精确至 1%）

$$\sigma_{10}(\sigma_5) = \frac{L_1 - L_0}{L_0} \times 100\% \tag{9-6}$$

式中：σ_{10}，σ_5 ——分别表示 $L_0 = 10d_0$ 或 $L_0 = 5d_0$ 时的伸长率；

L_0 ——原标距长度 $10d_0$（或 $5d_0$），mm；

L_1 ——试件拉断后直接量出或按位移法确定的标距部分长度，mm（测量精确至 0.1 mm）。

二、钢材的冷弯性能检测

1. 仪器设备

采用压力机或万能试验机，并配备多种直径的弯心，以满足不同测试需求。

2. 试样准备

钢筋冷弯试件严禁进行车削加工。试样的长度通常依据以下公式确定（其中 a 代表试件的原始直径）：

$$L = 5a + 150 \tag{9-7}$$

当试件直径超过 35 mm 且超出试验机能量允许范围时，应将试件加工至直径为 25 mm，加工过程中需保留一侧的原始表面。在进行弯曲试验时，应确保加工后的圆表面位于弯曲的外侧。

3. 检测步骤

1) 半导向弯曲

将试样的一端固定，随后绕指定直径的弯心进行弯曲，如图 9-10(a) 所示。继续弯曲至达到规定的弯曲角度，或试样出现裂纹、裂缝乃至断裂为止。

2) 导向弯曲

将试样稳妥地放置于两个支点之上，随后在试样两支点之间施加一个具有特定直径的弯心，并施加压力，使试样逐渐弯曲至规定的角度[如图 9-10(b) 所示]，或直至试样出现裂纹、裂缝乃至断裂。

试样在两个支点上依据特定的弯心直径弯曲至两臂完全平行时，可选择一次性完成试验流程，或先将其弯曲至如图 9-10(b) 所示的状态，随后将其置于试验机平板间继续施加压力，直至试样两臂再次达到平行状态。在此过程中，可加入与弯心直径相匹配尺寸的衬垫进行试验，如图 9-10(c) 所示。

若试验要求试样弯曲至两臂相互接触，则需先将试样弯曲至图 9-10(b) 所示状态，随

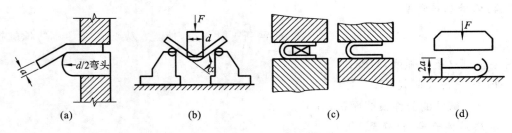

图 9-10 弯曲试验示意图

后将其安放于两平板之间并继续施加压力,直至两臂紧密接触,如图 9-10(d)所示。

试验过程中,应确保在平稳的压力环境下,缓慢而均匀地施加试验压力。两支辊之间的距离应严格控制在$(d+2.5a)\pm0.5d$的范围内,且在试验全程中不得有任何变化。

此外,试验应在 10~35 ℃的温度范围内进行,或在更为精确的控制条件下,即 23 ℃±5 ℃的环境中进行。

4. 结果整理

在试样完成弯曲试验后,需严格按照相关标准的规定,对试样的弯曲表面进行细致检查,以进行结果的综合评定。若检查结果显示试样表面无裂纹、裂缝或任何形式的断裂现象,则依据标准判定该试样为合格。

任务二 钢材的冷加工强化与处理

【工作任务】

冷加工强化技术,是在常温条件下对钢材实施的一种特殊处理方式,通过施加超过其屈服强度但尚未触及抗拉强度的应力来实现。在建筑行业中,这一技术广泛应用于钢材的预处理,具体形式包括冷拉、冷拔、冷轧以及刻痕等工艺。冷加工能够有效提升钢材的屈服强度(同时保持其抗拉强度不变),从而在材料使用上实现钢筋的节约与高效利用。然而,这一强化过程也伴随着钢材塑性和韧性的相应降低。值得注意的是,冷加工导致的变形程度与钢材塑韧性损失之间存在一定的正相关性,即变形越大,塑韧性损失也越显著。此外,冷加工还具备额外的实用功能,如能够对钢材进行调直处理,并有效去除其表面的锈蚀,进一步提升钢材的清洁度和使用性能。

【相关知识】

一、钢材的冷加工

冷加工强化(cold-working strengthening)处理是指将钢材在常温下进行冷拉、冷拔或冷轧。

1. 冷拉

冷拉是一种通过专用冷拉设备对热轧钢筋进行张拉，使其产生塑性变形并伸长的技术。此过程显著提升了钢材的屈服强度，增幅可达20%～30%，同时伴随着屈服阶段的缩短、伸长率的降低以及冲击韧性的减弱，使得钢材整体材质变得更加坚硬。

2. 冷拔

冷拔则是将光圆钢筋强行通过硬质合金拔丝模孔进行拉拔的过程，如图9-11所示。在冷拔过程中，钢筋不仅受到拉应力的作用，还同时承受压应力的影响，这使得冷拔的效果相较于单纯的冷拉更为显著。经过一次或多次冷拔处理的钢筋，其表面光洁度显著提升，尺寸精度也更为精确。同时，屈服强度可大幅提高40%～60%，但塑性则显著降低，赋予了钢筋类似硬钢的物理特性。

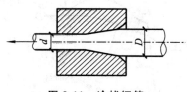

图9-11 冷拔钢筋

3. 冷轧

冷轧是一种利用冷轧机将圆钢轧制成具有规则断面形状的钢筋的生产过程。此工艺不仅能有效提升钢筋的强度，还能显著增强其与混凝土之间的握裹力，确保结构的稳固性。

冷加工强化技术对于提升钢材的经济效益具有显著作用。经过冷加工处理的钢材，其性能得到优化，使得在钢筋混凝土结构设计中，可以适当减小设计截面或降低混凝土中的配筋数量，从而达到节约钢材资源、降低整体建设成本的目的。然而，值得注意的是，冷拔钢丝虽然强度较高，但其屈服强度与抗拉强度的比值（屈强比）也较大，这在一定程度上可能减少了结构的安全储备，因此在设计和使用过程中需要予以充分考虑。

二、时效处理

冷加工后的钢材，在常温环境下静置一段时间后，会经历一种自然现象——时效。此时，钢材的强度和硬度会逐渐提升，而塑性和韧性则相应减弱。这种随时间推移，材料性能自然发生变化的过程，即被称为时效。若此过程在自然条件下自发完成，则称为自然时效，通常需将冷加工钢材在常温下静置15～20 d，以促进内部应力的释放及部分合金相的形成，从而提升钢材强度。尽管自然时效成本低廉，但其耗时较长，经济性相对较低，更适用于强度要求不高的钢材。

为加速这一过程，可通过人工手段进行干预，如加热和保温处理，这被称为人工时效。对于高强度钢材，自然时效效果有限，此时可采用人工时效，即将冷加工后的钢材加热至100～200 ℃并保温1～2 h，以显著提升其强度和硬度。值得注意的是，无论是自然时效还是人工时效，其基本原理相同，主要区别在于是否涉及人为控制因素。

钢材时效处理后的应力与应变关系如图9-12所示。在常温下,将钢材拉伸至超过屈服强度但低于抗拉强度的某一应力点(如 K 点)后卸载,此时试件已发生塑性变形,应力-应变曲线将沿 KO_1 下降,KO_1 段大致与原始曲线 AO 平行。若不进行时效处理直接再次拉伸,则关系线为 O_1KCD,显示屈服强度已从 A 点提升至 K 点。然而,若在 K 点卸载后进行时效处理再拉伸,则关系线变为 $O_1K_1C_1D_1$,如图9-12所示,冷拉时效后钢材的屈服强度和抗拉强度均有所提升,但伴随而来的是塑性和韧性的降低。

在建筑工程中,常利用冷加工后的时效作用来增强钢筋强度,以达到节约钢材的目的。然而,对于承受动态荷载或长期处于中温环境的钢结构(如桥梁、吊车梁、钢轨、锅炉等),为避免因脆性增加而导致的突然断裂风险,应选用时效敏感性较低的钢材。

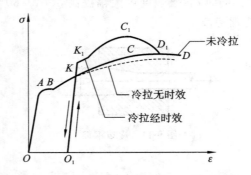

图9-12 钢材经时效处理后的应力-应变图的变化

三、钢材的防锈处理

1. 钢材的锈蚀

钢材的锈蚀,是一种由钢材表面与周围环境介质发生化学反应所引发的破坏过程。这一过程对钢材的性能造成了深远影响,主要集中于钢材的表面,随着腐蚀的逐渐深入,钢材的有效截面积以及与混凝土之间的有效黏结面积均会显著减小,进而严重威胁到钢筋混凝土结构的整体稳定性和可靠性。此外,锈蚀所形成的蚀坑及微观缺陷还会在钢结构内部引发局部应力集中现象,从而加速结构的破坏进程。在冲击荷载或循环交变荷载的作用下,钢材还可能出现锈蚀疲劳,导致疲劳强度大幅下降,甚至引发脆性断裂等严重后果。

基于钢材表面与周围介质相互作用的差异,锈蚀现象可分为以下两大类别:

1)化学锈蚀

化学锈蚀是指钢材直接与周围环境介质发生化学反应而产生的锈蚀现象。这种锈蚀过程主要源于氧化作用,导致钢材表面形成一层疏松的氧化物。在常温条件下,钢材表面会自发地生成一层主要由 FeO 构成的氧化保护膜,然而,由于该膜层结构松散且易破裂,因此无法有效隔绝腐蚀介质与钢材基体的进一步接触,从而使得锈蚀范围不断扩大并加深。在干燥环境中,锈蚀进程相对缓慢,钢材的腐蚀程度较低;而在温度较高、湿度较大的环境条件下,化学锈蚀的发展速度则会明显加快。

2)电化学锈蚀

电化学锈蚀则是由钢材表面形成的原电池作用所引发的锈蚀现象。由于钢材内部含有铁、碳等多种成分,且这些成分的电极电位存在显著差异,因此在钢材表面会自然形成众多微小的原电池。在潮湿的空气中,钢材表面会覆盖一层薄薄的水膜。在这一电化学环境中,阳极区的铁会被氧化成 Fe^{2+} 离子并进入水膜中,同时,由于水中溶解了来自空气中的氧气,在阴极区氧气会被还原为 OH^- 离子。这两者在一定条件下结合生成不溶于水的 $Fe(OH)_2$,并进而被氧化为疏松且易剥落的红棕色铁锈 $Fe(OH)_3$。

2. 锈蚀的预防措施

1)保护层法

在钢材表面施加保护层,以隔绝其与周围环境的直接接触,是防止锈蚀的有效手段。保护层可细分为金属保护层与非金属保护层两大类别。金属保护层采用电镀或喷镀技术,将耐腐蚀性能优异的金属(如锌、锡、铬等)覆盖于钢材表面,形成一层坚固的防护屏障。而非金属保护层则利用有机或无机材料,如涂刷各类防锈涂料、应用塑料保护膜、沥青涂层及搪瓷保护层等,这些方法实施简便,但需注意其耐久性可能相对有限。

2)合金化法

钢材的化学成分对其耐锈蚀性能具有显著影响。通过向钢中加入特定的合金元素,如铬、镍、钛、铜等,可以显著提高其耐锈蚀能力,从而制成不锈钢等高性能材料。这种方法从根本上改善了钢材的耐蚀性,是长期有效的防锈策略。

3)混凝土配筋防锈措施

针对混凝土配筋的防锈问题,需综合考虑结构特性、使用环境条件及混凝土质量要求等多方面因素。在混凝土制作过程中,应严格控制水灰比和水泥用量,加强施工管理,确保混凝土的密实性,以有效阻止锈蚀介质的渗透。同时,应确保钢筋保护层具有足够的厚度,并限制氯盐外加剂的掺入量,以避免对钢筋造成腐蚀。此外,还可考虑在混凝土中掺加防锈剂,以进一步提升钢筋的防锈能力。

【性能检测】

1. 仪器设备

采用高精度万能材料试验机作为核心测试设备。

2. 试样制备

严格遵循标准取样方法,从两根长钢筋中各截取三段,共计六段。随后,按照钢筋拉力试验的标准流程,制备出六根相同规格的试件,并分别进行编号与分组,确保每组包含来自不同长钢筋的一根试件,共形成三组试件以待测试。

3. 实施步骤

(1)对第一组试件执行拉伸试验,过程中详细记录并绘制应力-应变曲线,试验方法同标准钢筋拉伸试验。利用两根试件的试验结果,通过算术平均法计算出钢筋的屈服强度 σ_s、抗拉强度 σ_b 及伸长率 δ。

(2)对第二组试件实施特定拉伸,即拉伸至伸长率达到预设的10%(大致相当于高出上屈服点 3 kN 处),随后以相同速度卸载至零负荷,并立即以相同速率重新拉伸至断裂。

整个过程中绘制应力-应变曲线。依据两根试件的第二次拉伸结果,计算冷拉后钢筋的屈服强度 σ_{sl}、抗拉强度 σ_{bl} 及伸长率 δ_l 的算术平均值。

(3)第三组试件初步拉伸至 10% 伸长率后卸载,随后将其置于烘箱中,以 110 ℃ 恒温加热 4 h,或选择电炉以 250 ℃ 恒温加热 1 h,冷却至室温后再次进行拉伸试验,同样记录并绘制应力-应变曲线。通过两根试件的试验数据,计算出冷拉时效后钢筋的屈服强度 σ'_{sl}、抗拉强度 σ'_{bl} 及伸长率 δ'_l 的算术平均值。

4. 结果整理与评定

(1)通过对比冷拉后与未经冷拉的两组钢筋的应力-应变曲线,量化评估冷拉处理对钢筋屈服点、抗拉强度及伸长率的影响变化率。

(2)进一步对比冷拉时效处理与未冷拉处理的两组钢筋的应力-应变曲线,分析冷拉时效处理对钢筋性能参数(屈服点、抗拉强度、伸长率)的具体影响变化率。

(3)结合拉伸与冷弯试验的结果,依据相关标准规定,对钢筋的等级进行准确评定。

(4)深入剖析一般拉伸试验与冷拉或冷拉时效处理后钢筋力学性能的差异,并绘制直观的应力-应变曲线图,以便全面理解各处理阶段对钢筋性能的影响。

任务三 建筑钢材的选用

【工作任务】

根据建筑工程的具体设计需求及使用环境特征,科学合理地选择建筑钢材。同时,需深入了解并熟悉建筑工程中常用的钢结构用钢材以及钢筋混凝土用钢材的名称、关键性能参数及其广泛的应用领域。

【相关知识】

在建筑结构的构建中,广泛采用的钢结构用钢材、钢筋混凝土中的钢筋与钢丝,均是通过碳素结构钢与低合金结构钢的精密轧制工艺加工而成,确保了材料的高强度与优异的性能表现。

一、碳素结构钢

碳素结构钢,亦被广泛称为普通碳素结构钢,其相关规格与化学成分在国家标准《碳素结构钢》(GB/T 700—2006)中得到了明确界定。

1. 牌号命名规则

依据该标准,我国碳素结构钢被划分为四个主要牌号:Q195、Q215、Q235 及 Q275。每个牌号下,根据钢材的质量(主要受硫、磷含量影响)进一步细分为 A、B、C、D 四个质量等级。碳素结构钢的牌号构成遵循特定格式,即由代表屈服强度的字母"Q"、屈服强度的具体数值、质量等级符号(A、B、C、D 四级)以及脱氧方法符号(F 代表沸腾钢,Z 代表镇静钢,TZ 代表特殊镇静钢,其中 Z 和 TZ 可省略)等部分按顺序组合而成。例如,Q215-AF 表示屈服强度为 215 MPa 的 A 级沸腾钢;Q235-B 则代表屈服强度为 235 MPa 的 B 级镇静钢。

2. 技术规格与要求

普通碳素结构钢的技术要求涵盖了牌号与化学成分、冶炼工艺、交货状态、力学性能及表面质量等五大方面。冶炼过程中,通常采用氧气转炉或电炉作为冶炼设备,而交货状态则多为热轧、控轧或正火处理后的状态。

钢材的牌号和化学成分需严格遵循表 9-3 中的规定;同时,其力学性能及冷弯性能也必须符合表 9-4 和表 9-5 的相应标准。特别指出,使用 Q195 和 Q235-B 级沸腾钢轧制的钢材,其厚度(或直径)应控制在 25 mm 以内。在进行冲击试验时,冲击吸收功值依据三个试样的算术平均值计算,允许其中一个试样的单个值低于规定值的 70%。而在进行拉伸和冷弯性能试验时,型钢和钢棒需沿纵向取样,钢板和钢带则沿横向取样。值得注意的是,钢板和钢带的断后伸长率允许较表 9-4 中的规定值降低 2%;对于宽度受限的窄钢带,若横向取样不可行,可改取纵向试样。

表 9-3 碳素结构钢的牌号和化学成分(GB/T 700—2006)

牌号	统一数字代号[①]	等级	厚度或直径/mm	脱氧方法	化学成分的质量分数/(%),不大于				
					C	Mn	Si	S	P
Q195	U11952	—	—	F、Z	0.12	0.50	0.30	0.040	0.035
Q215	U12152	A	—	F、Z	0.15	1.20	0.35	0.050	0.045
	U12155	B						0.045	
Q235	U12352	A		F、Z	0.22	1.40	0.35	0.050	0.045
	U12355	B			0.20[②]			0.045	
	U12358	C		Z	0.17			0.040	0.040
	U12359	D		TZ				0.035	0.035
Q275	U12752	A	—	F、Z	0.24	1.50	0.35	0.050	0.045
	U12755	B	≤40	Z	0.21			0.045	0.045
			>40		0.22				
	U12758	C	—	Z	0.20			0.040	0.040
	U12759	D		TZ				0.035	0.035

注:①表中为镇静钢、特殊镇静钢牌号的统一数字,沸腾钢牌号的统一数字代号如下:
Q195F—U11950;
Q215AF—U12150,Q215BF—U12153;
Q235AF—U12350,Q235BF—U12353;
Q275AF—U12750。
②经需方同意,Q235B 的碳含量可不大于 0.22%。

表 9-4 碳素结构钢的力学性能(GB/T 700—2006)

牌号	等级	屈服强度① R_{eH}/(N/mm²),不小于						抗拉强度② R_m/ (N/mm²)	断后伸长率 A/(%),不小于					冲击试验(V形缺口)	
		厚度(或直径)/mm							厚度(或直径)/mm					温度/℃	冲击吸收功(纵向)/J,不小于
		≤16	>16~40	>40~60	>60~100	>100~150	>150~200		≤40	>40~60	>60~100	>100~150	>150~200		
Q195	—	195	185	—	—	—	—	315~430	33	32	—	—	—	—	—
Q215	A	215	205	195	185	175	165	335~450	31	30	29	27	26	—	—
	B													20	27
Q235	A	235	225	215	215	195	185	370~500	26	25	24	22	21	—	—
	B													20	27③
	C													0	
	D													−20	
Q275	A	275	265	255	245	225	215	410~540	22	21	20	18	17	—	—
	B													20	27
	C													0	
	D													−20	

注:①Q195 的屈服强度值仅供参考,不作交货条件。
②厚度大于 100 mm 的钢材,抗拉强度下限允许降低 20 N/mm²。宽带钢(包括剪切钢板)抗拉强度上限不作交货条件。
③厚度小于 25 mm 的 Q235B 级钢材,如供方能保证冲击吸收功值合格,经需方同意,可不做检验。

表 9-5 碳素结构钢的冷弯性能(GB/T 700-2006)

牌号	试样方向	冷弯试验 180°, $B=2a$①	
		钢材厚度(或直径)②/mm	
		≤60	>60~100
		弯心直径 d/mm	
Q195	纵	0	—
	横	0.5a	
Q215	纵	0.5a	1.5a
	横	a	2a

续表

牌号	试样方向	冷弯试验180°，$B=2a$①	
		钢材厚度（或直径）②/mm	
		≤60	>60~100
		弯心直径 d/mm	
Q235	纵	a	$2a$
	横	$1.5a$	$2.5a$
Q275	纵	$1.5a$	$2.5a$
	横	$2a$	$3a$

注：① B 为试样宽度，a 为试样厚度（或直径）。
② 钢材厚度（或直径）大于 100 mm 时，弯曲试验由双方协商确定。

3. 普通碳素结构钢的性能特点与广泛用途

碳素结构钢的牌号序列与含碳量的递增相对应，其屈服强度与抗拉强度亦随之提升，而伸长率及冷弯性能则呈下降趋势。此类钢材的质量等级直接关联于钢中硫、磷等有害元素的含量，硫、磷含量越低，钢材质量越优，具体表现为可焊性和低温冲击韧性的显著提升。

1）Q195 钢

Q195 钢以其较低的强度为特点，却在塑性、韧性、加工性以及焊接性方面表现出色。因此，它广泛应用于轧制薄板、盘条、屋面板、铆钉、低碳钢丝、拉杆、吊钩、支架及焊接结构等领域。

2）Q215 钢

Q215 钢的强度略高于 Q195 钢，其用途大致相同，同样适用于轧制薄板和盘条的生产，此外还大量用作管坯和螺栓的制造。

3）Q235 钢

Q235 钢作为低碳钢的一种，其含碳量精准控制在 0.17%～0.22% 之间。该钢种不仅强度较高，还兼具优异的塑性、韧性及焊接性，综合性能卓越。它常被加工成盘条、钢筋，以及圆钢、角钢、工字钢等多种型钢，广泛应用于钢结构与钢筋混凝土结构的构建中。

4）Q275 钢

Q275 钢以其高强度、高硬度及良好的耐磨性著称，但在塑性、韧性、加工性能及焊接性方面表现欠佳，因此不推荐在结构件中直接使用。相反，它更适用于铆接、螺栓连接的结构体以及机械零件的加工制造。

二、优质碳素结构钢

根据国家标准《优质碳素结构钢》（GB/T 699—2015）的规定，优质碳素结构钢的钢号由两位数字构成，这代表其平均含碳量的万分数。若钢材中锰含量较高，则需在钢号后附加"Mn"以示区别。值得注意的是，在最新的国家标准中，已正式废除了对沸腾钢的标注，因此所有钢号后均不再出现"F"标识。例如，45Mn 即代表一种含碳量介于 0.42%～

0.50%,且含锰量在 0.70%～1.00%之间的优质碳素结构钢。

优质碳素结构钢采用平炉、氧气转炉或电弧炉进行精炼,脱氧处理达到镇静钢标准,确保了产品质量的稳定性。生产过程中,对硫、磷等有害杂质的控制极为严格,要求硫含量不超过 0.035%,磷含量亦不超过 0.035%。此类钢材的性能主要受含碳量影响,含碳量增加会提升钢材的强度,但同时也会降低其塑性和韧性。

在土木工程领域,优质碳素结构钢扮演着关键角色,主要用于制造重要结构的钢铸件及高强螺栓,其中 30～45 号钢尤为常用。在预应力钢筋混凝土结构中,它常被选作锚具材料,特别是 45 号钢。而对于碳素钢丝、刻痕钢丝及钢绞线的生产,则更倾向于使用 65～80 号钢,以满足更高的强度要求。

三、低合金高强度结构钢

在普通碳素钢的基础上,通过添加总量不超过 5%的一种或多种合金元素(如锰、硅、钒、钛、铬、镍及稀土元素等),制得的结构钢被统称为低合金高强度结构钢。这些合金元素的加入旨在显著提升钢材的强度、耐腐蚀性、耐磨性及耐低温冲击韧性,因而该类钢材具备卓越的综合性能,被广泛应用于大跨度、需承受动态荷载的各类结构中,同时实现了钢材的有效节约。

低合金高强度结构钢均源自镇静钢或特殊镇静钢的精炼过程,其牌号表示法遵循《低合金高强度结构钢》(GB/T 1591—2018)标准,与普通碳素结构钢相似,但更具特色。牌号构成包括代表屈服强度的字母"Q"、具体的屈服点数值(如 355、390、420、460 等四种)、交货状态代号以及反映质量等级(按硫、磷等有害元素含量递减排序,分为 B、C、D、E、F 五个等级)的符号,四部分依序排列而成。这样的命名体系既体现了钢材的核心性能参数,也便于用户根据实际需求进行选材。

四、常见钢材品种

1. 钢筋

1)热轧钢筋

热轧钢筋包括热轧光圆钢筋和热轧带肋钢筋。

热轧光圆钢筋是通过热轧工艺加工成型,其横截面普遍呈现为圆形,且表面经过处理,显得光滑细腻,最终制成为成品钢筋。这些成品钢筋根据形态可分为直条型和盘卷型两种。热轧光圆钢筋牌号的构成及其含义详见表 9-6。

表 9-6 热轧光圆钢筋牌号的构成及其含义(GB/T 1499.1—2017)

产品名称	牌号	牌号构成	英文字母含义
热轧光圆钢筋	HPB300	由 HPB+屈服强度特征值构成	HPB——热轧光圆钢筋的英文(hot rolled plain bars)缩写

热轧光圆钢筋的公称直径为 6 mm、8 mm、10 mm、12 mm、14 mm、16 mm、18 mm、20 mm、22 mm,通常理论质量按密度为 7.85 g/cm³ 计算。按盘卷交货的钢筋,每根盘条重量

应不小于 500 kg,每盘重量应不小于 1000 kg。

热轧光圆钢筋的公称横截面面积与理论重量应符合表 9-7 的规定。

表 9-7　热轧光圆钢筋的公称横截面面积与理论重量(GB/T 1499.1—2017)

公称直径/mm	公称横截面面积/mm²	理论重量/(kg/m)
6	28.27	0.222
8	50.27	0.395
10	78.54	0.617
12	113.1	0.888
14	153.9	1.21
16	201.1	1.58
18	254.5	2.00
20	314.2	2.47
22	380.1	2.98

注:表中理论重量按密度为 7.85 g/cm³ 计算。

热轧光圆钢筋的力学性能应符合表 9-8 的规定。

表 9-8　热轧光圆钢筋的力学性能特征值(GB/T 1499.1—2017)

牌号	下屈服强度 R_{eL}/MPa	抗拉强度 R_m/MPa	断后伸长率 A/(%)	最大力总延伸率 A_{gt}/(%)	冷弯试验 180°
	不小于				
HPB300	300	420	25	10.0	$d=a$

注:d——弯芯直径;a——钢筋公称直径。

热轧带肋钢筋的横截面通常设计为圆形,其显著特征是表面带有月牙形肋纹,专用于混凝土结构中作为增强钢材。此类钢筋涵盖了两大类别:普通热轧带肋钢筋,主要用于钢筋混凝土结构;细晶粒热轧带肋钢筋。细晶粒热轧钢筋是通过精密控制的热轧与冷却工艺制得,其内部晶粒结构达到 9 级或更细的级别,因此展现出高强度与优异的塑性性能。

依据国家标准《钢筋混凝土用钢 第 2 部分:热轧带肋钢筋》(GB/T 1499.2—2018)的相关规定,热轧带肋钢筋依据其屈服强度特征值被明确划分为 400 级、500 级及 600 级三个等级。表 9-9 详细列出了热轧带肋钢筋牌号的构成及其含义,为行业内的选材与应用提供了明确的指导。

表 9-9　热轧带肋钢筋牌号的构成及其含义(GB/T 1499.2—2018)

类别	牌号	牌号构成	英文字母含义
普通热轧钢筋	HRB400	由 HRB+屈服强度特征值构成	HRB——热轧带肋钢筋的英文(hot rolled ribbed bars)缩写。E——"地震"的英文(earthquake)首位字母
	HRB500		
	HRB600		
	HRB400E	由 HRB+屈服强度特征值+E 构成	
	HRB500E		

续表

类别	牌号	牌号构成	英文字母含义
细晶粒热轧钢筋	HRBF400	由 HRBF+屈服强度特征值构成	HRBF——在热轧带肋钢筋的英文缩写后加"细"的英文(fine)首位字母。 E—"地震"的英文(earthquake)首位字母
	HRBF500		
	HRBF400E	由 HRBF+屈服强度特征值+E构成	
	HRBF500E		

热轧带肋钢筋的公称直径为 6 mm、8 mm、10 mm、12 mm、14 mm、16 mm、18 mm、20 mm、22 mm、25 mm、28 mm、32 mm、36 mm、40 mm、50 mm。表 9-10 为热轧带肋钢筋的公称横截面面积与理论重量,通常理论质量按密度为 7.85 kg/m³ 计算。热轧带肋钢筋通常带有纵肋,也可不带纵肋。带有纵肋的月牙肋钢筋,其外形如图 9-13 所示。

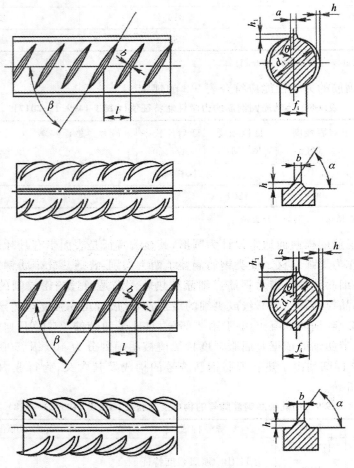

图 9-13 月牙肋钢筋(带纵肋)表面及截面形状

d_1—钢筋内径;a—横肋斜角;h—横肋高度;β—横肋与轴线夹角;
h_1—纵肋高度;θ—纵肋斜角;a—纵肋顶宽;l—横肋间距;b—横肋顶宽;f_i—横肋末端间隙

表 9-10 热轧带肋钢筋的公称横截面面积与理论重量(GB/T 1499.2—2018)

公称直径/mm	公称横截面面积/mm²	理论重量/(kg/m)
6	28.27	0.222
8	50.27	0.395
10	78.54	0.617
12	113.1	0.888
14	153.9	1.21
16	201.1	1.58
18	254.5	2.00
20	314.2	2.47
22	380.1	2.98
25	490.9	3.85
28	615.8	4.83
32	804.2	6.31
36	1018	7.99
40	1257	9.87
50	1964	15.42

热轧带肋钢筋的相关力学性能特征值应符合表 9-11 的规定。

表 9-11 热轧带肋钢筋的力学性能特征值(GB/T 1499.2—2018)

牌号	下屈服强度 R_{eL}/MPa	抗拉强度 R_m/MPa	断后伸长率 A/(%)	最大力总延伸率 A_{gt}/(%)	R_m^o/R_{eL}^o	R_{eL}^o/R_{eL}
			不小于			不大于
HRB400	400	540	16	7.5	—	—
HRBF400						
HRB400E			—	9.0	1.25	1.30
HRBF400E						
HRB500	500	630	15	7.5	—	—
HRBF500						
HRB500E			—	9.0	1.25	1.30
HRBF500E						
HRB600	600	730				

注:R_m^o 为钢筋实测抗拉强度;R_{eL}^o 为钢筋实测下屈服强度。

2)冷轧带肋钢筋

冷轧带肋钢筋,作为热轧圆盘条经冷轧工艺处理后的产品,其表面均匀分布着沿长度方向延伸的横肋,这类钢筋广泛应用于预应力混凝土、普通钢筋混凝土结构以及焊接网的制作中。

依据《冷轧带肋钢筋》(GB/T 13788—2017)国家标准,冷轧带肋钢筋依据其延性特性被细分为两类——冷轧带肋钢筋(CRB)与高延性冷轧带肋钢筋(CRB+抗拉强度特征值+H),其中C、R、B、H分别代表冷轧(cold rolled)、带肋(ribbed)、钢筋(bar)及高延性(high elongation)的英文首字母。该标准明确了CRB550、CRB650、CRB800、CRB600H、CRB680H、CRB800H六大牌号,各牌号分别适用于不同的工程需求。具体而言,CRB550与CRB600H适用于普通钢筋混凝土结构,CRB650、CRB800及CRB800H则专为预应力混凝土结构而设计,而CRB680H则兼具两者之功能,可灵活应用于两种类型的混凝土结构中。

在规格上,CRB550、CRB600H、CRB680H钢筋的公称直径覆盖了4～12 mm的广泛范围,而CRB650、CRB800及CRB800H则限定于4 mm、5 mm及6 mm三种规格。表9-12详细列出了这些冷轧带肋钢筋的力学性能及工艺性能关键指标,为工程设计与选材提供了科学依据。

表 9-12　冷轧带肋钢筋的力学性能和工艺性能指标(GB/T 13788—2017)

分类	牌号	规定塑性延伸强度 $R_{p0.2}$/MPa,不小于	抗拉强度 R_m/MPa,不小于	$R_m/R_{p0.2}$ 不小于	断后伸长率/(%),不小于		最大力总延伸率/(%),不小于	弯曲试验① 180°	反复弯曲次数	应力松弛初始应力应相当于公称抗拉强度的70% 1000 h/(%),不大于
					A	$A_{100\ mm}$	A_{gt}			
普通钢筋混凝土用	CRB550	500	550	1.05	11.0	—	2.5	$D=3d$	—	—
	CRB600H	540	600	1.05	14.0	—	5.0	$D=3d$	—	—
	CRB680H②	600	680	1.05	14.0	—	5.0	$D=3d$	4	5
预应力混凝土用	CRB650	585	650	1.05	—	4.0	2.5	—	3	8
	CRB800	720	800	1.05	—	4.0	2.5	—	3	8
	CRB800H	720	800	1.05	—	7.0	4.0	—	4	5

注:① D 为弯心直径,d 为钢筋公称直径。
② 当该牌号钢筋作为普通钢筋混凝土用钢筋使用时,对反复弯曲和应力松弛不做要求;当该牌号钢筋作为预应力混凝土用钢筋使用时应进行反复弯曲试验代替180°弯曲试验,并检测松弛率。

与热轧圆盘条相比较,冷轧带肋钢筋的强度提高了17%左右。冷轧带肋钢筋的直径范围为4～12 mm。

3) 钢筋混凝土用余热处理钢筋

钢筋混凝土用余热处理钢筋（简称"余热处理钢筋"）是通过低合金高强度结构钢热轧后迅速水冷淬火，随后利用钢材芯部余热自然完成回火工艺而制成的成品钢筋。此类钢筋表面晶粒细腻，赋予其高强度与良好塑性；内部晶粒虽相对较大，但展现出比表面更优的塑韧性能，从而确保了优异的力学性能。在保持或提升焊接性能的同时，其屈服强度约提升10%，适用于钢筋混凝土结构中的非预应力钢筋、箍筋及构造钢筋，有效节约材料并增强构件的安全可靠性。

依据《钢筋混凝土用余热处理钢筋》(GB/T 13014—2013)标准，余热处理钢筋依据屈服强度特征值划分为400级与500级，并根据用途区分为可焊型（牌号格式为：RRB+相应屈服强度特征值）与不可焊型（牌号格式为：RRB+相应屈服强度特征值+W后缀）。其直径范围广泛，涵盖8～50 mm。具体而言，RRB400与RRB500钢筋推荐的公称直径包括8 mm、10 mm、12 mm、16 mm、20 mm、25 mm、32 mm、40 mm及50 mm；而RRB400W钢筋则推荐直径为8 mm、10 mm、12 mm、16 mm、20 mm、25 mm、32 mm及40 mm。

2. 型钢

型钢作为建筑领域的关键承重构件之一，为满足多样化的建筑结构需求，已研发出丰富多样的规格型号。在钢结构中，常用的型钢种类包括工字钢、槽钢、等边角钢以及不等边角钢等，它们各自以其独特的结构特性在工程中发挥着重要作用。

在构建焊接结构时，选择具备优异焊接性能的钢材显得尤为重要，以确保结构的稳固与安全。在我国，钢结构领域广泛采用的热轧型钢主要由碳素结构钢与低合金高强度结构钢两大类构成，这两类钢材因其良好的力学性能与加工性能，成为钢结构工程中的首选材料。

常用型钢品种及相关质量要求具体如下。

1) 热轧工字钢

热轧工字钢，亦称钢梁，是一种截面呈现工字形状的长条形钢材，主要由高品质的碳素结构钢通过轧制工艺精心制成。其规格标识独特，采用"I"符号后接高度值、腿宽度值及腰厚度值的方式表示，例如I450×150×11.5（常简称为I45A），这一体系清晰明了地展现了工字钢的几何尺寸。

此外，工字钢的规格亦可通过型号来区分，型号直接对应腰高的厘米数，如16号即表示腰高约为16 cm的工字钢。值得注意的是，当腰高相同时，若存在多种不同的腿宽和腰厚组合，则会在型号右侧附加字母A、B或C以示区别，例如32A、32B、32C等，这样的命名规则极大地便利了不同规格工字钢的识别与应用。

热轧工字钢的规格范围广泛，涵盖从10号到63号不等的多个型号，充分满足了各类建筑钢结构与桥梁工程对承重构件的多样化需求。它们因优异的力学性能和良好的稳定性，被广泛应用于承受横向弯曲载荷的杆件中，成为现代建筑领域中不可或缺的重要材料。

热轧工字钢的截面图形及标注符号如图9-14所示。

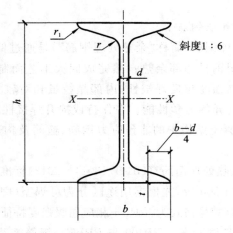

图 9-14　热轧工字钢
h—腰高度；b—腿宽度；d—腰厚度；t—平均腿厚度；r—内圆弧半径；r_1—腿端圆弧半径

2）热轧槽钢

热轧槽钢，作为一种截面呈凹槽状的长条形钢材，主要由精选的碳素结构钢通过轧制工艺精心打造而成。其规格表示方式与工字钢有异曲同工之妙，采用槽钢特有的"["符号，后接高度值、腿宽度值及腰厚度值来精确描述，例如[200×75×9（通常简称为[20B），这种表述方式直观且易于理解。

当遇到腰高相同但腿宽和腰厚有所差异的槽钢时，为了准确区分，我们会在型号右侧附加字母 a、b 或 c，如 25a、25b、25c 等，这样的命名规则确保了每种规格槽钢的清晰识别。

热轧槽钢的规格范围广泛，覆盖了从 5 号到 40 号的多个型号，为不同领域的工程应用提供了丰富的选择。在建筑钢结构、车辆制造以及桥梁建设等多个领域，槽钢都扮演着举足轻重的角色。特别是 30 号以上的槽钢，因其出色的承载能力，常被用作桥梁结构中的受拉杆件，同时也适用于工业厂房的梁、柱等关键构件的打造。

此外，槽钢与工字钢常常在工程中相互配合使用，两者优势互补，共同为各类复杂结构提供稳固的支撑与保障。

热轧槽钢的截面图形及标注符号如图 9-15 所示。

3）热轧等边角钢

热轧等边角钢，俗称角铁，是一种两侧边相互垂直、形成标准角形的长条形钢材，主要由优质的碳素结构钢经过精密轧制工艺制成。其规格表示方法独特，以"∠"符号开头，后接两个相同的边宽度值（因两边等宽）及边厚度值，例如∠200×200×24（通常简化为∠200×24），这种表示方式清晰直观。

除了上述规格表示方法外，等边角钢还可通过型号来标识，型号直接对应边宽的厘米数，如 3 号即表示边宽约为 3 cm 的角钢。然而，值得注意的是，型号并不直接反映同一型号中可能存在的不同边厚尺寸，因此在签订合同或填写相关单据时，务必确保将角钢的边宽与边厚尺寸完整、准确地填写清楚，以避免因单独使用型号表示而产生的误解或混淆。

热轧等边角钢的规格范围广泛，涵盖了从 2 号到 20 号的多个型号，以满足不同结构

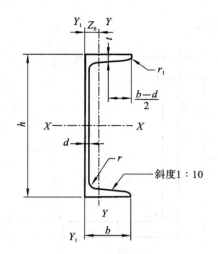

图 9-15 热轧槽钢
h—高度；b—腿宽度；d—腰厚度；t—平均腿厚度；
r—内圆弧半径；r_1—腿端圆弧半径；Z_0—YY 轴与 Y_1Y_1 轴间距

和工程的需求。它们不仅可以根据结构设计的需求灵活组合成各种受力构件，还能作为构件之间的关键连接件，其多功能性和广泛的应用领域使得等边角钢在建筑结构和工程结构领域中备受青睐。

热轧等边角钢的截面图形及标注符号如图 9-16 所示。

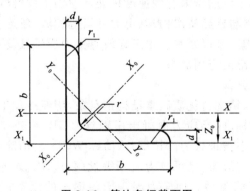

图 9-16 等边角钢截面图
b—边宽度；d—边厚度；r—内圆弧半径；r_1—边端圆弧半径

4）热轧不等边角钢

热轧不等边角钢，作为一种两边垂直相交且边长不等的热轧长条形钢材（如图 9-17 所示），其设计灵活多变，可根据不同结构需求构建多样化的受力构件，并作为构件间的连接桥梁。这种钢材广泛应用于各类建筑结构与工程结构中，包括但不限于房架支撑、桥梁构造、输电塔搭建、起重运输机械设备、船舶建造、工业炉体、反应塔框架、容器支撑架以及仓库的货物存储架等，展现了其广泛的适用性和重要性。

在规格表示上，热轧不等边角钢遵循特定格式："∠"后接长边宽度值、短边宽度值及边厚度值，例如∠160×100×16。这种表示方法既准确又便于识别，有助于在工程设计与材料采购过程中实现精准对接。

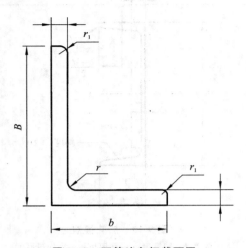

图9-17 不等边角钢截面图
B—长边宽度；b—短边宽度；d—边厚度；
r—内圆弧半径；r_1—边端圆弧半径

3. 预应力混凝土用钢丝和钢绞线

随着技术的日益成熟与施工方法及其配套机械的持续优化升级，预应力混凝土用钢丝和钢绞线的应用范围正以前所未有的速度扩展。它们不仅继续稳固地应用于传统的单层及多层房屋建设、公路与铁路桥梁构建、电力杆塔等领域，还逐步渗透到现代高层建筑、地下空间开发、高耸结构工程以及水利水工建筑等更为广泛且复杂的建筑形态之中，展现了其强大的适应性和广泛的应用潜力。

1）预应力混凝土用钢丝

预应力高强度钢丝，精选自优质碳素结构钢盘条，历经冷加工与热处理等精细工艺精心打造而成。依据国家标准《预应力混凝土用钢丝》(GB/T 5223—2014) 的明确规定，预应力钢丝依据其加工状态被细分为冷拉钢丝（简称 WCD）与消除应力钢丝（简称 WLR）两大类别；同时，根据其外观形态，又可分为光圆钢丝（代号 P）、刻痕钢丝（代号 I）以及螺旋肋钢丝（代号 H）三种不同类型。预应力混凝土用钢丝的完整标记遵循"预应力钢丝 直径-抗拉强度(MPa)-加工状态代号-外形代号-国标"的规范格式，例如，一款直径为 4.00 mm、抗拉强度达到 1670 MPa 的冷拉光圆钢丝，其标准标记应为"预应力钢丝 4.00-1670-WCD-P-GB/T 5223—2014"。

对于压力管道领域所使用的无涂（镀）层冷拉钢丝，其力学性能需严格遵循表 9-13 中的规定，其中 0.2% 屈服力 $F_{p0.2}$ 应确保不低于最大力特征值 F_m 的 75%，以确保其在高压环境下的稳定与安全。而对于经过消除应力处理的光圆、螺旋肋及刻痕钢丝，其力学性能则需满足表 9-14 中的更高要求，特别是 0.2% 屈服力 $F_{p0.2}$，应达到最大力特征值 F_m 的 88% 或以上，以充分保障其在复杂应力条件下的卓越性能与长期稳定性。

表 9-13 压力管道用冷拉钢丝的力学性能(GB/T 5223—2014)

公称直径 d_n/mm	公称抗拉强度 R_m/MPa	最大力的特征值 F_m/kN	最大力的最大值 $F_{m,max}$/kN	0.2%屈服力 $F_{p0.2}$/kN ≥	每 210 mm 扭矩的扭转次数 N	断面收缩率 Z/(%) ≥	氢脆敏感性能负载为70%最大力时,断裂时间 t/h ≥	应力松弛性能初始力为最大力70%时,1000 h应力松弛率 r/(%) ≤
4.00	1470	18.48	20.99	13.86	10	35		
5.00		28.86	32.79	21.65	10	35		
6.00		41.56	47.21	31.17	8	30		
7.00		56.57	64.27	42.42	8	30		
8.00		73.88	83.93	55.41	7	30		
4.00	1570	19.73	22.24	14.80	10	35		
5.00		30.82	34.75	23.11	10	35		
6.00		44.38	50.03	33.29	8	30		
7.00		60.41	68.11	45.31	8	30		
8.00		78.91	88.96	59.18	7	30	75	7.5
4.00	1670	20.99	23.50	15.74	10	35		
5.00		32.78	36.71	24.59	10	35		
6.00		47.21	52.86	35.41	8	30		
7.00		64.26	71.96	48.20	8	30		
8.00		83.93	93.99	62.95	6	30		
4.00	1770	22.25	24.76	16.69	10	35		
5.00		34.75	38.68	26.06	10	35		
6.00		50.04	55.69	37.53	8	30		
7.00		68.11	75.81	51.08	6	30		

表 9-14 消除应力光圆、螺旋肋、刻痕钢丝的力学性能（GB/T 5223—2014）

公称直径 d_n /mm	公称抗拉强度 R_m/MPa	最大力的特征值 F_m/kN	最大力的最大值 $F_{m,max}$/kN	0.2%屈服力 $F_{p0.2}$/kN ≥	最大总伸长率（L_0=200 mm）A_{gt}/(%) ≥	反复弯曲性能 弯曲次数/(次/180°) ≥	反复弯曲性能 弯曲半径 R/mm	应力松弛性能 初始力相当于实际最大力的百分数/(%)	应力松弛性能 1000 h 应力松弛率 r/(%) ≤
4.00	1470	18.48	20.99	16.22	3.5	3	10	70	2.5
4.80	1470	26.61	30.23	23.35	3.5	4	15	70	2.5
5.00	1470	28.86	32.78	25.32	3.5	4	15	70	2.5
6.00	1470	41.56	47.21	36.47	3.5	4	15	70	2.5
6.25	1470	45.10	51.24	39.58	3.5	4	20	70	2.5
7.00	1470	56.57	64.26	49.64	3.5	4	20	70	2.5
7.50	1470	64.94	73.78	56.99	3.5	4	20	70	2.5
8.00	1470	73.88	83.93	64.84	3.5	4	20	70	2.5
9.00	1470	93.52	106.25	82.07	3.5	4	25	70	2.5
9.50	1470	104.19	118.37	91.44	3.5	4	25	70	2.5
10.00	1470	115.45	131.16	101.32	3.5	4	25	70	2.5
11.00	1470	139.69	158.70	122.59	3.5	—	—	70	2.5
12.00	1470	166.26	188.88	145.90	3.5	—	—	70	2.5
4.00	1570	19.73	22.24	17.37	3.5	3	10	70	2.5
4.80	1570	28.41	32.03	25.00	3.5	4	15	70	2.5
5.00	1570	30.82	34.75	27.12	3.5	4	15	70	2.5
6.00	1570	44.38	50.03	39.06	3.5	4	15	70	2.5

续表

公称直径 d_n /mm	公称抗拉强度 R_m/MPa	最大力的特征值 F_m/kN	最大力的最大值 $F_{m,max}$/kN	0.2%屈服力 $F_{p0.2}$/kN	最大总伸长率(L_0=200 mm) A_{gt}/(%) ≥	反复弯曲性能 弯曲次数/(次/180°) ≥	反复弯曲性能 弯曲半径 R/mm	应力松弛性能 初始力相当于实际最大力的百分数/(%)	应力松弛性能 1000 h应力松弛率 r/(%) ≤
6.25	1570	48.17	54.31	42.39	3.5	4	20	80	4.5
7.00	1570	60.41	68.11	53.16	3.5	4	20	80	4.5
7.50	1570	69.36	78.20	61.04	3.5	4	20	80	4.5
8.00	1570	78.91	88.96	69.44	3.5	4	20	80	4.5
9.00	1570	99.88	112.60	87.89	3.5	4	25	80	4.5
9.50	1570	111.28	125.46	97.93	3.5	4	25	80	4.5
10.00	1570	123.31	139.02	108.51	3.5	4	25	80	4.5
11.00	1570	149.20	168.21	131.30	3.5	—	—	80	4.5
12.00	1570	177.57	200.19	156.26	3.5	—	—	80	4.5
4.00	1670	20.99	23.50	18.47	3.5	3	10	80	4.5
5.00	1670	32.78	36.71	28.85	3.5	4	15	80	4.5
6.00	1670	47.21	52.86	41.54	3.5	4	15	80	4.5
6.25	1670	51.24	57.38	45.09	3.5	4	20	80	4.5
7.00	1670	64.26	71.96	56.55	3.5	4	20	80	4.5
7.50	1670	73.78	82.62	64.93	3.5	4	20	80	4.5
8.00	1670	83.93	93.98	73.86	3.5	4	20	80	4.5
9.00	1670	106.25	118.97	93.50	3.5	4	25	80	4.5
4.00	1770	22.25	24.76	19.58	3.5	3	10	80	4.5
5.00	1770	34.75	38.68	30.58	3.5	4	15	80	4.5
6.00	1770	50.04	55.69	44.03	3.5	4	15	80	4.5
7.00	1770	68.11	75.81	59.94	3.5	4	20	80	4.5
7.50	1770	78.20	87.04	68.81	3.5	4	20	80	4.5
4.00	1860	23.38	25.89	20.57	3.5	3	10	80	4.5
5.00	1860	36.51	40.44	32.13	3.5	4	15	80	4.5
6.00	1860	52.58	58.23	46.27	3.5	4	15	80	4.5
7.00	1860	71.57	79.27	62.98	3.5	4	20	80	4.5

2）预应力混凝土用钢绞线

预应力混凝土所采用的钢绞线，以热轧盘条为原材料，历经冷拔工艺精细捻制而成。为确保品质卓越，捻制工序后，钢绞线需经历连续且稳定的处理过程。此类预应力钢丝与钢绞线，不仅具备高强度的特性，还展现出优异的柔韧性和稳定的质量，施工操作简便，可根据实际需求轻松截断至指定长度。它们在大荷载、大跨度及曲线配筋的预应力钢筋混凝土结构中发挥着至关重要的作用。

依据《预应力混凝土用钢绞线》(GB/T 5224—2023)标准，预应力混凝土钢绞线依据其结构特性细分为八大类，并配有相应代码：包括由两根钢丝捻成的钢绞线（1×2）、三根钢丝捻成的钢绞线（1×3）、三根刻痕钢丝捻成的钢绞线（1×3I）、七根钢丝捻制的标准型钢绞线（1×7）、六根刻痕钢丝加一根光圆中心钢丝捻制的钢绞线（1×7I）、七根钢丝捻制后再经模拔的钢绞线（1×7C）、十九根钢丝捻制的1+9+9西鲁式钢绞线（1×19S），以及采用特殊排列的十九根钢丝捻成的1+6+6/6瓦林吞式钢绞线（1×19W）。

预应力混凝土钢绞线的标记规范为："预应力钢绞线 结构代号-公称直径(mm)-抗拉强度(MPa)-国标代号"。例如，一款公称直径为21.8 mm，抗拉强度达到1860 MPa，由十九根钢丝捻制而成的西鲁式钢绞线，记作：1×19S-21.80-1860-GB/T 5224—2023。

除非客户有特别指示，钢绞线表面应保持清洁，不得附着油脂、润滑脂等杂质。轻微浮锈为可接受范围内，但严禁出现肉眼可见的锈蚀坑洞。同时，钢绞线表面可能存在的回火色亦属正常现象。

【性能检测】

1. 材料准备

各牌号普通碳素结构钢，各牌号低合金高强度结构钢；热轧光圆钢筋和带肋钢筋；预应力钢筋混凝土用热处理钢筋；冷轧带肋钢筋；预应力混凝土用钢丝和钢绞线若干。

2. 实施步骤

（1）识别建筑钢材样品的牌号。

（2）分析各牌号钢材的特点和应用范围。

【知识拓展】

本节性能检测将深入阐述的两项钢材性能评估，严格遵循国家标准《钢筋混凝土用钢 第1部分：热轧光圆钢筋》(GB/T 1499.1—2017)及《钢筋混凝土用钢 第2部分：热轧带肋钢筋》(GB/T 1499.2—2018)的规范要求进行。以下将详细解析入场验收的关键环节：

（1）对于用于钢筋混凝土的钢筋材料，必须随附出厂合格证明或详尽的试验报告。验收流程中，需进行机械性能抽样检测，涵盖拉力试验与冷弯试验两大核心项目。若任一项目未达标，则该批次钢筋将被判定为不合格品。

（2）钢筋的检验与验收采取分批进行的方式，每批由具有相同牌号、炉罐号及尺寸的钢筋组成，且每批重量通常限制在60 t以内。对于超出60 t的部分，每增加或剩余的40 t（含不足40 t的情况），需额外增加一个拉伸试验试样和一个弯曲试验试样。

（3）允许将同一牌号、冶炼方法及浇注方法但不同炉罐号的钢筋组成混合批次，但前提条件是各炉罐号之间的含碳量差异不超过0.02%，含锰量差异不超过0.15%。此类混合批的重量同样不得超过 60 t。

（4）取样方法及结果判定遵循严格规定：从每批钢筋中随机抽取两根，于每根距离端部 50 cm 处各截取一套试样（包含两根试件）。其中，一根用于拉力试验，另一根则用于冷弯试验。在拉力试验中，若任一试件的屈服强度、抗拉强度或伸长率任一指标未达标准，则需加倍取样（即四根钢筋），并重新进行试验。若复检中仍有一根试件未能满足标准要求，无论其在初次试验中表现如何，该批次钢筋的拉力试验项目均将被判定为不合格。同样地，在冷弯试验中，若首次检测有不合格试件，亦需加倍取样复检，若复检仍不合格，则冷弯试验项目亦判为不合格，整批钢筋将不予验收。此外，还需对钢筋的尺寸、表面状态等进行检查，并在发现脆断、焊接性能不佳或机械性能明显异常时，进行化学分析以进一步确认。

（5）钢筋的拉伸与弯曲试验过程中，严禁进行车削加工，且试验环境温度需控制在 10～35 ℃之间。若试验环境温度超出此范围，必须在试验记录及报告中明确注明。

【课堂小结】

钢材在建筑工程的发展中占据着举足轻重的地位。其卓越的强度、优异的塑韧性和便捷的加工装配特性，加之多样化的连接方式（主要是焊接和铆接），使得钢材不仅在建筑领域大放异彩，更在机械、医学等多个领域展现出广泛的应用前景。

建筑钢材的技术性能可细分为力学性能和工艺性能两大方面。力学性能涵盖了抗拉强度、冲击韧性、疲劳强度及硬度等关键指标；而工艺性能则主要聚焦于冷弯性能和可焊性，这两者共同决定了钢材在加工和应用中的表现。

低碳钢的拉伸破坏过程是一个复杂而有序的过程，它经历了弹性阶段、屈服阶段、强化阶段以及最终的颈缩阶段。在此过程中，伸长率和冷弯性成为衡量钢材塑性的重要标尺。值得注意的是，通过冷加工及时效处理，虽然能够显著提升钢材的强度，但其塑韧性却会相应降低。

在建筑用钢材的分类上，我们可以将其大致分为结构用型钢和钢筋混凝土用钢筋、钢丝两大类。其中，钢结构用钢材涵盖了碳素结构钢、低合金高强度结构钢等多种类型；而钢筋混凝土用钢筋则包括热轧钢筋、冷轧带肋钢筋、余热处理钢筋、预应力混凝土用钢丝及钢绞线等多种品种。在工程实践中，为了确保结构的安全与高效，我们需要根据荷载性质、结构的重要性以及使用环境等因素，科学合理地选择钢材的规格和品种。

然而，钢材也并非完美无缺，其最大的弱点在于容易生锈。钢材的锈蚀可分为化学锈蚀和电化学锈蚀两种类型。为了有效防止锈蚀，我们可以采取多种措施，如保护层法、合金化法等，以延长钢材的使用寿命，确保其性能的稳定发挥。

【课堂测试】

1. 请绘制低碳钢的应力-应变曲线，并指出钢材拉伸过程分为哪几个阶段，每个阶段的特点是什么。
2. 什么是屈强比？它在工程实践中具有什么重要意义？
3. 碳素结构钢中的 Q275-AZ、Q215-B 分别代表什么含义？
4. 什么是镇静钢和沸腾钢？它们的性能特点分别是什么？
5. 屈强比的定义是什么？屈强比在建筑结构设计中有何影响？

6. 钢材的力学性能和工艺性能分别包含哪些具体内容?
7. 钢材是如何发生锈蚀的?有哪些防止锈蚀的方法?
8. 下列哪种材料在建筑工程中通常不建议进行焊接使用?(　　)
   A. 预应力混凝土用热处理钢筋　　　　　　　B. H 型钢
   C. 热轧带肋钢筋　　　　　　　　　　　　　D. 冷弯薄壁型钢
9. 钢筋的塑性指标通常通过以下哪个参数来表示?(　　)
   A. 屈服强度　　　　　　　　　　　　　　　B. 抗压强度
   C. 伸长率　　　　　　　　　　　　　　　　D. 抗拉强度
10. 在下列建筑钢材的性能指标中,哪一项不属于拉伸性能的范畴?(　　)
    A. 屈服强度　　　　　　　　　　　　　　　B. 抗拉强度
    C. 疲劳强度　　　　　　　　　　　　　　　D. 伸长率

模块十　铝合金建筑型材的检测与选用

【知识目标】
1. 深入理解并掌握建筑铝合金的关键力学性能和工艺性能；
2. 熟练掌握建筑铝合金的分类体系及相应标准；
3. 初步了解化学成分如何影响铝合金的基本性质；
4. 概览铝合金从原料到成品的整个生产过程。

【能力目标】
1. 能够准确识别铝合金建筑型材的不同分类与牌号；
2. 能够根据具体工程项目的特点，合理选用适宜的铝合金建筑型材品种及对应牌号；
3. 熟练执行铝合金建筑型材的进场验收流程，包括取样与送检工作；
4. 能够依据相关标准，对铝合金建筑型材进行全面质量检测，并准确填写试验报告；
5. 能够依据既定指标，科学判定铝合金建筑型材的合格性。

【素质目标】
1. 具备从事铝合金建筑型材领域工作所必需的专业理论知识与实操技能；
2. 拥有运用现行铝合金建筑型材标准，有效分析并解决工程实际问题的能力；
3. 展现出良好的团队协作精神与不畏艰辛、勇于奉献的职业素养。

【案例引入】
　　铝（aluminium），以 Al 为元素符号，是一种闪耀着银白色光泽的轻质有色金属。它以其卓越的导热性、导电性和热反射性著称，同时展现出优异的延展性，便于加工与焊接。然而，纯铝因质地较软、强度有限，并不直接适用于建筑工程领域。相反，铝及其合金常被加工成棒、片、箔、粉、带及丝等多种形态，广泛应用于各类场合。

　　在潮湿环境中，铝能自然形成一层致密的氧化膜，有效抵御金属腐蚀。当铝粉暴露于空气中并受热时，会剧烈燃烧，绽放出耀眼的白光。此外，铝易溶于多种酸碱溶液，如稀硫酸、硝酸、盐酸、氢氧化钠及氢氧化钾，却难溶于水。其物理特性方面，铝的密度为 2.7 g/cm^3，熔点为 $660\ ℃$，沸点则高达 $2327\ ℃$。

　　在地壳的丰富元素中，铝的含量仅次于氧和硅，位列第三，是自然界中最为充裕的金属元素之一。得益于其轻质、优良的导电导热性、高反射率及耐氧化等特性，铝合金成为广受欢迎的材料。

> 铝合金不仅在日常生活中随处可见,其发展历程更是充满了创新与突破。2016年,中国航空工业的一大里程碑——C919大型客机成功应用了铝锂合金,这标志着中国在掌握铝锂合金核心技术方面取得了显著成就。2021年,西安交通大学卢秉恒院士团队更是凭借电弧熔丝增减材一体化制造技术,成功制造出全球首个10 m级高强铝合金重型运载火箭连接环样件,在制造工艺的稳定性、精度控制以及变形与应力管理方面均实现了前所未有的技术飞跃。展望未来,更多高性能铝合金的涌现,无疑将为各行各业的发展注入新的活力与可能。

任务一　建筑铝材的基本性能及分类

【工作任务】

在现代建筑工程项目的蓬勃发展中,铝合金建筑型材凭借其卓越的整体性能、高强度与轻质化的显著优势,赢得了广泛的应用与认可。鉴于不同应用场景对材料性能的多样化需求,铝合金的种类也随之丰富多样。本任务旨在深入解析铝合金的基本性能特性,系统阐述其常用的分类方法,并详细探讨各类合金的独特优势与特点,以期为工程实践提供有力指导。

【相关知识】

一、铝合金分类及性能

纯铝因材质偏软、强度较低,故不直接适用于建筑工程领域。为此,人们通过在纯铝中添加镁、锰、铜、硅、锌等多种元素,成功研制出铝合金。铝合金以其轻质高强及良好的延展性、加工性能和耐腐蚀性能,成为备受青睐的建筑装饰材料。

铸造铝合金的制作过程涉及将特定配比的原料熔炼后,利用砂模、铁模、熔模或压铸法等工艺直接铸造成各种零部件的毛坯。根据成分与加工方式的不同,铝合金可分为变形铝合金与铸造铝合金两大类。变形铝合金首先需将合金配料熔铸成坯锭,随后通过轧制、挤压、拉伸、锻造等塑性变形工艺,加工成多种形态的制品。

铸造铝合金展现出共晶组织的特性,在铸造过程中流动性佳,线收缩小,所铸件结构致密,裂缝形成极少,且耐腐蚀性能卓越,尤其适合制作铸造件,如重庆长江大桥桥头的春、夏、秋、冬四季塑像便是由铸造铝合金精心打造。铸造铝合金主要分为铝硅、铝铜、铝镁及铝锌合金四大系列。

变形铝合金,其合金元素含量相对较低,形成单一的固溶体组织,具备良好的塑性,能够承受各种压力加工,如锻造或挤压成型,进而加工成多种形态与规格的铝合金材料。这类材料在航空器材制造及建筑门窗等领域有着广泛应用。特别地,铝合金建筑型材中,6系铝合金占据了重要地位。

关于变形铝合金的分类,方法多样。目前,全球大多数国家普遍采用以下三种分类方式:

1. 按合金状态图及热处理特性分类

铝合金可划分为热处理非强化型和热处理强化型两大类。前者在高温至低温的固溶体转变过程中,组织结构保持稳定,无法通过热处理显著提升性能。而后者,如硬铝、超硬铝及锻铝等,则能通过热处理改变其晶体结构,从而显著提高强度。

2. 按合金性能与用途分类

铝合金可细分为工业纯铝、光辉铝合金、切削铝合金、耐热铝合金、低强度至超高强度铝合金(包括硬铝和超硬铝)、锻造铝合金及特殊铝合金等多个类别,以满足不同工业领域和特定用途的需求。

3. 按合金中主要元素成分分类

此分类方法将铝合金分为多个系列,包括工业纯铝(1×××系)、Al-Cu合金(2×××系)、Al-Mn合金(3×××系)、Al-Si合金(4×××系)、Al-Mg合金(5×××系)、Al-Mg-Si合金(6×××系)、Al-Zn-Mg-Cu合金(7×××系)、Al-其他合金元素(8×××系)以及备用合金组(9×××系)。

每种分类方法各具特色,有时相互交叉、互为补充。在工业生产实践中,绝大多数国家采用第三种方法,即基于合金中主要元素成分的4位数码体系进行分类。

接下来,我们将依据第三种分类方法,详细介绍各系列铝合金的性能特点。

二、铝合金性能

结合上述分类方法,铝合金可分为以下种类,如表10-1所示。

表10-1 铝合金分类

	生产加工类型	热处理	代号	成分	典型合金
铝合金	变形铝合金	非热处理型	1×××(1系)	纯铝	如1000
			3×××(3系)	Al-Mn合金	如3004合金
			4×××(4系)	Al-Si合金	如4043合金
			5×××(5系)	Al-Mg合金	如5083合金
		热处理型	2×××(2系)	Al-Cu合金	如2024合金
			6×××(6系)	Al-Mg-Si合金	如6063合金
			7×××(7系)	Al-Zn-Mg-Cu合金	如7075合金
		热或非热处理型	8×××(8系)	Al-其他合金元素	如8089合金
			9×××(9系)	备用合金组	
	铸造铝合金	非热处理型	—	Al-Si合金	如ZL102合金
			—	Al-Mg合金	如ZL103合金
		热处理型	—	Al-Cu-Si合金	如ZL107合金
			—	Al-Cu-Mg-Si合金	如ZL110合金
			—	Al-Mg-Si合金	如ZL104合金
			—	Al-Mg-Zn合金	如ZL305合金

1.1×××系铝合金

铝,作为元素周期表中第三周期的主族元素,拥有独特的面心立方晶体结构,且不具备同素异构转变的特性。纯铝的密度仅为 $2.72\ g/cm^3$,大约是铁密度的三分之一,相应地,铝及其合金的密度也普遍较小,范围在 $2.5\sim2.88\ g/cm^3$ 之间。在导电性能方面,铝仅次于银和铜,表现出色。

鉴于铝与氧之间极强的亲和力,即使在室温条件下,铝材表面也能迅速与空气中的氧反应,生成一层既薄又致密的 Al_2O_3 氧化膜。这层膜与铝基体结合紧密,且具备一定的自我修复能力,因此在多种环境下,包括氧化性介质、水、大气、部分中性溶液、多数弱酸以及强氧化性介质中,都能展现出极高的稳定性。然而,在碱性和盐类水溶液的环境中,铝的氧化膜会迅速被破坏。通常情况下,该氧化膜在 pH 值介于 $4.0\sim9.0$ 的溶液中能够保持稳定。

铝的熔点与其纯度紧密相关,随着纯度的提升,熔点也相应提高。当纯度达到 99.996% 时,其熔点为 660.24 ℃。纯铝具有良好的塑性,但强度相对较低。

变形铝及铝合金的化学成分遵循 GB/T 3190—2020 标准,其牌号命名遵循一定的基本原则:采用四位字符的牌号系统,其中第一、第三、第四位为阿拉伯数字,第二位则可以是数字或大写字母"A"。对于纯铝,其牌号编号的首位固定为1,如"1×××"或"1A××",而后两位数字则用于表示纯铝的特定浓度。

2.2×××系铝合金(Al-Cu 合金)

2×××系铝合金,作为铜为主要合金元素的代表,涵盖了 Al-Cu-Mg-(Mn)、Al-Cu-Mg-Fe-Ni、Al-Cu-Mn 及 Al-Cu-Mg-Si 四大类,均属于可通过热处理显著提升强度的铝合金范畴。这一系列合金以其高强度著称,常被称为硬铝合金,不仅耐热性和加工性能优异,还能在多种应用场合中展现出色表现。然而,相较于其他铝合金,其耐腐蚀性稍显不足,特定条件下易发生晶间腐蚀。为应对这一问题,板材常需覆盖一层纯铝或采用具有电化学保护作用的 6××× 系铝合金作为包覆层,从而显著提升其耐腐蚀性能。

1)相关体系

(1)Al-Cu-Mg-(Mn)系:此系列合金的 Cu 含量介于 1.5%~6.8% 之间,Mg 含量在 0.2%~0.8% 范围内,部分合金还添加了微量 Mn(0.2%~1.2%),以及少量的钒、锆等元素。由于存在晶间腐蚀倾向,其薄板产品常需进行包铝或包防锈铝处理,以适应特定的焊接需求。尽管因含铁、硅粗大的金属间化合物而影响了断裂韧性,但高纯度的 Al-Cu-Mg-Mn 系合金在断裂韧性方面已有显著提升。

(2)Al-Cu-Mg-Fe-Ni 系:此系列合金以较低的 Cu/Mg 比值和接近的铁、镍含量为特征,其室温强度与 Al-Cu-Mg-Mn 系相近,但耐热性能更为出色,可在超过 150 ℃ 的高温环境下稳定服役。

(3)Al-Cu-Mn 系:该系列合金富含铜(6%~7%),并含有少量锰(0.2%~0.8%),部分合金可能不含镁或仅含微量。由于 T 相的存在,其耐热性能优于 Al-Cu-Mg-Fe-Ni 系,可在高达 200~300 ℃ 的温度下稳定工作。

(4)Al-Cu-Mg-Si 系:此系列合金在 Al-Mg-Si 系的基础上添加了铜元素,随着铜含量的增加,其室温强度和耐热性均得到显著提升,同时停放效应减弱。然而,这也导致了塑性和耐蚀性的相对降低。由于铜含量超过镁和硅,该系列合金被归类为国际四位数牌号的2×××系。此外,该系列合金还具备优异的切削性能,特别是添加了铅等元素的2011合金,更是一种快速切削材料,常用于机械零件制造。然而,其焊接性能欠佳,在实际应用中多采用铆接、电阻焊或螺栓连接等方式进行组合。

2)化学性能

以下重点探讨部分铝合金的耐蚀性能特点。

2A01合金展现出良好的抗应力腐蚀能力,但其整体耐蚀性能处于中等水平。该合金的耐蚀性显著受热处理状态影响,尤其是淬火处理能显著提升其耐蚀性,且淬火冷却速度越快,效果越佳。然而,值得注意的是,当使用温度超过100 ℃时,2A01合金可能会出现晶间腐蚀现象。

对于2A10合金而言,铜含量的增加通常会导致其耐蚀性能下降。2A11合金在大气环境中的耐蚀性表现为中等,但在电解介质溶液和潮湿空气中则存在晶间腐蚀和应力腐蚀开裂的风险。热处理工艺对2A11合金的耐蚀性具有显著影响,过烧、淬火转移时间过长以及淬火冷却速度过慢均会削弱其耐蚀性。

2A12合金在淬火后自然时效状态下,表现出良好的耐蚀性。然而,若材料在使用过程中受热或再次淬火,可能会导致晶界附近形成贫铜带,进而引发晶间腐蚀。工业上常采用包铝的方法来提高该合金的耐蚀性。

2A14合金由于铜含量较高,其耐蚀性相对较差,同时伴随着晶间腐蚀和应力腐蚀开裂的倾向。该合金的耐蚀性不仅与热处理状态紧密相关,还受到工件断面厚度的影响。与2A10、2A11和2A12合金相似,2A14合金在淬火自然时效状态下耐蚀性较好,但断面较厚的工件在淬火后可能出现耐蚀性下降的情况。

2A50合金具有较好的耐蚀性,但在人工时效状态下,若形成$CuAl_2$相,则可能产生晶间腐蚀的倾向。为了防止这种情况,建议进行阳极化处理或涂漆保护。

2A70和2124合金的耐蚀性均表现不佳,且均存在应力腐蚀的倾向。2A70合金特别容易发生化学腐蚀,因此同样需要进行阳极化或涂漆保护以增强其耐蚀性。而2124合金还可能遭遇晶间腐蚀和剥落腐蚀,但值得注意的是,在T851状态下,厚板形式的2124合金并无剥落腐蚀倾向,且展现出良好的抗应力腐蚀性能。

3.3×××系铝合金(Al-Mn合金)

3×××系铝合金属于热处理不可强化的铝-锰(Al-Mn)合金,以其高塑性、优异的焊接性能和加工性能著称。其强度相较于1×××系铝合金有所提升,而耐蚀性则与纯铝相当。这种合金之所以具备优良的抗腐蚀性,是因为$MnAl_6$相与纯铝具有相同的电极电位(-0.86 V)。无论处于退火状态还是冷作硬化状态,其成型性与1×××系铝合金相似,但关键在于锰相需均匀分布。

4.4×××系合金(Al-Si合金)

大多数4×××系合金为热处理不可强化型,仅少数含Cu、Mn、Ni或经特定焊接热处理后吸收特定元素的合金可通过热处理强化。该系列合金广泛用于铝合金焊接材料的制造,如钎焊板、焊条及焊丝等。此外,部分合金因其出色的耐磨性和高温性能,也被应用于活塞及耐热部件的生产。含硅约5%的合金,在阳极氧化后呈现出独特的黑灰色,非常适合作为建筑材料及装饰件的制造原料。

5. 5×××系合金(Al-Mg合金)

5×××系合金,作为非热处理强化的铝合金,以Mg为主要合金元素,因其卓越的耐蚀性而被誉为防锈铝合金。此合金不仅密度低于纯铝,还具备出色的抗海水腐蚀能力、良好的可焊性和抛光性,其强度也超越了纯铝和Al-Mn系合金。变形Al-Mg合金中的Mg含量可从2%增加至10%,但随着Mg含量的增加,塑性和耐蚀性会显著降低,特别是Mg含量超过7%时,其工艺性能会大幅下降。添加Mn或Cr能有效提升合金的抗蚀性、可焊性,并起到一定的强化作用。

6. 6×××系合金(Al-Mg-Si合金)

6×××系合金是一种热处理可强化的铝合金,以Mg和Si为主要合金元素,并通过Mg_2Si_3相进行强化。该合金具备中等强度、高耐蚀性、优良的焊接性能(焊接区腐蚀性能不变)、良好的成型性和工艺性能且无应力腐蚀倾向。加入Cu后,其强度可接近2×××系合金,且工艺性能更优,但耐蚀性会有所下降。该合金系列中的6061和6063合金因其卓越的综合性能而广受欢迎,主要用于挤压型材的生产,是建筑领域的优选材料。

7. 7×××系合金(Al-Zn-Mg-Cu合金)

7×××系铝合金以锌为主要合金元素,属于热处理可强化型。根据添加元素的不同,可分为两类:一类是不含铜但含镁的Al-Zn-Mg合金,具有优异的热变形性能,在适当的热处理条件下可获得高强度,同时保持良好的焊接性能和耐蚀性,但需注意其应力腐蚀倾向;另一类是在Al-Zn-Mg基础上添加Cu形成的Al-Zn-Mg-Cu合金,强度高于2×××系合金,被誉为超高强铝合金,具有接近抗拉强度的屈服强度、高屈强比和比强度,但塑性和高温强度相对较低,适合作为常温下使用的承力结构件。该系列合金因良好的加工性、耐腐蚀性和高韧性,在航空及航天领域得到了广泛应用。

三、常见的铝合金型材

铝合金平板、花纹板、波纹板及压型板等,均源自精密的压延加工工艺。此过程始于铝锭的均匀化处理,随后在常温或加温条件下历经粗压、中压、退火(温度控制在350~420℃之间)、精压及整形等多道工序,最终产出尺寸精准、表面光洁度优异的板材。这些板材多由塑性优良的变形铝合金精心打造。

对于形状复杂、断面多变的铝合金型材,通常采用挤压成型技术,除非在批量大、断面简单且对表面光洁度要求不高的情况下,才会选择轧制方法。挤压工艺同样要求铝锭先经过加热均匀化处理,再进行一次挤压成型,随后还需经过淬火、尺寸矫正及时效处理等关键步骤。挤压过程中,铝合金承受巨大压力,经历显著变形,晶粒得以细化,从而显著提升其强度。

铝作为一种活泼金属,极易氧化。新加工的铝及其合金于空气中能迅速在表面形成一层致密的氧化铝薄膜,有效隔绝空气,保护内部金属免受腐蚀,赋予其在大气中较强的耐蚀性。然而，这层自然氧化膜厚度有限(仅约 0.1 μm)，易受损。为此，采用阳极氧化处理技术，能在铝合金表面生成一层远厚于自然氧化膜的氧化铝层(厚度可达 5～20 μm)，极大增强其耐蚀性。阳极氧化处理实质上是将铝或铝合金置于电解质溶液中作为阳极进行电解，过程中阴极释放氢气，阳极则生成氧并与铝离子结合，形成坚固的氧化铝膜层。

阳极氧化处理后的铝合金呈现光亮的银白色，若需增添色彩，可进一步进行电解着色处理。此过程依据电镀原理，将金属盐溶液中的金属离子通过电解作用沉积于氧化膜层之上，光线在这些金属微粒上发生漫反射，从而产生丰富的色彩。不同金属盐可赋予铝合金不同的颜色，具体可参见表10-2。此外，表10-3详细对比了铝合金与碳素钢的主要性能差异。

表 10-2 金属盐和着色的关系

金属盐	所着颜色	金属盐	所着颜色	金属盐	所着颜色
Zn 盐	青铜色系	Sn 盐	青铜色系	Au 盐	紫红色
Cu 盐	青铜色系	Pb 盐	茶褐色	Mn 盐	金黄色
Fe 盐	红褐色系	Ag 盐	鲜黄绿色	K 盐	红棕色

表 10-3 铝合金和碳素钢性能比较

项目	铝合金	碳素钢	备注	项目	铝合金	碳素钢	备注
密度/(g/cm^3)	2.7～2.9	7.8	铝合金强度随合金元素及其含量不同而不同	抗拉强度/MPa	370～540	315～785	铝合金强度随合金元素及其含量不同而不同
热导率/$[W/(m \cdot K)]$	203	46		比强度	72～186	26～75	
线膨胀系数 $a \times 10^{-6}/(1/℃)$	22～24	10.6～12.2		耐碱性	有明显变化	无明显变化	
弹性模量 E/MPa	$(0.62～0.78) \times 10^5$	$(2.06～2.16) \times 10^5$		耐酸性	无明显变化	有明显变化	
屈服点/MPa	206～490	205～588		耐候性	无明显变化	有明显变化	

由表 10-3 可以明显看出，铝合金具有较大的比强度，这一特性使得其结构断面得以减小。然而，铝合金的弹性模量仅为钢的约三分之一，因此在受力后容易发生较大的变形。为此，铝合金型材常被设计成复杂的断面形状，以增加其刚度。铝合金在耐酸性和耐大气腐蚀性方面均优于钢，不需额外的涂层保护。但其耐碱性较差，一旦与碱接触，表面的氧化铝薄膜会溶解于碱溶液中，导致保护膜失效，进而使铝合金与水发生反应，遭受腐蚀。此外，当铝合金与铜、钢等金属接触时，由于电极电位差异，会产生电化学腐蚀，因此在贮存和使用过程中需特别注意分别堆放和隔离。

当铝合金与水泥混凝土、石灰砂浆、石材制品或潮湿木材等接触时，应采用纯铝板、镀锌铝合金或沥青等材料进行隔离。值得注意的是，铝合金的热膨胀系数约为钢的两倍，因此在设计时需充分考虑受热状态下可能产生的温度应力,并在连接处预留足够的伸缩缝。

防锈铝合金(如 Al-Mn 系、Al-Mg 系)中加入的锰或镁元素能部分溶于铝中形成固溶体,但溶解量有限。超过溶解度的锰或镁则会与铝形成化合物。因此,在常温下,防锈铝合金的晶体结构由 α-固溶体及铝锰(或铝镁)化合物两相共存。从常温到高温,锰或镁在铝中的溶解度变化极小,所以热处理或时效处理对防锈铝合金强度的提升作用不大,主要通过冷加工进行强化。防锈铝合金具有良好的塑性和焊接性能,但切削加工性较差;其表面光洁美观,耐蚀性能优异,有记载显示,部分铝合金屋面在使用 40 年后仍保持良好状态。防锈铝合金适用于承受中等及以下荷载,并要求耐蚀、表面光亮的制品、构件及管道等,如铝合金门窗常用铝锰合金 LF21。然而,在高温下,防锈铝合金的强度会降低,且易形成氧化膜,焊接时一般不采用电弧焊,而更倾向于使用乙炔焊,最佳选择是氩弧焊。

硬铝合金(如 Al-Mg-Si 合金及 Al-Cu-Mg 合金)经过淬火时效处理后,展现出极高的强度,极限强度可达 480 MPa,是建筑中承重结构的重要材料,也是轻型结构的主要结构材料。尽管硬铝合金耐蚀性好,但其塑性较低,伸长率通常在 12%～20% 之间,且焊接性和加工性能不及防锈铝合金,因此多采用铆接方式连接。

Al-Mg-Si 合金在国际上是生产门窗、货架、柜台等产品的主流选择。

上述铝合金常被加工成各种型材、板材、管材、线材及冲压件,广泛应用于建筑工程领域。而超硬铝(如 Al-Zn-Mg-Cu 合金)虽然强度极高,但由于耐蚀性和热稳定性较差,在建筑工程中的使用较为有限。

任务二 铝合金建筑型材

【工作任务】

铝合金建筑型材凭借其轻质高强、卓越的耐腐蚀性能,在建筑工程领域得到了广泛应用。具体而言,建筑铝型材占据了铝型材总产量的大约 70%,且随着中国经济的蓬勃发展和基础设施建设项目的不断增多,未来建筑铝型材市场展现出巨大的发展潜力。本项任务旨在详细介绍多种类型的建筑铝材,通过深入剖析各类建筑铝材的独特特性,为后续选择并恰当使用合适的建筑材料奠定坚实基础。

铝合金产品形态多样,包括板材、管材、棒材、线材等,这些产品均源自铝合金锭坯,经过压延、挤压、轧制、热处理以及精细的表面加工处理等先进工艺精心制造而成。

【相关知识】

通过挤压工艺制造的铝及铝合金材料,其成品形态多样,涵盖板材、棒材及各类异形型材,广泛应用于建筑、交通、运输、航空航天等前沿领域,成为不可或缺的新型材料。

1. 非涂漆类产品

非涂漆类产品细分为锤纹铝板(展现无规则的自然纹理美)、压花板(呈现规则的装饰图案)以及经过预钝化、阳极氧化等表面处理的铝板,赋予材料更佳的耐腐蚀性和美观性。

2. 涂漆类产品

(1)依据涂装技术,涂漆类产品可区分为喷涂板与预辊涂板两大类。

(2)按涂漆种类划分,则包括聚酯、聚氨酯、聚酰胺、改性硅、环氧树脂、氟碳等多种高性能涂料,满足不同应用场景的需求。

3. 常见的铝合金板材

(1)铝塑板:采用表面处理并烤漆的3003铝锰合金或5005铝镁合金作为表层,以PE塑料为芯层,通过高分子黏结膜复合而成。它集铝合金的刚性与塑料的轻质、易加工性于一身,展现出多彩装饰性、耐蚀、耐冲击、防火防潮、隔音隔热、抗震、易安装等诸多优点。

(2)铝单板:选用优质铝合金精制,表面覆盖氟碳烤漆,结构包括面板、加强筋、挂耳等,具有轻质高强、防火性好、加工灵活、色彩丰富、装饰效果卓越及环保可回收等特点,广泛应用于建筑幕墙、室内装饰、广告标识等多个领域。

(3)铝蜂窝板:采用独特的复合蜂窝结构设计,施工便捷,综合性能卓越,保温效果显著。其定制化生产满足各种设计需求,广泛用于高层建筑外墙装饰、室内吊顶、隔断、车门及保温车厢等场景。

(4)铝蜂窝穿孔吸音吊顶板:该板材由穿孔铝合金面板与背板,通过优质胶黏剂与铝蜂窝芯黏结而成,中间夹有吸音布,有效吸收噪声,适用于地铁、剧院、电视台、工厂及体育馆等大型公共建筑的吸声墙板与吊顶装饰。

(5)氟碳铝板。

①氟碳喷涂板:氟碳喷涂板依据涂装层数分为两涂系统、三涂系统及更为高级的四涂系统,通常推荐采用多层涂装系统以确保最佳性能。

两涂系统由$5\sim10~\mu m$的氟碳底漆与$20\sim30~\mu m$的氟碳面漆构成,膜层总厚度一般不低于$35~\mu m$,适用于一般环境条件下的应用。

三涂系统则进一步增强了防护性,包括$5\sim10~\mu m$的氟碳底漆、$20\sim30~\mu m$的氟碳色漆以及$10\sim20~\mu m$的氟碳清漆,总膜层厚度不应低于$45~\mu m$,特别适用于空气污染严重、工业区及沿海等恶劣环境区域。

四涂系统则更为复杂,分为两种:一种是在底漆与面漆间增设一层$20~\mu m$的氟碳中间漆,特别针对使用大颗粒铝粉颜料的情况;另一种则是引入聚酰胺与聚氨酯共混的致密涂层,有效封堵气孔,提升抗腐蚀性,从而延长氟碳铝板的使用寿命,在极端环境下展现出卓越性能。

②氟碳预辊涂层铝板:预辊涂层铝板的设计理念在于将材料的优越性与工艺的先进性完美融合,最大限度地减少人为因素对产品质量的影响。相较于氟碳喷涂(烤漆)铝板,预辊涂层铝板在品质上更有保障,确保了产品的一致性和稳定性。

【知识拓展】

在民用建筑铝型材的生产中,广泛应用的合金隶属于Al-Mg-Si系列的6061与6063,它们均经历了均匀化退火与挤压热处理工艺。

1. 铸锭均匀化退火

6061与6063合金铸锭需经历高温均匀化退火处理,标准流程为:在$560\pm20~℃$下保温 3 至 6 小时,随后迅速冷却至室温。均匀化退火的冷却速率显著影响产品的组织结构、性能表现及表面光泽度。缓慢冷却会导致 Mg_2Si 相形成粗大针状沉淀物,这些沉淀物在挤压前的 510 ℃ 加热中难以溶解,尤其是含 1.0% Mg_2Si 的合金,可能需要 2 至 4 分钟才能有效溶解。相反,急冷处理能减少并细化 Mg_2Si 沉淀相,使其在挤压前的加热过程中更易固溶。采用缓冷铸锭挤压的型材,经阳极氧化后表面黯淡无光,维氏硬度为 HV60~70;而快速冷却的铸锭挤压出的型材,表面则光亮如新,维氏硬度提升至 HV80~90。

2. 挤压热处理

当前,6061 与 6063 合金在民用建筑型材的生产中,均直接在挤压机上采用风冷或水冷方式进行淬火(即挤压热处理)。Al-Mg-Si 系合金的淬火敏感性随 Mg_2Si 含量的增加而增强,因此 6061 合金相较于 6063 合金具有更高的淬火敏感性,必须采用水冷,而 6063 合金则可采用风冷。无论采用何种冷却方式,确保 Mg_2Si 相充分固溶是获得良好冷却效果的关键。不同 Mg_2Si 含量的合金,其充分固溶温度各异,如含 1.1% Mg_2Si 的合金需不低于 500 ℃,而含 1.5% Mg_2Si 的合金则需不低于 550 ℃。为实现高温挤压,可采用两种方法:一是将铸锭预热至 500 ℃ 以上,但此法需降低挤压速度以避免表面质量下降甚至裂纹产生,因此不常采用;二是将铸锭预热至 425~454 ℃ 后进行快速挤压,使制品出模时温度达到 500 ℃ 以上。后者更为普遍,即将均匀化并快速冷却的铸锭加热至 425 ℃,随后快速挤压,利用挤压过程中的温升效应使 Mg_2Si 充分固溶,出模后立即进行风冷或水冷。6061 与 6063 合金的挤压热处理周期可分为三个阶段,各阶段正确执行可确保高挤压速度、高强度及优异表面光泽度的制品产出。

3. 热铸锭表面剥皮与刷光

在我国,民用型材生产多采用油炉对挤压前铸锭进行加热,部分厂家甚至在均匀化退火时也使用油炉,导致铸锭表面严重氧化、发黑并附着烧残油迹。这些污染物若未经处理,将在挤压过程中渗入制品表面及焊缝,严重影响制品及焊缝的表面质量,经阳极氧化后,型材表面光泽度下降,焊缝发黑。为提升产品质量,必须在挤压前对热铸锭表面进行氧化物清除处理。目前,主要方法包括热剥皮法与热刷光法。热剥皮法在国外已广泛应用,国内也有引进;而热刷光法则是国内自主研发并投入生产的技术,其通过高速旋转、装备多股钢丝刷的刷光轮清除铸锭表面污染物,具有设备简单、投资少、金属损耗低且与剥皮法效果相当的优点。然而,遗憾的是,我国大多数企业尚未普及这些处理工艺。

【课堂小结】

纯铝因其材质较软且强度不足,并不适宜直接应用于建筑工程中。为了克服这一局限性,工业上常通过向纯铝中添加镁、锰、铜、硅、锌等合金元素,制成性能更为优越的铝合金。

铝合金的加工方式可大致划分为变形铝合金与铸造铝合金两大类。变形铝合金的加工流程涉及先将合金配料熔铸成坯锭,随后利用轧制、挤压、拉伸、锻造等塑性变形工艺,将其加工成多种形状和规格的制品。而铸造铝合金则以其共晶组织的特性,在铸造过程中展现出良好的流动性、较小的线收缩率以及出色的铸件致密性,这些优点使得铸造铝合金制品裂缝少、耐蚀性强,尤其适合用于铸造件的生产。

根据合金中所含的主要元素成分,铝合金可分为多个系列,包括工业纯铝(1×××系)、Al-Cu合金(2×××系)、Al-Mn合金(3×××系)、Al-Si合金(4×××系)、Al-Mg合金(5×××系)、Al-Mg-Si合金(6×××系)、Al-Zn-Mg-Cu合金(7×××系)、含有其他合金元素的Al合金(8×××系)以及备用合金组(9×××系)。

在民用建筑领域,铝型材的生产广泛采用了属于Al-Mg-Si系的6061和6063合金,这两种合金经过均匀化退火和挤压热处理后,能够满足建筑领域对材料强度、耐腐蚀性和美观性的严格要求。

【课堂测试】

1. 铝合金的定义是什么?
2. 铝合金根据热处理方式可以分为哪几个类别?
3. 请解释变形铝合金与铸造铝合金的概念。
4. 铝合金按照合金中主要元素成分的不同,可以划分为哪些类别?
5. 在建筑领域,主要使用的铝材属于哪一类合金?请具体说明其合金组成及对应的牌号。
6. 氟碳铝板主要包括哪些类型?
7. 简述铝合金的主要特点。
8. 铝合金门窗制作中,常用的铝锰合金是以下哪一项?(   )

   A. LF20   B. LF21

   C. LF22   D. LF23

9. 以下选项中,哪一项材料适合作为承重结构使用?(   )

   A. 硬铝合金   B. 纯铝

   C. 铝蜂窝板   D. 铝塑板

10. 铝之所以具有良好的抗腐蚀性能,主要原因是什么?(   )

    A. 铝的化学性质不活泼   B. 铝不与酸、碱反应

    C. 铝在常温下不与氧气反应   D. 铝表面能自然生成一层致密的氧化铝保护膜

模块十一　防水材料的检测与选用

【知识目标】
1. 熟练掌握石油沥青的化学组成及其胶体结构特征；
2. 深入理解沥青防水卷材、高聚物改性沥青防水卷材以及合成高分子防水卷材这三大类卷材的基本概念；
3. 广泛了解其他各类沥青的组成成分与独特性质；
4. 精准掌握沥青防水涂料、高聚物改性沥青防水涂料及合成高分子类防水涂料三大类防水涂料的性能优势与特点；
5. 熟悉并掌握常用建筑密封材料(如防水油膏)的性能特性；
6. 精通石油沥青的主要技术性能指标及其科学的掺配方法。

【能力目标】
1. 能够准确检测并评估石油沥青的各项主要技术性质；
2. 能够依据当地气候条件，恰当选择适合的石油沥青牌号；
3. 能够根据具体工程需求，正确进行沥青的掺配与使用；
4. 能够依据防水卷材的外观质量标准，准确判断沥青防水卷材、高聚物改性沥青防水卷材及合成高分子类防水卷材的合规性；
5. 能够结合建筑工程的结构特点与防水等级要求，合理选用相应的防水卷材。

【素质目标】
1. 树立正确的职业理想与坚定的职业信念；
2. 展现出高度的职业道德与职业素养；
3. 保持良好的学习习惯，确保按时上课并严格遵守课堂纪律；
4. 扎实掌握建筑材料职业技能所需的专业理论知识与实践应用能力；
5. 具备有效解决工作岗位中遇到的建筑材料相关问题的能力；
6. 展现卓越的团队合作精神与不畏艰难的吃苦耐劳精神。

【案例引入】
防水材料的发展历程在我国源远流长，大致可划分为古代、近代与现代三大历史阶段。近代的起点可追溯到1947年，标志是纸胎沥青油毡首个工厂的诞生。自此，纸胎沥青油毡长期占据主导地位，这一局面直至20世纪80年代中期方得以打破。进入80年代后，我国积极从国外引进EPDM(三元乙丙橡胶)卷材生产线及一系列改性沥青卷材生产线，标志着我国现代防水材料产业的正式起步。历经几十年的蓬勃发展，我国防水材料行业已构建起涵盖沥青基防水卷材、高分子防水卷材、防水涂料、密封材料、刚性防水材料、止水堵漏材料及专用配套材料在内的七大类别，形成了多系列、多品种、多规格,以及高、中、低性能并存的多元化产品体系。

迈入21世纪,随着全球防水技术的快速进步,诸如TPO(热塑性聚烯烃)、喷涂聚脲、喷涂硬泡聚氨酯及氟树脂涂料等先进防水材料也相继在国内亮相。当前,就产品门类与品种而言,我国防水材料已能全面满足各类建设工程的需求。然而,值得注意的是,尽管取得了显著成就,但我国防水材料行业在总体技术水平上仍与国际先进水平存在一定差距,这主要体现在产品质量、应用系统的配套性、施工技术水平以及建筑渗漏问题的持续存在等方面。

任务一 沥青材料检测与选用

深入了解建筑工程防水领域中的沥青材料,依据工程结构的具体部位与既定的防水等级,合理且精准地选择适用的沥青材料。遵循《公路工程沥青及沥青混合料试验规程》(JTG E20—2011)的严格标准,我们需测定沥青的针入度、延度、软化点等关键技术性质,以全面、科学地评估沥青质量。在检测过程中,务必遵循材料检测的所有既定步骤与注意事项,确保每一步操作都细致入微、严谨认真。

防水材料,顾名思义,旨在抵御雨水、雪水、地下水、工业与民用给排水系统、腐蚀性液体及空气中湿气等对建筑物或构筑物的渗透、渗漏与侵蚀。依据构造做法的不同,建筑物防水可分为构件自身防水与防水层防水两大类别。而防水层又可细分为刚性材料防水与柔性材料防水两大体系。刚性防水主要依赖于防水砂浆、抗渗混凝土或预应力混凝土等材料;而柔性防水则通过铺设防水卷材或涂抹防水涂料来实现,这一做法在多数建筑物中更为常见。

沥青作为防水材料的历史悠久,至今,沥青基防水材料仍占据市场的主导地位,应用极为广泛。近年来,随着建筑业的蓬勃发展,防水材料领域也经历了翻天覆地的变化。特别是高分子材料的崛起,促使传统的沥青基防水材料逐渐向高聚物改性沥青防水材料和合成高分子防水材料转型。同时,防水层的构造设计也趋向于单层化,施工方法则由传统的热熔法逐步向更为便捷的冷贴法演变。

沥青,这一在土木工程中不可或缺的有机胶凝材料,由复杂的高分子碳氢化合物及其非金属(如氧、硫、氮等)衍生物混合而成,常温下展现出固体、半固体或黏稠液体的形态。其卓越的憎水性与致密结构赋予了沥青优异的防水性能;同时,沥青还能有效抵御酸、碱、盐类等侵蚀性介质的破坏,展现出强大的抗腐蚀性。此外,沥青能紧密黏附于多种矿物材料表面,具备出色的黏结力;其良好的塑性则使其能够适应基材的变形,确保防水层的长期稳定性。因此,沥青在防水、防潮、防腐工程,以及道路工程、水工建筑等领域均得到了广泛应用。

【工作任务】

全面熟悉石油沥青的化学组成与胶体结构特性;深入了解沥青防水卷材、高聚物改性沥青防水卷材以及合成高分子防水卷材这三大类防水卷材的基本特性;熟练掌握石油沥青的主要技术性能指标及其科学的掺配方法。

【相关知识】

一、石油沥青

1. 石油沥青的组分和结构

石油沥青的化学成分极为复杂,因此对其进行详尽的化学组成分析面临较大挑战。值得注意的是,即便化学组成相似的沥青,其物理与化学性质也可能存在显著差异。为了更有效地研究沥青的组成,我们常根据其物理、化学性质的相似性,将其划分为若干类别,这些类别被称为组分。一般而言,沥青可大致分为油分、树脂和地沥青质这三大主要组分,同时还可能含有一定量的固体石蜡。表11-1详细列出了各组分的主要特征及其在沥青中的作用。

特别地,沥青中的固体石蜡成分会对沥青的塑性、黏性以及温度稳定性等关键技术性质产生不利影响。因此,对于含蜡量较高的沥青,通常需经过脱蜡处理后方可使用,以确保其性能满足特定要求。

表 11-1 石油沥青的组分及其特征

组分	状态	颜色	密度/(g/cm³)	含量	作用
油分	黏性液体	淡黄色至红褐色	小于1	40%～60%	使沥青具有流动性
树脂	黏稠固体	红褐色至黑褐色	略大于1	15%～30%	使沥青具有良好的黏性和塑性
地沥青质	粉末颗粒	深褐色至黑褐色	大于1	10%～30%	能提高沥青的黏性和耐热性;含量提高,塑性降低

石油沥青的组分概述如下:

1)油分

油分呈现为淡黄色至红褐色的油状液体,是沥青中分子量与密度均处于最低水平的组分,其含量占石油沥青总量的40%～60%。油分是赋予沥青流动性的关键因素。

2)树脂(又称沥青脂胶)

树脂为红褐色至黑褐色的黏稠状半固体物质,其分子量高于油分。在石油沥青中,树脂的含量介于15%～30%之间,是赋予沥青良好塑性与黏性的重要成分。

3)地沥青质

地沥青质是一种深褐色至黑褐色的固态无定形物质(类似固体粉末),其分子量相较于树脂更为庞大。作为决定石油沥青温度敏感性、黏性的核心组分,地沥青质的含量在10%～30%之间。其含量增加会导致沥青的温度敏感性降低,软化点升高,黏性增强,但同时也会使沥青变得更为硬脆。

此外,石油沥青中还含有2%～3%的沥青碳与似碳物,这些成分以无定形黑色固体粉末的形式存在,是沥青中分子量最大的组分。它们会降低石油沥青的黏结性能。同时,沥青中还含有蜡质,蜡质同样会削弱沥青的黏结力与塑性,并对温度变化极为敏感,即温度稳定性较差,因此被视为石油沥青中的有害成分。

值得注意的是,石油沥青中的各组分并不稳定。在阳光、空气、水等外界环境因素的作用下,油分与树脂的含量会逐渐减少,而地沥青质的含量则会相应增加。这一过程被称为沥青的"老化",它会导致沥青的流动性与塑性下降,脆性增加,质地变硬,甚至出现脆裂现象,从而严重影响沥青的防水与防腐功能。

2. 石油沥青的主要技术性质

石油沥青的主要技术性质包括黏滞性、塑性、温度敏感性及大气稳定性等。

1)黏滞性(黏性)

黏滞性是指沥青材料在受到外力作用时,抵抗发生黏性变形的能力,它反映了沥青的软硬程度和稀稠状态,是划分不同牌号沥青的关键性能指标。

对于液态石油沥青,其黏滞性通常采用黏度来衡量。而对于在常温下呈现固体或半固体状态的石油沥青,其黏滞性则通过"针入度"来表征。

黏度是指液体沥青在指定温度(如 20 ℃、25 ℃、30 ℃或 60 ℃)下,通过规定直径(如 3 mm、5 mm 或 10 mm)的孔洞,流出 50 cm 长度所需的时间(以秒为单位),其中,孔径以 mm 为单位,试验时的沥青温度以℃为单位。黏度值越大,表示沥青的稠度越高。

针入度则是在标准温度(通常为 25 ℃)下,使用一个质量为 100 g 的标准针,以其在 5 s 内沉入沥青中的深度(以 0.1 mm 为单位)来测量。针入度的数值越小,意味着沥青抵抗针穿透的能力越强,从而反映出其黏度越大。

2)塑性

塑性是石油沥青在受到外力作用时能够发生形变而不立即破坏,且在撤去外力后能够保持其形变后形状的一种性质。它体现了沥青在开裂后的自愈能力以及承受应力作用时变形而不损毁的能力。沥青之所以能成为性能卓越的柔性防水材料,很大程度上归功于其优异的塑性特性。

沥青的塑性通过延度(也称为延伸度或延伸率)来量化。延度的测定是将沥青加工成最窄处面积为 1 cm^2 的"8"字形标准试件,随后将其置于延伸仪上,在规定的温度(通常为 25 ℃)和速度(5 cm/min)下进行拉伸,直至试件断裂,此时的长度值(以 cm 为单位)即为延度。延度值越大,说明沥青的塑性越好,其柔性和抗裂性也相应增强。

3)温度敏感性

温度敏感性是指石油沥青的黏滞性和塑性随环境温度变化而变化的特性。这一特性通过软化点来评估,软化点即沥青从固态转变为具有流动性的膏体状态时的温度。软化点的测定常采用"环与球"法:将沥青试样置于规定尺寸的铜环(内径 18.9 mm)中,上方放置特定尺寸和质量的钢球(重 3.5 g),然后将整个装置浸入装有水或甘油的烧杯中,以 5 ℃/min 的速率加热,直至沥青软化至下垂 25.4 mm 时的温度即为软化点。软化点越高,表明沥青的耐热性和温度稳定性越好。

温度敏感性较低的石油沥青,其黏滞性和塑性随温度变化的幅度较小。作为屋面防水材料,若温度敏感性过高,在强烈日照下可能发生流淌或软化,从而丧失防水功能,无法满足使用需求。因此,温度敏感性是沥青材料性能评估中的一个重要指标。在实际应用中,常通过添加滑石粉、石灰石粉等矿物掺料来降低沥青的温度敏感性。

4) 大气稳定性

大气稳定性反映了石油沥青在长时间受到温度、阳光、空气等自然环境因素作用下的性能稳定程度,是衡量沥青耐久性的重要指标。大气稳定性可通过沥青试样在加热蒸发前后的"蒸发损失率"和"针入度比"来评估。具体而言,即将试样在160 ℃温度下加热蒸发5 h 后,测量其质量损失百分率以及蒸发前后的针入度比值。蒸发损失率越小,针入度比越大,说明沥青的大气稳定性越好。一般来说,优质石油沥青的蒸发损失率应不超过1%,针入度比应不小于75%。

5) 其他性质

(1)闪点是指沥青在加热过程中,其挥发出的可燃气体与空气混合后,遇到火源能发生瞬间闪光的最低温度。因此,在熬制沥青的过程中,加热的温度必须严格控制在闪点以下,以确保安全。

(2)燃点是指沥青被加热至一定程度后,一旦接触火源,能够持续燃烧的最低温度。这一性质对于沥青的储存、运输及使用过程中的防火措施具有重要意义。

(3)石油沥青展现出卓越的耐腐蚀性,能够有效抵抗大多数酸碱盐物质的侵蚀。然而,值得注意的是,石油沥青可溶解于多数有机溶剂中,因此在使用时需特别留意这一点,以避免因溶剂作用而导致沥青性能受损。

3. 石油沥青的标准、选用及掺配

1) 石油沥青的标准

根据我国现行标准,石油沥青分为道路石油沥青、建筑石油沥青和普通石油沥青。按技术性质划分为多种牌号,各牌号石油沥青的技术标准见表 11-2。

表 11-2 道路石油沥青、建筑石油沥青和普通石油沥青的技术标准

项目	道路石油沥青							建筑石油沥青		普通石油沥青		
	200	180	140	100	100	60	60	30	10	75	65	55
针入度 (1/10 mm), (25 ℃、100 g)	201~ 300	161~ 200	121~ 160	91~ 120	81~ 120	51~ 80	41~ 80	25~ 40	10~ 25	75	65	55
延度 (25 ℃)/cm, 不小于	—	100	100	90	60	70	40	3	1.5	2	1.5	1
软化点/℃, 不低于	30~ 45	35~ 45	38~ 48	42~ 52	42~ 52	45~ 55	45~ 55	70	95	60	80	100
溶解法 (三氯乙烯、 四氯化碳或苯) /(%),不小于	99	99	99	99	99	99	99	99.5	99.5	98	98	98

续表

项目	道路石油沥青							建筑石油沥青		普通石油沥青		
	200	180	140	100	100	60	60	30	10	75	65	55
蒸发损失率 (160 ℃,5 h) /(%),不大于	1	1	1	1	1	1	1	1	1	—	—	—
蒸发后针入度比 /(%),不小于	50	60	60	65	65	70	70	65	65	—	—	—
闪点/℃,不低于	180	200	230	230	230	230	230	230	230	230	230	230

2)石油沥青的选用

在选用沥青材料时,应综合考虑工程的具体性质以及当地的气候条件,在确保满足使用需求的基础上,优先选用较大牌号的沥青品种,以确保在正常使用条件下能拥有更长久的使用寿命。道路石油沥青广泛应用于道路铺设、厂房地面处理,以及作为密封材料和沥青涂料的基料,其选择往往侧重于高黏性和高软化点的特性。

建筑石油沥青则专注于建筑工程中的防水与防腐需求,是制作油毡、防水涂料、沥青嵌缝油膏等的关键材料。对于用于屋面防水的沥青材料,不仅要求其具备高黏性以确保与基层的牢固结合,还要求其具有较低的温度敏感性(即较高的软化点),以抵御夏季高温下的流淌和冬季低温下的脆裂。通常,这类沥青材料的软化点应高于当地历史最高气温20 ℃以上。

针对夏季高温且坡度较大的屋面,混合使用10号或30号沥青的掺配方案更为适宜。若所选沥青的软化点过低,则夏季易发生流淌现象;反之,若软化点过高,则在冬季低温环境下可能变得硬脆,甚至引发开裂。

值得注意的是,普通石油沥青因含有较高的石蜡成分,表现出较大的温度敏感性,故在建筑工程中不宜单独使用,而应与其他种类的石油沥青进行掺配,以达到理想的性能表现。

3)石油沥青的掺配

在选用沥青时,因生产和供应的限制,如现有沥青不能满足要求时,可按使用要求,对沥青进行掺配,得到满足技术要求的沥青。掺配量可按式(11-1)计算:

$$Q_1 = \frac{T_2 - T}{T_2 - T_1} \times 100\%$$
$$Q_2 = 100 - Q_1 \tag{11-1}$$

式中:Q_1——较软石油沥青用量,%;

Q_2——较硬石油沥青用量,%;

T——掺配后的石油沥青软化点,℃;

T_1——较软石油沥青软化点,℃;

T_2——较硬石油沥青软化点,℃。

在实际掺配过程中,依据式(11-1)计算所得的掺配沥青软化点往往低于理论值,这是由于掺配操作破坏了原有两种沥青各自独特的胶体结构。值得注意的是,两种沥青的掺配比例并非简单的线性叠加关系。以旨在提升软化点的掺配沥青为例,若理论计算中两种沥青各占50%,实际试配时,高软化点沥青的掺入量可能需要增加约10%以补偿结构变化带来的影响。

当涉及三种沥青的掺配时,建议先确定前两种沥青的最佳配比,随后将此混合物与第三种沥青进行进一步的配比优化计算。

最终,依据确定的配比进行实际试配,并通过测定掺配后沥青的软化点来验证效果。这一过程将依据"掺量-软化点"曲线图来确定最符合目标软化点要求的精确掺配比例,确保掺配沥青的性能达到预期标准。

二、煤沥青

煤沥青,作为炼焦厂与煤气厂的副产品,源自煤焦油经过一系列分离与提取轻油、中油、重油等组分后所剩余的残渣。依据其蒸馏处理程度的不同,煤沥青可细分为低温煤沥青、中温煤沥青及高温煤沥青,其中低温煤沥青在建筑工程中应用较为广泛。相较于石油沥青,煤沥青展现出独特的性能特征:

(1)由于富含蒽、萘、酚等化合物,煤沥青散发出特殊气味并具有一定的毒性,但同时也赋予了其卓越的防腐能力。

(2)煤沥青内含丰富的表面活性物质,使得它与矿物表面的黏附力极强,确保了在使用过程中不易发生脱落现象。

(3)煤沥青中也含有较多的挥发性和化学稳定性较差的成分,这些成分在长时间的热、光、氧气等环境因素的综合作用下,会导致煤沥青的组成发生显著变化,易于硬化变脆,从而降低了其大气稳定性。

(4)煤沥青中游离碳的含量较高,这导致了其塑性较差,易于因变形而产生开裂现象。

综上所述,煤沥青的主要技术性能指标相较于石油沥青而言存在不足,但它仍被广泛用于木材防腐处理、涂料制造以及特定路面铺设等领域。重要的是,煤沥青与石油沥青不宜混合使用,以确保其性能的有效发挥,在使用前需通过参考如表11-3所示的鉴别方法进行区分。

表11-3 石油沥青与煤沥青的鉴别

鉴别方法	石油沥青	煤沥青
密度/(g/cm³)	接近1.0	1.25～1.28
燃烧	烟少、无色、有松香味、无毒	烟多、黄色、臭味大、有毒
锤击	声哑、有弹性、韧性好	声脆、韧性差
颜色	呈亮褐色	浓黑色
溶解	易溶于煤油或汽油中,棕黑色	难溶于煤油或汽油,呈黄绿色

三、改性沥青

在建筑工程中应用的沥青,必须具备一系列特定的物理性质和黏附性能:低温下展现良好的弹性和塑性,高温条件下则需具备足够的强度和稳定性;同时,还需具备抗老化能力,以及与各类矿物料和结构表面形成强效黏附的能力;此外,对构件变形应有良好的适应性和耐疲劳性。鉴于普通石油沥青难以满足这些高标准要求,因此,常通过添加橡胶、树脂及矿物填充料等方式对其进行改性处理,这些添加剂统称为石油沥青改性材料。

1. 橡胶改性沥青

橡胶改性沥青,即通过在沥青中适量掺入橡胶而制成的改性产品,因其与橡胶的优异相容性,改性后的沥青在高温下变形减少,低温下则展现出更佳的柔韧性。根据所用橡胶种类的不同,橡胶改性沥青呈现出多样化的特性,以下为几种常用类型:

1)氯丁橡胶改性沥青

将氯丁橡胶掺入沥青中,可显著提升其气密性、低温柔韧性、耐化学腐蚀、耐光、耐臭氧、耐候及耐燃烧性能。此过程可采用溶剂法或水乳法实现:溶剂法是将氯丁橡胶溶解于如甲苯等溶剂中,再与沥青混合;水乳法则是分别制备橡胶乳液和沥青乳液,随后混合均匀。

2)丁基橡胶改性沥青

丁基橡胶,作为异丁烯与异戊二烯的共聚物,其分子链排列规整,且不饱和度极低,赋予其卓越的抗拉强度、耐热性和抗扭曲性。因此,丁基橡胶改性沥青不仅耐分解性能优异,还具备出色的低温抗裂和耐热性能,广泛应用于道路建设、密封材料及涂料制造中。其配制方法与氯丁橡胶改性沥青类似。

3)再生橡胶改性沥青

通过将废旧橡胶加工成粒径小于 1.5 mm 的颗粒,并与沥青混合,经加热搅拌及脱硫处理,可制备出弹性、塑性及黏结力均佳的再生橡胶改性沥青。废旧橡胶的掺入比例可根据具体需求调整,一般在 3%～15% 之间。此外,也可直接在热沥青中加入细磨废橡胶粉并强力搅拌制成。此类改性沥青广泛应用于卷材、片材、密封材料、胶黏剂及涂料的生产中。

4)苯乙烯-丁二烯-苯乙烯(SBS)改性沥青

SBS 作为一种热塑性弹性体,常温下表现出橡胶的弹性特性,而在高温下则能如塑料般熔融流动,因此被称为可塑材料。SBS 改性沥青在耐高低温性能上均有显著提升,制成的卷材具备不粘手、低温不脆裂、塑性好及抗老化性能高等优点,是目前最为成功且应用最为广泛的改性沥青之一。SBS 的掺入量通常控制在 5%～10% 之间,主要用于防水卷材的生产,同时也可用于密封材料和防水涂料的制造。

2. 合成树脂类改性沥青

采用树脂对沥青进行改性,能够显著提升沥青的耐寒性、黏结性和不透水性。然而,由于石油沥青中芳香化合物含量较低,其与树脂的相容性相对较差,且可选择的树脂种类有限。常用的树脂改性沥青品种包括古马隆树脂(亦称香豆酮树脂,属于热塑性树脂)改性沥青、聚乙烯树脂改性沥青、环氧树脂改性沥青、无规聚丙烯(APP)改性沥青,以及由丙烯、乙烯、1-丁烯共聚而成的 APAO 改性沥青等。

3. 橡胶与树脂复合改性沥青

鉴于树脂成本较低且与橡胶具有良好的混溶性,将两者同时用于沥青改性,能够赋予石油沥青橡胶与树脂的双重特性。通过调整原材料、配比及制作工艺,可以生产出多种性能各异的改性沥青产品,广泛应用于卷材、片材及密封材料的制造中。

4. 矿物填充料改性沥青

矿物填充料改性沥青是通过在沥青中均匀掺入适量的粉状或纤维状矿物填充料而制得。这些填充料被沥青紧密包裹,形成稳定的混合物。沥青对矿物填充料的湿润和吸附作用,使得沥青分子以单分子层形式排列在矿物颗粒(或纤维)表面,形成结合力极强的沥青薄膜。这一过程不仅增强了沥青的黏性和耐热性,还降低了其温度敏感性,并有助于成本控制。常用的矿物填充料分为粉末状和纤维状两大类,前者包括滑石粉、石灰石粉、白石灰、磨细砂、粉煤灰和水泥等;后者则主要包括石棉。矿物填充料的掺入量一般控制在沥青重量的 20%~40% 之间,改性后的沥青广泛应用于卷材粘贴、嵌缝、接头处理、补漏作业及防水层底层施工,既支持热施工也适用于冷施工。

【性能检测】

一、沥青针入度测定

1. 仪器设备

(1)针入度仪:其结构如图 11-1 所示,主体设计精巧,主柱上设有两个精密悬臂。上臂装备有 360°分度的刻度盘 7 及灵活的活动齿杆 9,两者协同工作,确保在齿杆上下移动的同时,指针能准确转动。下臂则安装了可顺畅滑动的针连杆系统,其下端固定有标准针,整体质量严格控制在 50 g±0.05 g 范围内。此外,针入度仪还配备了两个附加砝码,分别为 50 g±0.5 g 和 100 g±0.5 g,以满足不同测试需求。仪器设有便捷的制动按钮 12,用于精确控制针连杆的运动。基座上则设有可旋转的平台 3,配备观察镜 2,有效防止玻璃皿滑动,确保测试过程的稳定性。

(2)标准针:采用优质硬化回火不锈钢精心打造,其尺寸严格遵循相关标准规定,确保测试结果的准确性和可靠性。

(3)试样皿:采用金属材质制成,圆柱形设计,底部平整。根据针入度测试范围的不同,试样皿规格有所区分:当针入度小于 200 时,试样皿内径为 55 mm,内部深度为 35 mm;而当针入度在 200~350 之间时,试样皿内径扩大至 70 mm,内部深度也相应增加至 45 mm,以适应不同测试需求。

(4)恒温水浴:具备大容量设计,至少能容纳 10 L 液体,且温控系统精准,能够维持水温在试验设定温度的 ±0.1 ℃ 范围内,为测试提供稳定的温度环境。

(5)其他辅助设备:包括平底玻璃皿(容量不小于 0.5 L,深度不小于 80 mm)、秒表、温度计、金属皿或瓷柄皿、孔径介于 0.3~0.5 mm 之间的筛子、砂缸以及可控制温度的密闭电炉等,这些设备共同构成了完整的测试系统,确保各项测试操作的顺利进行。

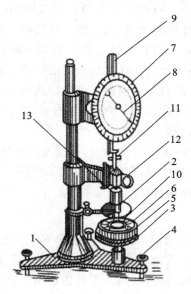

图 11-1　针入度仪
1—底座;2—观察镜;3—旋转平台;4—调平螺钉;5—保温皿;6—试样;
7—刻度盘;8—指针;9—活动齿杆;10—标准针;11—连杆;12—按钮;13—砝码

2. 试样准备

(1)将已预先脱除水分的沥青试样置于砂浴或密闭电炉上进行加热,并持续搅拌。加热过程中,需确保温度不超过预估软化点加 100 ℃ 的界限,且总加热时间不得超过 30 min。随后,使用筛网过滤,以彻底清除试样中的杂质。

(2)将处理后的试样小心地倒入预先选定并准备好的试样皿中,确保试样的深度超出预计的针入深度至少 10 mm,以保证测试的准确性和有效性。

(3)将盛有试样的皿置于 15～30 ℃ 的空气中静置冷却,冷却时间根据试样皿大小而定,小试样皿需 1～1.5 h,大试样皿则需 1.5～2 h,在这期间注意防止灰尘等杂质落入试样皿中。之后,将试样皿转移至已设定至试验温度的恒温水浴中继续恒温处理,小试样皿恒温 1～1.5 h,大试样皿恒温 1.5～2 h,以确保试样达到测试所需的稳定状态。

3. 检测步骤

(1)仔细调整针入度仪的基座螺钉,确保其处于水平状态。随后,检查活动齿杆的移动是否顺畅无阻,并将已清洁干净的标准针牢固地固定在连杆上。根据试验的具体要求,正确地放置相应的砝码。

(2)从恒温水浴中取出已恒温 1 h 的盛样皿,轻轻放置于水温精确控制在 25 ℃ 的平底保温玻璃皿中,确保沥青试样表面之上的水层高度不少于 10 mm。随后,将整个保温玻璃皿平稳地放置在针入度仪的旋转圆形平台上。

(3)仔细调整标准针的位置,使其针尖恰好与试样表面接触,但不得刺入试样内部。接着,移动活动齿杆,使其与标准针连杆的顶端紧密接触,并将刻度盘上的指针归零至"0"

位置。

(4)用稳定的力度按下按钮,同时启动秒表,让标准针在无任何外力作用的情况下自由扎入沥青试样中。待达到规定的时间后,立即松开按钮,使标准针停止移动。

(5)再次拉动活动齿杆,使其与标准针连杆的顶端重新接触。此时,刻度盘上的指针将随之转动,其所指示的读数即为该试样的针入度值。为了确保试验结果的准确性,应在试样的不同位置(各测点间及测点与金属皿边缘的距离均不小于 10 mm)重复进行三次试验。每次试验结束后,需将标准针取下,并使用浸有适当溶剂(如煤油、苯或汽油)的棉花仔细擦拭针端附着的沥青残留物。

(6)当测定针入度大于 200 的沥青试样时,建议至少使用 3 根标准针进行试验。在每次测定后,可将针暂时留在试样中,待所有三次测定均完成后,再统一将针从试样中取出。这一操作有助于减少因频繁插拔针可能引起的误差。

4. 结果评定

计算三次针入度测定的平均值,并将结果四舍五入至整数,以此作为最终的试验结果。确保这三次测定所得的针入度值之间的最大差异不超过表 11-4 中规定的允许范围。若实测差值超出表中给出的数值限制,则需重新进行整个试验流程,以确保试验结果的准确性和可靠性。

表 11-4 针入度测定允许最大值

针入度	0~49	50~149	150~249	250~350
最大差值	2	4	6	10

二、沥青延度测定

1. 仪器设备

(1)沥青延度仪及延度模具,如图 11-2 所示。

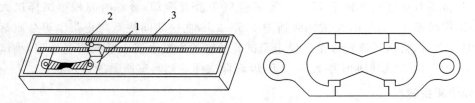

图 11-2 沥青延度仪及延度模具
1—滑板;2—指针;3—标尺

(2)瓷皿或金属皿,孔径 0.3~0.5 mm 筛,温度计(0~50 ℃,分度 0.1 ℃、0.5 ℃各一支),刀,金属板,砂浴。

2. 试样准备

(1)在磨光的金属板表面及模具的侧模内壁上均匀涂抹一层甘油滑石粉隔离剂,以确保良好的隔离效果。随后,将准备好的模具稳妥地放置于金属板上。

(2)将预先经过脱水处理的沥青试样放入金属皿中,置于砂浴上进行加热,直至沥青完全熔化并均匀搅拌。加热过程中,需严格控制温度,确保不超过试样软化点加 100 ℃ 的界限。之后,通过筛网过滤去除杂质,并继续搅拌直至所有气泡完全消散,确保沥青的纯净与均匀。

(3)将已熔化的沥青试样以稳定而缓慢的速度注入模具中,注意从模具的一端开始,往返多次直至另一端,确保沥青均匀分布并略高出模具边缘。随后,将试件置于 15~30 ℃ 的空气中自然冷却 30 min。之后,将其转移至温度精确控制在 25 ℃±0.1 ℃ 的水浴中保持 30 min。取出后,使用专用工具轻轻刮去高出模具的沥青部分,使沥青面与模具边缘完全齐平。刮除时,应从模具的中间开始,向两侧均匀刮平,确保试件表面光滑无瑕疵。最后,将处理好的试件连同金属板再次浸入 25 ℃±0.1 ℃ 的水浴中,持续保持 80~95 min,以完成最终的冷却与定型过程。

3. 检测步骤

(1)首先,仔细核查延度仪滑板的移动速度是否满足预设要求,随后精准地移动滑板,确保其上的指针精确对准标尺的零点位置,为后续测试打下坚实基础。

(2)将试件平稳地转移至延度仪的水槽中,并将模具两端的孔精准地套在滑板及水槽端部的金属柱上,以固定试件。待确认水槽中水温稳定在 25 ℃±0.5 ℃ 的范围内后,启动延度仪,开始观察沥青试样的拉伸情况。若在测试过程中发现沥青细丝漂浮于水面或沉入槽底,需立即采取措施,通过向水中适量添加乙醇或食盐水来调整水的密度,直至其接近试样的密度,以确保测试结果的准确性。

(3)当试件被拉断时,立即读取指针在标尺上所指示的数值,该数值即为试样的延度,单位以厘米(cm)表示。在理想情况下,试件应被拉伸成锥尖状,并在断裂时展现出接近零的实际横断面。若未能达到此预期结果,则需如实记录并报告,说明在此特定条件下无法获得有效的延度测定结果。

4. 结果评定

计算 3 个平行测定值的算术平均数,并将此平均值作为最终的测定结果。若这 3 次测定值中,有任何一次的值偏离平均值的范围超过 5%,但同时满足其中两个较高的测定值均在平均值上下 5% 的波动范围内,则应将最低的测定值视为异常值并予以剔除,仅取这两个较高值的平均值作为最终的测定结果。若不满足上述条件,即 3 次测定值之间的偏差过大,无法仅通过剔除单个值来确保结果的准确性,则需重新进行全部测定。

三、沥青软化点测定

1. 仪器设备

软化点测定仪(见图 11-3)、电炉或其他加热设备、金属板或玻璃板、刀、孔径 0.3~5 mm 筛、温度计、瓷皿或金属皿(熔化沥青用)、砂浴。

2. 试样准备

将黄铜环稳妥地放置于已涂抹甘油滑石粉隔离剂的金属板或玻璃板上,以确保良好

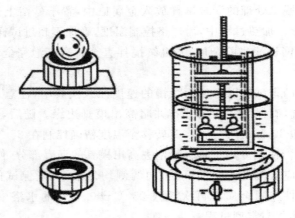

图 11-3　软化点测定仪

的黏附与隔离效果。随后,对预先经过脱水处理的试样进行加热熔化,特别注意的是,石油沥青的加热温度需严格控制在不超过试样预估软化点加 110 ℃ 的范围内,以避免过热影响试样的性质。在加热过程中,应持续搅拌并过筛以去除杂质,确保试样的纯净与均匀。

完成加热后,将熔化的试样缓缓注入黄铜环内,直至其略微高出环面。若预估试样的软化点在 120 ℃ 以上,为减少温度差异引起的应力,应提前将黄铜环与金属板预热至 80～100 ℃ 之间。

待试样在温度控制在 15～30 ℃ 的空气中自然冷却 30 min 后,使用适当的热力工具轻轻刮去高出黄铜环面的试样部分,直至试样表面与环面完全齐平,确保试样的平整与规范。

3. 检测步骤

(1)根据试样的预估软化点,选择适宜的介质:对于软化点不高于 80 ℃ 的试样,将盛有试样的黄铜环及板置于盛满水的保温槽内;而对于软化点高于 80 ℃ 的试样,则选甘油作为介质。保温槽内应确保介质充足,或将环水平安放于环架圆孔内再置于烧杯中。根据所选介质,设定恒温条件:水温维持在 5 ℃±0.5 ℃,甘油温度则保持在 32 ℃±1 ℃。同时,确保钢球也处于相应恒温的水或甘油环境中。

(2)向烧杯中注入新鲜煮沸并已冷却至 5 ℃±1 ℃ 的蒸馏水(针对软化点不高于 80 ℃ 的试样)或预热至 32 ℃±1 ℃ 的甘油(针对软化点高于 80 ℃ 的试样),注入量需确保水面或甘油液面略低于连接杆的深度标记,以确保测试的准确性。

(3)小心从水或甘油保温槽中取出盛有试样的黄铜环,将其平稳放置于环架中承板的圆孔内,并套上钢球定位器。随后,将整个环架稳稳地放入已准备好的烧杯中。调整烧杯内的水面或甘油液面至预设的深度标记处,同时仔细检查环架上是否有气泡,确保测试环境的纯净与稳定。最后,将温度计从上承板的中心孔垂直插入,确保温度计的水银球底部与铜环下表面平齐,以便准确测量温度。

(4)将烧杯移至装有石棉网的三脚架上或电炉上,确保加热过程的安全与稳定。随后,将钢球轻轻放置于试样表面,特别注意调整环架位置,使各环的平面在加热过程中始终保持水平状态。立即启动加热装置,使烧杯内的水或甘油温度在 3 min 内均匀上升至每分钟增加 5 ℃±0.5 ℃的速率。在整个测定过程中,需严格监控温度上升速度,若超出此范围,则需重新进行试验以确保结果的准确性。

(5)当试样受热软化并逐渐下坠,直至与下承板面接触时,此时所记录的温度即为该试样的软化点。这一温度点是评估沥青材料在高温下流动性和变形能力的重要指标。

4. 结果评定

取两个平行测定结果的算术平均值作为最终的测定结果,确保两个测定结果之间的差异不超过 1.2 ℃,以保证数据的准确性和可靠性。同时,针对防水卷材试样,需全面进行可溶物含量、拉力及断裂延伸率、撕裂强度等多项物理力学性能指标的测定,以综合评估其质量特性。在进行检测时,务必保持高度的严谨性、细致性和责任心,确保每一项检测工作都能精确无误地完成。

任务二 防水卷材检测与选用

在评估防水卷材的质量时,应依据建筑工程的具体结构部位和所需的防水等级,科学合理地选择适用的防水卷材。遵循《建筑防水卷材试验方法 第 27 部分:沥青和高分子防水卷材 吸水性》(GB/T 328.27—2007)的严格标准,我们需细致检验防水卷材的各项关键指标,包括面积、卷重、外观、厚度是否达标,以及伸长率、不透水性、耐热度、低温柔度等性能是否符合要求。同时,遵循材料检测的标准流程与注意事项,对防水卷材试样进行可溶物含量、拉力及断裂强度的全面测定,以科学、客观地评定其物理力学性能。在检测过程中,必须保持高度的严谨性、细致性和责任感,确保每一项检测数据的准确无误。

防水卷材,作为一种可卷曲的片状防水材料,在防水领域发挥着重要作用。根据其主要防水成分的不同,防水卷材大致可分为三大类:沥青防水卷材、高聚物改性沥青防水卷材以及合成高分子类防水卷材。其中,沥青防水卷材作为传统材料,俗称油毡,至今仍在使用;而高聚物改性沥青防水卷材和高分子类防水卷材,则凭借其卓越的综合性能,成为当前国内广泛推广和应用的新型防水卷材。

无论采用何种类型的防水卷材,为了确保其满足建筑防水的严苛要求,必须具备良好的耐水性、温度稳定性以及大气稳定性(即抗老化性)。此外,防水卷材还应具备足够的机械强度,良好的延伸性、柔韧性和抗断裂能力,以应对各种复杂多变的建筑环境和气候条件。

【工作任务】

熟悉并掌握沥青防水卷材、高聚物改性沥青防水卷材以及合成高分子防水卷材这三大类卷材的主要技术特性及其相应的检测方法。

【相关知识】

一、沥青防水卷材

1. 常用的石油沥青防水卷材品种

石油沥青防水卷材,作为一类重要的防水材料,是通过在基胎(如原纸或纤维物)上浸涂沥青,并在其表面撒布粉状或片状隔离材料制成的。此类卷材种类繁多,产量可观,其主要品种包括以下几种。

1)石油沥青纸胎防水卷材

该卷材采用低软化点石油沥青浸渍原纸,随后以高软化点石油沥青涂覆两面,并撒布隔离材料而成。依据《石油沥青纸胎油毡》(GB/T 326—2007)标准,根据原纸质量克数分为 200、350、500 三种标号。其中,200 号油毡多用于简易防水、临时性建筑防水、防潮及包装等场合;而 350 号和 500 号油毡则广泛应用于屋面、地下工程的多层防水。此外,按物理性能划分,此类卷材分为合格品、一等品和优等品。然而,鉴于沥青材料的温度敏感性高、低温韧性不足、易老化等特性,其使用年限相对较短,使用效果渐显局限,正逐步被市场淘汰。

2)石油沥青玻璃纤维油毡与玻璃布油毡

玻璃纤维油毡采用玻璃纤维薄毡为胎基,浸涂石油沥青,并撒布矿物粉或覆盖聚乙烯膜等隔离材料制成。该材料以良好的柔性、耐腐蚀性和长久的使用寿命著称。

玻璃布油毡则是以玻璃布为胎基制成的防水卷材,具有强大的拉力、优异的耐霉菌性能,且柔韧性优于纸胎油毡,便于在复杂部位进行粘贴和密封。它主要应用于地下防水、防潮层以及金属管道的防腐保护层。

3)沥青复合胎柔性防水卷材

此类卷材以改性沥青为基料,采用两种材料复合而成的胎体,并以细砂、矿物颗粒、聚酯膜等为覆面材料,通过浸涂、滚压工艺精制而成。其特点在于拉伸强度高、柔韧性佳、耐久性好,是防水等级要求较高工程的理想选择。

4)锡箔面油毡

该油毡以玻璃纤维毡为胎基,浸涂氧化沥青,表面压贴铝箔并撒布细颗粒矿物料或覆盖聚乙烯膜制成。其独特之处在于美观、能反射热量和紫外线,有效降低屋面及室内温度,同时阻隔蒸汽渗透,常用于屋面防水的面层和隔气层。

2. 沥青防水卷材的外观质量和物理性能要求

沥青防水卷材的外观质量和物理性能要求应符合表 11-5 和表 11-6 的规定。

表 11-5 沥青防水卷材外观质量

项目	质量要求
孔洞、硌伤	不允许
露胎、涂盖不匀	不允许

续表

项目	质量要求
折纹、皱褶	距卷芯 1000 mm 以外,长度<100 mm
裂纹	距卷芯 1000 mm 以外,长度<10 mm
裂口、缺边	边缘裂口<20 mm,缺边长度<50 mm,深度<20 mm
每卷卷材的接头	不超过 1 处,较短的一段不应小于 2500 mm,接头处应加长 150 mm

表 11-6 沥青防水卷材物理性能

项目		性能要求	
		350 号	500 号
纵向拉力(25 ℃±2 ℃)/N		3340	2440
耐热度(85 ℃±2 ℃,2 h)		不流淌,无集中性气泡	
柔性(18 ℃±2 ℃)		绕 ϕ20 mm 圆棒无裂纹	绕 ϕ25 mm 圆棒无裂纹
不透水性	压力/MPa	20、10	20、15
	保持时间/min	≥30	≥30

3. 石油沥青防水卷材的储存和运输

不同规格、标号、品种、等级的产品不得混放,卷材应保管在规定的温度下(粉毡和玻纤毡<45 ℃,片毡<50 ℃);运输时卷材必须立放,高度不超过两层,要防止日晒、雨淋、受潮,产品质量保证期为一年。

二、高聚物改性沥青防水卷材

高聚物改性沥青卷材,作为一种先进的防水材料,其核心在于采用改性后的沥青作为涂覆层,辅以纤维织物或纤维毡作为增强基底,同时选用粉状、粒状、片状或薄膜材料作为防黏隔离层精心制成。此材料有效解决了传统沥青卷材温度稳定性欠佳及延伸率低的问题,展现出高温下不流淌、低温中不脆裂、拉伸强度卓越且延伸性能优异的特性。市场上常见的品种包括 SBS 改性沥青防水卷材、APP 改性沥青防水卷材、PVC 改性焦油沥青防水卷材及再生胶改性沥青防水卷材等。依据厚度差异,此类卷材可细分为 2 mm、3 mm、4 mm、5 mm 等多种规格,既适合单层铺设,也能通过复合使用以满足更高要求的防水工程。

1. 弹性体改性沥青防水卷材(SBS 卷材)

弹性体改性沥青防水卷材,特指以 SBS(苯乙烯-丁二烯-苯乙烯)热塑性弹性体作为改性成分,选用聚酯毡(PY)或玻纤毡(G)作为坚固基底,其两面则精心覆盖有聚乙烯膜(PE)、细砂(S)或矿物粒料(M)等多样化表面材料,这一类型卷材简称为 SBS 卷材。

依据国家相关标准,SBS 卷材的分类详尽而系统:按胎基材料不同,划分为聚酯毡(PY)与玻纤毡(G)两大类别;依据上表面隔离材料的差异,进一步细分为聚乙烯膜(PE)、细砂(S)及矿物粒料(M)三种类型;此外,还根据物理力学性能标准,将其分为Ⅰ型和Ⅱ型两个等级。综合不同胎基与表面材料的组合，SBS卷材共分为六个具体品种，详细分类请参见表11-7。

表 11-7　SBS、APP卷材品种

胎基上表面材料	聚酯毡	玻纤毡
聚乙烯膜(PE)	PY-PE	G-PE
细砂(S)	PY-S	G-S
矿物粒料(M)	PY-M	G-M

SBS防水卷材幅宽为1000 mm，聚酯毡卷材的厚度有3 mm、4 mm两种，玻纤毡卷材的厚度有2 mm、3 mm、4 mm三种。每卷面积有15 m²、10 m²和7.5 m²三种，物理力学性能应符合表11-8的规定。

表 11-8　SBS卷材物理力学性能

序号	胎基		PY I	PY II	G I	G II
	型号		I	II	I	II
1	可溶物含量/(g/m²)，≥	2 mm	—	—	1300	1300
		3 mm	2100	2100	2100	2100
		4 mm	2900	2900	2900	2900
2	不透水性	压力/MPa，≥	0.3	0.3	0.2	0.3
		保持时间/min，≥	30	30	30	30
3	耐热度/℃		90	105	90	105
			无滑移，无流淌，无滴落			
4	拉力/(N/50mm)，≥	纵向	450	800	350	500
		横向	450	800	250	300
5	最大拉力时延伸率/(%)，≥	纵向	30	40	—	—
		横向	30	40	—	—
6	低温柔度/℃		−18	−25	−18	−25
			无裂纹			
7	撕裂强度/N	纵向	250	350	250	350
		横向	250	350	170	200
8	人工气候加速老化	外观	I级			
			无滑移，无流淌，无滴落			
		拉力保持率（纵向）/(%)，≥	80	80	80	80
		低温柔度/℃	−10	−20	−10	−20
			无裂纹			

注：表中1~6项为强制性项目。

SBS卷材作为一种高性能的防水材料,相较于传统的沥青油毡,展现出卓越的耐高温与耐低温性能。它被广泛运用于多种建筑物的常规及特殊屋面防水需求中,包括地下室工程的防水、防潮处理,以及室内游泳池等场所的防水工程。此外,SBS卷材还适用于各类水利设施及市政工程的防水作业。尤为值得一提的是,在寒冷地区的工业与民用建筑屋面,以及经历频繁变形的结构部位,SBS卷材同样展现出优异的防水效果,并能满足Ⅰ级防水工程的高标准要求。

2. 塑性体改性沥青防水卷材(APP 卷材)

塑性体改性沥青防水卷材,简称 APP 卷材,是以聚酯毡或玻纤毡为核心胎基材料,采用无规聚丙烯(APP)或相关聚烯烃类聚合物作为高效改性剂精心配制而成。其表面两侧均覆盖有专业的隔离材料,以确保卷材的优异性能与施工便利性。卷材的具体品种详见表 11-7,其规格尺寸与外观要求则与 SBS 卷材保持一致,确保了产品间的兼容性与互换性。关于 APP 卷材的物理力学性能,应符合表 11-9 的规定。

表 11-9 APP 卷材物理力学性能

序号	胎基		PY		G	
	型号		Ⅰ	Ⅱ	Ⅰ	Ⅱ
1	可溶物含量/(g/m²),≥	2 mm	—		1300	
		3 mm	2100			
		4 mm	2900			
2	不透水性	压力/MPa	0.3		0.2	0.3
		保持时间/min	30			
3	耐热度/℃		110	130	110	130
			无滑移,无流淌,无滴落			
4	拉力/(N/50 mm),≥	纵向	450	800	350	500
		横向			250	300
5	最大拉力时延伸率/(%),≥	纵向	25	40	—	
		横向				
6	低温柔度/℃		−5	−15	−5	−15
			无裂纹			
7	撕裂强度/N	纵向	250	350	250	350
		横向			170	200
8	人工气候加速老化	外观	Ⅰ 级			
			无滑移,无流淌,无滴落			
		拉力保持率(纵向)/(%),≥	80			
		低温柔度/℃	3	−10	3	−10
			无裂纹			

注:1. 当需要耐热度超过 130 ℃卷材时,该指标可由供需双方协商确定。
2. 表中 1~6 项为强制性项目。

APP 卷材展现出与 SBS 改性沥青卷材相媲美的优异综合性能,特别是在耐热性方面表现突出,其温度适应范围宽广,能够从容应对 －15～130 ℃ 的极端温度变化。此外,APP 卷材还具备强大的耐紫外线能力,相较于其他改性沥青卷材更显优势,但在低温柔韧性方面则略显不足。该卷材被广泛应用于各类工业与民用建筑的屋面及地下防水工程中,同时也适用于道路、桥梁等基础设施的防水处理。特别是在较高气温环境下,APP 卷材更是成为建筑防水的首选材料,其稳定的性能与可靠的品质赢得了市场的广泛认可与信赖。

3. 高聚物改性沥青防水卷材外观质量要求

高聚物改性沥青防水卷材外观质量应符合表 11-10 的要求。

表 11-10　高聚物改性沥青防水卷材外观质量要求

项目	质量要求
孔洞、缺边、裂口	不允许
边缘不整齐	不超过 10 mm
胎体露白、未浸透	不允许
撒布材料粒度、颜色	均匀
每卷卷材的接头	不超过 1 处,较短的一段不应小于 1000 mm,接头处应加长 150 mm

三、合成高分子类防水卷材

合成高分子类防水卷材,作为高端防水材料领域的佼佼者,其基料源自精密配比的合成橡胶、合成树脂或二者的共混体系,辅以精准的化学助剂与添加剂,历经精心设计的工艺流程精制而成,呈现为卷材或片材形态。当前市场上,该类产品琳琅满目,主要涵盖橡胶系列(如聚氨酯、三元乙丙橡胶、丁基橡胶等彰显卓越弹性与耐久性的品种)、塑料系列(以聚乙烯、聚氯乙烯等为代表的坚韧耐用材料)以及橡胶塑料共混系列,每一系列均进一步细分为加筋增强型与非加筋增强型,以满足不同工程对强度的特定需求。

合成高分子防水卷材以其卓越的物理力学性能著称,包括惊人的拉伸强度与抗撕裂能力、显著的断裂伸长率、卓越的耐热性与低温柔韧性,以及对腐蚀与老化的非凡抵抗力,这些特性共同构筑了其作为新型高档防水材料的坚实基础。市场上常见的品种有三元乙丙橡胶防水卷材(卓越耐候性)、聚氯乙烯防水卷材(强韧耐用)、氯化聚乙烯防水卷材(优异综合性能),以及氯化聚乙烯-橡胶共混防水卷材(均衡特性)等,均为行业内的佼佼者。

此类卷材依据工程需求,精准划分为 1 mm、1.2 mm、1.5 mm、2.0 mm 等多种厚度规格,确保每一项目都能获得最为匹配的防水解决方案。

1. 三元乙丙(EPDM)橡胶防水卷材

三元乙丙橡胶防水卷材,其核心材质为乙烯、丙烯与微量二聚环戊二烯共聚而成的三元乙丙橡胶,辅以适量丁基橡胶,历经密炼、挤出或压延成型、硫化及分卷包装等精细工序精心打造。其独特的分子结构,主链上无双键(即高度饱和),赋予其卓越的耐老化性能,有效抵御臭氧、紫外线及湿热环境的侵蚀,化学稳定性极佳。因此,该卷材展现出优异的耐候性、耐臭氧、耐热性,使用寿命长达20~40年之久。其抗拉强度高,耐酸碱腐蚀,延伸率大,能够灵活适应基层的伸缩与局部开裂变形。在极端温度条件下,−48~80 ℃不脆裂,80~120 ℃则保持稳定,不起泡、不流淌、不粘连,确保在严寒与酷热环境中均能长期可靠使用。此防水卷材尤为适用于防水要求严苛、耐用年限长的土木建筑工程。

2. 聚氯乙烯防水卷材(PVC卷材)

PVC卷材,作为非硫化型高档弹性防水材料,以聚氯乙烯树脂为基石,融合适量添加剂精制而成。依据基料特性,可分为两大类型:S型,采用煤焦油与聚氯乙烯树脂混溶料,展现柔性魅力;P型,则以增塑聚氯乙烯树脂为基,彰显塑性风采。PVC卷材以其高强度拉伸、大伸长率著称,对基层的伸缩与开裂变形展现出卓越的适应性。其宽幅设计便于施工,焊接性能优异,同时具备良好的水蒸气扩散性,确保冷凝物顺畅排出。耐老化、耐低温及高温的特性,使其广泛应用于各类屋面防水、地下防水及旧屋面维修工程中。

此外,氯化聚乙烯-橡胶共混防水卷材,作为另一款高档硫化型防水卷材,融合了氯化聚乙烯树脂与丁苯橡胶的双重优势,辅以多种添加剂精心打造。该卷材兼具塑料的坚韧与橡胶的弹性,展现出卓越的耐老化性、高弹性、高延伸性及低温性能,耐腐蚀性强,对结构基层变形具有出色的适应能力。无论是屋面的外露还是非外露防水工程,再或者是地下室、水池等建筑物的防水需求,均能完美胜任。其外观质量及物理性能详见表11-11和表11-12。在储存、运输及保管方面,合成高分子防水卷材与高聚物改性沥青防水卷材遵循相同的要求。

表11-11 氯化聚乙烯-橡胶共混防水卷材外观质量要求

项目	外观质量要求
折痕	每卷不超过2处,总长不大于20 mm
杂质	不允许有粒径大于0.5 mm的颗粒
胶块	每卷不超过6处,每处面积不大于4 mm²
缺胶	每卷不超过6处,每处不大于7 mm,深度不超过卷材厚度的30%
接头	每卷不超过1处,短段不得少于3000 mm,并应加长150 mm备作搭接

表11-12 氯化聚乙烯-橡胶共混防水卷材物理性能

序号	项目	指标	
		S型	N型
1	拉伸强度/MPa	7.0	5.0
2	断裂伸长率/(%)	400	250
3	直角形撕裂强度/(kN/m)	24.5	20.0
4	不透水性,30 min	0.3 MPa 不透水	0.2 MPa 不透水

续表

序号	项目		指标	
			S 型	N 型
5	热老化保持率 (80 ℃±2 ℃,168 h)	拉伸强度/MPa	80	
		断裂伸长率/(%)	70	
6	脆性温度		−40 ℃	−20 ℃
7	臭氧老化(浓度为 5pphm,168 h,40 ℃,静态)		伸长率40%无裂纹	伸长率20%无裂纹
8	黏结剥离强度(卷材与卷材)	kN/m	2.0	
		浸水 168 h,保持率 A	70	
9	热处理尺寸变化率/(%)		+1	+2
			−2	−4

3. 氯磺化聚乙烯防水卷材

氯磺化聚乙烯防水卷材,以优质氯磺化聚乙烯橡胶为核心材料,科学融入增塑剂、稳定剂、硫化剂、耐老化剂、精选填料及色料等,历经精炼、压延(或挤出)、硫化处理、冷却定型及精细包装等多道工序精心制成,简称 CSP。此材料因聚乙烯分子中的双键经过氯化和磺酰化作用后达到饱和状态,赋予了其结构高度的稳定性,从而展现出卓越的耐老化性能。同时,这一化学改性过程也令聚乙烯的质地变得柔软且富有弹性,能够灵活应对基层的伸缩变化及局部开裂情况。

该卷材不仅具备优异的自熄性和难燃性,还提供了丰富多彩的外观选择,增强了装饰效果,且对多种化学物质具有良好的抵抗能力。因此,它广泛应用于屋面工程的单层外露防水系统,以及地下室、涵洞、贮水池等设有保护层的土木工程中,特别适合于存在酸碱介质环境的建筑防水与防腐需求。

除了上述三种典型代表外,合成高分子防水卷材家族成员众多,它们大多基于塑料或橡胶的改性技术,或是两者乃至多种材料的复合创新,旨在满足各类土木工程严格的防水标准。这些卷材的独特性能与适用范围,详见表 11-13。

表 11-13 常见合成高分子防水卷材的特点和适用范围

卷材名称	特点	适用范围	施工工艺
三元乙丙橡胶防水卷材	防水性能优异,耐候性好,耐臭氧性、耐化学腐蚀性、弹性较好,抗拉强度高,对基层变形开裂的适应性强,质量轻,使用温度范围广,寿命长,但价格高,黏结材料尚需配套完善	防水要求较高,防水层耐用年限要求较长的工业与民用建筑,单层或复合使用	冷黏法或自黏法

续表

卷材名称	特点	适用范围	施工工艺
丁基橡胶防水卷材	有较好的耐候性、耐油性、抗拉强度和延伸率,耐低温性能稍逊于三元乙丙防水卷材	单层或复合使用于要求较高的防水工程	冷黏法施工
氯化聚乙烯防水卷材	具有良好的耐候、耐臭氧、耐热老化、耐油、耐化学腐蚀及抗撕裂的性能	单层或复合使用,宜用于紫外线强的炎热地区	冷黏法施工
氯磺化聚乙烯防水卷材	延伸率较大,弹性较好,对基层变形开裂的适应性较强,耐高、低温性能好,耐腐蚀性能优良,有很好的难燃性	适合于有腐蚀介质影响及在寒冷地区的防水工程	冷黏法施工
聚氯乙烯防水卷材	具有较高的拉伸和撕裂强度,延伸率较大,耐老化性能好,原材料丰富,价格便宜,容易黏结	单层或复合使用于外露或有保护层的防水工程	冷黏法或热风焊接法施工
氯化聚乙烯-橡胶共混防水卷材	不但具有氯化聚乙烯特有的高强度和优异的耐臭氧、耐老化性能,而且具有橡胶所特有的高弹性、高延伸性以及良好的低温柔度	单层或复合使用,尤宜用于寒冷地区或变形较大的防水工程	冷黏法施工
三元乙丙橡胶-聚乙烯共混防水卷材	热塑性弹性材料,有良好的耐臭氧和耐老化性能,使用寿命长,低温柔度好,可在负温条件下施工	单层或复合外露防水层面,宜在寒冷地区使用	冷黏法施工

根据国家标准《屋面工程技术规范》(GB 50345—2012)的明确要求,合成高分子防水卷材被广泛应用于防水等级为Ⅰ级、Ⅱ级及Ⅲ级的屋面防水工程中。具体而言,在Ⅰ级防水标准的屋面工程中,必须至少铺设一层厚度不低于 1.5 mm 的合成高分子防水卷材;对于Ⅱ级防水屋面,可选用一层或两层厚度均不小于 1.2 mm 的该类卷材;而在Ⅲ级防水屋面中,同样可采用一层厚度不小于 1.2 mm 的合成高分子防水卷材。

关于卷材的储存与运输管理,需严格遵守以下规定:

(1)分类存放:确保不同品种、型号及规格的卷材分别堆放,以便于识别与管理。

(2)环境控制:卷材应存放于阴凉通风的室内环境中,远离雨淋、日晒及潮湿源,同时严禁靠近火源。特别地,沥青防水卷材的储存环境温度需控制在 45 ℃以下。

(3)堆放方式:沥青防水卷材建议直立堆放,且堆放高度不宜超过两层,以防倾斜或受压变形。在短途运输过程中,若需平放,则层数不应超过四层。

(4)防污染措施:卷材应避免与化学介质、有机溶剂等有害物质直接接触,以防腐蚀或损害。

此外，对于沥青防水卷材、高聚物改性沥青防水卷材及合成高分子防水卷材的施工，有明确的天气与环境条件限制：严禁在雨天、雪天进行作业；当风力达到五级及以上时，同样禁止施工；在环境温度低于 5 ℃ 的条件下，施工应谨慎进行，以确保工程质量与安全。

【性能检测】

一、防水卷材的认识

1. 试样准备

准备齐全各品种防水卷材的样本，以确保后续分析的全面性和准确性。

2. 实施步骤

（1）分组辨识防水卷材：通过分组的方式，系统而有序地认识各种防水卷材，增进对其外观、材质等基本特性的了解。

（2）深入剖析特点与应用：针对每种防水卷材，详细分析其独特的物理性能、化学稳定性、耐久性等特点，并探讨其适用的工程领域及具体应用场景，为实际选择和使用提供科学依据。

二、卷重、厚度、面积、外观质量的检测

1. 仪器设备

（1）台秤：具备的最小分度值为 0.2 kg，用于精确称量卷材重量。

（2）钢卷尺：其最小分度值精确至 1 mm，适用于测量卷材的长度与宽度。

（3）厚度计：采用 10 mm 直径接触面，当施加单位压力为 0.2 MPa 时，其分度值可达 0.1 mm，专用于精确测量卷材的厚度。

2. 试样准备

将同一类型、同一规格的卷材归为一批，并从每批中随机抽取 5 卷作为检测样本。这些样本将接受卷重、厚度、面积及外观的全面检测。

3. 检测步骤

（1）卷重测量：使用台秤逐一称量每卷卷材的重量，确保数据准确无误。

（2）面积计算：利用钢卷尺在卷材的两端和中部测量其长度与宽度，取平均值后计算每卷卷材的面积。若卷材存在接头，需将两段长度之和减去 150 mm 作为卷材长度的测量值。若计算出的面积超出标准规定的正偏差范围，则按公称面积重新计算卷重。只要符合最低卷重要求，即判定为合格。

（3）厚度检测：采用厚度计，保持测量时间为 5 s。沿卷材宽度方向裁取 50 mm 宽的试样，在宽度方向上均匀选取 5 个点进行测量，其中两点分别位于距卷材长度边缘 150 mm±15 mm 的位置，其余 3 点等距分布在这两点之间。对于砂面卷材，需先清除浮砂再进行测量。记录所有测量值，并计算 5 点的平均值作为该卷材的厚度。最终，以所有抽取卷材的厚度总平均值作为该批产品的厚度，并记录其中的最小值。

(4)外观检查:将卷材直立放置于平面上,使用一把钢卷尺紧贴卷材端面,另一把分度值为 1 mm 的钢卷尺垂直伸入端面凹面处,测量并记录里进外出值。随后,展开卷材,按照外观质量要求进行全面检查。特别地,沿宽度方向裁取 50 mm 宽的试样,检查胎基内是否存在未被浸透的条纹,以确保卷材质量符合标准。

4. 结果评定

在抽取的 5 卷中,各项检查结果都符合标准规定时,判定为厚度、面积、卷重、外观合格,否则允许在该批试样中另取 5 卷,对不合格项进行复查,如达到全部指标合格,则判为合格,否则,判为不合格。

三、物理力学性能检测

1. 试样准备

在确保卷材的面积、卷重、外观及厚度均符合要求的条件下,随机抽取一卷,从距外层卷头 2500 mm 处开始,沿卷材纵向切取两块全幅且长度为 800 mm 的样品。其中一块样品将用于物理力学性能试验,另一块则备用。在切取试件时,需遵循图 11-4 所示的部位以及表 11-14 中明确规定的数量要求,并确保试件边缘与卷材纵向之间的距离不小于 75 mm。

2. 可溶物含量测定

1)溶剂与仪器设备

溶剂:选用四氯化碳、三氯甲烷或三氯乙烯,确保其为工业纯或化学纯级别。

仪器设备:包括分析天平(感量需达到 0.001 g),500 mL 索氏萃取器用于提取操作,电热干燥箱(温度范围 0~300 ℃,控温精度为±2 ℃),以及直径不小于 150 mm 的滤纸用于过滤处理。

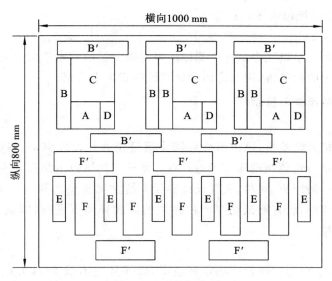

图 11-4 试件切取图

表 11-14　试件尺寸和数量

检测项目	试件代号	试件尺寸/(mm×mm)	数量/个
可溶物含量	A	100×100	3
拉力及延伸率	B、B′	250×50	纵横各5
不透水性	C	150×150	3
耐热度	D	100×50	3
低温柔度	E	150×25	6
撕裂强度	F、F′	200×75	纵横各5

2)检测步骤

将精心切好的三块试件(A)分别用洁净的滤纸细心包裹,并使用棉线牢固捆扎。随后,对每一个滤纸包进行单独称重,并准确记录其重量数据。接下来,将包裹好的试件滤纸包小心放入萃取器中,控制溶剂的加入量,确保其为烧瓶容量的1/3～1/2。随后,启动加热萃取过程,持续进行直至回流的液体颜色明显变浅,达到萃取终点。

完成萃取后,取出滤纸包,允许其自然放置于通风处,使残留的溶剂充分挥发。之后,将滤纸包转移至已预热至105～110 ℃的电热干燥箱中,进行1 h的干燥处理。干燥结束后,立即将滤纸包放入干燥器中,待其冷却至室温后,再次进行精确称重,并记录此时的重量数据。

3)结果处理与性能评定

可溶物含量按式(11-2)计算:

$$A = K(G - P) \tag{11-2}$$

式中:A——可溶物含量,g/m^2;

　　G——萃取前滤纸包质量,g;

　　P——萃取后滤纸包质量,g;

　　K——系数,$1/m^2$。

卷材的可溶物含量以三个试件所测得的可溶物含量的算术平均值来确定。若此平均值满足或超过规定的标准值,则判定该卷材在该项指标上合格。

3. 拉力及断裂延伸率检测

1)仪器设备

采用高精度拉力试验机,该机器能够同步测量拉力与延伸率,其测量范围广泛,覆盖0～2000 N,且最小分度值精确至不超过5 N。伸长率测试范围足以使夹具在180 mm间距的基础上实现一倍伸长,同时,夹具设计确保夹持宽度至少达到50 mm,以满足各类试件的测试需求。此外,所有测试均在严格控制的温度环境下进行,即试验温度维持在23 ℃±2 ℃的范围内。

2)检测步骤

首先,将预先切取的试件置于指定环境中,确保其在不低于24 h的时间内达到试验所需的温度平衡。

随后，对拉力试验机进行校准，设定拉伸速度为 50 mm/min，确保测试结果的准确性。

将试件准确夹持在试验机的夹具中心位置，确保试件不出现歪扭现象，同时调整上下夹具的间距至 180 mm。

启动试验机，开始对试件进行拉伸，直至试件完全断裂。在此过程中，试验机会自动记录拉力值及达到最大拉力时的延伸率数据。

3）结果处理与性能评定

(1)分别计算纵向及横向各 5 个试件的最大拉力的算术平均值，作为卷材纵向和横向的拉力(N/50mm)。

(2)最大拉力时的延伸率按式(11-3)计算：

$$E = (L_1 - L_0)/L \times 100\% \tag{11-3}$$

式中：E——最大拉力时的延伸率，%；

L_1——试件拉断时夹具的间距，mm；

L_0——试件拉伸前夹具的间距，mm；

L——上下夹具间的距离，180 mm。

分别计算纵向及横向各 5 个试件的最大拉力时的延伸率的算术平均值，作为卷材纵向及横向的最大拉力时的延伸率。

若拉力、最大拉力时的延伸率的平均值达到规定时则判定该项指标合格。

4. 不透水性检测

1）仪器设备

采用符合国家标准 GB/T 328.27—2007 规定要求的不透水仪作为本次试验的核心设备，以确保测试结果的准确性和可靠性。

2）检测步骤

将待测试件平稳放置于不透水仪上，严格遵循 GB/T 328.27—2007 标准中规定的操作流程进行检测。在预设的压力条件下，于规定的时间段内，仔细观察试件表面是否出现任何透水迹象，以此作为评估其防水性能的依据。

3）结果评定

对于每组包含的三个试件，均需在相同的规定压力和时间内进行测试。若所有试件均能达到标准所规定的防水要求，则判定该组试件在该项防水性能指标上合格。

5. 耐热度检测

1）仪器设备

电热恒温箱，用于提供稳定且精确的温度环境。

2）检测步骤

将尺寸为 50 mm×100 mm 的试件以垂直状态悬挂在电热恒温箱内，该箱体需预先加热至规定的温度。随后，保持此温度条件对试件进行加热处理，持续时间为 2 h。加热完成后，小心取出试件以待后续观察。

3）结果评定

对加热后的试件进行细致观察，重点检查涂盖层是否出现滑动、流淌或滴落的现象。

同时,确认试件任意一端的涂盖层与胎基之间未发生位移,且试件下端应与胎基保持平齐,无流挂、滴落的痕迹。若每组中的 3 个试件均能满足上述标准规定,则判定该组试件在该项指标上合格。

6. 低温柔度试验

1)仪器设备

低温制冷仪:控制温度范围为 0~30 ℃,精度为±2 ℃。

半导体温度计:测量范围覆盖 30~40 ℃,精度为 5 ℃。

柔度检测工具:包括半径为 15 mm 和 25 mm 的柔度棒或柔度弯板,如图 11-5 所示,用于评估卷材的柔韧性。

冷冻液:需选用与卷材材料不发生化学反应的专用液体。

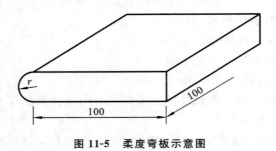

图 11-5　柔度弯板示意图

2)检测步骤

(1)A 法。

在容量不小于 10 L 的容器中注入超过 6 L 的冷冻液。将容器整体置于低温制冷仪内,冷却至标准所规定的温度。同时将试件与选定半径的柔度棒(或弯板)浸入冷冻液中,待液体温度稳定至标准值时,保持至少 0.5 h。在液体中,迅速而均匀地在 3 s 内将试件绕柔度棒或弯板弯曲 180°。

(2)B 法。

将试件及柔度棒(或弯板)一同置于已冷却至标准温度的低温制冷仪内的冷冻液中。保持试件在低温环境中直至温度达到标准值,且至少维持 2 h。在低温制冷仪内,直接对试件进行弯曲测试,即在 3 s 内匀速绕柔度棒或弯板弯曲 180°。柔度棒或弯板的直径选择应依据卷材的具体标准规定进行。测试时,6 块试件中,3 块试件的上表面、另 3 块试件的下表面需分别与柔度棒或弯板接触。

3)结果评定

从冷冻液中取出试件后,采用目视检查方式,仔细观察试件涂盖层是否出现裂缝。若 6 个试件中有至少 5 个试件满足标准规定的要求,则判定该项指标为合格。

7. 撕裂强度检测

1)仪器设备

采用高精度拉力试验机,该设备配备有上下夹具,其间距精确设定为 180 mm,以确保测试的准确性。试验全程在严格控制的温度环境下进行,即试验温度维持在 23 ℃±2 ℃

的范围内,以消除温度因素对测试结果的影响。

2)检测步骤

首先,使用专业的切刀或模具,将试件精确裁剪成符合图 11-6 所示的形状和尺寸。随后,将裁切好的试件置于预设的试验温度条件下,确保其在不低于 24 h 的时间内达到温度平衡,以模拟实际应用中的环境条件。在进行拉伸试验前,需对拉力试验机进行校准,确保拉伸速度为 50 mm/min,以满足测试标准的要求。将试件平稳地夹持在夹具的中心位置,确保试件不出现歪扭或偏移,同时调整上下夹具的间距至规定的 180 mm。启动试验机,开始对试件进行拉伸操作,直至试件完全断裂。在此过程中,试验机会自动记录并显示拉伸过程中的最大拉力值。

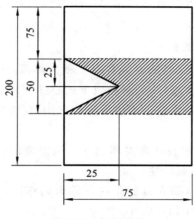

图 11-6 撕裂试件

3)结果评定

分别计算纵向及横向各 5 个试件最大拉力的算术平均值,作为卷材纵向及横向的撕裂强度,单位为 N。若撕裂强度的平均值达到规定时则判定该项指标合格。

任务三 防水涂料、防水油膏和防水粉的选用

【工作任务】

熟识建筑工程中常用的防水涂料、防水油膏以及防水粉;根据工程特点正确选用合适的品种。

【相关知识】

一、防水涂料

防水涂料是一种流态或半流态的胶状材料,它可均匀涂布于基层表面之上,通过溶剂

或水分的自然挥发,或是各组分间复杂的化学反应,最终形成一层既富有弹性又具备一定厚度的连续防水薄膜。这层薄膜能有效地将基层与水源隔绝,从而发挥出色的防水与防潮功能。防水涂料尤其适用于各类结构复杂多变的屋面、空间有限的厕浴间以及地下工程等防水需求场景,同时也是解决屋面渗漏问题的优选材料。其形成的防水膜不仅完整无缝,施工操作也极为简便,大多采用冷作业方式,不需加热处理,显著改善了施工环境,提升了劳动条件。

然而,值得注意的是,防水涂料的施工需借助刷子或刮板等工具逐层涂刷(或刮涂),这一特性使得防水膜的厚度控制成为一项挑战,难以保证每处都均匀一致。

从液态类型来看,防水涂料可细分为溶剂型、水乳型和反应型三大类;而若以成膜物质的主要成分为分类标准,则可分为沥青类、高聚物改性沥青类以及合成高分子类等多种。

1. 防水涂料的基本性能要求

防水涂料种类繁多,每种涂料的性能各有千秋。然而,无论选择何种防水涂料,为确保其满足防水工程的高标准需求,均须具备以下核心性能:

(1)固体含量:此指标衡量涂料中固体成分的比例,直接关系到成膜后的厚度与质量,是评估涂料性能的重要基础。

(2)耐热度:指的是防水薄膜在高温环境下仍能保持稳定,不软化、不变形、不流淌的能力,体现了涂膜卓越的耐高温特性。

(3)柔性:反映的是防水薄膜在低温条件下的柔韧程度,良好的柔性确保了涂料在低温施工及使用过程中的适应性和可靠性。

(4)不透水性:作为防水涂料的核心指标,它衡量了涂膜在一定水压(无论是静水压还是动水压)和特定时间内的抗渗性能,是保障防水效果的关键。

(5)延伸性:指涂膜能够顺应基层因温差、湿度变化而产生的变形,保持防水层的完整性和有效性,是确保长期防水效果的重要因素。

2. 常用防水涂料

(1)沥青防水涂料:以沥青为主要成分,辅以矿物胶作为乳化剂,通过机械强力搅拌实现沥青的乳化,制成水性沥青基质防水涂料。常见的沥青基防水涂料包括石灰乳化沥青、膨润土沥青乳液及水性石棉沥青防水涂料等,广泛应用于Ⅲ级和Ⅳ级防水等级的工业与民用屋面、混凝土地下室及卫生间等防水领域。

(2)高聚物改性沥青防水涂料:此类涂料在沥青基料的基础上,融入了合成高分子材料进行改性,形成水乳型或溶剂型防水涂料。相比传统沥青涂料,其在柔韧性、抗裂性、拉伸强度、耐高低温性能及使用寿命等方面均有显著提升。代表品种有再生橡胶改性沥青防水涂料、水乳型氯丁橡胶沥青防水涂料、SBS橡胶改性沥青防水涂料等,广泛适用于Ⅱ、Ⅲ、Ⅳ级防水等级的屋面、地面、混凝土地下室及卫生间等防水工程。其物理性能需严格遵循相关标准(如表11-15所示)以确保施工质量。

表 11-15　高聚物改性沥青防水涂料物理性能

项目		性能要求
固体含量/(%)		≥43
耐热度(80 ℃,5 h)		无流淌、不起泡和不滑动
柔性/℃		3 mm 厚,绕 φ20 mm 圆棒无裂纹、无撕裂
不透水性	压力/MPa	≥0.1
	保持时间/min	≥30
延伸(20 ℃±2 ℃)/mm		≥4.5

(3)合成高分子防水涂料:其核心成分为合成橡胶或合成树脂,辅以其他精心挑选的辅料,精心调配成单组分或双组分的优质防水涂料。此类涂料以其卓越的高弹性、超长的耐久性以及出类拔萃的耐高低温性能而著称。其丰富多样的品种涵盖了聚氨酯防水涂料、丙烯酸酯防水涂料、聚合物水泥涂料以及有机硅防水涂料等,能够广泛满足Ⅰ、Ⅱ、Ⅲ级防水等级要求的各类工程,包括但不限于屋面、地下室、水池及卫生间等防水项目。

为确保防水效果与工程质量,合成高分子防水涂料的物理性能需严格遵循表 11-16 所规定的技术指标,同时,涂膜厚度的选择亦应依据表 11-17 的明确规定进行,以确保防水层的完整性与有效性。

表 11-16　合成高分子防水涂料物理性能

项目		性能要求		
		反应固化型	挥发固化型	聚合物水泥涂料
拉伸强度/MPa		≥1.65	≥1.5	≥1.2
柔性/℃		−30,弯折无裂纹	−20,弯折无裂纹	−10,绕 φ20 mm 圆棒无裂纹
不透水性	压力/MPa		≥0.3	
	保持时间/min		≥30	
固体含量/(%)		≥94	≥65	≥65
断裂延伸率/(%)		≥350	≥300	≥200

表 11-17　涂膜厚度选用表

屋面防水等级	设防道数	高聚物改性沥青防水涂料	合成高分子防水涂料
Ⅰ	三道或三道以上设防	—	不应小于 1.5 mm
Ⅱ	二道设防	不应小于 3 mm	不应小于 1.5 mm
Ⅲ	一道设防	不应小于 3 mm	不应小于 2 mm
Ⅳ	一道设防	不应小于 3 mm	—

二、防水油膏

防水油膏,作为一种非定型的建筑密封材料,被广泛称为密封膏、密封胶或密封剂,它在确保建筑物及结构部位实现无渗漏、无透气的关键防护中扮演着不可或缺的角色。为实现接缝处的高效密封,防水油膏需与被黏基层展现出高强度的黏结性能,同时需兼备优异的水密性、气密性、耐高低温性、抗老化能力以及良好的弹塑性和拉伸-压缩循环恢复性。

在选择防水油膏时,需综合考虑其黏结性能与具体使用场景。理想的密封效果建立在密封材料与被黏基层之间牢固的黏结基础上,因此,应根据基层的材质、表面状态及特性,精心挑选出黏结性能卓越的防水油膏。此外,不同建筑物部位对接缝密封的要求各异,例如,室外接缝需特别注重耐候性,而伸缩缝则强调优异的弹性与拉伸-压缩循环稳定性。

当前市场上,防水油膏种类繁多,常见的有沥青嵌缝油膏、聚氯乙烯接缝膏及塑料油膏、丙烯酸类密封膏、聚氨酯密封膏、聚硫密封膏、硅酮密封膏等,它们各自具备独特的性能优势,以满足不同工程领域的防水密封需求。

1. 沥青嵌缝油膏

沥青嵌缝油膏,一款以石油沥青为核心,融合改性材料(如废橡胶粉与硫化鱼油)、稀释剂(包括松焦油、松节油重馏分及机油)以及填充料(石棉粉与滑石粉)精心调配而成的密封材料。其卓越特性体现在出色的耐热性、强大的黏结力、优异的保油性能以及低温下的柔韧表现,使之成为屋面、墙面、沟槽等防水嵌缝的理想选择,同时亦适用于混凝土跑道、道路、桥梁及各类构筑物的伸缩缝、施工缝等嵌缝密封工程。应用前,需确保缝隙内清洁干燥,并预先涂刷一层冷底子油(由建筑石油沥青与汽油、煤油或轻柴油调和,或采用软化点介于 50~70 ℃ 的煤沥青与苯融合制成,因常用于防水工程底层而得名)。待冷底子油干燥后,即可填充油膏,并在其表面覆盖石油沥青、油毡、砂浆或塑料层以增强保护。

2. 聚氯乙烯接缝膏及塑料油膏

聚氯乙烯接缝膏,简称 PVC 接缝膏,是采用煤焦油与聚氯乙烯(PVC)树脂为主要成分,辅以增塑剂、稳定剂及填充料,在 140 ℃ 高温下塑化而成的膏状密封材料。而塑料油膏则是利用废旧聚氯乙烯(PVC)塑料替代部分 PVC 树脂粉,其余原料及生产工艺与 PVC 接缝膏相同,成本更为经济。两者均展现出优异的黏结性、防水性、弹塑性,以及良好的耐热、耐寒、耐腐蚀和抗老化性能,广泛应用于各类防水层嵌缝、表面涂布,以及水渠、管道接缝、工业厂房防水屋面嵌缝、大型墙板嵌缝等场景。它们既可热用(加热温度不超过 140 ℃,塑化后立即浇灌于清洁干燥的缝隙或接头),亦可冷用(通过添加溶剂稀释实现)。

3. 丙烯酸类密封膏

丙烯酸类密封膏,由丙烯酸树脂与增塑剂、分散剂、碳酸钙、增量剂等成分精心配制而成,分为溶剂型与水乳型两大类。该密封膏在多种建筑基底上均能保持清洁,不产生污渍,尤其擅长抵御紫外线侵袭,尤其是透过玻璃的紫外线。其延伸性能卓越,初期固化阶段可达200%～600%，经热老化与气候老化测试后，完全固化时仍能保持100%～350%的延伸率。在－34～80 ℃的广泛温度范围内表现稳定。丙烯酸类密封膏广泛应用于屋面、墙板、门窗等嵌缝工程，但需注意其耐水性有限，故不宜用于长期受水浸泡的环境。使用时，建议使用挤枪将密封膏填充至干净、干燥的缝隙中。

4. 聚氨酯密封膏

聚氨酯密封膏通常由双组分配制而成，甲组分为含有异氰酸酯基的预聚体，乙组分则包含多羟基固化剂、增塑剂、填充料及稀释剂等。在使用时，只需将甲乙两组分按既定比例混合，经过固化反应后，即可形成弹性体。聚氨酯密封膏以其卓越的弹性、强大的黏结力及优异的耐气候老化性能著称，与混凝土之间也能形成良好的黏结，且无须额外打底处理。因此，它被广泛用于屋顶、墙面的水平或垂直接缝密封，特别是在游泳池工程中表现出色。此外，聚氨酯密封材料还是公路及机场跑道补缝、接缝的理想选择，同时也能有效密封玻璃、金属等材料的接缝。

5. 聚硫密封膏

聚硫密封膏以LP液态聚硫橡胶为基石，辅以硫化剂（如二氧化铅、二氧化镁、二氧化钛及异丙苯过氧化氢等）、增塑剂（氯化石蜡、二丁酯、二辛酯、丙二醇二苯甲酸酯及邻硝基联苯等）及填充料（炭黑、碳酸钙粉、铝粉等），经精心拌制而成。该产品系列包含LP-3、LP-2、LP-23和LP-32等多种牌号，展现出强大的黏结力、宽广的适用温度范围（－40～80 ℃）、卓越的低温柔韧性、优异的抗紫外线及抗冰雪水浸能力。聚硫密封膏作为一种高品质的密封材料，不仅适用于各类建筑的防水密封需求，更在长期浸水工程（如水库、堤坝、游泳池）、严寒地区工程、冷库及受疲劳荷载作用的工程（桥梁、公路、机场跑道等）中表现出色。

6. 硅酮密封膏

硅酮密封膏，亦称有机硅密封膏，是一种基于有机硅材料的高弹性建筑密封膏。根据组分不同，可分为醋酸型、醇型和酰胺型；按用途则细分为建筑接缝用（F类）和镶装玻璃用（G类）。硅酮密封膏以其卓越的耐热性（－50～250 ℃）、耐寒性、出色的耐候性（使用寿命可达30年以上）及与各类材料的良好黏结性能著称。同时，它还具备强大的耐拉伸-压缩疲劳性和优异的耐水性。近年来，由于硅酮密封膏性能的全面优化，其发展迅速，品种日益丰富，广泛应用于玻璃幕墙、建筑结构、石材、金属屋面、陶瓷面砖等多个领域。

三、防水粉

防水粉，作为一种高效的粉状防水材料，其独特之处在于通过机械力化学原理，巧妙融合矿物粉或特定粉料与有机憎水剂、抗老化剂及多种助剂。这一过程中，基料中的有效成分与添加剂发生复杂的表面化学反应与物理吸附，从而在粉料表面构建起一层致密的链状或网状拒水膜。这层膜将原本亲水的粉料转变为憎水材料，显著提升了防水性能。

防水粉市场上主要分为两大类别：一类以轻质碳酸钙为核心基料，借助脂肪酸盐的作用，在粉料表面形成一层长效的憎水膜；另一类则创新性地利用工业废渣（如炉渣、矿渣、粉煤灰等）作为基料，通过其与添加剂的化学反应，生成坚固的网状拒水膜，实现了资源的循环利用与高效防水。

在施工时,防水粉被均匀平铺于屋面,形成一定厚度的防水层。其独特的憎水性和粉体反毛细管压力共同作用,有效阻止水分渗透。随后,覆盖隔离层与保护层,构建起一个松散而坚韧的防水体系。该体系具备三维自由变形的能力,能够灵活适应各种结构变化,避免了因变形导致的开裂与抗渗性能下降问题。

防水粉以其松散性、应力分散、透气不透水、不燃、抗老化及性能稳定等显著优势,广泛应用于屋面防水、地面防潮、地铁工程防潮抗渗等多个领域。然而,值得注意的是,在露天环境且风力较大的条件下,施工难度会有所增加,同时对于建筑节点的处理及立面防水方案的实施也提出了更高要求。

四、防水材料的选用

选择适宜的防水材料是防水设计的关键环节,其重要性不言而喻。鉴于当前市场上防水材料种类繁多、形态各异,性能与价格均存在显著差异,且施工方法亦不尽相同,因此,在挑选过程中,必须确保所选材料能够精准匹配工程的具体需求。这包括但不限于工程的地质水文条件、结构类型、施工季节、当地气候条件、建筑的使用功能需求以及特定部位的特殊要求,每一项都对防水材料提出了明确而具体的要求。

1. 根据气候条件选材

(1)我国地域广袤,南北气温差异显著,江南地区夏季常现四十余摄氏度高温,持续多日,致使屋面防水层长时间暴露于烈日之下,加速材料老化。因此,所选材料必须具备强耐紫外线能力和高软化点,如 APP 改性沥青卷材、三元乙丙橡胶卷材及聚氯乙烯卷材等,以确保其耐用性。

(2)我国气候条件多样,南方雨水充沛,北方则降雪频繁,西部地区则相对干旱。特别是年降雨量超过 1000 mm 的约 15 个省市自治区,长时间的阴雨天气导致屋面持续湿润,若排水不畅,积水可达数月之久,严重浸泡防水层。此时,耐水性差的涂料易发生再乳化或水化还原,而不耐水泡的黏结剂则会显著降低黏结强度,导致高分子卷材接缝开裂,尤其是内排水天沟区域,更易渗漏。因此,应选用如聚酯胎改性沥青卷材或耐水胶黏剂结合的高分子卷材等耐水材料。

(3)在干旱少雨的西北地区,由于蒸发量远大于降雨量,防水需求相对较低。对于二级建筑而言,单道设防即可满足基本防水要求,若配以良好的保护层,更能延长防水系统的使用寿命。

(4)严寒多雪地区面临低温冻胀收缩的挑战,部分防水材料难以承受此等循环变化,易提前老化断裂。一年中长达四至五个月的积雪覆盖,雪水长期浸渍防水层,加之雪融结冰的反复作用,对抗冻性和耐水性不佳的胶黏剂构成严峻考验,导致其失效。因此,这些地区应优先选用 SBS 改性沥青卷材或焊接合缝的高分子卷材。若选用不耐低温材料,则需考虑采用倒置式屋面设计以增强防水效果。

(5)防水施工季节的选择亦至关重要。以华北地区为例,秋季气温已偏低,水溶性涂料在此温度下难以使用,而胶黏剂在 5 ℃ 以下性能即明显下降,零摄氏度以下则完全无法施工。冬季施工时,胶黏剂遇混凝土易冻凝,失去黏合力,导致卷材接缝不牢固,施工失败。因此,必须充分了解所选材料的适用温度范围,确保施工质量。表 11-18 详细列出了部分防水材料在不同施工环境气温条件下的适用性,以供参考。

表 11-18　防水层施工环境气温条件

防水层材料	施工环境气温
高聚物改性沥青防水卷材	冷黏法不低于 5 ℃,热熔法不低于 −10 ℃
合成高分子防水卷材	冷黏法不低于 5 ℃,热风焊接法不低于 −10 ℃
有机防水涂料	溶剂型 −5～35 ℃,水溶型 5～35 ℃
无机防水涂料	5～35 ℃
防水混凝土、水泥砂浆	5～35 ℃

2. 根据建筑部位选材

不同建筑部位对防水材料的需求各异,每种材料均具备独特的优势与局限性,因此,即便是顶级的防水材料也无法全面适应所有防水场景,它们更多是相互补充,而非单一替代。具体而言,屋面防水与地下室防水在材料性能上的要求截然不同,而浴室防水与墙面防水之间亦存在显著差异。此外,坡屋面、外形复杂的屋面以及金属板基层屋面等特定环境,对防水材料的选择更需精细考量,以确保最佳适用性。因此,在选材过程中,必须针对具体部位的特点,采取差异化的策略进行细致甄别与选择。

(1)屋面防水层直面自然界的严酷考验,经受狂风肆虐、雨雪侵蚀以及极端温差的反复胀缩作用,若缺乏优异的材料性能与周全的保护措施,将难以确保达到预期的耐久性。因此,在选择防水材料时,应优先考虑那些抗拉强度高、延伸性能优越且耐老化性能出色的产品,如聚酯胎基高聚物改性沥青卷材、三元乙丙橡胶卷材、P 型聚氯乙烯卷材(需焊接合缝处理)以及辅以保护层的单组分聚氨酯涂料。

(2)墙体渗漏问题多源自墙体结构薄弱,尤其是轻型砌块砌筑的墙体,常存在大量贯穿内外的缝隙。此外,门窗与墙体结合处密封不严也是雨水渗入的常见路径。鉴于墙体防水的特殊性,无法采用卷材,而应选用涂料,并确保其与外装修材料紧密结合。对于窗框安装缝隙,采用高质量的密封膏进行密封是有效解决渗漏问题的关键。

(3)在地下建筑防水材料的选择上,需充分考虑其长期处于水浸或高湿度土壤环境中的特性。因此,防水材料必须具备卓越的耐水性,且不能采用易腐烂胎体制成的卷材。底板防水层应选用厚实且具备一定抗穿刺能力的材料,厚度建议在 6～8 mm 之间,以实现最佳防护效果。若选用合成高分子卷材,热焊合接缝为最优选择,若使用胶黏剂合缝,则需确保胶水同样具备优秀的耐水性能。对于防水涂料的使用应持谨慎态度,单独使用时厚度应不低于 2.5 mm,与卷材复合使用时厚度亦应保持在 2 mm 以上。

(4)厕浴间防水工程独具三大特性:一是环境相对封闭,受自然气候变化影响小,对材料延伸率要求不高;二是空间紧凑,阴阳角及穿楼板管道众多;三是墙面防水层需粘贴瓷砖,要求与黏结剂有良好的亲和性。基于这些特点,卷材并非理想选择,而涂料则更为适宜。其中,水泥基丙烯酸酯涂料以其出色的性能脱颖而出,能够牢固地粘贴瓷砖,成为厕浴间防水的优选材料。

3. 根据工程条件要求选材

(1)建筑等级作为材料选择的首要考量因素,对于Ⅰ、Ⅱ级建筑而言,必须严格采用高品质的防水材料,如聚酯胎基高聚物改性沥青卷材、高性能合成高分子卷材,以及复合使用的优质合成高分子涂料,以确保防水效果与建筑等级相匹配。相对而言,Ⅲ、Ⅳ级建筑在材料选择上的灵活性较大,但仍需遵循相应的防水标准与要求。我国已明确规定了屋面防水等级及其相应的设防要求,具体可参见表 11-19,以供设计与施工参考。

表 11-19 屋面防水等级和设防要求

项目		屋面防水等级			
		Ⅰ	Ⅱ	Ⅲ	Ⅳ
功能性质	建筑物类别	特别重要的民用建筑和对防水有特殊要求的工业建筑	重要的工业与民用建筑、高层建筑	一般工业与民用建筑	非永久性的建筑
	防水层耐用年限	25 年以上	15 年以上	10 年以上	5 年以上
防水措施选择	防水层选用材料	宜选用合成高分子防水卷材、高聚物改性沥青防水卷材、合成高分子防水涂料、细石防水混凝土等材料	宜选用高聚物改性沥青防水卷材、合成高分子防水卷材、高聚物改性沥青防水涂料、细石防水混凝土、平瓦等材料	宜选用三毡四油沥青防水卷材、高聚物改性沥青防水卷材、合成高分子防水卷材、高聚物改性沥青防水涂料、合成高分子防水涂料、沥青基防水涂料、刚性防水层、平瓦、油毡瓦等材料	可选用二毡三油沥青防水卷材、高聚物改性沥青防水涂料、沥青基防水涂料、波形瓦等材料
	设防要求	三道或三道以上防水设防,其中必须有一道合成高分子防水卷材;且只能有一道 2 mm 以上厚的合成高分子防水涂膜	二道防水设防,其中必须有一道卷材,也可采用压型钢板进行一道设防	一道防水设防,或两种防水材料复合使用	一道防水设防

(2)坡屋面铺设瓦片时,需在其下方增设一层柔性防水层,以应对黏土瓦、沥青油毡瓦、混凝土瓦、金属瓦、木瓦、石板瓦、竹瓦等多种瓦材。考虑到瓦钉穿透防水层的情况,所选防水层材料需具备良好的握钉能力,以防雨水顺钉渗入望板。在此场景下,4 mm 厚的高聚物改性沥青卷材尤为适宜,而高分子卷材及涂料则因难以满足握钉需求而不宜采用。

(3)对于振动较大的屋面,如邻近铁路、地震多发区、内设天车锻锤或大跨度轻型屋架的厂房,其砂浆基层易因振动产生裂缝,满粘的卷材亦可能因此受损,故应选用具备高延伸率与高强度的卷材或涂料,如三元乙丙橡胶卷材、聚酯胎高聚物改性沥青卷材、聚氯乙烯卷材等,并采用空铺或点黏施工方式,以增强其抗振性能。

(4)针对坡度陡峭、无法上人作业的屋面(坡度多超过 60°),由于无法在其上设置块体保护层,故应选用带矿物粒料的卷材、铝箔覆面卷材或金属卷材等,以增强防水层的稳固性与耐久性。

(5)当屋面被规划为园林绿化区域,以美化城市环境时,防水层需覆盖种植土并种植花木。鉴于植物根系具有强大的穿刺力,防水层材料除需耐腐蚀、耐浸泡外,还需具备优异的抗穿刺性能。因此,聚乙烯土工膜(焊接接缝)、聚氯乙烯卷材(焊接接缝)、铅锡合金卷材及抗生根的改性沥青卷材等均为理想选择。

(6)若屋面被用作娱乐活动或工业场地,如舞场、小球类运动场、茶社、晾晒场、观光台等,防水层上需铺设块材保护层,以保护防水层免受磨损。此时,防水材料无须满黏,且对卷材的延伸率要求不高,多种涂料均可适用。同时,也可采用刚柔结合的复合防水方案,以满足不同使用需求。

(7)倒置式屋面设计独特,将保温层置于防水层之上,以有效保护防水层免受阳光直射、风雨侵蚀及极端温度变化的影响。此设计对防水材料的选择较为宽泛,但施工过程需尤为精细,以确保防水层的长期有效性。一旦倒置式屋面发生渗漏,维修难度及成本均较高,因需拆除保温层及镇压层方可进行防渗堵漏处理。

(8)对于屋面蓄水层底面而言,其长期处于水浸泡状态,但水深一般控制在 25 cm 以内。因此,所选防水材料需具备优异的耐水性。聚氨酯涂料、硅橡胶涂料、高分子卷材(热焊合缝)、聚乙烯土工膜及铅锡金属卷材等均能满足此要求。然而,由于该环境特殊,不宜使用需胶黏合的卷材,以免因长期浸泡而导致胶黏失效。

【性能检测】

一、材料准备

准备以下防水材料:沥青防水涂料、高聚物改性沥青防水涂料以及多种合成高分子防水涂料;同时,还需备齐沥青嵌缝油膏、聚氯乙烯接缝膏、塑料油膏等油膏类材料,以及丙烯酸类密封膏、聚氨酯密封膏、聚硫密封膏、硅酮密封膏等密封膏系列;此外,还需准备防水粉样品以供测试。

二、实施步骤

(1) 将防水涂料、防水油膏及防水粉样品进行细致分组,确保每种材料都能被准确识别与归类。

(2) 分析各种防水材料的特点和应用范围。

【课堂小结】

本模块聚焦于防水材料的深入探讨。沥青材料,依其产源可划分为地沥青与焦油沥青两大阵营。地沥青阵营下,天然沥青与石油沥青并肩而立;而焦油沥青则涵盖了煤沥青、页岩沥青等成员。在建筑防水领域,石油沥青以其独特的优势占据了主导地位。

沥青的化学构成极为复杂,但通过对其物理、化学性质的细致分析,我们可将其大致归为油分、树脂与地沥青质三大类别。值得注意的是,这些组分在热、氧、光等环境因素的作用下,会相互转化,展现出丰富的化学变化。

石油沥青的核心技术特性涵盖了黏滞性、塑性、温度敏感性及大气稳定性等多个维度。为了进一步优化其性能,我们常采用矿物质填充剂或橡胶-树脂等材料对沥青进行改性处理,从而诞生出改性沥青这一新型材料。

在防水材料市场中,防水卷材以其广泛的应用范围占据了举足轻重的地位。其中,传统的沥青防水卷材、高聚物改性沥青防水卷材以及合成高分子防水卷材构成了三大支柱。特别是后两者,凭借其卓越的综合性能,正逐步成为国内市场推广使用的明星产品。在高聚物改性沥青防水卷材领域,SBS 卷材与 APP 卷材虽性能相近,但在应用场景上各有千秋:SBS 卷材更适宜于寒冷地区的工业与民用建筑屋面及变形频繁的防水需求;而 APP 卷材则以其出色的耐热性和耐紫外线性能,在较高气温环境下的建筑防水工程中大显身手。

此外,防水涂料与防水油膏作为建筑防水的两大关键材料,同样不容忽视。防水涂料家族中,沥青防水涂料、高聚物改性沥青防水涂料及合成高分子类防水涂料三足鼎立。尤其是后两者,凭借其优异的柔韧性、抗裂性、耐高低温性及良好的延展性,日益受到业界的青睐。至于防水油膏,丙烯酸类密封膏、聚氨酯密封膏及硅酮密封膏则以其卓越的性能脱颖而出。丙烯酸类和聚氨酯密封膏广泛应用于屋面、墙、板等场合,但需注意丙烯酸类密封膏在耐水性能上的局限性,需谨慎选择使用场景。而硅酮密封膏则细分为 F 类(建筑接缝用)与 G 类(镶装玻璃用),以满足不同工程需求。

【课堂测试】

一、选择题

1. 在按级配原则构成的沥青混合料中,内摩擦角较高且黏聚力也较高的结构组成是( )。

　　A. 骨架-密实结构　　　　　　　　　　B. 骨架-空隙结构

　　C. 骨架-悬浮结构　　　　　　　　　　D. 密实-悬浮结构

2.关于改性沥青混合料所具有的优点,下列说法错误的是(　　)。
A.较长的使用寿命　　　　　　　　B.较高的耐磨耗能力
C.较强的抗弯拉能力　　　　　　　D.良好的低温抗开裂能力

二、问答题

1.沥青有哪些类型?性能各自有何差异?
2.石油沥青的技术性质包含哪几方面?各用什么指标衡量?石油沥青的牌号是根据什么划分的?
3.沥青为何会老化?如何延缓沥青老化?
4.如何区分石油沥青和煤沥青?
5.简要说明不同牌号的石油沥青的选用方法。
6.防水卷材可分为几大类?请分别举出每一类中几个代表品种。
7.SBS卷材和APP卷材性能有何异同?
8.某屋面防水工程需要石油沥青50 t,要求软化点为85 ℃,现工地仅有100号及10号石油沥青,经试验测得它们的软化点分别是46 ℃和95 ℃。应如何掺配才能满足工程需要?

模块十二　铁路工程材料选用

【知识目标】

1. 深入理解铁路轨道的构成元素，熟悉常见的轨道结构类型及其实际应用场景；
2. 全面了解道砟的种类、常用轨枕与轨道板的规格、钢轨、道岔及钢轨扣件的品种、规格与质量标准；
3. 熟练掌握轨枕与轨道板、钢轨、道岔及钢轨扣件在不同工况下的应用技巧与策略；
4. 精通水泥乳化沥青砂浆与自密实混凝土的成分构成、质量控制标准、配合比设计的科学方法及其在工程中的实践应用。

【能力目标】

1. 具备准确识别铁路轨道工程中各类材料（如道砟、轨枕、轨道板、钢轨、道岔、钢轨扣件等）的能力；
2. 能够根据工程需求，合理选择与配置铁路轨道工程所需材料；
3. 掌握水泥乳化沥青砂浆与自密实混凝土配合比设计的专业技能，能够独立完成相关设计工作。

【素质目标】

1. 树立工匠精神，注重细节，追求卓越；强化团队合作意识，促进跨部门协作；增强社会责任感，为铁路建设贡献力量；
2. 培养良好的职业道德，坚持科学严谨的工作态度，勇于创新，不断进取；同时，注重施工安全，倡导文明施工，为构建和谐社会贡献力量。

【案例引入】

2019年8月4日清晨，为了调整并维持轨距标准，东铁线的轨道维护团队将两段磨损严重的木质轨枕替换为了合成材料轨枕。然而，在随后的9月17日上午，一列载客列车在途经车站以北、编号为P5116的道岔区域时发生了脱轨事故，当时列车的行驶速度约为每小时39千米。此次事故中，该十二节编组的列车中有三个车厢（即第四、第五及第六车厢）偏离了正常轨道，且第四与第五车厢之间出现了脱节现象。现就此次事故的可能成因进行深入剖析。

下面介绍一些基本概念。

轨道：作为铁路系统的核心组成部分，轨道位于路基、桥梁、隧道等线下结构物之上，由钢轨及其配件、轨枕及其配件、道床、道岔以及钢轨伸缩调节器等关键元素精密组合而成。

道床：作为轨道稳固的基石，道床分为两大类。一类是传统的有砟道床，即在铁路轨枕下方、路基表面铺设的碎石（或称石碴）垫层；另一类则是现代化的无砟道床，采用整体浇筑的钢筋混凝土板构成，确保了轨道的平稳与耐久。

依据道床类型，铁路轨道可划分为有砟轨道与无砟轨道两大类。而从使用功能角度出发，则可分为正线轨道与站线轨道，以满足不同运输需求。

有砟轨道：此类型轨道以碎石等散粒体材料结合轨枕作为轨下基础，广泛适用于多种铁路场景，包括但不限于设计速度≥250 km/h 的高速铁路、设计速度为 120～200 km/h 的城际铁路，以及各类客货共线铁路（如Ⅰ级铁路，年通过总质量≥20 Mt，旅客列车设计速度 120～200 km/h，货物列车设计速度≤120 km/h；Ⅱ级铁路，年通过总质量 10～20 Mt，旅客列车设计速度≤120 km/h，货物列车设计速度≤80 km/h）和重载铁路（货物列车设计速度≤100 km/h，年通过总质量≥40 Mt）。图示请参考图 12-1。

无砟轨道：采用混凝土等整体结构作为轨下基础，设计寿命长达 60 年，展现了极高的稳定性与耐久性。无砟轨道进一步细分为板式、双块式、弹性支承块式及长枕埋入式等多种类型，以适应不同的线路条件与运营需求。图示及具体结构类型与应用参见图 12-2 及表 12-1。

正线轨道：指的是那些直接连接车站并贯穿其间，或作为直股深入车站内部的轨道线路。

站线轨道：涵盖了车站内除正线之外的所有轨道，具体包括到发线、驼峰溜放线路段，以及其他各类站线和次要站线等。到发线设置于车站内部，专用于客车与货车的接收与发送；驼峰溜放线则配置于编组站内，旨在实现车列的分解与编组作业，并临时存放车辆。此外，其他站线还包括机车走行线、车辆牵出线、车辆站修线（这些线路分别紧邻车站，服务于机车和车辆的进出、停放及检修工作）以及货物装卸线（位于车站周边或内部，专为货物的装卸作业而设）。

图 12-1　有砟轨道

图 12-2　无砟轨道

表 12-1　无砟轨道结构类型与应用（TB 10082—2017）

无砟轨道结构类型		定义	应用
板式无砟轨道	CRTS Ⅰ型板式	在现场浇筑的钢筋混凝土底座上铺装预制轨道板，通过水泥乳化沥青砂浆（CA 砂浆）进行调整，并适应 ZPW-2000 轨道电路的单元板式无砟轨道结构	高速铁路、城际铁路道岔
	CRTS Ⅱ型板式	在现场摊铺的混凝土支承层或现场浇筑的钢筋混凝土底座上铺装预制轨道板，通过水泥乳化沥青砂浆进行调整，并适应 ZPW-2000 轨道电路的纵连板式无砟轨道结构	
	CRTS Ⅲ型板式	在现场浇筑的钢筋混凝土底座上铺装带挡肩的预制轨道板，通过自密实混凝土进行调整，并适应 ZPW-2000 轨道电路的单元板式无砟轨道结构	
CRTS 双块式		将预制的双块式轨枕组装成轨排，以现场浇筑混凝土方式将轨枕浇筑到钢筋混凝土道床内，并适应轨道电路的无砟轨道结构	高速铁路、城际铁路、重载铁路隧道
弹性支承块式		以现场浇筑混凝土方式将弹性支承块（含预制的混凝土支承块、橡胶套靴、块下垫板）浇筑到钢筋混凝土道床内，并适应轨道电路的无砟轨道结构	城际铁路、客货共线及重载铁路隧道
长枕埋入式		以现场浇筑混凝土方式将长轨枕浇筑到钢筋混凝土道床内，并适应轨道电路的无砟轨道结构	道岔

任务一　铁路轨道工程材料的组成

【工作任务】

能够精准识别并熟悉铁路轨道工程所需的各种材料，包括但不限于道砟、常用轨枕与轨道板、钢轨、道岔以及钢轨扣件等关键组件。在此基础上，需具备根据工程实际需求，科学合理地选择这些材料的能力。同时，深入理解并掌握每种组成材料的性能优劣如何直接关联并影响铁路轨道的整体稳定性、耐久性、安全性及运营效率，以确保铁路轨道工程的设计、施工与维护均达到最优标准。

【相关知识】

一、道砟

道砟是由高强度、高韧性及优异耐磨性的天然岩石，经过精密的机械破碎与筛选工艺加工而成,确保每一颗粒表面均为均匀破碎面,形成理想的碎石材料。

道砟在铁路轨道系统中扮演着至关重要的角色,它稳固地支撑着轨枕,有效分散并均匀传递轨枕上部承受的巨大压力至路基面,从而确保轨枕位置的稳固,防止其发生纵向或横向的移动。此外,道砟还具备缓冲功能,能够显著减轻列车行驶过程中产生的冲击力,减少路基的变形与损伤。同时,其良好的排水性能可迅速排出雨水,有效保护路基免受雨水侵蚀,维护铁路的持久安全与稳定。

为确保道砟的质量达到最高标准,其生产与应用均需严格遵循现行行业标准《铁路碎石道砟》(TB/T 2140—2008)的相关规定。具体的技术参数与要求,可参见表12-2、表12-3、表12-4以及表12-5中的详细说明。

表12-2 道砟的技术要求(TB/T 2140—2008)

性能	项目号	参数	特级	一级	单项评定
抗磨耗、抗冲击性能	1	洛杉矶磨耗率(LLA)/(%)	≤18	18<LLA<27	—
	2	标准集料冲击韧度(IP)	≥110	95<IP<110	若两项指标不在同一等级,以高等级为准
		石料耐磨硬度系数($K_{干磨}$)	>18.3	18<$K_{干磨}$≤18.3	
抗压碎性能	3	标准集料压碎率(CA)/(%)	<8	8≤CA<9	—
	4	道砟集料压碎率(CB)/(%)	<19	19≤CB<22	—
渗水性能	5	渗透系数(P_{JJ})/($\times 10^{-6}$ cm·s^{-1})	>4.5		至少有两项满足要求
		石粉试模件抗压强度(σ)/MPa	<0.4		
		石粉液限(LL)/(%)	>20		
		石粉塑限(PL)/(%)	>11		
抗大气腐蚀性能	6	硫酸钠溶液浸泡损失率(L)/(%)	<10		
稳定性能	7	密度(ρ)/(g·cm^{-3})	>2.55		
	8	容重(R)/(g·cm^{-3})	>2.50		

注:道砟的最终等级以项目号1、2、3、4中的最低等级为准。特级、一级道砟均应满足5、6、7、8项目号的要求。

表12-3 特级碎石道砟粒径级配要求(TB/T 2140—2008)

	方孔筛孔边长/mm	22.4	31.5	40	50	63
	过筛质量百分率/(%)	0~3	1~25	30~65	70~99	100
颗粒分布	方孔筛孔边长/mm	31.5~50				
	颗粒质量百分率/(%)	>50				

表 12-4　铁路用一级碎石道砟粒径级配要求（TB/T 2140—2008）

方孔筛孔边长/mm	16	25	35.5	45	56	63	适用铁路
过筛质量百分率/(%)	0~5	5~15	25~40	55~75	92~97	97~100	新建
	—	0~5	25~40	55~75	92~97	97~100	既有

表 12-5　颗粒形状和清洁度（TB/T 2140—2008）

性能参数	技术要求	
	特级	一级
道砟的针状指数/(%)	≤20	
道砟的片状指数/(%)	≤20	
道砟中风化颗粒和其他杂石含量/(%)	≤2	≤5
道砟颗粒表面洁净度(0.1 mm 以下粉末的含量)/(%)	<0.17	≤1

二、轨枕与轨道板

轨枕与轨道板作为铁路轨道不可或缺的核心构件，承载着多重关键功能。轨枕不仅负责稳固地支承钢轨，确保其位置准确无误，还肩负着将钢轨上传递而来的庞大压力有效分散并传递给下方道床的重任，从而维护整个铁路轨道系统的稳定与安全。

（一）有砟轨道用轨枕与轨道板

1. 品种

轨枕依据其生产原材料的不同，主要划分为木枕与混凝土枕两大类。当前，木枕已逐渐淡出使用舞台，取而代之的是广泛应用的混凝土枕。

木枕以其良好的弹性和绝缘性著称，对环境温度变化的敏感度低，加之其轻盈的材质，使得加工与线路上的更换作业变得简便快捷。此外，木枕还具备足够的位移阻力，经过专业的防腐处理后，其使用寿命可达约 15 年之久。

混凝土枕则是由水泥、骨料（包括砂与碎石）、掺合料、外加剂、水以及预应力钢丝等多元材料构成，采用先进的先张法成型工艺精心制造而成的预应力混凝土轨枕。其独特的梯形断面设计，上窄下宽，旨在扩大支承面积，并在轨下截面配置更多钢筋以增强抵抗正弯矩的能力。同时，枕底面刻有凹槽式花纹，旨在提升与道床的摩阻力，确保稳定。

相较于木枕，混凝土枕的优势显著：无须消耗木材资源，使用寿命更长，稳定性更高，维护更为简便，且损伤与报废率显著降低。特别是在无缝线路上，混凝土枕的稳定性较木枕平均提升了 15%~20%。然而，其刚度较大、弹性欠佳的特性也带来了一定挑战，如增加了道床所受压力与振动，加速道砟的粉化过程，进而可能引发轨道下沉。为此，需选用质地坚韧的道砟，并增设弹性垫层以缓解这些问题。

进一步地，轨枕还可根据尺寸与用途细分为普通轨枕（普枕）、宽枕、岔枕及桥枕等多种类型。而在混凝土轨枕领域，则依据负载能力由低到高划分为Ⅰ型、Ⅱ型及Ⅲ型轨枕，其中Ⅰ型轨枕现已逐步淘汰。值得注意的是，Ⅱ型与Ⅰ型轨枕的标准长度为 250 cm，而

Ⅲ型轨枕则稍长，为260 cm。

2. 应用

Ⅱ型轨枕：主要应用于旅客列车设计速度不超过120 km/h、货物列车设计速度不超过80 km/h的客货共线Ⅱ级铁路，以确保其承载能力与运营需求相匹配。

Ⅲ型轨枕：专为高速及中速铁路精心设计，适用于旅客列车设计速度达到或超过250 km/h的高速铁路，以及设计速度在120~200 km/h之间的城际铁路。同时，它也适用于旅客列车设计速度在160~200 km/h之间、货物列车设计速度不超过120 km/h的客货共线Ⅰ级铁路，展现了其广泛的适用性和卓越的性能。图12-3所示为普通轨枕及其应用。

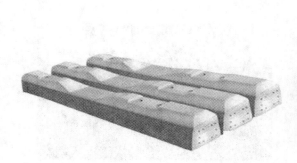 

图12-3　普通轨枕及其应用

宽枕，亦称轨道板，其宽度显著超越普通轨枕，约为后者的两倍，这一设计显著增强了轨道的横向稳定性。宽枕主要被应用于车站等需要高度稳定性的场所，如图12-4所示，其优越的性能为铁路运输的安全与顺畅提供了坚实保障。

图12-4　宽枕及其应用

岔枕，作为道岔区域的专用轨枕，其长度设计精巧，起始于240 cm，并以每10 cm为单位递增，直至达到最长规格490 cm，以满足不同道岔结构的复杂需求。如图12-5所示，岔枕以其独特的尺寸序列，确保了道岔区域轨道的稳定性和行车的顺畅性。

桥枕，专为道砟桥面设计，其顶面精心预留有孔洞，专为钉设护轨而设，这一设计增强了桥梁轨道结构的稳固性与安全性。如图12-6所示，桥枕的这一特性在保障桥梁通行能力的同时，也提升了整体轨道系统的维护便捷性。

图 12-5　岔枕及其应用

图 12-6　桥枕及其应用

3. 技术要求

混凝土轨枕的混凝土强度等级需达到或超过 C60 标准，以确保其承载能力与耐久性。其 28 d 龄期的弹性模量应不低于 3.60×10^4 MPa，以满足轨道结构的变形控制需求。在抗冻性能方面，混凝土的抗冻等级应达到 F300 或以上，以应对寒冷气候条件下的使用挑战。

关于混凝土的耐久性指标，其电通量应严格控制在 1200 C 以下，以防止电化学腐蚀。在氯盐环境下，轨枕混凝土的 56 d 龄期氯离子扩散系数（DRCM）不得超过 8×10^{-12} m²/s，以有效抵御氯盐侵蚀。此外，混凝土内部的化学成分也需严格控制，总碱含量应限制在 3.5 kg/m³ 以内，氯离子含量不得超过胶凝材料总量的 0.06%，三氧化硫含量亦不应超过胶凝材料总量的 4.0%，以保障混凝土的长久稳定性。

预埋件的抗拔力需满足设计规范要求，经过拉拔试验验证后，预埋件周围混凝土应无可见裂纹，允许有轻微砂浆剥离现象，但不影响整体结构安全。轨枕在设计抗裂强度荷载作用下，受检截面必须保持无裂纹状态，以验证其抗裂性能。

同时，轨枕的疲劳强度和破坏强度均需符合设计要求，确保在长期使用过程中能够承受各种动态载荷而不发生破坏。轨枕的制造过程中应严格检查，确保无缺丝现象，且表面不应出现因收缩或受力而产生的裂纹，以保证其外观质量和结构完整性。

轨枕所使用的原材料、各部位尺寸极限偏差及外观质量，均须严格遵循现行国家标准《有砟轨道轨枕 混凝土枕》（GB/T 37330—2019）中的相关规定，以确保轨枕的整体质量和性能达到行业最高标准。

(二)无砟轨道用轨枕与轨道板

1. 类型

无砟轨道系统所采用的轨枕与轨道板主要包括 CRTS 双块式混凝土轨枕,以及 CRTS I 型、CRTS II 型和 CRTS III 型混凝土轨道板,此外还有预埋套管式和钻孔式混凝土道岔板等多种类型。

CRTS 双块式混凝土轨枕,其设计理念源自德国先进的 RHEDA(雷达)2000 无砟轨道技术,轨枕标准长度为 2.244 m。该型双块式无砟轨道系统,通过预制双块式轨枕组装成轨排,随后在现场以浇筑混凝土的方式,将其牢固地嵌入钢筋混凝土道床之中。此系统完美兼容 ZPW—2000 轨道电路,形成了独具特色的无砟轨道结构形式,如图 12-7 所示。其显著特点在于轨道结构的整体性强、横向稳定性优越、施工精度高、线路平顺性佳,且施工过程的质量控制相对简便,展现出了广泛的适应性与应用潜力。

图 12-7 CRTS 双块式轨枕及其应用

CRTS I 型板,其设计灵感源自日本的单元板式轨道技术,板长大约 4900 mm,标准厚度设定为 190 mm。该型板式无砟轨道系统巧妙地将预制轨道板安置于现场浇筑的钢筋混凝土底座(道床)之上,其间填充以水泥沥青砂浆(CA 砂浆)作为缓冲层,完美兼容 ZPW-2000 轨道电路。此系统以节省建筑材料著称,同时展现出卓越的线路稳定性、均匀的刚度分布、优异的线路平顺性以及长久的耐久性,从而显著降低了后续的线路维护工作量。

相较于 CRTS I 型板,CRTS II 型板则源自德国的博格板式无砟轨道技术,板长扩展至约 6500 mm,厚度略增至 200 mm。其特色在于带有挡肩的承轨台设计,承轨台的精度经由机械精细打磨并由计算机精准控制,使得现场安装时无须对每个轨道支撑点进行烦琐调节,极大地简化了测量工作。此外,该型板通过精轧螺纹钢筋实现纵向连接,有效防止了板端变形,进一步提升了行车舒适度。然而,其制造工艺相对复杂,导致成本较高。

CRTS III 型板,则是我国于 2010 年 12 月自主研发的创新成果,是一种带有承轨台的新型单元轨道板。它汲取了 CRTS I 型与 CRTS II 型板的优点并进行了优化,取消了板间的纵向连接钢筋,板长提供 5600 mm、4925 mm、4856 mm 三种规格选择,宽度统一为 2500 mm,厚度维持 200 mm。CRTS III 型板式无砟轨道系统采用现浇钢筋混凝土底座,预制轨道板铺装其上,并以自密实混凝土进行调整,通过底座凹槽实现精准限位,增强了轨道结构的整体性。同时,底座板上增设的土工布隔离层,为未来养护维修工作提供了便利。值得注意的是,该型板摒弃了Ⅰ型板的凸台设计以及Ⅱ型板的端刺限位方式。

道岔板,作为无砟轨道道岔区域的专用构件,专为钢轨与道岔的稳固支承与固定而设计,其重要性不言而喻。

各种类型单元轨道板如图 12-8 所示。

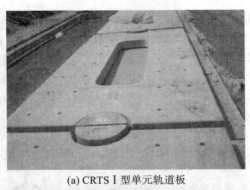
(a) CRTS Ⅰ型单元轨道板

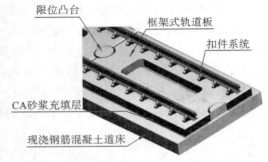
(b) CRTS Ⅱ型单元轨道板

(c) CRTS Ⅲ型单元轨道板

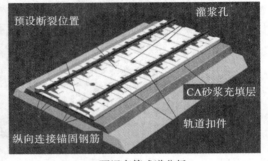
(d) 预埋套管式道岔板

图 12-8 各种类型单元轨道板

2. 技术要求

对于无砟轨道系统中所使用的轨枕与轨道板,其混凝土强度等级必须达到或超过 C60,以确保结构的承载能力与耐久性。同时,混凝土的 28 d 龄期弹性模量应不低于 3.65×10^4 MPa,以满足轨道结构的变形控制需求。在抗冻性能方面,混凝土的抗冻等级需达到 F300 或以上,以应对寒冷气候条件。此外,混凝土的电通量应严格控制在 1000 C 以下,防止电化学腐蚀的发生。

在氯盐环境下,轨枕混凝土的 56 d 龄期氯离子扩散系数(DRCM)必须低于 5×10^{-12} m²/s,以有效抵御氯盐侵蚀。对于预埋套管的抗拔力要求,无挡肩枕的预埋套管抗拔力应不小于 100 kN,而有挡肩枕的预埋套管抗拔力则应不小于 60 kN。经过抗拔力试验后,预埋套管周围混凝土应无可见裂纹,允许有轻微的砂浆剥离现象,但不影响整体结构安全。

轨枕与轨道板在原材料选用、外形尺寸极限偏差以及外观质量等方面,均需严格遵守国家及行业相关标准。具体而言,应符合《CRTS 双块式无砟轨道混凝土轨枕》(TB/T

3397—2015)、《CRTS Ⅰ型板式无砟轨道混凝土轨道板》(TB/T 3398—2015)、《CRTS Ⅱ型板式无砟轨道混凝土轨道板》(TB/T 3399—2015)、《高速铁路 CRTS Ⅲ型板式无砟轨道先张法预应力混凝土轨道板》(Q/CR 567—2017),以及《高速铁路无砟轨道混凝土道岔板 第1部分:预埋套管式》(TB/T 3400.1—2015)、《高速铁路无砟轨道混凝土道岔板 第2部分:钻孔式》(TB/T 3400.2—2015)中的各项规定,以确保无砟轨道系统的整体质量与性能达到行业最高标准。

三、钢轨

钢轨,作为铁路轨道不可或缺的核心构件,其独特的工字形断面设计旨在最大化抗弯性能,该断面精妙地融合了轨头、轨腰与轨底三大组成部分。其关键功能在于引导机车车辆的车轮平稳前行,同时承受来自车轮的巨大压力,并将这些压力有效传递至轨枕之上,确保铁路系统的稳定运行。

依据断面形状的差异,钢轨可细分为对称断面钢轨与专为道岔设计的非对称断面钢轨,两者各具特色,共同支撑起铁路网络的复杂结构,如图12-9所示。

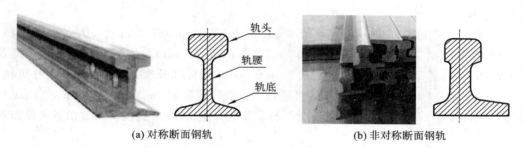

图 12-9 钢轨断面图

钢轨根据其每米长度的重量可分为多个等级,主要包括75 kg/m、60 kg/m、50 kg/m、43 kg/m 以及 38 kg/m 等几种规格。目前,我国铁路系统广泛采用的是 60 kg/m 钢轨,而 38 kg/m 钢轨则已退出生产序列,不再用于新建设或改造项目。

进一步地,根据适用列车运行的最高时速,钢轨可分为两大类:一类适用于时速160 km/h 及以下的普通铁路,另一类则专为时速达到或超过 200 km/h 的高速铁路而设计。这种分类确保了钢轨的规格与性能能够充分满足不同速度等级铁路线路的运营需求。

1. 铁路用对称断面钢轨

钢轨用钢种类丰富,针对铁路应用,采用对称断面的钢轨依据生产所用钢种细分为 U71Mn、U71MnH、U75V、U75VH、U76CRRE、U76CRREH、U77MnCR、U77MnCRH、U78CRV 及 U78CRVH 共十种牌号。其中,牌号后缀"H"特指经过热处理工艺强化的钢轨。

关于钢轨长度,不同规格有其标准配置:43 kg/m 钢轨的标准长度包括 12.5 m 与 25 m;而 50 kg/m 与 60 kg/m 钢轨则额外提供 100 m 的选项,与上述两长度并列;75 kg/m 钢轨的标准长度则扩展为 25 m、75 m 及 100 m。此外,为满足特定需求,还准备了多样化的短轨长度,如 9 m、9.5 m、11 m、11.5 m、12 m、21 m、22 m、23 m、24 m、24.5 m、

71 m、72 m、73 m、74 m、95 m、96 m、97 m 和 99 m，以及专为曲线铺设设计的缩短轨，其长度有 12.38 m、12.42 m、12.46 m、24.84 m、24.92 m 和 24.96 m。

在技术要求方面，铁路用对称断面钢轨的各项技术指标，诸如化学成分、重量、尺寸允许偏差、平直度与扭曲允许偏差、表面质量、非金属夹杂物含量及力学性能等，均需严格遵循现行行业标准《钢轨 第 1 部分：43 kg/m～75 kg/m 钢轨》(TB/T 2344.1—2020) 或国家标准《铁路用热轧钢轨》(GB/T 2585—2021) 中的相关规定执行，以确保钢轨的质量与安全性能达到最高标准。

2. 道岔用非对称断面钢轨

铁路道岔所采用的非对称断面钢轨，依据生产所用的钢种，细分为 U71Mn、U71MnH、U75V、U75VH、U77MnCr、U77MnCrH、U78CrVH 及 U76CrREH 共八个牌号。按其断面尺寸的不同，则划分为 50AT1（专用于与 50 kg/m 钢轨连接的矮型特种断面）、60AT1（适配 60 kg/m 或 75 kg/m 钢轨的矮型特种断面）、60AT2（拥有 1∶40 轨顶坡，与 60 kg/m 钢轨相连的矮型特种断面）、60AT3（无轨顶坡，专为 60 kg/m 钢轨设计的矮型特种断面）以及 60TY1（适用于与 60 kg/m 或 75 kg/m 钢轨连接的矮型特种断面翼轨）五种类型。

关于标准长度，50AT1 型提供 12.5 m、22.8 m、25 m、25.2 m 及 50 m 多种选择；60AT1 型则包括 14.5 m、22.8 m、25 m、25.2 m 及 50 m；而 60AT2 型、60AT3 型及 60TY1 型则共享 22.5 m、22.8 m、25.2 m 及 50 m 的标准长度系列。此外，针对短轨，12.5 m 系列有 11 m、11.5 m 及 12 m 可选；25 m 系列涵盖 22 m、23 m 及 24 m；50 m 系列则提供 45 m、47 m 及 49 m 的灵活长度。若需其他特定长度，可由供需双方根据实际需求协商确定。

在技术规范方面，铁路道岔用非对称断面钢轨的化学成分、表面质量、尺寸允许偏差、非金属夹杂物含量及力学性能等关键指标，均需严格遵循现行行业标准《钢轨 第 2 部分：道岔用非对称断面钢轨》(TB/T 2344.2—2020) 中的相关规定，以确保产品的品质与安全性能符合铁路系统的严苛要求。

3. 钢轨的选用

在铁路建设中，钢轨的选用需严格依据铁路的设计等级、年通过总质量及运行速度等参数，并遵循《铁路轨道设计规范》(TB 10082—2017)、《高速铁路设计规范》(TB 10621—2014) 及相关施工验收标准。

1) 型号选择策略

高速、城际及客货共线Ⅰ级铁路：正线应统一采用 60 kg/m 钢轨，以确保高速运行的安全与效率。

客货共线Ⅱ级铁路：正线可根据实际情况灵活选择 60 kg/m 或 50 kg/m 钢轨，以适应不同的运输需求。

重载铁路：正线则必须采用 60 kg/m 及以上规格的钢轨，以承受重载列车的巨大压力。当正线及道岔基本轨达到 60 kg/m 及以上时，推荐优先选用 60N、75N 等高性能钢轨。

2)材质选用原则

(1)高速铁路与城际铁路。

时速超过 250 km/h：应选用强度高达 880 MPa 的 U71Mn 在线热处理钢轨,确保高速运行的稳定性与安全性。在曲线半径较小的区域(≤2800 m 正线,≤1200 m 动车组走行线、联络线、站线),同样需采用此材质钢轨。非金属夹杂物等级方面,时速超过 250 km/h 的应达到 A 级,而 200～250 km/h 的则为 B 级。

(2)客货共线铁路。

年通过总质量≥50 Mt：在直线及大半径曲线(>1200 m)地段,推荐 U75V 或 U77MnCr 热轧钢轨,强度等级为 980 MPa；小半径曲线(≤1200 m)则需选用强度更高的 U75VH 或 U77MnCrH 在线热处理钢轨,强度等级≥1180 MPa。对于年通过总质量<50 Mt 的路段,直线及大半径曲线可选 880 MPa 的 U71Mn 热轧钢轨,山区路段则提升至 980 MPa 的 U75V 或 U77MnCr 热轧钢轨；小半径曲线则选用强度≥1080 MPa 的在线热处理钢轨。特别地,时速在 200～250 km/h 的客货混运铁路应选用 U75V 钢轨。

(3)重载铁路。

直线及大半径曲线(>1600 m)地段,应选用强度≥980 MPa 的 U75V 或 U77MnCR 热轧钢轨；小半径曲线(≤1600 m)则推荐强度≥1180 MPa 的 U75VH 或 U77MnCRH 在线热处理钢轨。

(4)道岔、钢轨伸缩调节器及胶接绝缘接头。

高速铁路与城际铁路的道岔部件(基本轨、尖轨、心轨、翼轨等,TY1 特种断面翼轨除外)及导轨,应选用强度为 1080 MPa 的 U71MnH 在线热处理钢轨,无论是对称还是非对称断面。

客货共线及重载铁路道岔用钢轨,则需选用强度不低于 1180 MPa 的 U77MnCRH、U78CRVH 或 U76CRREH 在线热处理钢轨。

伸缩调节器用钢轨同样应选用在线热处理的对称及非对称断面钢轨。

厂制胶接绝缘接头则需确保与相邻钢轨材质相同,并经过在线热处理。

四、道岔

道岔作为关键的铁路线路连接设备,其主要功能在于引导机车车辆从一股轨道平滑过渡到另一股轨道,尤其在车站及编组站等区域得到广泛应用。道岔的引入极大地提升了铁路线路的利用效率,即便是在单线铁路上,通过巧妙地铺设道岔并构建一段长度超过列车本身的叉线,也能实现列车间的顺畅交汇,从而确保了铁路运输的灵活性和高效性。

1.道岔的组成

道岔是由辙叉、护轨、连接部分及转辙器等组成,如图 12-10 所示。

1)辙叉

辙叉是铁路道岔中不可或缺的设备,其作用在于引导车轮平稳地从一股轨道跨越至另一股轨道,通常被精心安置在道岔侧线钢轨与主线钢轨的交汇点。辙叉的构造精妙,主要由心轨(叉心)、翼轨以及一系列连接零件共同组成。其实物图如图 12-11 所示。

图 12-10　单开道岔的组成

心轨作为辙叉的核心部分，进一步细分为长心轨和短心轨，它们协同工作，确保车轮的顺利过渡。心轨的两个工作边缘之间形成的夹角，专业上称之为辙叉角（α），如图 12-12 所示。

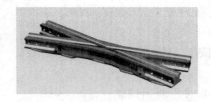

图 12-11　固定心轨辙叉实物图

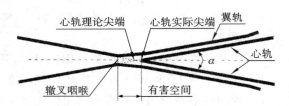

图 12-12　固定心轨辙叉结构图

心轨两个工作边延长线的交汇点，我们称之为辙叉理论中心（或心轨理论尖端）。然而，受制造工艺所限，实际的叉心尖端会保留有 6~7 mm 的宽度，这意味着心轨的实际尖端与理论尖端之间存在一定的偏移距离。

翼轨则是位于叉心两侧的两根精心弯折的钢轨，它们充当了车轮进出叉心时的平稳过渡装置。两翼轨工作边之间最为狭窄的部分，我们称之为辙叉咽喉。从辙叉咽喉至心轨实际尖端之间，由于轨线在此处形成的中断，构成了一个所谓的"有害空间"。当车轮穿越这一有害空间时，叉心容易遭受冲击。为了确保车轮能够安全无虞地通过这一区域，我们在辙叉两侧的相应位置，于基本轨内侧增设了护轨，以精准引导车轮的行驶轨迹。

辙叉依据其构造特性，可细分为固定心轨辙叉、可动心轨辙叉以及可动翼轨辙叉这三大类。其中，固定心轨辙叉的心轨保持固定不动，其制造方式又可进一步区分为组装型（由钢轨与连接部件精密拼装而成）和整体铸造型（采用高锰钢或合金钢整体铸造而成）。此外，根据辙叉角的大小，固定心轨辙叉还可分为锐角辙叉（辙叉角较小）和钝角辙叉（辙叉角较大），如图 12-13 和图 12-14 所示。值得注意的是，由于固定型辙叉在两翼轨最窄处至叉心尖端之间存在轨线中断的空隙，若列车运行速度过快，车轮轮缘有可能误入非预定辙叉槽，从而引发脱轨风险。因此，固定心轨辙叉主要适用于列车运行时速不超过 160 km/h 的普通铁路道岔。

图 12-13　钢轨组装的锐角固定辙叉图

图 12-14　整体铸造的钝角固定辙叉图

可动心轨辙叉的心轨可以左右移动，而翼轨是固定的，如图 12-15 所示。

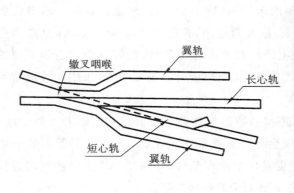

图 12-15　可动心轨辙叉结构示意图与实物图

配备可动心轨辙叉的道岔设计巧妙，当尖轨指向某一特定方向时，辙叉的心轨会紧密贴合于该方向的辙叉翼轨，从而构建出一条连续无阻的轨线，同时与另一侧的翼轨保持分离状态，确保列车能够平稳且安全地穿越道岔。这种可动心轨辙叉结构不仅满足了列车在高速通行时的严苛要求，在高速铁路的道岔系统中得到了广泛应用，同时也适用于普通铁路的道岔,提升了整体铁路运输的效率和安全性。

2) 护轨

护轨是精心设置在辙叉左右两侧基本钢轨内侧的平行轨道,其关键作用在于辅助约束车轮轮缘内侧,确保车轮轮对在横向上的移动被有效限制在基本轨与护轨所形成的槽内,从而引导车辆严格遵循预定的轨道方向行驶,有效避免车轮与叉心发生碰撞而导致的脱轨事故。护轨的防护范围应全面覆盖从辙叉咽喉至叉心顶宽 50 mm 的区域,并保留适当的安全裕量。在布局设计上,护轨的两端分别设计为开口段与缓冲段,而中部则为平直段,以确保其功能的全面发挥。

3) 连接部分

连接部分作为道岔结构的重要组成部分,由两根直钢轨与两根曲线钢轨精心组合而成。它不仅承载着连接转辙器与辙叉的重任,更确保了整个道岔系统的完整性与功能性,使之成为一个协调统一的整体。

4) 转辙器

转辙器是道岔系统中不可或缺的关键设备,由两根尖轨以及精密的转辙机械共同构成。通过操作转辙机械,可以灵活改变尖轨的位置,进而实现对道岔开通方向的精确控制,确保列车能够按照既定的运行计划顺畅通过。

2. 道岔分类

1) 按辙叉角分类

道岔依据辙叉角的大小被细分为多种型号,具体包括 6 号、9 号、12 号、18 号、30 号、42 号以及 62 号等。道岔的号码(N)是一个关键参数,它直接反映了道岔各关键部位的主要尺寸规格,这一数值通常采用辙叉角的余切值(即 $N = \cot\alpha$)来进行表示。值得注意的是,辙叉角与 N 值之间呈现出反向关系:辙叉角越小,相应的 N 值就会越大,这进而意味着导曲线半径的增大。当列车在侧线上通过此类大号道岔时,能够享受到更为平稳的行驶体验,同时也支持更高的过岔速度。因此,从列车运行的角度来看,采用大号道岔无疑是一个有利的选择。

然而,我们也必须清醒地认识到,道岔号数的增加并非没有代价。随着号数的增大,道岔的整体长度也会相应增加,这不仅会导致制造成本的上升,还会占据更多的土地资源。因此,在选择道岔号数时,必须根据具体的地理条件、线路特点以及经济因素进行综合考虑,做到因地制宜、因线而异,避免一概而论的盲目决策。

此外,根据《铁路道岔的容许通过速度》(TB/T 2477—2006)的相关规定,对于时速不超过 200 km/h 的客货共线铁路而言,其直向和侧向的容许通过速度已针对不同型号的道岔(如 6 号、9 号、12 号、18 号和 30 号)做出了明确的规定,具体可参见表 12-6。这一标准的制定为铁路设计和运营提供了重要的参考依据。

表 12-6 道岔的容许通过速度(TB/T 2477—2006)

道岔类型	道岔号数	导曲线半径/m	侧向通过速度/(km/h) 客车	侧向通过速度/(km/h) 货车	直向通过速度/(km/h) 50 轨	直向通过速度/(km/h) 60 轨
单开道岔	30	2700	140	90	—	
单开道岔	18	≥860	80	80		可动心轨辙叉:200(客车)、120(货车)
单开道岔	18	800	75	75		可动心轨辙叉:200(客车)、120(货车)
单开道岔	12	350	50(75 kg/m 钢轨为 45)	50(75 kg/m 钢轨为 45)	120(客车)、70(货车)	可动心轨辙叉:200(客车)、120(货车);固定辙叉,1:40 轨底坡:160(客车)、120(货车);AT 尖轨、固定辙叉、无轨底坡:120(客车、货车)
单开道岔	12	330	45	45	120(客车)、70(货车)	可动心轨辙叉:200(客车)、120(货车);固定辙叉,1:40 轨底坡:160(客车)、120(货车);AT 尖轨、固定辙叉、无轨底坡:120(客车、货车)
单开道岔	9	180～190	30	30	100(客车)、70(货车)	1:40 轨底坡:160(客车)、90(货车);无轨底坡:120(客车)、90(货车)
对称道岔	9	355	50	—	—	—
对称道岔	6	180	30	—	—	—
交分道岔	12	380	45	45	80(客车)、70(货车)	心轨跟端弹性可弯:120(客车)、90(货车);尖轨、心轨活接头:90(客车)、80(货车)
交分道岔	9	220	30	30	70(客、货车)	尖轨、心轨活接头:80(客、货车)

《高速铁路道岔技术条件》(TB/T 3301—2013)明确规定:针对时速范围在 250～350 km/h、轴重不超过 170 kN、采用 60 kg/m 钢轨的高速铁路系统,应选用 18 号、42 号及 62 号可动心轨道岔。其中,各型号道岔的侧向容许通过速度分别设定为 80 km/h、160 km/h 及 220 km/h。具体而言,18 号道岔的侧线设计采用了单一圆曲线线型,而 42 号与 62 号道岔的侧线则更为复杂,结合了单圆曲线与缓和曲线的组合线型,以优化列车通过时的平稳性与安全性。

2)按平面形状分类

道岔按平面形状分为单开道岔(图 12-16)、对称道岔、三开道岔(图 12-17)、交分道岔和菱形交叉(图 12-18)。

单开道岔由辙叉、护轨、转辙器及连接部构成,它通过在原有直线单轨的一侧增设一股道,从而在平面呈"R"形。

对称道岔作为单开道岔的一种特殊形式,它将直线单轨分为左右对称的两股道,呈现标准的"Y"形布局,特别适用于煤矿窄轨铁路系统。

三开道岔则更为复杂,它能够同时连接三股轨道,包括一股直线轨道、两股曲线轨道,

图 12-16 单开道岔

图 12-17 三开道岔

图 12-18 菱形交叉

配备有两对尖轨、三副辙叉以及两组转辙器。其设计特点在于中间辙叉的心轨理论尖端恰好位于中线上。这种道岔通常在地形条件受限,无法容纳两组独立单开道岔的情况下使用,常见于编组站、货场及机务段等区域。

交分道岔,尽管其长度略长于单开道岔,但其功能相当于两组对向的单开道岔,有效缩短了站场布局的长度。在复线及多线区间的咽喉区域,如到达场、编组场和出发场等,采用交分道岔配合菱形交叉布局,能够显著提升站场的运营效率。

菱形交叉则是由四副单开道岔和四个交叉设备(即钝角辙叉)组合而成,值得注意的是,交叉设备仅包含辙叉而无转辙器,因此车辆通过时必须沿原线路继续行驶,无法改变方向。在需要连续铺设两条方向相反的普通渡线且地面长度有限的情况下,菱形交叉渡线成为一种理想的解决方案。

铁路轨道所使用的道岔,其技术要求必须严格遵循现行的行业标准规范,即《标准轨距铁路道岔》(TB/T 412—2020)以及《高速铁路道岔技术条件》(TB/T 3301—2013)中的相关规定,以确保道岔的设计、制造、安装及维护均达到既定的技术标准和安全要求。

五、钢轨扣件

钢轨扣件,作为轨道系统中至关重要的联结组件,其主要功能在于将钢轨稳固地固定在轨枕之上,确保轨距的精确维持,并有效防止钢轨在纵横向上的不必要移动。这些扣件种类繁多,包括但不限于道钉、轨距挡板、绝缘挡板座、轨下橡胶垫板、轨下调高垫板,以及采用弹条或刚性设计的扣压件等,它们共同构成了钢轨与轨枕之间的稳固连接体系。

为确保铁路系统的长期稳定运行,扣件必须能够持久且有效地保持钢轨与轨枕之间的紧密联结,同时在列车行驶产生的动力作用下,展现出卓越的缓冲与减震能力,从而减缓并控制轨道结构的残余变形累积。因此,扣件的设计需兼顾足够的强度与耐久性,以及适当的弹性,同时追求结构简单、安装与拆卸便捷的特点,以满足铁路运营与维护的多样化需求。

在我国,针对铁路轨道混凝土枕和轨道板,广泛应用的弹性扣件类型丰富多样,主要包括弹条Ⅰ型、弹条Ⅱ型、弹条Ⅲ型、弹条Ⅳ型、弹条Ⅴ型、WJ-7型和WJ-8型扣件等。这些扣件根据应用场景的不同进行了细分:弹条Ⅰ型、弹条Ⅱ型和弹条Ⅲ型扣件因其适应性与经济性,主要被部署于普通有砟轨道上;而弹条Ⅳ型、弹条Ⅴ型、WJ-7型和WJ-8型扣件,则凭借其更高的技术性能和稳定性,成为高速无砟轨道的首选扣件类型。

1.弹条Ⅰ型、弹条Ⅱ型扣件

弹条Ⅰ型和弹条Ⅱ型扣件均由螺旋道钉(含配套螺母、平垫圈)、弹条、轨距挡板、绝缘挡板座、橡胶垫板及调高垫板组成,如图12-19所示。

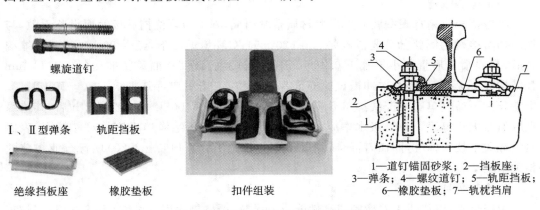

图 12-19 弹条Ⅰ型和弹条Ⅱ型扣件

1)螺旋道钉

螺旋道钉专用于钢轨与混凝土轨枕之间的牢固连接,采用优质Q235A钢材精心加工而成。其设计独具匠心,上部螺纹规格为M24,下部则采用加粗设计,螺纹规格为M25.6×6,总长度精确控制在(195±5) mm范围内。使用前,需通过专用锚固砂浆进行稳固安装,确保其锚固抗拔力不低于60 kN,以应对各种运行挑战。在极端条件下,即使承受高达 130 kN 的拉力荷载，螺旋道钉亦能保持完好无损，不断裂。此外，其尺寸偏差、表面质量等关键指标均严格遵循现行行业标准《弹条Ⅰ型扣件》(TB/T 1495—2020)的规定。

2）弹条

弹条作为关键扣件组件，分为Ⅰ型和Ⅱ型，均选用高性能材料制成。Ⅰ型弹条由 60Si2Mn 热轧弹簧钢或同等及以上性能的 ϕ13 mm 钢材打造，细分为 A、B 两类；A 型弹条提供至少 8 kN 的扣压力，弹程设定为 9 mm；B 型则进一步增强，扣压力不小于 9 kN，弹程略减至 8 mm。而Ⅱ型弹条扣件的弹条则采用更为高级的 60Si2CrA 热轧弹簧钢或更优材料，扣压力提升至至少 10 kN，弹程保持为 10 mm，确保更强的紧固效果。

弹条的核心功能在于提供稳定的扣压力，有效吸收振动，并防止松动，从而保障轨道系统的长期稳定运行。针对混凝土轨枕使用的Ⅰ型和Ⅱ型弹条，其表面均经过严格的防锈处理，以增强耐久性。同时，弹条的尺寸偏差、表面质量、硬度、残余变形等关键性能参数均严格符合《弹条Ⅰ型扣件》(TB/T 1495—2020)及《弹条Ⅱ型扣件》(TB/T 3065—2020)等行业标准的最新要求。

3）轨距挡板

轨距挡板采用专为铁路设计的热轧型钢精心制造，其主要功能在于精准调整轨距，并有效传递钢轨间产生的横向水平推力。依据中心孔的不同形状（长圆孔、大圆孔、方孔）及其尺寸、挡板的长度与重量差异，轨距挡板被细分为 6 号、10 号、14 号及 20 号四种型号。其中，6 号与 10 号长圆孔挡板专为适配 60 kg/m 钢轨设计，而 14 号与 20 号则适用于 50 kg/m 钢轨。关于轨距挡板的尺寸精度、一角翘起高度、接触面平整度、孔位对称度及外观质量等关键技术指标，均须严格遵循《弹条Ⅰ型扣件》(TB/T 1495—2020)及《弹条Ⅱ型扣件》(TB/T 3065—2020)两项现行行业标准的相关要求。

4）绝缘挡板座

绝缘挡板座精选聚酰胺 6 或尼龙材质精制而成，确保与轨枕挡肩接触面平整无隙，与轨距挡板接触的圆弧部分光滑顺畅。在 (20 ± 5) ℃ 环境温度下，经受 80 kN 静载压缩测试后，其残余变形量应小于等于 0.40 mm；挠曲试验验证其挠曲量精准达 (8 ± 0.1) mm 且结构完好无损；历经 6 次冲击试验亦能保持完整，或按用户特殊需求，在 (-50 ± 1) ℃ 极端条件下通过单次冲击试验亦不破裂。此外，挡板座在 100 ℃ 水中煮沸 2 h 后，其绝缘电阻值需大于等于 10^8 Ω，吸水率小于等于 1.5%。关于绝缘挡板座的尺寸精度、表面质量等关键技术标准，同样需符合《弹条Ⅰ型扣件》(TB/T 1495—2020)现行行业规范的相关条款。

5）橡胶垫板

橡胶垫板，以优质天然橡胶或高性能合成橡胶（严格排除再生橡胶）为基材精心制造，专为钢轨与混凝土枕（涵盖宽枕及整体道床）之间提供卓越的缓冲与绝缘效果。针对不同规格的钢轨，橡胶垫板设有专属型号：43 kg/m 钢轨适用 43-7、43-10 型号，尺寸 185 mm×113 mm×7（或 10）mm，配备 7 条沟槽；50 kg/m 钢轨则配备 50-10 型号，尺寸 185（或 190）mm×131 mm×10 mm，沟槽数为 9 条；而 60 kg/m（或 75 kg/m）钢轨则有 60-10、60-10R、60-12 型号可选，尺寸 185（或 190）mm×149 mm×10（或 12）mm，沟槽数达 11 条或 17 条。

根据使用环境温度的不同,橡胶垫板细分为普通型(-20~70 ℃)与耐寒型(低于-20 ℃)。垫板表面需保持光滑无瑕,边缘修整齐备,其外观质量(如缺角、缺胶、海绵状缺陷、毛边等)、物理机械性能(涵盖邵尔硬度、拉伸强度、压缩性能、工作电阻、热空气老化测试等)以及静刚度等关键指标,均须符合《弹条Ⅰ型扣件》(TB/T 1495—2020)及《弹条Ⅱ型扣件》(TB/T 3065—2020)的行业标准。

6) 调高垫板

调高垫板,精选聚乙烯塑料、竹胶合板或木胶合板等材料精心加工而成,专为置于混凝土轨枕下以调节轨顶标高而设计。塑料垫板提供1 mm、2 mm、3 mm、5 mm、8 mm、10 mm、15 mm七种厚度规格;而木垫板与竹垫板则提供2 mm、3 mm、4 mm、7 mm、10 mm、15 mm六种厚度选择。垫板统一长度为(185±1) mm,宽度则依据钢轨型号分别设定:43型钢轨用垫板宽度为(112±1) mm;50型钢轨用垫板宽度为(130±1) mm;60型及75型钢轨用垫板宽度为(148±1) mm。

关于调高垫板的尺寸精度、外观质量、密度、含水率、胶合强度、耐水性及变形量等技术标准,均须严格遵循《弹条Ⅰ型扣件》(TB/T 1495—2020)及《弹条Ⅱ型扣件》(TB/T 3065—2020)的现行行业标准。

7) 应用

弹条Ⅰ型扣件,专为客货共线铁路设计,适用于直线段及曲线半径不小于295 m的线路,同时也广泛适用于各类铁路站线的有砟轨道,特别匹配于混凝土枕上铺设的50型钢轨。

而弹条Ⅱ型扣件,同样适用于客货共线铁路的直线段与曲线半径不小于295 m的线路,以及各类铁路站线的有砟轨道,专为混凝土枕上铺设的60型或75型钢轨提供稳定可靠的紧固解决方案。

2. 弹条Ⅲ型扣件

弹条Ⅲ型扣件是无螺栓、无挡肩扣件。该扣件由弹条、铁垫板、螺旋道钉、预埋螺纹套管、绝缘轨距块、橡胶垫板和调高垫板组成,如图12-20所示。

弹条Ⅲ型扣件展现出卓越的性能特点,其单个弹条的扣压力达到或超过11 kN,弹程精准设定为13 mm,同时能够抵御高达70 kN的动态横向水平力。轨距的灵活调整依赖于不同编号(7、9、11、13号)的绝缘轨距块,这些轨距块根据具体的轨距调整需求进行精确分类。

弹条Ⅲ型扣件凭借其强大的扣压力与优异的弹性,显著提升了轨道系统的稳定性。尤为值得一提的是,该扣件设计取消了混凝土枕挡肩,有效消除了轨底在横向应力作用下可能发生的横移现象,进而避免了轨距的扩大,确保了轨距的长期稳定性。此外,通过摒弃传统的螺栓连接方式,不仅简化了安装流程,还大幅度降低了扣件的日常养护工作量。

鉴于上述诸多优势,弹条Ⅲ型扣件成为重载、大运量、高密度铁路运输线的理想选择,为现代铁路的安全、高效运行提供了坚实保障。

3. 弹条Ⅳ型扣件

弹条Ⅳ型扣件与弹条Ⅲ型扣件相似,也是无螺栓、无挡肩扣件。该扣件由C4型弹条、

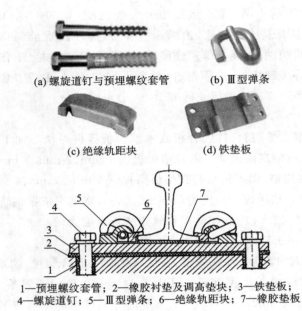

1—预埋螺纹套管；2—橡胶衬垫及调高垫块；3—铁垫板；
4—螺旋道钉；5—Ⅲ型弹条；6—绝缘轨距块；7—橡胶垫板

图 12-20　弹条Ⅲ型扣件

预埋铁座、绝缘轨距块和橡胶垫板组成，如图 12-21 所示。

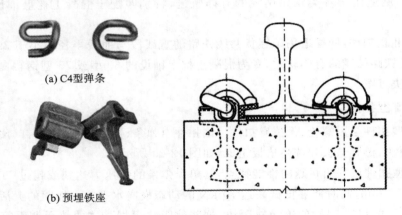

图 12-21　弹条Ⅳ型扣件

4. 弹条Ⅴ型扣件

弹条Ⅴ型扣件适用于时速≤350 km/h、60 kg/m 钢轨、有挡肩的混凝土轨枕或轨道板的高速铁路。其结构如图 12-22 所示。

螺旋道钉精选优质碳素结构钢、合金结构钢或冷镦钢精心加工而成，其实物最小拉力需达到或超过 190 kN，断后伸长率不低于 12%，硬度则超越 34HRC 的标准。

弹条Ⅴ型扣件所采用的弹条，由 60Si2MnA 或性能更优的 $\phi14$ mm（W2 型）及 $\phi13$ mm（X 型）热轧弹簧钢材质锻造，其硬度精确控制在 42～47HRC 范围内，弹程至少为 12 mm，扣压力确保不低于 11.0 kN，残余变形则严格控制在 1.0 mm 以内。

模块十二　铁路工程材料选用

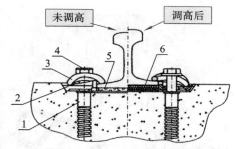

1—预埋螺纹套管；2—轨距挡板；3—W2型弹条；
4—螺旋道钉；5—轨下垫板；6—调高垫板

图 12-22　弹条 V 型扣件

弹条 V 型扣件的轨距挡板,虽在外形上与弹条 I 型和 II 型扣件用轨距挡板相似,但在材质上选用了玻璃纤维增强聚酰胺 66 或更高性能的材料,其硬度达到或超过 105HRC,拉伸强度不低于 150 MPa,弯曲强度则高达 200 MPa 以上,同时确保绝缘电阻大于 5×10^6 Ω。

预埋螺纹套管同样采用增强聚酰胺 66 或性能相当的材料制成,产品经过 100 kN 拉力测试后仍保持完好无损。在浇筑带有挡肩的混凝土轨枕或轨道板时,螺纹套管需预先嵌入,其锚固抗拔力超过 60 kN,且绝缘电阻亦大于 5×10^6 Ω。

当弹条 V 型扣件配备 W2 型弹条与橡胶垫板时,钢轨的抗纵向阻力需达到或超过 9 kN;而采用 X 型弹条与橡胶垫板组合时,钢轨的抗纵向阻力则设定为 (4.0 ± 1.0) kN 的精确范围内。此外,扣件的绝缘电阻不得低于 5 kΩ,所有其他技术要求均严格遵循《高速铁路扣件　第 1 部分:通用技术条件》(TB/T 3395.1—2015)及《高速铁路扣件　第 3 部分:弹条 V 型扣件》(TB/T 3395.3—2015)的相关规定。

5. WJ-7 型扣件

WJ-7 型扣件由 T 形螺栓、螺母、平垫圈、弹条(W2 型或 X 型)、绝缘块、铁垫板、轨下垫板(橡胶垫板或复合垫板)、绝缘缓冲垫板、重型弹簧垫圈、平垫块、螺旋道钉和预埋螺纹套管组成,轨顶标高可用轨下调高垫板(或充填式垫块)和铁垫板下调高垫板进行调整,如图 12-23 所示。

WJ-7 型扣件专为时速不超过 350 km/h 的高速铁路及城际铁路设计,适用于 60 kg/m 钢轨,且能适配不设轨顶坡、无挡肩的混凝土轨枕或轨道板。

T 形螺栓与螺旋道钉的制造材料均选用 Q235A 或更高性能等级的材料,并经过严格的防锈处理,以确保长期使用的稳定性和安全性。

WJ-7 型扣件所采用的 W2 型或 X 型弹条,其材质与弹条 V 型扣件中的 W2 型弹条相同,展现出卓越的硬度范围(42~47HRC),扣压力轻松超越 9 kN,弹程精准控制在 14 mm。

铁垫板与平垫块均选用高品质的 QT450-10 球墨铸铁制造。铁垫板的承轨面经过精心打磨,确保无分型面、无翘曲,中部绝对平整,平整度严控在 1 mm 以内;底面四角稳固,即便在极端情况下,任何一角的翘起高度也被限制在 1 mm 以下。平垫块的工作面光滑平整,并设有清晰的安装标记线,便于准确安装。

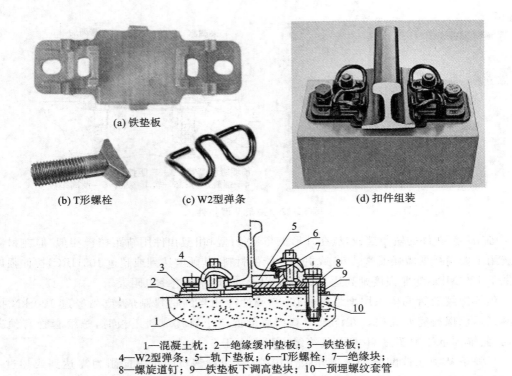

图 12-23 WJ-7 型扣件

预埋螺纹套管的材质与弹条 V 型扣件中所用的预埋套管一致,其产品质量卓越,能够承受高达 150 kN 的拉力而不受损,锚固抗拔力更是超过 100 kN,同时绝缘电阻保持在 $5×10^6$ Ω 以上,确保了电气性能的安全可靠。

此外,WJ-7 型扣件的所有其他技术要求均严格遵循现行的行业标准,包括《高速铁路扣件 第 1 部分:通用技术条件》(TB/T 3395.1—2015)以及《高速铁路扣件 第 4 部分:WJ-7 型扣件》(TB/T 3395.4—2015)中的相关规定。

6. WJ-8 型扣件

WJ-8 型扣件由螺旋道钉、平垫圈、弹条(W1 型或 X2 型)、绝缘轨距块、轨距挡板、铁垫板、轨下垫板(橡胶垫板或复合垫板)、铁垫板下弹性垫板和预埋螺纹套管组成,轨顶标高可用轨下微调垫板和铁垫板下调高垫板进行调整,如图 12-24 所示。

WJ-8 型扣件专为时速不超过 350 km/h 的高速铁路及城际铁路设计,适用于 60 kg/m 钢轨,并特别适配设有 1∶40 轨顶坡及挡肩的混凝土轨枕或轨道板。

预埋螺纹套管的材质与弹条 V 型扣件中使用的预埋套管相同,展现出卓越的耐久性。该套管在经历 100 kN 的拉力测试后依然完好无损,其锚固抗拔力稳定达到或超过 60 kN,同时绝缘电阻保持在 $5×10^6$ Ω 以上,确保了电气性能的安全与稳定。

此外,WJ-8 型扣件的其他所有技术规格均严格遵循现行的行业标准,包括《高速铁路扣件 第 1 部分:通用技术条件》(TB/T 3395.1—2015)以及《高速铁路扣件 第 5 部分:WJ-8 型扣件》(TB/T 3395.5—2015)中的详细规定,以确保产品的质量和性能达到最高标准。

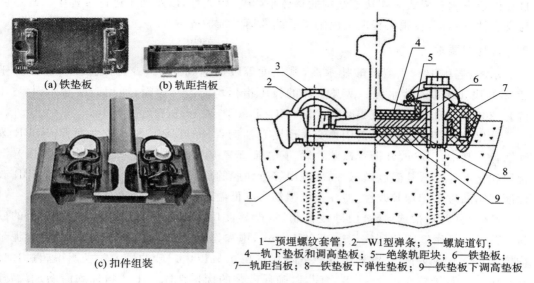

1—预埋螺纹套管；2—W1型弹条；3—螺旋道钉；
4—轨下垫板和调高垫板；5—绝缘轨距块；6—铁垫板；
7—轨距挡板；8—铁垫板下弹性垫板；9—铁垫板下调高垫板

图 12-24　WJ-8 型扣件

任务二　无砟轨道用水泥乳化沥青砂浆及自密实混凝土

【工作任务】

本任务旨在深入掌握高速铁路建设中 CRTS Ⅰ 型、CRTS Ⅱ 型板式无砟轨道所采用的水泥乳化沥青砂浆的基本构成成分、详尽技术要求，并据此进行精确的配合比设计。同时，还需精通 CRTS Ⅲ 型板式无砟轨道所运用的自密实混凝土的基础成分、严格的技术指标，并独立完成其配合比的设计工作。

为圆满达成此任务，需系统学习并熟练掌握水泥乳化沥青砂浆与自密实混凝土的专业知识，深入理解这两种材料的性能特点与应用原理。此外，还需紧密跟踪并熟悉相关国家标准的最新动态，确保设计工作的合规性与先进性。在配合比设计环节，需精通设计的基本流程与科学方法，确保设计结果的合理性、经济性与实用性。

一、水泥乳化沥青砂浆

高速铁路中采用的 CRTS Ⅰ 型与 CRTS Ⅱ 型板式无砟轨道所使用的水泥乳化沥青砂浆，是一种通过精心调配水泥、乳化沥青、精细骨料、水及特定外加剂，并经特殊工艺混合而成的高性能砂浆材料，业界简称其为 CA 砂浆。该砂浆的独特之处在于其刚柔并济的特性，以柔性为主导，同时兼顾刚性需求。它作为关键材料，被巧妙地填充在厚度约为 50 毫米的轨道板与混凝土道床之间的空间（即板下填充层），主要承担着支撑轨道板、有效缓冲高速列车运行产生的荷载以及实现减震等多重功能。因此，CA 砂浆的性能优劣直接且显著地影响着板式无砟轨道结构的整体平顺性、耐久性,以及列车运行过程中的舒适度与安全性,同时也在很大程度上决定了后续的运营维护成本。

1. 材料要求

水泥:选用 P·Ⅱ 型硅酸盐水泥,其强度等级需达到 52.5,或选用强度等级不低于 42.5 的快硬硫铝酸盐水泥。两类水泥的技术指标均需严格遵循《通用硅酸盐水泥》(GB 175—2023)及《快硬高铁硫铝酸盐水泥》(JC/T 933—2019)的规范标准。

乳化沥青:生产原料可选用重交通道路石油沥青,亦可采用 SBS 改性沥青或 SBR 改性沥青。其中,SBS 改性沥青以苯乙烯-丁二烯-苯乙烯嵌段共聚物为改性剂,显著提升沥青的软化点并降低其温度敏感性,展现出接近橡胶的优异热塑性弹性体特性。而 SBR 改性沥青则通过丁苯橡胶改性,专注于增强沥青在低温环境下的耐老化与抗疲劳能力。

细骨料(砂):精选河砂、山砂或机制砂,严禁使用海砂及含软质岩、风化岩杂质的砂料。砂的表观密度需达到或超过 2550 kg/m³,饱和面干吸水率低于 3.0%,泥块与含泥量均控制在 1.0% 以下,氯离子含量严格限制在 0.01% 以内。砂的最大粒径不得超过 1.18 mm,细度模数维持在 1.4~1.8 之间,以确保砂浆的优良性能。上述指标均需满足《高速铁路 CRTS Ⅰ 型板式无砟轨道用水泥乳化沥青砂浆》(Q/CR 469—2015)及《客运专线铁路 CRTS Ⅱ 型板式无砟轨道水泥乳化沥青砂浆暂行技术条件》的相关要求。

外加剂:推荐适量掺入减水剂、松香类引气剂及硫铝酸钙类膨胀剂。膨胀剂的初凝时间应大于 60 min,以确保施工性能。外加剂的使用需严格符合《混凝土外加剂》(GB 8076—2008)及《混凝土膨胀剂》(GB/T 23439—2017)的技术标准。

水:拌合用水需满足《混凝土用水标准》(JGJ 63—2006)的各项规定,确保水质纯净,不含影响砂浆性能的杂质。

其他辅助材料:铝粉建议选用鳞片状,其质量需符合《铝粉 第2部分:球磨铝粉》(GB/T 2085.2—2019)的国家标准;消泡剂则推荐采用高效能的有机硅类消泡剂,以优化砂浆的搅拌与施工效果。

2. 砂浆的技术要求

CRTS Ⅰ 型和 CRTS Ⅱ 型板式无砟轨道板下填充层用 CA 砂浆的技术要求如表 12-7 所示。

表 12-7　CA 砂浆的技术要求

项目		CRTS Ⅰ 型板式无砟轨道	CRTS Ⅱ 型板式无砟轨道
砂浆温度/℃		5~40	5~35
流动度/s		18~26	80~120
可工作时间/min		≥30	—
扩展度 /mm	出机	—	≥280,且扩展度达到 280 mm 时的时间应≤16s
	30 min	—	≥280,且扩展度达到 280 mm 时的时间应≤22s
含气量/(%)		6~12	≤10.0
表观密度/(kg/m³)		>1300	≥1800

续表

项目		CRTS Ⅰ 型板式无砟轨道	CRTS Ⅱ 型板式无砟轨道
抗折强度 /MPa	1 d	—	≥1.0
	7 d	—	≥2.0
	28 d	—	≥3.0
抗压强度 /MPa	1 d	≥0.10	≥2.0
	7 d	≥0.70	≥10.0
	28 d	≥1.80	≥15.0
弹性模量(28 d)/MPa		100～300	7000～10000
材料分离度/(%)		<1.0	<3.0
膨胀率/(%)		1.0～3.0	0～2.0
泛浆率/(%)		0	0
抗冻性(28 d)		经 300 次冻融循环后，相对动弹模量应≥60%，质量损失率应≤5%	经 56 次冻融循环后，外观无异常，剥落量应≤2000 g/m²，相对动弹模量应≥60%
耐候性		无剥落、无开裂、相对抗压强度应≥70%	—
抗疲劳性(28 d)		100 万次裂缝宽度应≤0.10 mm	10000 次不断裂

3. 砂浆的配合比设计

1) 基本要求

CA 砂浆的配合比应严格依据设计要求精心选择原材料，并经历计算、试配、精细调整等严谨步骤最终确定。对于 CRTS Ⅰ 型板式无砟轨道所用砂浆，其水泥用量建议控制在 310～390 kg/m³ 的范围内，水灰比（即拌合用水与水泥的质量比）不宜超过 0.90，而乳化沥青（含聚合物乳液）与水泥的质量比应达到或超过 1.40。至于 CRTS Ⅱ 型板式无砟轨道砂浆，水泥用量则建议不低于 400 kg/m³，水灰比上限为 0.58，乳化沥青（含聚合物乳液）与水泥的质量比亦应至少为 0.35。砂的用量可参考干砂的堆积密度值来设定；膨胀剂的用量则需根据砂浆膨胀率的设计要求，通过试验精确确定。

2) 配合比的确定过程

首先，依据上述基本要求，初步设定 1 m³ 砂浆中水泥、乳化沥青、砂、膨胀剂及水的用量。对于减水剂、引气剂、铝粉、消泡剂等添加剂，可采用外掺法加入，具体掺量需通过砂浆性能试验进行科学确定。随后，进行试拌与调整，直至砂浆的工作性能完全符合表 12-7 所列标准。之后，测定砂浆的表观密度，并基于实测值对初步配合比进行必要修正。修正后的配合比即作为试拌配合比，进一步用于力学性能和耐久性能的试验。若试验结果满足表 12-7 的所有要求，则该配合比可正式确定为试验室配合比；若不满足，则需继续调整试拌配合比，直至砂浆的工作性、力学性能和耐久性能全面达标。此外，在配合比设计过程中，还需充分考虑施工环境温度条件变化对砂浆拌合物性能可能产生的影响。

二、自密实混凝土

自密实混凝土，亦称自流平混凝土，是一种具备卓越流动性能、无离析现象、均匀稳定且能在浇筑时仅凭自重流动至密实状态的混凝土材料。其特点在于无须额外振捣即可达到理想的密实效果。

高速铁路所采用的 CRTS Ⅲ 型板式无砟轨道，其核心材料即为自密实混凝土，该混凝土由精心配比的水泥、矿物掺合料、细骨料、粗骨料、外加剂、膨胀剂以及水等关键组分构成。在施工过程中，自密实混凝土通过轨道板上预先设计的灌浆孔进行精准灌注，从而形成一层坚固的 90 mm 厚混凝土结构层。这一结构层不仅自身稳固，还通过轨道板底部的特殊门式钢筋、自密实混凝土结构层内置的防裂钢筋网片，以及底座限位凹槽内的钢筋，实现了轨道板与底座板之间的紧密连接与牢固固定，确保了轨道系统的整体稳定性和安全性。

1. 原材料要求

水泥：建议选用硅酸盐水泥或普通硅酸盐水泥，并避免使用早强水泥。其技术性能需严格遵循《通用硅酸盐水泥》（GB 175—2023）及《铁路混凝土》（TB/T 3275—2018）的规范要求。

矿物掺合料：可选用符合一级标准的粉煤灰、矿渣粉、硅灰等，其技术性能需满足《铁路混凝土》（TB/T 3275—2018）的规范要求。掺合料的掺入比例应通过试验科学确定。

细骨料：优选Ⅱ区中粒径分布合理、质地均匀坚硬、吸水率低、孔隙率小的天然河砂，细度模数控制在 2.3～2.7 之间，以确保骨料质量。

粗骨料：应采用连续级配、粒形规整、质地均匀坚硬、线膨胀系数低的洁净碎石，最大公称粒径不得超过 10 mm。同时，用于制作碎石的岩石抗压强度需至少为混凝土设计强度等级的 1.5 倍。

骨料碱活性检验：采用砂浆棒法进行，要求砂浆棒在 14 d 内的膨胀率必须低于 0.10%。若膨胀率在 0.10%～0.30% 之间，则需采取有效措施抑制碱-骨料反应，并通过试验验证其效果；若膨胀率超过 0.30%，则必须更换骨料。此外，严禁使用具有碱-碳酸盐反应活性的骨料。骨料的其他技术规格需符合《铁路混凝土》（TB/T 3275—2018）的行业标准。

外加剂：应选用减水效果显著、坍落度损失小、适量引气、能显著提升混凝土耐久性且质量稳定的产品。聚羧酸系高性能减水剂为首选。根据具体需求，可适量掺入膨胀剂、引气剂等，其技术规格需分别满足《混凝土外加剂》（GB 8076—2008）、《聚羧酸系高性能减水剂》（JG/T 223—2017）、《混凝土膨胀剂》（GB/T 23439—2017）及《铁路混凝土》（TB/T 3275—2018）的相关规定。

拌合及养护用水：优先采用饮用水。若选用其他水源，其水质必须满足《混凝土用水标准》（JGJ 63—2006）及《铁路混凝土》（TB/T 3275—2018）中的水质要求。对于养护用水，除不溶物、可溶物不作特别要求外，其余技术指标应与拌合用水保持一致。

2. 自密实混凝土的技术要求

自密实混凝土拌合物的性能包括流动性、填充性、间隙通过性及抗离析性等。具体要求如表 12-8 所示。

表 12-8 拌合物的技术要求

项目	性能要求	项目	性能要求
扩展度/mm	700±50	L 型仪，H_2/H_1	≥0.9
T_{50}/s	2～6	T_{700L}/s	10～18
B_J/mm	<18	含气量/(%)	2～5
泌水率/(%)	0	塑性膨胀率/(%)	0～1

注：①T_{50}——测定坍落度时，自提起坍落度筒开始至坍落扩展度达到 500 mm 时所经历的时间。

②B_J——采用 J 环测定混凝土拌合物抗离析性时，混凝土扩展终止后，扩展面中心混凝土距 J 环顶面高度与直径 300 mm 处混凝土距 J 环顶面高度的差值。

③T_{700L}——采用 L 型仪测定混凝土拌合物间隙通过性时，自提起活动门开始，混凝土拌合物流过 L 型仪水平部分，混凝土的外缘初始达到 L 型仪后槽端部时所用时间。

④H_2/H_1——混凝土拌合物停止流动时，L 型仪水平部分端部混凝土的高度与垂直部分混凝土的高度比。

自密实混凝土硬化后的抗压强度与弹性模量应满足设计要求；56 d 的电通量应小于等于 1000 C，56 d 的抗冻等级应不低于 F300，56 d 的干燥收缩值应小于等于 $450×10^{-6}$。

3. 配合比设计

配合比设计宜优先采用绝对体积法，具体操作可严格参照《普通混凝土配合比设计规程》(JGJ 55—2011)中的相关规定进行计算、试配与调整，直至确定最佳配合比，同时需确保以下关键参数满足要求：

(1) 单位体积内胶凝材料的用量应控制在 600 kg/m³ 以下。

(2) 用水量宜不超过 190 kg/m³，以确保混凝土的工作性和耐久性。

(3) 单位体积内的浆体体积应维持在 0.35～0.42 m³ 之间，以优化混凝土的流动性和密实性。

(4) 单位体积粗骨料的绝对体积建议处于 0.26～0.32 m³ 范围内，以提升混凝土的强度和稳定性。

(5) 砂率的选择应合理，推荐范围为 45%～50%，以促进混凝土的均匀性和工作性。

(6) 严格控制混凝土中的氯离子总含量，不得超过胶凝材料总量的 0.10%，以防止钢筋锈蚀。同时，总碱含量应严格限制在 3.0 kg/m³ 以内，确保混凝土结构的长期耐久性。

【课堂小结】

本模块深入阐述了有砟轨道与无砟轨道的核心理念，详尽介绍了轨道交通领域所运用的道砟材料、轨枕及其衍生产品如轨枕板、钢轨的构造、道岔的设计原理，以及钢轨配套使用的扣件与各类配件的多样化品种、具体规格、严格的技术标准与广泛的应用知识。

【课堂测试】

1. 长枕埋入式无砟轨道适用于（　　）。
A. 客货共线铁路　　　　　　　　B. 高速铁路

C. 城际铁路　　　　　　　　　　D. 道岔

2. 钢轨的型号是根据（　　）来划分的。
   A. 断面尺寸　　　　　　　　　B. 断面高度
   C. 轨腰厚度　　　　　　　　　D. 每米重量

3. 高速铁路用钢轨的标准长度有（　　）。
   A. 12.5 m　　　　　　　　　　B. 25 m
   C. 50 m　　　　　　　　　　　D. 100 m

4. 下列辙叉存在有害空间的是（　　）。
   A. 可动心轨辙叉　　　　　　　B. 可动翼轨辙叉
   C. 固定心轨辙叉　　　　　　　D. 组装型辙叉

5. 护轨，作为安装在辙叉左右两侧基本钢轨内侧的平行钢轨，其主要作用是（　　）。
   A. 加强基本轨　　　　　　　　B. 引导车辆按预定方向运行
   C. 保持轨距　　　　　　　　　D. 防止脱轨

6. 道岔按辙叉角的大小分为多种型号，道岔号码代表了道岔各部分的主要尺寸，这一尺寸通常用辙叉角的（　　）来表示。
   A. 正弦值　　　　　　　　　　B. 余弦值
   C. 正切值　　　　　　　　　　D. 余切值

7. 在重载、大运量、高密度的铁路运输线上，优先选用的钢轨扣件类型包括（　　）。
   A. 弹条Ⅰ型　　　　　　　　　B. 弹条Ⅱ型
   C. 弹条Ⅲ型　　　　　　　　　D. 弹条Ⅳ型

8. 对于设计时速≤350 km/h，采用60 kg/m钢轨、无挡肩的混凝土轨枕或轨道板的高速铁路，应选用的钢轨扣件是（　　）。
   A. 弹条Ⅰ型　　　　　　　　　B. 弹条Ⅱ型
   C. 弹条Ⅲ型　　　　　　　　　D. 弹条Ⅳ型

9. 设计时速≤350 km/h、使用60 kg/m钢轨、有挡肩的混凝土轨枕或轨道板的高速铁路，推荐的钢轨扣件类型为（　　）。
   A. 弹条Ⅲ型　　　　　　　　　B. 弹条Ⅳ型
   C. 弹条Ⅴ型　　　　　　　　　D. WJ-7型

10. 对于设计时速≤350 km/h、60 kg/m钢轨、不设轨顶坡且为无挡肩混凝土轨枕或轨道板的高速铁路及城际铁路，适用的钢轨扣件包括（　　）。
    A. 弹条Ⅲ型　　　　　　　　　B. 弹条Ⅳ型
    C. 弹条Ⅴ型　　　　　　　　　D. WJ-7型

11. 在设计时速≤350 km/h、60 kg/m钢轨、设有1∶40轨顶坡及有挡肩的混凝土轨枕或轨道板的高速铁路和城际铁路上，应选用的钢轨扣件是（　　）。
    A. 弹条Ⅳ型　　　　　　　　　B. 弹条Ⅴ型
    C. WJ-7型　　　　　　　　　 D. WJ-8型

12. 高速铁路中，CRTSⅠ型和CRTSⅡ型板式无砟轨道的轨道板与混凝土道床之间的连接采用的是（　　）材料。

A. 普通水泥混凝土　　　　　　　　B. 自密实混凝土
C. 普通水泥砂浆　　　　　　　　　D. 水泥乳化沥青砂浆

13. 对于高速铁路的 CRTS Ⅲ 型板式无砟轨道,其轨道板与混凝土道床之间的连接材料为(　　)。

A. 普通水泥混凝土　　　　　　　　B. 自密实混凝土
C. 普通水泥砂浆　　　　　　　　　D. 水泥乳化沥青砂浆

模块十三　其他种类建筑材料

【知识目标】
1. 深入理解木材的物理力学特性及其强度受哪些主要因素影响；
2. 精通木材在建筑工程中的多样化应用；
3. 掌握木材的微观构造及其防火保护措施；
4. 全面了解建筑塑料、建筑涂料及胶黏剂的成分、分类与独特性能；
5. 熟知常用建筑塑料、涂料及胶黏剂制品的性能指标与应用领域；
6. 清晰理解热导率、吸声系数与隔声系数的概念；
7. 透彻领悟材料绝热、吸声与隔声的基本原理；
8. 熟练掌握绝热、吸声及隔声材料的性能特征、影响因素及选择要点；
9. 熟知各类常用绝热、吸声、隔声材料的种类、特性及其适用场景；
10. 深入了解建筑装饰石材、玻璃、陶瓷材料的种类、性能优势及实际应用。

【能力目标】
1. 能够根据建筑物具体环境，科学合理地选择并应用装饰板材；
2. 具备精准选择建筑塑料、涂料及胶黏剂制品的能力；
3. 能够准确区分并选用适宜的吸声与隔声材料；
4. 擅长根据需求合理搭配绝热、吸声、隔声材料；
5. 能够针对建筑装饰需求，恰当选择石材、玻璃、陶瓷等材料。

【素质目标】
1. 树立远大理想与坚定信念；
2. 展现高尚的职业道德与卓越的职业素养；
3. 严格遵守课堂纪律，确保学习时间的有效利用；
4. 掌握建筑材料领域的专业理论知识与技术实践能力；
5. 具备解决职场中建筑材料相关问题的能力；
6. 展现卓越的团队合作精神与不畏艰辛的奋斗精神。

【案例引入】
1. 木材强度受什么因素影响？
2. 房屋建筑中常见的塑料制品有哪些？
3. 绝热材料有什么作用？
4. 吸声材料有哪些？

任务一　木材的选用

【工作任务】

深入熟悉木材的特性,重点在于深入理解针叶材与阔叶材的独特之处,以及木材在宏观与微观层面的结构特征。此外,还需精通木材含水率、纤维饱和点、平衡含水率等关键概念,以及这些参数如何影响木材的干湿变形性能。进一步地,需探究木材腐蚀的根源,并熟悉相应的防腐措施,以确保木材的耐久性与使用寿命。同时,必须全面掌握木材的强度属性及其各类影响因素,这对于木材的安全应用至关重要。在板材的选择上,应基于综合考量,充分掌握木材的综合利用技术,包括胶合板、纤维板、细木工板等各类人造板材的性质特点、优势及应用场景,以实现木材资源的最优化利用。

【相关知识】

木材的应用源远流长,作为人类最早采用的建筑材料之一,其在建筑史上占据着举足轻重的地位。曾几何时,木材与水泥、钢筋并称为建筑工程的三大基石。近年来,随着我国对有限森林资源的重视与保护,木材的应用方式虽有所调整,但其凭借独特的优势,在建筑工程中依然保持着不可替代的重要地位。

木材的众多优点令人瞩目:它拥有卓越的弹性和韧性,能够承受冲击与振动;加工性能优异,易于塑造;保温性能出色,无论是干燥环境还是水下浸泡,均能展现出高度的耐久性;同时,木材作为轻质高强材料,比强度高,且导热系数低,保温隔热效果显著;加之其天然美丽的纹理,赋予了木材极佳的装饰性。

然而,木材亦非完美无缺,其内部结构的不均匀性和各向异性,以及对环境湿度的敏感性导致的湿胀干缩变形,加之易腐蚀、虫蛀、燃烧及天然缺陷等,都是其不可忽视的缺点。但幸运的是,通过先进的加工与处理技术,这些不足可以在很大程度上得到缓解和改善。

在建筑工程的广阔领域中,从屋顶、梁柱、门窗到地板、桥梁,从混凝土模板、脚手架到室内装饰乃至隧洞装修,乃至水利工程中的木桩、闸门支护等,木材的应用无处不在,需求量巨大。鉴于木材生产周期长,我们更应积极采用新技术、新工艺,推动木材的综合利用,以实现其可持续发展。

一、木材的分类与构造

1. 木材的分类

木材是由树木加工而成的。其种类繁多,按树种的不同,可分为针叶树和阔叶树两大类。

1)针叶树

针叶树以其细长如针的叶片著称,多为四季常青的树种。其树干挺拔且高大,纹理顺直,材质均匀细腻,木质相对柔软,易于加工塑形,因此又被称为"软材"。针叶树材不仅具有较高的强度,还展现出较低的表观密度和较小的胀缩变形特性,同时常富含树脂,赋予其较强的耐腐蚀性。作为建筑领域的重要材料,针叶树材广泛应用于承重结构、装修及装饰部件之中。常见的针叶树种包括红松、落叶松、云杉、冷杉、杉木以及柏木等。

2) 阔叶树

阔叶树则以其宽大的叶片和网状叶脉为特点,其中绝大多数为落叶树种。其树干通直部分相对较短,多数树种的表观密度较大,材质坚硬,加工难度较大,故被归类为"硬材"。阔叶树材通常重量较重,强度高,但胀缩和翘曲变形较为明显,且易开裂。在建筑应用中,阔叶树材常被用于制作尺寸较小的装修和装饰构件。而对于那些拥有美丽天然纹理的树种,则特别适合用于室内装修、家具制作以及胶合板等产品的生产。常见的阔叶树种包括桦木、柞木、水曲柳、榆木,以及质地相对柔软的椴木等。

2. 木材的构造

由于树种生长环境的多样性,其构造特征呈现出显著差异,这些差异直接对木材的性质产生深远影响。因此,深入研究木材的构造成为理解并掌握其性能的关键途径。木材的构造研究主要分为宏观构造与微观构造两大层面。

1) 木材的宏观构造

木材的宏观构造是指通过肉眼或借助放大镜能够观察到的组织结构,这通常从三个不同的切面进行深入分析:横切面(垂直于树干轴线的截面)、径切面(沿树干轴线切割的纵截面)以及弦切面(平行于树干轴线但非轴线本身的纵截面),如图13-1所示。

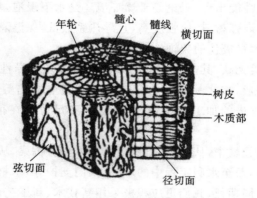

图13-1 木材三个切面

图13-1清晰地展示了树木由树皮、木质部及髓心等核心部分构成。在木质部的细致结构中,靠近树干中心区域的深色部分被称为心材,而靠近树干外围、颜色相对较浅的部分则称为边材。一般而言,心材在利用价值上往往高于边材。

从横切面观察,可以看到年轮以深浅相间的同心圆环形式分布,这些圆环记录了树木的生长历程。在同一年轮内,春季生长的木质部分颜色较浅,质地较为松软,被称为春材或早材;而夏秋季节生长的木质部分则颜色较深,质地更为坚硬,被称为夏材或晚材。对于同一树种而言,年轮越密集且分布均匀,通常意味着材质越优良;同时,夏材比例的增加也会显著提升木材的强度。

树干的正中心是髓心,其质地松软,强度较低,且易于腐烂。从髓心向外延伸的辐射状线条称为髓线,这些髓线与周围组织的结合较弱,因此在干燥过程中容易沿着这些线路开裂。年轮与髓线共同构成了木材独特而美丽的天然纹理,为木材增添了无限魅力。

2)木材的微观构造

微观构造是指木材在显微镜下的组织结构,它由无数管状细胞紧密交织而成,其中大部分细胞纵向排列,少数如髓线则呈横向排列。每个细胞由细胞壁和细胞腔两大部分构成,细胞壁由密集的细纤维组成,这些细纤维在纵向上的联结相较于横向更为牢固。细纤维之间存在的微小空隙,赋予了木材吸附和渗透水分的能力。当木材的细胞壁较厚而细胞腔较小时,木材的结构更为密实,表现出较大的表观密度和较高的强度,但相应地,其胀缩性也会增大。具体到年轮中的木材,早材往往细胞壁薄、腔大,而晚材则相反,具有较厚的细胞壁和较小的细胞腔。

针叶树与阔叶树在微观构造上展现出显著的差异,如图 13-2 和图 13-3 所示。针叶树材的微观结构相对简单且规则,主要由管胞、细微的髓线以及树脂道组成,其中管胞占据了总体积的九成以上,而髓线则较为细小且不明显。

相比之下,阔叶树材的微观构造则更为复杂多样。其主要细胞类型包括木纤维、导管以及发达的髓线。阔叶树材的一个显著特征是髓线粗大且明显,这一特点成为鉴别阔叶树材的重要标志。

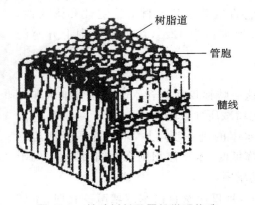

图 13-2 针叶树材马尾松微观构造

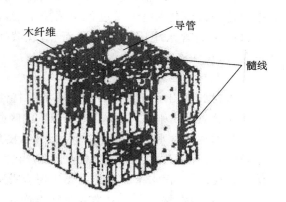

图 13-3 阔叶树材柞木微观构造

二、木材的物理与力学性质

1. 木材的物理特性

木材的物理特性涵盖了密度、表观密度、含水率以及湿胀干缩性等关键属性。其中,含水率对木材的湿胀干缩性和强度具有显著影响。

1)木材的密度与表观密度

鉴于木材的分子结构大体相同,其密度也趋于一致,平均约为 $1.55\ g/cm^3$。而木材的表观密度,即单位体积木材的质量,则因木材细胞组织中的大量微小孔隙(存在于细胞腔及细胞壁间)而显得较低,通常介于 $300\sim 800\ kg/m^3$ 之间。木材的高孔隙率,可达 50%

~80%,是导致其密度与表观密度之间存在显著差异的主要原因。值得注意的是,木材的气干表观密度与其强度成正比,同时也决定了其湿胀干缩性的大小。

2) 木材中的水分含量

木材中的水分含量以含水率来衡量,它表示的是木材中水分质量与干燥后木材质量的百分比。新伐木材的含水率往往超过35%,长期浸泡在水中的木材含水率更高。相比之下,经过风干处理的木材含水率会降至15%~25%,而室内干燥环境下的木材含水率则通常保持在8%~15%之间。木材中的水分可分为化合水、自由水和吸附水三种类型。化合水作为木材化学成分的一部分,其含量极低(通常不超过1%~2%),且在常温下保持稳定,对木材性质无显著影响。自由水则存在于木材细胞腔和细胞间隙中,它会影响木材的表观密度、抗腐蚀性、燃烧性和干燥性能。而吸附水则是被细胞壁吸附的水分,其变化会直接影响木材的强度和胀缩变形性能。

(1) 木材的纤维饱和点是指木材中仅细胞壁内的吸附水达到饱和状态,而细胞腔及细胞间隙内无自由水存在时的含水率。这一数值因树种而异,范围在25%~35%之间,其平均值普遍接近30%。木材的纤维饱和点标志着含水率对木材强度和胀缩性能影响的转折点,具有重要的物理意义。

(2) 木材的平衡含水率是指当木材长时间暴露于特定温度和湿度的环境中时,其内部水分含量会逐渐调整,直至与周围环境达到动态平衡,此时木材的含水率即为平衡含水率。这一指标在木材干燥过程中至关重要,因为它直接关系到木材的稳定性和耐久性。木材的平衡含水率因地理位置而异,在我国北方地区约为12%,南方地区则上升至约18%,而长江流域则大致保持在15%左右。

3) 木材的湿胀与干缩变形

木材展现出了极为显著的湿胀干缩特性,但这一特性仅在其含水率低于纤维饱和点时才显著表现出来,这主要是由细胞壁内吸附水的增减所导致的。

当木材的含水率高于纤维饱和点时,随着含水率的进一步增加,木材体积会相应膨胀,这一过程被称为木材的湿胀;反之,当含水率降低时,木材体积则会收缩,即木材的干缩。在此阶段,含水率的变化主要体现为吸附水的增减。

然而,当木材的含水率维持在纤维饱和点以上,且仅涉及自由水的增减变化时,木材的体积将保持相对稳定,不发生明显的变化。图13-4直观地展示了木材含水率与其胀缩变形之间的关系,从中可以清晰地看出,纤维饱和点是木材湿胀干缩变形的一个关键转折点。

由于木材的非匀质性,其干缩率呈现出显著的差异。具体而言,弦向干缩率最大,通常在6%~12%之间;径向次之,为3%~6%;而纵向(即顺纤维方向)的干缩率最小,仅为0.1%~0.35%。木材弦向胀缩变形最为显著,可归因于横向排列的髓线与周围组织的联结较弱,导致在湿度变化时容易产生较大的变形。

此外,木材的湿胀干缩变形还受到树种特性的显著影响。一般来说,表观密度较大且夏材含量较多的木材,其胀缩变形也更为显著。这些湿胀与干缩变形对木材的使用构成了严峻挑战,干缩可能导致木材翘曲、裂缝,使木结构连接处出现松弛、开裂及拼缝不严等问题;而湿胀则可能引发凸起变形,降低木材的强度。

为有效避免这些不良现象，需对木材进行必要的干燥或化学处理，以确保其在使用前达到与环境相适应的平衡含水率。这样，木材的含水率就能与其工作环境保持和谐，从而减少因湿度变化而引起的变形问题。

图13-5展示了树木在干燥过程中横截面上各部位的不同变形情况。从图中可以明显看出，板材距离髓心越远，其横向变形越趋近于典型的弦向变形，因此在干燥过程中收缩更为显著，导致板材呈现出背向髓心的反翘变形。这一现象进一步印证了木材湿胀干缩特性的复杂性和多样性。

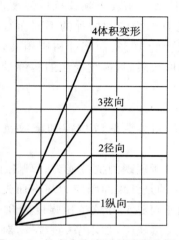

图13-4 松木含水率对其膨胀的影响

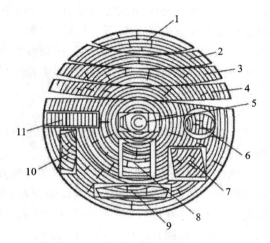

图13-5 木材干燥后截面形状的改变

1—弓形成橄榄核状；2~4—呈反翘状；
5—通过髓心径切板两头缩小成纺锤形；
6—圆形成椭圆形；7—与年轮呈对角形；
8—两边与年轮平行的正方形变长方形；
9、10—长方形板的翘曲；11—边材径向锯板较均匀

2. 木材的力学性质

1) 木材的强度

木材作为一种非匀质的各向异性材料，其强度特性显著地受到作用力方向的影响，展现出显著的差异。

在建筑结构的应用中，木材的强度性能主要聚焦于抗压、抗拉、抗剪以及抗弯这四个方面。值得注意的是，这些强度类型还进一步细分为顺纹和横纹两种，具体取决于作用力方向与木材纤维方向的相对关系。顺纹强度是指当作用力方向与木材纤维方向平行时展现出的强度特性；而横纹强度，则对应于作用力方向与木材纤维方向垂直的情况。这种区分对于准确评估木材在特定应用中的性能至关重要。

(1) 抗压强度。

木材的抗压强度依据作用力方向与木纤维的相对位置，可细分为顺纹抗压与横纹抗压两种。

顺纹抗压强度，即当作用力方向与木纤维方向平行时展现出的抗压性能，其破坏机制主要源于木材细胞壁在压力作用下的失稳,而非纤维的直接断裂。因此,木材的顺纹抗压强度相对较高,但即便如此,它也仅为顺纹抗拉强度的15%～20%。值得注意的是,木材中的疵点对顺纹抗压强度的影响相对较小,这使得顺纹抗压强度成为评估木材强度等级的重要依据。在建筑工程中,顺纹抗压强度高的特性使得木材常被用作柱、桩、斜撑及桁木等关键承重构件。

另一方面,横纹抗压强度则是指作用力方向与木纤维方向垂直时的抗压性能。这种受力方式会导致木材在横向上产生显著的变形,甚至将细长的管状细胞压扁,从而造成破坏。横纹抗压强度又可细分为弦向受压和径向受压两种情形。相较于顺纹抗压强度,木材的横纹抗压强度明显较低,且这一比值会根据木纤维的具体构造和树种的不同而有所差异。一般来说,针叶树的横纹抗压强度约为顺纹抗压强度的10%,而阔叶树则稍高,为15%～20%。然而,由于木材在实际工程应用中的尺寸和形状限制,横纹受压的构件设计并不常见。

(2)抗拉强度。

木材的抗拉强度根据其受力方向与木纤维的关系,可划分为顺纹抗拉和横纹抗拉两类。

顺纹抗拉强度,即当拉力方向与木纤维方向完全吻合时所展现的抗拉能力。理论上,这种受拉破坏应导致木纤维的直接断裂,但实际上,更常见的是纤维间因应力集中而先被撕裂。木材的顺纹抗拉强度是其力学性能中的佼佼者,通常可达到顺纹抗压强度的3～4倍,具体数值范围在50～200 MPa之间。然而,木材中的天然缺陷,如木节、斜纹等,对顺纹抗拉强度具有显著的削弱作用。由于这些缺陷的普遍存在,木材的实际顺纹抗拉能力往往难以稳定发挥,甚至在某些情况下,其表现可能低于顺纹抗压强度。此外,木材受拉杆件在连接处承受的复杂应力分布,也容易导致局部区域的优先破坏,从而限制了顺纹抗拉强度在工程实践中的充分利用。

相对而言,横纹抗拉强度则指的是拉力方向与木纤维方向垂直时的抗拉能力。由于木材细胞在横向上的连接极为薄弱,横纹抗拉强度成为木材力学性能中的短板,其值通常仅为顺纹抗拉强度的1/40～1/20。因此,在工程设计中,应尽量避免木材承受横纹拉力作用,以防止因强度不足而导致的破坏。

(3)抗弯强度。

木材在承受弯曲载荷时,其内部应力分布相当复杂。具体而言,梁的上部区域主要承受顺纹抗压应力,而下部则经历顺纹抗拉应力,同时在水平方向上还存在剪切应力的影响。当木材因弯曲而逐渐接近破坏边缘时,受压区域会首先达到其强度极限,此时会出现微小且不易察觉的皱纹,但这并不意味着立即失效。随着外部载荷的持续增加,这些皱纹会逐渐在受压区扩展,并伴随着大量的塑性变形。最终,当受拉区域内的众多纤维也相继达到其强度极限时,木材将因纤维本身及其间联结的断裂而彻底破坏。

值得注意的是,木材的抗弯强度相当可观,普遍可达到顺纹抗拉强度的1.5～2倍。因此,在建筑工程中,木材常被选作地板、梁、桁架等承受弯曲载荷的结构材料。然而,为了确保这些木构件的承载能力和使用寿命,应尽量避免在受弯区域存在斜纹、木节等天然缺陷,因为这些缺陷会显著降低木材的抗弯性能。

(4)抗剪强度。

木材的抗剪强度是衡量其在剪切力作用下抵抗破坏能力的重要指标,具体可细分为顺纹剪切、横纹剪切以及横纹切断三种类型,如图13-6所示。

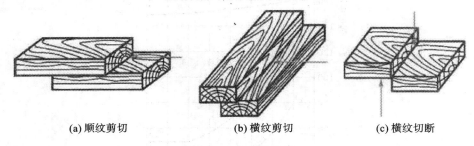

(a)顺纹剪切　　　　　(b)横纹剪切　　　　　(c)横纹切断

图13-6　木材的受剪

顺纹剪切破坏的发生,主要是由于木材纤维间的联结在剪切力作用下发生撕裂,进而产生纵向位移,并伴随有横纹拉力的影响。相比之下,横纹剪切破坏则更为直接,它是由剪切面内纤维的横向联结被彻底撕断所导致的。而横纹切断破坏,则是木材纤维在剪切过程中被直接切断,这种情况下木材展现出的强度较大,通常为顺纹剪切强度的4～5倍。

由于木材具有显著的各向异性特性,其不同方向的强度性能差异显著。为了更直观地理解这种差异,我们可以将顺纹抗压强度设为基准值1,并据此比较木材各种强度之间的比例关系,具体数据参见表13-1。

表13-1　木材各项强度值的关系

抗压		抗拉		抗弯	抗剪		
顺纹	横纹	顺纹	横纹		顺纹	横纹	切断
1	1/10～1/3	2～3	1/20～1/3	3/2～2	1/7～1/3	1/10～1/5	1/2～3/2

2)木材强度的影响因素

(1)木材纤维组织的影响。

木材在承受外力时,其核心承载结构是细胞壁。细胞壁越厚实,且厚壁细胞数量越多,木材的整体强度就越高。此外,木材的表观密度与其强度之间也存在密切联系,当表观密度增大时,通常意味着木材中晚材(即生长较慢、密度较大的部分)的百分率相应提高,进而提升了木材的整体强度。

(2)含水率的影响。

木材的含水率是影响其强度特性的重要因素之一。在纤维饱和点以下,随着含水率的降低,木材的强度会逐渐增大。这是因为此时含水量的减少导致吸附水的减少,使得细胞壁更加紧密,从而增强了木材的强度。相反,当含水量增加时,细胞壁中的木纤维之间的联结力会减弱,细胞壁软化,导致木材强度降低。然而,当木材的含水率超过纤维饱和点时,含水率的变化主要影响的是自由水的含量,而这部分水的变化对木材的强度几乎没有影响。

值得注意的是,含水率的变化对不同类型的木材强度影响程度不一。具体而言,含水率对顺纹抗压强度和抗弯强度的影响较为显著,而对顺纹抗拉强度和顺纹抗剪强度的影响则相对较小。这一现象在图 13-7 中得到了直观的展示。

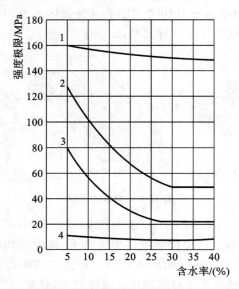

图 13-7 含水率对木材强度的影响
1-顺纹抗拉;2-顺纹抗弯;3-顺纹抗压;4-顺纹抗剪

我国规定,以木材含水率为 12%(称木材的标准含水率)时的强度作为标准强度,其他含水率对应的强度值,可按下述公式换算(当含水率为 8%~23%范围时该公式误差最小):

$$\sigma_{12} = \sigma_w \times [1 + a \times (\omega - 12)] \tag{13-1}$$

式中:σ_{12}——含水率为 12%时的木材强度;

σ_ω——含水率为 ω%时的木材强度;

ω——试验时的木材含水率;

a——木材含水率校正系数。

校正系数按作用力和树种不同取值如下:

顺纹抗压:红松、落叶松、杉木、榆木、桦木为 0.05,其余树种为 0.04。

顺纹抗拉:阔叶树为 0.015,针叶树为 0。

抗弯:所有树种均为 0.04。

顺纹抗剪:所有树种均为 0.03。

(3)负荷时间的影响。

在持续且恒定的荷载作用下,木材会随时间推移发生显著的蠕变现象,最终导致较大的变形乃至破坏。这种在长期荷载作用下仍能保持不破坏的最大强度,被定义为木材的持久强度。值得注意的是,木材的持久强度远低于其极限强度,通常仅为极限强度的 50%~60%。这是因为长期承载会导致木材内部纤维发生等速蠕滑,逐渐累积成显著的变形,从而降低其承载能力。因此,在设计木结构时,必须充分考虑负荷时间对木材强度的影响,确保结构在实际使用中的安全性。

(4)温度的影响。

环境温度的升高会促使木材细胞壁成分软化,进而导致其强度下降。在一般气候条件下,这种温度升高通常不会引发木材化学成分的根本性改变,因此当温度恢复时,木材的强度也能得到恢复。然而,当温度从 25 ℃上升至 50 ℃时,针叶树的抗拉强度会降低 10%～15%,抗压强度则可能降低 20%～24%。若木材长期处于 60～100 ℃的高温环境中,不仅会引发水分和挥发物的蒸发,使木材呈现暗褐色并伴随强度下降和变形增大,而且在温度超过 140 ℃时,木材中的纤维素将发生热裂解,颜色变黑,强度显著下降。相反,当温度降至 0 ℃以下时,木材中的水分会结冰,导致强度暂时上升,但木材本身会变得更为脆弱。

(5)解冻后木材强度的变化。

经历冷冻解冻循环后,木材的各项强度普遍会有所下降。这一现象对于设计需要考虑极端气候条件的木结构尤为重要。

(6)木材疵病的影响。

木材在生长、采伐及保存过程中难免会产生各种内部和外部缺陷,这些统称为木材疵病。常见的疵病包括木节、斜纹、裂纹、腐朽及虫害等。这些疵病对木材的力学性质有着不同程度的影响。例如,木节根据其性质可分为活节、死节、松软节和腐朽节等,其中活节对木材强度的影响相对较小;而木节的存在会显著降低木材的顺纹抗拉强度,但对顺纹抗压强度的影响则较小;在横纹抗压和剪切情况下,木节甚至可能增强木材的局部强度。斜纹则是指木材纤维与树轴之间存在一定夹角的情况,这种疵病会严重降低木材的顺纹抗压强度和抗弯强度。裂纹、腐朽和虫害等疵病则会破坏木材结构的连续性和完整性,对木材的力学性质造成严重影响,甚至可能导致木材完全丧失使用价值。因此,在选用木材时,应尽量避免或合理处理这些疵病。

三、木材在建筑工程中的应用

在建筑工程中,应根据木材的树种、等级、材质和规格进行选用,合理地应用于建筑结构和建筑装修中。

1. 木材的种类与规格

1)基于加工程度的分类

为了高效利用木材资源,根据加工程度和用途的不同,我们可以将木材细分为原条、原木及锯材三大类。

(1)原条:此类木材仅经过初步处理,包括去根、修枝及剥皮,尚未进行进一步的加工造材。原条因其原始形态,广泛应用于建筑工程中的脚手架搭建、建筑材料的直接利用以及家具制作等领域。

(2)原木:原木是指树木被砍伐后,经过去除树皮、根部及树梢,并按照特定直径和长度截取的木料。它常用于构造屋架、作为桩木或坑木使用,还可用作电杆等。此外,原木经过进一步加工,还能制成胶合板等复合材料。

(3)锯材:锯材则是通过锯解和精细加工得到的板材与方材。其中,板材的截面宽度至少是厚度的三倍;而方材的截面宽度则小于厚度的三倍。锯材因其规整的形状和尺寸,广泛应用于模板制作、闸门构建以及桥梁工程等领域。

2)基于承重结构受力情况的分类

依据《木结构设计标准》(GB 50005—2017)的规范,我们根据承重结构的受力特性及所含缺陷的多少,将承重结构木构件的材质划分为三个等级,具体分类详见表13-2。在进行设计时,需根据构件所承受的力学类型,选择相应等级的木料,以确保结构的安全与稳定。

表 13-2 承重结构木构件材质等级

项次	构件类别	材质等级
1	受拉或拉弯构件	Ⅰ
2	受弯或压弯构件	Ⅱ
3	受压构件及次要受弯构件	Ⅲ

2. 木材的综合利用

鉴于林木生长周期较长,建筑工程中务必秉持经济合理的原则,高效利用木料资源。木材的综合利用策略旨在全面挖掘木材潜力,通过巧妙手段将边角余料转化为宝贵资源,生产多样化的人造板材,从而显著提升木材的整体利用率。

在木材被加工成各类型材及构件的过程中,往往会产生大量碎块与废屑,针对这些下脚料,若加以科学合理的加工处理,或是将原木精心旋切成薄片后进行胶合处理,便能创造出种类繁多的高质量人造板材,实现资源的最大化利用。

常用的人造板材有下列几种。

1)胶合板

胶合板,这一创新的人造板材,源自精心选取的原木,通过沿年轮方向旋切成宽阔而均匀的薄片,随后采用环保高效的胶黏剂,依照奇数层原则,确保各层纤维相互垂直排列,再经高温热压工艺精心黏合而成。其层数灵活多样,通常为3~13层不等,所采用的胶料更是涵盖了传统动植物胶与现代耐水性卓越的酚醛、脲醛等合成树脂胶,确保了板材的稳固与耐用。

胶合板之独特魅力,在于它能以小直径原木为基材,创造出幅面宽阔的板材,其表面自然流露的木质纹理,不仅赋予了板材优雅的外观美感,更通过各层单板纤维的垂直交错排列,有效消除了木材的天然各向异性,实现了纵横一致的均匀强度,赋予了板材卓越的力学性能和稳定性。此外,胶合板还具备低收缩率、无木节与裂纹等天然木材常见缺陷的优点,且产品规格统一,便于加工与应用。

在应用领域上,胶合板展现出了广泛的适应性。它不仅是隔板、天花板、家具制作及室内装修的理想选择,其卓越的耐水性能更使得耐水胶合板成为混凝土模板等特殊场合的优选材料,展现了其无可替代的实用价值。

2)纤维板

纤维板,这一高效利用木材资源的典范,源自木材加工过程中的板皮、刨花及树枝废料,经过精细的破碎、浸泡与研磨工序转化为木浆,随后融入适量的胶黏剂,再通过热压成型与严格的干燥处理,最终成为人造板材的瑰宝。依据其物理特性的不同,纤维板细分为硬质、半硬质与软质三大类。

(1) 硬质纤维板，以其超过 800 kg/m³ 的表观密度脱颖而出，展现出高强度、耐磨损与卓越的抗变形能力，因而在建筑领域应用最为广泛。它不仅可完美替代传统木板，更在室内壁板、门板、地板及家具制造中大放异彩。

(2) 半硬质纤维板，其表观密度巧妙地介于 400～800 kg/m³ 之间，表面光滑细腻，装饰效果极佳，同时兼具良好的吸声性能。常被加工成带有独特孔型的盲孔板，表面覆以洁白涂料，成为宾馆等高端场所室内顶棚材料的首选。

(3) 软质纤维板，则以低于 400 kg/m³ 的表观密度，呈现出松软的结构与相对较低的强度，但正是这份特性赋予了它卓越的吸声与保温性能，广泛应用于室内吊顶、绝热层及吸声材料的制作中。

纤维板之所以备受青睐，源于其材质构造的均匀性，确保了各项强度的均衡一致，抗弯强度更是高达 55 MPa，耐磨耐用，绝热性能优异，且不易受环境影响而发生胀缩或翘曲变形。此外，纤维板还摆脱了传统木材易腐朽、木节、虫眼等缺陷，通过表面仿木纹油漆处理，更是能达到以假乱真的视觉效果。值得一提的是，纤维板的生产过程极大地提升了木材的综合利用率，高达 90% 以上，真正实现了资源的可持续利用。

3) 细木工板

细木工板，作为特种胶合板家族中的一员，其独特之处在于芯板由精选木板精心拼接而成，上下表层则牢固地胶贴着优质木质单板，构成一块坚固的实心板材。依据不同的结构设计，细木工板可分为芯板条未胶拼与芯板条已胶拼两大类；根据表面处理工艺的不同，又可分为单面砂光、双面砂光及未砂光三种款式；而在胶合剂的选择上，则细分为环保性能优越的Ⅰ类胶细木工板与符合特定标准的Ⅱ类胶细木工板；进一步地，基于面板材质与加工工艺的精细程度，细木工板还被划分为一、二、三等级别，以满足不同品质需求。细木工板以其质地坚硬、优异的吸声与绝热性能，在家具制造、车厢内饰及建筑物内部装修等领域中广泛应用。

4) 刨花板、木丝板、木屑板

这一系列板材均源自对刨花碎片、短小废料等木质材料的深度加工，通过将这些材料刨制成木丝或木屑，再经过严格的干燥处理，与多种胶结材料（如环保动物胶、高性能合成树脂、水泥及菱苦土等）充分混合后，采用热压工艺精心压制而成。这类板材普遍具有较低的表观密度与相对适中的强度，因此在未进行表面装饰时，多用于吸声与绝热材料的制作。然而，当采用热压树脂工艺处理刨花板或木屑板，并在其表面粘贴塑料贴面或胶合板作为装饰层后，其应用范围便得到了极大的拓展，可用于吊顶、隔墙及高品质家具的制造中，展现出全新的应用价值。

3. 木质地板

木质地板，精选自软木树种（诸如松木、杉木）与硬木树种（包括水曲柳、榆木、柚木、橡木、枫木、樱桃木、柞木等），经过精细加工处理，拼接铺设而成。其种类繁多，涵盖条木地板、拼花木地板、漆木地板及复合地板等。

1) 条木地板

条木地板，作为木质地板中的基础款式，其面层设计分为单层和双层。单层硬木地板直接于木隔栅上钉装企口板,俗称普通实木企口地板;而双层硬木地板则在木隔栅上先铺设一层毛板,再于其上钉装实木长条企口板。木隔栅铺设方式有空铺与实铺两种,但实铺更为常见,即直接将木隔栅稳固于水泥地坪之上,随后铺设毛板与地板。

单层条木地板常选用松木、杉木等软木树种,而双层中的硬木条板则偏爱水曲柳、柞木、枫木、柚木、榆木等优质硬木,这些木材均需具备抗腐朽、不易变形开裂的特性。条板宽度通常控制在 120 mm 以内,厚度则在 20~30 mm 之间。条木之间采用企口或错口拼接,确保接缝紧密且相互错开。铺设完成后,需静待木材自然稳定变形,随后进行细致的刨光、清扫及油漆处理。油漆选择多为调和漆,若地板木色与纹理本就出众,亦可选用透明清漆,以保留并凸显其自然美感,增添室内装饰的艺术氛围。

2)拼花木地板

拼花木地板,作为室内地面装修的精致之选,同样提供双层与单层两种安装方式。双层拼花木地板通过暗钉将面层牢固固定于毛板之上;而单层拼花木地板则利用专用粘接材料,直接将木地板面层粘贴于找平后的混凝土基层表面。拼花木地板的标准尺寸一般为长 250~300 mm,宽 40~60 mm,厚度保持在 20~25 mm 之间,既有平头接缝地板也有企口拼接地板可供选择。

拼花木地板精选水曲柳、柞木、胡桃木等上乘木材,经过严格的干燥处理与精细加工,制成条状小木板。其纹理优美、弹性卓越、耐磨性强、质地坚硬且耐腐蚀,是高级楼宇、宾馆、别墅、会议室、展览室、体育馆及高端住宅地面装饰的理想选择。

3)漆木地板

漆木地板,作为当前国际装饰界的高端宠儿,其基板精选自珍稀树种,如北美橡木、枫木等,展现出非凡的质感与格调。地板规格精心设计,宽度限制在 90 mm 以内,厚度则介于 15~20 mm 之间,长度更是灵活多变,从 450 mm 延伸至 4000 mm,满足不同空间的需求。

漆木地板尤为适宜装点高档住宅,其独特韵味能轻易与室内各类装饰融为一体,营造出和谐共生的美感。无论是客厅的宽敞明亮、餐厅的温馨雅致,还是卧室的静谧私密,漆木地板都能让人恍若置身于大自然的怀抱之中,享受身心的双重愉悦。对于家庭使用,推荐选用 15 mm 厚度的地板,而公共场所则建议采用 18 mm 以上,以确保更加稳固耐用。

4)复合地板

随着木材加工技术的飞跃与高分子材料的广泛应用,复合地板作为一种创新型的地面装饰材料,正迅速占领市场,成为现代家居的新宠。鉴于我国森林资源的有限性,复合地板以其高效利用资源的特点,成为替代实木地板、节约天然资源的优选方案。

复合地板主要分为两大阵营:实木复合地板与耐磨塑料贴面复合地板。实木复合地板,以其独特的多层结构著称,表层精选 4~7 mm 的珍贵树种锯切板,如榉木、橡木、枫木、樱桃木、水曲柳等,尽显自然之美;中间层则采用 7~12 mm 的普通木材,如松木、杉木、杨木等,以增强稳定性;底层(防潮层)则为 2~4 mm 的木材旋切单板,有效隔绝湿气。此外,还有以多层胶合板为基底的多层实木复合板,满足不同消费者的需求。板厚规格多样,常见的有 12 mm、15 mm、18 mm 三种。

实木复合地板通过各层板材纤维的纵横交错排列,不仅有效抵消了木材的内应力,还打破了其单向同性的特性,实现了地板的各向同性,从而展现出优异的尺寸稳定性和防虫、不助燃等性能。它继承了实木地板的自然雅致、脚感舒适与良好保温性能,同时克服了实木地板易收缩、起翘、开裂的缺点。尽管其耐磨性略逊于强化复合地板,且价格相对较高,但其独特的魅力仍受到众多消费者的追捧。

耐磨塑料贴面复合地板,简称复合地板,则是以防潮薄膜为平衡层,结合硬质纤维板、中密度纤维板或刨花板等基材,辅以木纹图案浸渍纸作为装饰层,最外层覆盖耐磨高分子材料而制成的地面装饰材料。其装饰层图案丰富多样,色彩斑斓,几乎囊括了所有珍贵树种的纹理,如榉木、栎木、樱桃木、橡木等,为家居空间带来无限可能。复合地板不仅解决了实木地板易受气候影响变形、虫蛀及保养烦琐等问题,还具备耐磨、阻燃、防滑、易清洁的优点,尽管在弹性上稍逊于实木地板,但其广泛适用性使其成为众多铺设实木地板场所的理想替代品。

四、木材的防护

木材作为传统建筑材料,其显著局限在于易腐朽、易受虫蛀及易燃性,这些特性显著缩短了其使用寿命并限制了应用领域的广度。因此,在实际应用中,采取有效策略以提升木材的耐久性显得尤为重要。

1. 木材的腐朽

木材的腐朽现象主要归咎于真菌的侵袭,其中尤以霉菌、变色菌和腐朽菌为甚,而腐朽菌的侵害尤为普遍且严重。

霉菌:通常局限于木材表面,形成我们常说的"发霉"现象,但对木材结构本身不构成实质性破坏。

变色菌:它们以木材细胞腔内的内含物(如淀粉、糖类等)为食,不穿透细胞壁,因此对木材的破坏作用微乎其微。

腐朽菌:腐朽菌是最为关键的因素,它们以细胞壁为营养源,通过分泌特殊酵素分解细胞壁成分,从而获取生长所需的养分,这一过程直接导致木材细胞壁的全面瓦解,引发木材的严重腐朽。

真菌在木材内部的存活与繁殖,需同时满足三个关键条件:适宜的水分含量、足够的空气流通以及适宜的温度范围。具体而言,当木材含水率维持在 35%～50% 之间,温度处于 25～30 ℃ 的温暖环境,且木材内部含有一定量的空气时,腐朽菌的繁殖将达到最佳状态,此时木材最易遭受腐朽侵害。

为有效防止木材腐朽,可针对性地破坏上述任一条件。例如,将木材的含水率控制在 20% 以下,即可显著抑制真菌的繁殖;或将木材完全浸入水中,或深埋地下(如木桩),通过隔绝空气来阻止真菌的生存与繁衍。

2. 木材防腐措施

根据木材产生腐朽的原因,通常防止木材腐朽的措施有以下两种。

1)破坏真菌生存的条件

为了有效破坏真菌在木材中的生存条件,最常用的策略是确保木结构、木制品及存储的木材处于持续通风且干燥的状态,使其含水率严格控制在20%以下。这可以通过实施严格的防水、防潮措施来实现。进一步地,对木结构和木制品表面进行高质量的油漆处理,油漆涂层不仅能够隔绝空气,还能有效阻挡水分的渗透。因此,木材油漆的首要作用是防腐,其次才是其装饰美观性。

2)给木材注入有毒的物质

将化学防腐剂注入木材内部,是阻止真菌寄生的有效手段。木材防腐剂种类繁多,大致可分为三类:水溶性防腐剂(如氟化钠、氯化锌、氟硅酸钠、硼酸、硼酚合剂等)、油质防腐剂(如杂酚油、蒽油、煤焦油等)以及油溶性防腐剂(如五氯酚等)。

实施防腐剂注入的方法多种多样,包括表面涂刷或喷涂法、长压浸渍法、冷热槽浸透法和压力渗透法等。其中,表面涂刷或喷涂法操作简便,但受限于防腐剂难以深入木材内部,防腐效果相对有限。长压浸渍法则通过让木材在防腐剂中浸泡一定时间,使防腐剂渗透到木材一定深度,从而提升防腐能力。冷热槽浸透法则是在高温下先将木材浸入防腐剂中数小时,随后迅速转移至冷防腐剂中,以强化防腐效果。而压力渗透法,尽管需要较多设备支持,但它能在密闭罐中通过压力作用使防腐剂充分渗透至木材内部,达到最佳的防腐效果。

3. 木材的防火

关于木材的防火处理,实质上是通过应用具有阻燃特性的化学物质对木材进行改性,使其转变为难以燃烧的材料。这种处理旨在实现木材在遭遇小火时能够自我熄灭,而在大火中则能显著延缓或阻碍火势的蔓延,从而为救援争取宝贵时间。以下是木材防火的主要措施概述:

木材作为易燃材料,其在受热条件下会分解产生可燃气体并释放热量。尤为关键的是,当温度攀升至260 ℃时,木材即便在没有外部火源的情况下也能自发燃烧,因此,在木结构设计中,260 ℃被视为木材的着火危险临界温度。在火灾中,木材外层会逐渐炭化,结构变得疏松,内部温度急剧上升导致强度大幅下降,一旦其强度不足以支撑原有结构,木结构便会遭受破坏。

为了提升木材的防火性能,常采用化学药剂作为防火剂,这些药剂主要分为两大类:浸注型防火剂和防火涂料(包括但不限于A60-501膨胀型防火涂料、A60-1型改性氨基膨胀防火涂料、AE60-1膨胀型透明防火涂料等)。这些防火剂的核心防火机制在于,当遭遇火源时,它们能够迅速形成一层隔热屏障,有效隔绝热量传递,从而阻止木材的进一步燃烧,达到防火的目的。

【性能检测】

一、材料准备

针叶材、阔叶材、胶合板、纤维板、刨花板、细木工板、条木地板、拼花木地板、漆木地板、复合地板样品。

二、实施步骤

(1) 分组识别提供的木材样品。
(2) 分析各种板材的特点和应用范围。
(3) 分析如何进行木材的防护处理。

任务二 建筑塑料、涂料及胶黏剂的选用

【工作任务】

熟识建筑工程中常用的建筑塑料、建筑涂料以及胶黏剂；根据工程特点正确选用合适的品种。

【相关知识】

一、建筑塑料

1. 塑料的基本知识

1) 塑料的组成

塑料是一种由合成树脂（少数情况下也采用天然树脂）作为基体材料，并辅以一定比例的填料与助剂（涵盖增塑剂、固化剂、着色剂等多种辅助成分），经过混合、塑化、成型等复杂工艺加工而成的材料。

在塑料的构成中，合成树脂占据了核心且至关重要的地位。在单组分塑料中，树脂的含量近乎100%，而在多组分塑料中，其含量也稳定在30%~70%之间，扮演着胶结剂的关键角色。

(1) 合成树脂。

合成树脂实际上应区分为人工合成树脂与天然树脂两类，但鉴于天然树脂（如松香、虫胶）产量有限，难以满足大规模生产需求，因此塑料工业中广泛采用的是人工合成树脂。

根据生成过程中化学反应的不同，合成树脂可细分为聚合树脂（亦称加聚树脂，包括通用塑料的五大主要品种、聚甲基丙烯酸甲酯（PMMA）、聚醋酸乙烯（PVAC）等）以及缩聚树脂（或称缩合树脂，涵盖酚醛树脂（PF）、脲醛树脂（UF）、环氧树脂（EP）、不饱和聚酯（UP）、聚氨酯树脂（PU）、有机硅树脂（SI）等）。

从受热后性能变化的角度，合成树脂又可分为热塑性树脂与热固性树脂两大类。

此外，依据分子结构的不同，树脂还可划分为线型、支链型以及体型（亦称网状型或交联型）三种类型。

(2) 填料。

填料，作为塑料中的添加物，旨在提升塑料的强度、耐热性、工作性能及其他特定性

能,同时也有助于降低生产成本。这些相对惰性的固体材料种类繁多,常见的有滑石粉、硅藻土、石灰石粉、铝粉、炭黑、云母、二硫化钼、石棉、玻璃纤维等。

具体而言,纤维填料显著增强了塑料的结构强度;石棉填料则有效改善了塑料的耐热性能;云母填料因其独特的电气特性,增强了塑料的电绝缘性;而石墨与二硫化钼等填料,则对塑料的摩擦与耐磨性能产生了积极影响。此外,由于填料的成本通常低于合成树脂,因此其加入还能在一定程度上降低塑料的整体成本。

(3)助剂。

①增塑剂。

增塑剂,作为一类低挥发性或几乎不挥发的添加剂,旨在显著提升塑料的加工流畅性、柔韧度及延展性。然而,在使用过程中,我们常会遇到这样的现象:新塑料制品初时柔软耐用,但随时间推移逐渐硬化变脆。这背后的原因,部分归咎于某些增塑剂的挥发性,它们随时间的流逝逐渐散失,导致塑料失去原有的柔软性。此外,季节变换也影响着塑料的柔韧度,冬季的严寒使得部分不耐寒的增塑剂效能减弱甚至失效,塑料因此变得僵硬。而春暖花开时,随着温度的回升,增塑剂再次发挥作用,塑料又恢复了往日的柔韧。

②固化剂。

固化剂,亦称硬化剂,其核心功能在于促使线型高聚物分子间发生交联反应,形成体型高聚物结构,从而赋予树脂以热固性特性。以环氧树脂为例,常用的固化剂包括胺类(如乙二胺、二乙烯三胺、间苯二胺);而对于某些酚醛树脂,则常采用六亚甲基四胺(乌洛托品)、酸酐类(如邻苯二甲酸酐、顺丁烯二酸酐)以及高分子类(如聚酰胺树脂)固化剂。

③其他助剂。

为了满足塑料在不同使用与加工场景下的特定需求,我们还可以在塑料配方中灵活添加多种其他助剂。这些助剂包括但不限于着色剂(用于调整塑料颜色)、热稳定剂与光稳定剂(增强塑料在高温或光照下的稳定性)、抗老化剂(延长塑料使用寿命)、阻燃剂(提高塑料的防火性能)、发泡剂(制造轻质多孔塑料)以及润滑剂(改善塑料加工过程中的流动性与脱模性)。通过精心调配这些助剂的比例与种类,我们可以定制出性能各异、满足多样化需求的塑料制品。

2)塑料的分类

依据受热时性能变化的差异,塑料可明确划分为热塑性塑料与热固性塑料两大类别。热塑性塑料,源自热塑性树脂,其特性在于受热后软化,并随温度上升逐渐熔融,待冷却后又能重新硬化,且这一过程可无限次重复进行,对塑料的性能与外观几乎不产生任何负面影响。这类塑料的树脂分子结构多为线型或支链型,包括全部聚合树脂及部分缩聚树脂,它们通常展现出较低的耐热性、较小的刚度,但具备出色的抗冲击韧性。

相比之下,热固性塑料则是由热固性树脂制成。此类树脂在加工过程中受热变软,但一旦固化成型,即便再次加热也无法软化或改变其既定形状,因此只能进行一次性的塑形。热固性树脂的分子结构多为体型,主要涵盖大部分缩聚树脂,它们以卓越的耐热性能、较高的刚度以及坚硬而脆的质地著称。

从用途角度出发,塑料又可细分为通用塑料与工程塑料。通用塑料以其庞大的产量和亲民的价格,广泛应用于非结构材料领域,其使用范围极为广泛。具体而言,通用塑料主要包括聚乙烯(PE)、聚氯乙烯(PVC)、聚丙烯(PP)、聚苯乙烯(PS)以及丙烯腈-丁二烯-苯乙烯共聚物(ABS)这五大品种,它们合计占据了塑料总产量的约70%。

而工程塑料,则以其卓越的化学稳定性和良好的尺寸精度,在广泛的温度范围及苛刻的化学、物理环境中展现出非凡的适用性。它们不仅能够作为结构材料,替代传统的钢材、木材等,还在众多高端应用领域中发挥着不可替代的作用。

3) 塑料的特性

塑料之所以能在众多领域中得到广泛应用,其根源在于其一系列令人瞩目的优越性能。

(1) 轻质特性。

塑料的密度范围介于 $0.90 \sim 2.30 \text{ g/cm}^3$ 之间,这一数值仅为铝的一半、混凝土的约三分之一、钢的约五分之一,与木材的密度相近。这一轻质特性使得塑料在装饰装修工程中大显身手,不仅减轻了施工强度,还有效降低了建筑物的整体重量。

(2) 高比强度。

得益于其轻盈的质地,塑料展现出了极高的比强度,这一指标远超水泥和混凝土,甚至接近或超越钢材。因此,塑料被公认为一种典型的轻质高强材料,广泛应用于各种需要强度与重量平衡的场景中。

(3) 低热导率。

塑料的热导率极低,仅为金属的 $1/600 \sim 1/500$。特别是泡沫塑料,其热导率更是低至 $0.02 \sim 0.046 \text{ W/(m·K)}$,这一数值仅为金属的约 $1/1500$,水泥混凝土的约 $1/40$,普通黏土砖的约 $1/20$。这一特性使得塑料成为理想的绝热材料,采用塑料窗替代传统的钢铝窗,可显著节省空调能耗。

(4) 优异的化学稳定性。

在常规环境下,塑料表现出极高的化学稳定性,对酸、碱、盐及油脂等腐蚀性介质具有强大的抵抗力,其性能远优于许多金属材料和无机材料。因此,塑料特别适用于化工厂等腐蚀性环境中的门窗、地面及墙体等结构,如采用塑料水管替代传统的铸铁管,不仅能有效防止锈蚀和渗漏,还具备成本优势。

(5) 良好的电绝缘性。

大多数塑料都是电的不良导体,其电绝缘性能可与陶瓷和橡胶相媲美。这一特性使得塑料在电气绝缘领域具有广泛的应用前景。

塑料虽具有以上优点,但也有以下一些缺点。

(1) 易老化。塑料制品在阳光(特别是紫外线)、空气(氧气氧化作用)、高温以及环境介质如酸、碱、盐等因素的共同影响下,其分子结构会逐渐发生变化,增塑剂等关键成分挥发,化学键断裂,进而引发力学性能显著下降,甚至导致材料变硬变脆,最终破坏。然而,通过优化配方和采用先进的加工技术,塑料制品的使用寿命能够显著提升,例如某些塑料管的使用寿命可延长至 50 年甚至更久,远超铸铁管的使用寿命。这一长寿命特性完全能够满足实际应用的需求。

(2) 耐热性差。塑料普遍面临受热易变形甚至分解的问题,因此在使用时需严格控制其温度范围。一般而言,热固性塑料相比热塑性塑料在耐热性方面表现略优。

(3) 易燃。塑料不仅容易燃烧，且在燃烧过程中会产生大量烟雾及可能的有毒气体。但幸运的是，通过调整配方，如添加阻燃剂、无机填料等措施，可以生产出具有自熄性（如聚氯乙烯塑料，广泛应用于建筑领域）、难燃乃至不燃的塑料制品。尽管如此，其防火性能仍不及无机材料，故在使用时需特别注意。在建筑物中，尤其是那些易引发火势蔓延的区域，应谨慎考虑是否使用塑料制品。

(4) 刚度小。塑料的弹性模量较低，仅为钢材的 $1/20 \sim 1/10$，且在长期承受荷载的情况下易发生蠕变现象。因此，在将塑料用作承重结构材料时，需格外谨慎评估其适用性。

2. 建筑工程中常用的塑料制品

塑料已经渗透至建筑物的每一个细微之处，不仅美化了环境，还增强了建筑物的功能性与能效。在建筑工程中，塑料制品根据其形态和用途，可细分为以下几大类：

①薄膜类材料广泛应用于防水层、墙纸装饰及隔离层等领域。

②薄板类产品则常作为地板铺设、贴面板装饰及施工模板等使用。

③异形板材则专注于内外墙装饰、屋面板材等结构性与美观性兼具的角色。

④管材系列则是给排水系统等流体传输不可或缺的组成部分。

⑤异形管材以其独特设计，常用于建筑门窗等装饰性构件，增添现代感。

⑥泡沫塑料因其优异的隔热性能，被广泛用作绝热保温材料。

⑦模制品领域则涵盖了建筑五金配件、卫生洁具及管件等，提升居住品质。

⑧溶液或乳液类产品则成为黏合剂与建筑涂料的重要原料，助力建筑表面的保护与美化。

⑨复合板材结合了多种材料的优势，广泛应用于墙体与屋面的构建，提供坚固与美观的双重保障。

⑩盒子结构创新性地应用于卫生间、厨房及模块化建筑设计中，推动了建筑工业化与空间利用效率的提升。

下面分别介绍几种常用的塑料制品。

(1) 塑料墙纸。

塑料墙纸，作为室内墙面装饰的优选材料，其制作精良，过程涉及在坚实基材（如纸张、玻璃纤维毡）上精心涂覆塑料层，并经过精细的印花、压花或发泡工艺处理而成。此材料不仅性能卓越，集防霉、防污、透气、防虫蛀、室温调节、室内空气净化及防火等多重功能于一身，而且以其丰富多样的花色品种，卓越的装饰效果，快捷的施工效率，易于清洁与更换的特性，赢得了市场的广泛青睐，成为现代建筑内墙面装饰的重要组成部分。

塑料墙纸的核心原料多为聚氯乙烯，其市场发展迅速，应用范围极为广泛，产品分类详尽，主要包括普通墙纸、发泡墙纸（适用于室内吊顶及墙面美化）、特种墙纸等。近年来，随着技术的不断进步，市场上涌现出诸多创新产品，如可水洗墙纸、光滑如镜的墙纸、仿丝绸纹理墙纸、静电植绒墙纸等，极大地丰富了消费者的选择。

当前市场上主流的塑料墙纸产品涵盖纺织纤维壁纸、专为室内吊顶与墙面定制的发泡墙纸、耐水性能卓越的墙纸（尤其适合卫生间等高湿度环境）、高标准的防火墙纸（满足防火要求严格的场所需求）以及色彩斑斓的砂粒墙纸（常用于门厅、柱体、走廊等局部装饰，增添空间亮点）。

展望未来,塑料墙纸的发展将更加注重花色品种的创新与功能性的提升,如开发更多防霉、防污、透气、安全报警、防虫蛀的墙纸,以及能够智能调节室温、净化室内空气的环保型墙纸,特别是防火墙纸的技术革新,将引领行业向更安全、更环保、更个性化的方向发展。

(2)塑料地板。

塑料地板,以聚氯乙烯等树脂为核心成分,辅以多种辅助材料精心加工而成,是一种创新型的地面装饰材料。相较于传统的地面铺设材料,如天然石材与木材,塑料地板展现出以下显著优势:

①功能多样化:能够灵活定制,满足各种特殊需求,包括防滑性能卓越的立体表面地板、专为电脑机房设计的防静电地板、无缝对接的防腐地板,以及具备卓越防火功能的地板等。

②轻质便捷:重量轻巧,施工铺设过程简便快捷,大大降低了安装成本与时间。

③耐磨耐用:具备出色的耐磨性能,使用寿命长久,是经济实用的选择。

④维护简便:日常清洁与保养轻松方便,有效节省维护成本。

⑤装饰性强:花色品种繁多,色彩丰富,能够完美匹配不同场合的装饰需求,提升空间美感。

为正确选择并合理使用塑料地板,需对其以下关键性能有所了解:

①耐磨性:聚氯乙烯塑料地板以其卓越的耐磨性能脱颖而出,远超同类材料。

②耐凹陷性:衡量其对静态荷载的抵抗能力,通常硬质地板在此方面表现更佳。

③耐刻划性:需注意保护其表面免受砂、石等硬物划伤,定期清扫维护至关重要。

④耐污染与防尘性:表面结构致密,不易沾染灰尘,耐污染性能优异,清洁工作轻松高效。

⑤尺寸稳定性:长期使用后需关注尺寸变化,以防接缝变宽或顶起影响美观。

⑥翘曲性:材质均匀性是影响翘曲程度的关键因素,选择时需谨慎评估。

⑦耐热、耐燃与耐烟头性:聚氯乙烯塑料地板因含氯而具有自熄性,加之丰富的填料成分,展现出良好的耐燃与耐烟头特性。

⑧耐化学性:对多种有机溶剂及腐蚀性物质展现出强大的抵抗能力。

⑨抗静电性:通过在生产过程中加入抗静电剂,有效减少静电积累,保障使用安全。

⑩耐老化性:长期使用需注意老化现象,如变脆、开裂等,需定期检查与维护。

当前,塑料地板生产工艺不断进步,其中化学抑制发泡压花工艺生产的弹性塑料地板已成为主流;转印纸转印花工艺则实现了花色更换的连续生产;而花纹透底工艺更赋予了半硬质卷材地板独特的"花色"魅力,进一步拓宽了塑料地板的应用领域与装饰效果。

(3)塑料地毯。

塑料地毯,亦被称作化纤地毯,其外观与触感酷似羊毛,不仅耐磨且富有弹性,给人以无比的舒适体验。更重要的是,它能够实现机械化大规模生产,不仅提高了产量,还使得价格更为亲民,因此在公共建筑领域广受欢迎,常作为羊毛地毯的替代品。尽管羊毛地毯被誉为纤维中的瑰宝,但其高昂的价格、有限的资源以及易遭虫蛀和霉变的特性,使得化纤地毯凭借其经过特殊处理后能媲美羊毛地毯的性能,逐渐成为地面装饰材料的主流选择。

化纤地毯种类繁多,依据不同的加工方法,可细分为簇绒地毯、针扎地毯、机织地毯以及手工编织地毯等。每一种都展现了其独特的工艺魅力和使用优势。

其主要构成材料解析如下:

①毯面纤维:作为地毯的核心组成部分,毯面纤维直接决定了地毯的防污性能、脚感舒适度、耐磨程度以及整体质感,是选择地毯时不可忽视的关键因素。

②连接结构:该部分结构的主要功能在于紧密连接并固定面层绒圈,从而提升地毯外形的稳定性,并便于后续加工处理。

③防松涂层:这一特殊涂层的设计初衷在于增强绒圈与初级背衬之间的黏合力,有效防止绒圈在使用过程中从背衬中脱落,保障地毯的耐用性和美观性。

④次级背衬:作为地毯结构的加固层,次级背衬的加入旨在进一步提升地毯的刚性和整体稳定性,使地毯在使用过程中保持平整,不易变形。

(4)塑料门窗。

塑料门窗,采用硬质聚氯乙烯(PVC)型材,经过精细的焊接、拼装与修整工艺打造而成,目前市场上主要分为推拉式与平开式两大系列。当在热压过程中,于塑料型材内嵌入经过防腐处理的钢板并同步挤出,使二者紧密结合,由此制成的门窗便称为"塑钢窗"。而若仅在空心塑料型材内插入钢条,二者未发生黏结,则此类门窗称为"塑料窗"。

相较于传统的钢门窗与木门窗,塑料门窗以其卓越的耐水性和耐腐蚀性、优异的隔热性能、出色的气密性与水密性以及卓越的隔音效果和装饰效果而备受青睐。其显著特性概述如下:

①卓越的气密性与保温性:塑料门窗设计精妙,窗扇与窗框间设有深凹凸槽,并配以宽幅、高品质的密封防尘条,加之窗框的增韧处理与墙体间的填充材料,共同确保了极佳的密封与保温效果。

②节能环保,资源友好:PVC塑料型材的生产过程能耗低,采用塑料门窗能显著减少木材、铝材、钢材等自然资源的消耗,同时有助于环境保护,降低金属冶炼过程中产生的烟尘、废气及废渣等污染物对环境的负面影响。

③优异的耐候性与耐腐蚀性:试验数据表明,塑料门窗的使用寿命可长达50年以上,不需防锈处理或油漆涂层,对酸、碱、盐等多种化学介质展现出卓越的抵抗能力。在沿海城市的盐雾环境或工业区的酸雾等腐蚀性环境中,其耐腐蚀性能更是远胜于钢窗与铝窗。

④强大的加工适应性:塑料门窗采用挤出工艺制造,熔融状态下的塑料流动性良好,易于通过模具塑造成材质均匀、表面光滑的型材。此外,塑料门窗还具备易于切割、钻孔等加工特性,便于施工安装。

3. 塑料板材

常用的塑料板材种类繁多,包括塑料贴面板、覆塑装饰板以及PVC塑料装饰板等。这些板材以其多样化的板面图案、丰富多彩的色调、平滑光亮的表面以及优异的抗变形特性脱颖而出,同时它们还具备易于清洁的优点。这些特性使得它们在建筑内外墙装饰、隔断设计以及家具饰面等领域得到了广泛应用。

特别值得一提的是,PVC板不仅能够满足上述常规需求,还能通过特殊工艺制成透明或半透明的板材,为灯箱制作、透明屋构建等创新设计提供了理想的材料选择。

近年来,随着材料科学的不断进步,市场上涌现出了众多新型塑料板材产品,其中聚碳酸酯塑料板材以其卓越的性能尤为引人注目,进一步拓宽了塑料板材的应用领域。

4. 塑料管材

塑料管材在建筑、市政基础设施及工业领域内展现出极为广泛的应用潜力。它们以高分子树脂为核心原料,历经挤出、注塑、焊接等精密成型工艺,精心打造而成,兼具管材与管件的双重功能。

相较于传统的铸铁管与镀锌钢管,塑料管材拥有诸多显著优势:

(1)质量轻盈,极大地便利了施工安装与后期维护作业。

(2)表面光滑无瑕,有效避免了生锈与结垢问题,显著降低了流体阻力。

(3)强度与韧性兼备,耐腐蚀性能卓越,使用寿命长达50年左右,且支持回收再利用,环保节能。

(4)品种繁多,能够灵活满足各行业多样化的使用需求。

从管材结构角度来看,塑料管可分为多类:包括普通塑料管、单壁波纹管(内外壁均呈现独特的波纹形态)、双壁波纹管(内壁光滑如镜,外壁则布满波纹)、纤维增强塑料管,以及塑料与金属巧妙结合的复合管等。

若按材质细分,塑料管家族则更为丰富:硬质氯乙烯(UPVC/RPVC)管、聚乙烯(PE)管、聚丙烯(PP)管、聚丁烯(PB)管、ABS(丙烯腈-丁二烯-苯乙烯共聚物)管、玻璃钢(FRP)管,以及铝塑复合管等,各有千秋,各具特色。

在土木工程领域,PVC管以其轻质、耐腐蚀、优异的电绝缘性能而独占鳌头,广泛应用于给水、排水、供气、排气管道系统及电缆线套管之中。

PE管则以其低密度、高强度比、卓越的韧性与耐低温性能脱颖而出,成为城市燃气管道、给排水系统的理想选择。

PP管,以其坚硬耐磨、防腐经济的特点,在农田灌溉、污水处理及废液排放等领域大放异彩。

ABS管,材质轻盈、韧性十足且耐冲击,是卫生洁具下水管、输气管、排污管及电线导管等场景下的优选材料。

至于PB管,其耐磨、耐高温及抗菌特性,使其成为供水管、冷水管、热水管等应用的理想之选,确保长达50年的稳定使用寿命。

二、建筑涂料

涂料,作为一类能够均匀涂覆于物体表面,并在适宜条件下形成连续且完整涂膜的物质,其应用广泛而深远。在早期,涂料的制备主要依赖于干性油、半干性油以及天然树脂作为核心原料,这一时期的涂料因此被通俗地称为"油漆"。涂料的核心功能在于双重保障:一是有效保护基材免受外界侵蚀,延长使用寿命;二是通过丰富多样的色彩与质感,提升所处环境的视觉美感。

1. 涂料的组成

涂料是由多种材料调配而成,每种材料均赋予其独特的性能。其核心组成可细分为以下几大类：

(1)主成膜物质：作为涂料的基石，主成膜物质不仅将其他组分紧密黏结于一体，还能牢固地附着于基层表面，形成一层连续、均匀且坚韧的保护膜。这一类别涵盖了基料、胶黏剂及固着剂，其性质直接决定了涂膜在坚韧性、耐磨性、耐候性以及化学稳定性等方面的卓越表现。

(2)次成膜物质：主要包括颜料与填料，它们以精细的粉状形态均匀分布于涂料介质中。这些成分不仅为涂膜增添了丰富的色彩与质感，还显著提升了涂膜的抗老化性、耐候性等关键性能，因此得名次成膜物质。

(3)溶剂：溶剂是一种特殊的有机物质，其独特之处在于既能有效溶解油料与树脂，又易于挥发，促进树脂的成膜过程。在涂料中，溶剂扮演着至关重要的角色，它负责稀释油料与树脂，并将颜料与填料均匀分散，同时调节涂料的黏度，确保施工过程的顺畅与涂膜质量的优良。

(4)辅助材料(助剂)：虽然辅助材料的用量甚微，但其种类繁多且作用显著，是优化涂料性能不可或缺的一环。这些助剂通过各自独特的功能，如改善涂料的流动性、提高干燥速度、增强附着力等，共同作用于涂料体系，为涂料的整体性能提升提供了有力支持。

2. 常用建筑涂料

1)内墙涂料

(1)水溶性内墙涂料。

该类别中，聚乙烯醇水玻璃内墙涂料(商品名 106 涂料)与聚乙烯醇缩甲醛内墙涂料(又称 107、803 内墙涂料)占据重要位置。两者均展现出水溶性的优势，但当前市场反馈显示，它们普遍存在不耐水洗、填料占比高、颜料用量少、产品档次有待提升的问题。106 涂料以其原料充裕、成本低廉、工艺简便、无毒无味、耐燃且对基层材料具备基本黏结力为特点，然而其耐水性和耐洗刷性较差，难以承受湿布擦拭，且涂层表面易脱粉。相比之下，107、803 涂料在耐洗刷性上略有提升，但成品中游离甲醛含量较高，环保性能难以满足现代标准。

(2)合成树脂乳液内墙涂料(乳胶漆)。

此类别广泛涵盖聚醋酸乙烯乳液涂料与丙烯酸酯乳液系列涂料。聚醋酸乙烯乳液涂料凭借成本低廉与良好的流平性受到青睐，但其涂膜在耐碱、耐水及耐洗刷性方面表现欠佳，通常仅提供平光效果，适用于内墙面及顶棚的基础涂装。而丙烯酸酯乳液系列涂料，则以其基料多样化(如硅丙、纯丙、苯丙、醋丙等，前两者多用于外墙)著称，展现出卓越的耐水性、耐碱性、抗紫外光降解能力及优异的保色保光性能。

(3)特色内墙涂料。

随着技术创新与市场需求的多元化，近年来涌现出众多新颖内墙涂料，如壁纸漆、质感漆、钻石漆、幻彩漆、云丝漆、彩缎漆、夜光漆等。这些涂料以其独特的装饰效果，广泛应用于电视背景墙、主题墙、天花板等特定区域的小面积装饰，为室内空间增添无限创意与个性化魅力。

2)外墙涂料

(1)合成树脂乳液外墙涂料。

前文中提及的丙烯酸酯乳液涂料,不仅在内墙装饰中表现出色,同样适用于外墙涂装,尤其是硅丙与纯丙涂料,其卓越性能更为适合外墙面使用,展现出良好的耐水性、耐碱性、抗紫外光降解能力及长久的保色保光效果。

(2)溶剂型外墙涂料。

与先前讨论的水性涂料形成鲜明对比,溶剂型外墙涂料采用有机溶剂作为分散介质,汇集了众多高性能涂料的精华。这类涂料以其优异的流平性、装饰效果及物理力学性能著称,如涂膜致密、对水汽的高效阻隔及高光泽度等。然而,溶剂挥发带来的环境污染问题仍是其亟待解决的挑战。溶剂型外墙涂料种类繁多,涵盖丙烯酸类、聚氨酯类、氯化橡胶类、有机硅类、氟树脂类及其复合型涂料,各展所长。

(3)砂壁状建筑涂料。

砂壁状建筑涂料,一种以合成树脂乳液(如纯丙、苯丙乳液)为核心,融入天然或人工彩砂、石材微粒及石粉等骨料制成的厚质涂料,其涂膜赋予建筑物以天然岩石般的质感,因此市场上常称为"石头漆""仿石漆"或"真石漆"。此类涂料以其丰满的质感、粗犷大气的装饰效果脱颖而出,但耐污染性相对较弱。为弥补此不足,已研发出专用耐污型合成树脂乳液(如硅-丙乳液)以增强其性能。砂壁状建筑涂料广泛应用于外墙装饰,并逐渐向内墙装饰领域拓展,其独特的装饰风格深受青睐。

(4)氟树脂涂料。

氟树脂涂料,亦称氟碳涂料或氟涂料,以其氟树脂为主要成膜物质,凭借氟元素的独特性质——高电负性和强碳氟键能,展现出耐候性、耐热性、耐低温性及耐沾污性等顶尖性能,被誉为涂料领域的"王者"。目前市场上广泛应用的氟树脂涂料主要包括PTFE、PVDF及FEVE三大类型。其中,PTFE聚四氟乙烯树脂以其卓越的防腐能力被誉为"塑料王",虽不常用于建筑领域,但在不粘锅涂料及其他高温、防腐涂料中占据重要地位。PVDF聚偏二氟乙烯树脂则是超耐候性能建筑涂料的优选材料,如新加坡樟宜国际机场、中国香港汇丰银行大厦等标志性建筑均采用了PVDF氟碳涂料,历经数十年风雨仍光彩照人。值得注意的是,PTFE与PVDF氟树脂涂料需高温烘烤成膜,而FEVE氟树脂涂料的出现打破了这一限制,实现了常温固化,广泛应用于飞机、高速列车、汽车及高档建筑等领域,标志着中国在氟树脂涂料领域的技术突破,成为继美国、日本后的全球第三大生产国。

三、胶黏剂

胶黏剂,作为一种能够将两种不同材料牢固地黏合在一起的介质,其在建筑领域的应用极为广泛且不可或缺,是建筑工程中重要的配套材料之一。它不仅在建筑施工过程中发挥关键作用,如墙面、地面及吊顶等工程的装修粘贴,还广泛应用于建筑室内外装修的各个环节。此外,胶黏剂还常用于解决屋面防水问题以及新旧混凝土接缝的加固处理,展现出其多样化的应用价值。

胶黏剂的种类繁多,其中高分子胶黏剂因其优异的性能而备受青睐。这些高分子胶黏剂根据固化方式和成分特性的不同,可细分为热固型胶黏剂、热塑型胶黏剂、橡胶型胶黏剂以及混合型胶黏剂等几大类。

1. 胶黏剂的组成

1）合成树脂粘料

作为胶黏剂的核心组成部分，合成树脂粘料主要承担基本粘接功能。常见的粘料种类繁多，包括环氧树脂、聚氨酯树脂、有机硅树脂、酚醛树脂、脲醛树脂、聚醋酸乙烯树脂以及聚乙烯醇缩甲醛树脂等。其中，热固性树脂以其卓越的粘接强度在众多类型中脱颖而出。

2）固化剂和催化剂

固化剂和催化剂的加入旨在加速胶黏剂的固化过程或增强其固化后的强度。为确保其有效性，这些成分通常与粘料分开存放和保存，直至使用前才在现场进行混合，并立即投入使用。

3）填料

填料是胶黏剂配方中的重要添加剂，旨在提升胶黏剂的强度、稳定性，并有助于控制成本。通过适量添加填料，可以在不牺牲性能的前提下，实现成本效益的最大化。

4）稀释剂

稀释剂主要用于调节胶黏剂的黏度，使其更易于操作和使用。常见的稀释剂包括环氧丙烷、丙酮、二甲苯等有机溶剂，它们能够有效地改善胶黏剂的流动性，便于施工过程中的涂抹与涂布。

2. 常用的建筑胶黏剂

1）环氧树脂胶黏剂

被誉为"万能胶"的环氧树脂胶黏剂，以环氧树脂为基石，辅以适量固化剂、增塑剂及填料精心配制而成。其卓越之处在于强大的粘接力、微小的收缩性，固化后展现出极高的化学稳定性和粘接强度。因此，它被广泛应用于金属与非金属材料的粘接，以及建筑物的修补工作中，展现出无可比拟的多功能性。

2）聚醋酸乙烯乳液胶黏剂

聚醋酸乙烯乳液胶黏剂，俗称"白乳胶"，源自聚醋酸乙烯单体的精妙聚合。该胶黏剂在常温下即可迅速固化，初粘强度令人印象深刻，是粘接玻璃、陶瓷、混凝土、纤维织物、木材等非结构材料的理想选择。

3）氯丁橡胶胶黏剂

氯丁橡胶胶黏剂由氯丁橡胶、氧化锌、氧化镁、填料及多种辅助剂混合后溶解于溶剂中制成。它展现出对水、油、弱酸、弱碱及醇类物质的卓越抵抗力，可在－50～80 ℃的广泛温度范围内使用。尽管存在易蠕变和老化的特性，但经过改性后，它已成为金属与非金属结构粘接的得力助手，在建筑工程中常用于水泥砂浆地面或墙面的橡胶与塑料制品粘贴。

4）水性聚氨酯胶黏剂

水性聚氨酯胶黏剂通过巧妙地在聚氨酯主链或侧链上引入带电荷的离子基团或亲水性非离子链段，形成能够在水中乳化或自发分散的乳液。这种胶黏剂不仅避免了传统溶剂型聚氨酯的毒性、污染性和资源浪费问题,还保留了聚氨酯材料的所有优点——耐磨、弹性优异、耐低温、耐候性强,同时展现出卓越的初粘力,是现代环保粘接技术的杰出代表。

【性能检测】

一、材料准备

建筑塑料、建筑涂料、胶黏剂样品。

二、实施步骤

(1)分组识别提供的建筑塑料、建筑涂料、胶黏剂样品。
(2)分析各种样品的特点和应用范围。

任务三　绝热材料和吸声与隔声材料的选用

【工作任务】
熟识建筑工程中常用的绝热材料、吸声材料与隔声材料;根据工程特点正确选用合适的品种。

【相关知识】

一、绝热材料

在建筑物中,用于实现保温与隔热功能的材料,被统称为绝热材料。这些材料往往具备轻质、疏松、多孔或纤维状的特性,对热流的传导展现出显著的抵抗能力。它们广泛应用于墙体、屋顶的隔热层、热工设备及其管道、冷藏设施与冷藏库等工程领域,以及冬季施工中的保温措施。合理使用绝热材料,能够有效降低热能的散失,进而达到节约能源的目的,同时还可减小外墙结构的厚度,降低建筑物的自重,从而节省建筑材料并降低整体工程成本。因此,在建筑工程中,科学合理地选用与应用绝热材料,具有不可估量的重要性和经济效益。

1. 热导率及影响因素

1)热导率

材料的导热性能,即其传导热量的能力,可以通过热导率这一物理量来量化表示。根据热工试验的严谨结果,我们可以明确:材料传导的热量 Q 与其厚度成反比例关系,而与导热面积 A、材料两侧的温度差($T_1 > T_2$)以及导热时间则成正比例关系。热导率的深刻物理意义在于,它描述了在单位时间(如 1 s)内,当材料的厚度为 1 m,且其温度发生 1 K 的变化时,通过 1 m² 面积所传递的热量。这一参数对于评估材料的热传导效能至关重要。可表达为下式:

$$\lambda = \frac{Qd}{(T_1 - T_2)At} \tag{13-2}$$

式中:λ——材料的热导率,W/(m·K);

Q——传导的热量,J;

d——材料的厚度,m;

$T_1 - T_2$——材料两侧的温度差,K;

A——材料的传热面积,m²;

t——热传导时间,h。

热导率越小,材料的导热性能越差。

2)影响热导率的因素

(1)保温材料的容重。

通常而言,保温材料的容重越小,其热导率越低。然而,对于松散的纤维材料而言,情况则较为复杂,热导率与材料的压实状态紧密相关。具体而言,当容重低于最佳值时,容重越小反而导致热导率增大;唯有当容重大于最佳值时,才遵循容重减小、热导率降低的规律。

(2)温度与湿度。

在保温材料的成分、结构及容重等条件保持不变的情况下,多孔材料的热导率会随着环境温度和湿度的升高而增加,反之则减小。这是因为温度和湿度的变化会影响材料内部热传导的机制。

(3)材料的组成与构造。

材料的热导率深受其组成与内部构造的影响。由于空气的热导率极低(仅为 0.23 W/(m·K)),远低于固体和液体材料,因此多孔材料中的气孔能显著阻碍热量的传递,减缓传热速度。具体而言,单位体积内气孔数量越多,且这些气孔微小、封闭、均匀分布,材料的热导率就越低,保温隔热性能也就越优越。相反,若材料内存在粗大孔隙,由于空气对流作用,热导率会相应增大。此外,材料的密度(或表观密度)越大,其热导率也通常越高。

(4)材料的含水状态。

材料的含水程度对热导率具有显著影响。水的热导率(0.58 W/(m·K))和冰的热导率(2.33 W/(m·K))远高于空气,分别约为空气的 25 倍和 100 倍。因此,保温隔热材料在使用过程中应特别注意防潮,以避免水分增加导致热导率上升,更需防止孔隙内水分结冰,因为结冰会进一步加剧热导率的上升。

2. 建筑工程对保温、绝热材料的基本要求

在建筑工程领域,对于保温与绝热材料的选择,首要考虑的是其热导率,一般要求此类材料的热导率需低于 0.175 W/(m·K)。而对于直接应用于建筑工程中的绝热材料,其热导率标准更为严格,通常不应超过 0.15 W/(m·K)。此外,材料的表观密度也是重要考量因素之一,理想的表观密度应控制在 600 kg/m³ 以内,以确保材料的轻质性。同时,材料的抗压强度也是必不可少的性能指标,需达到 0.3 MPa 以上,以满足建筑工程的实际需求。此外,根据具体工程的特点与要求,还需综合考虑材料的吸湿性、温度稳定性以及耐腐蚀性等关键性能。

3. 常用绝热材料

常用的绝热材料,根据其成分的不同,可明确划分为有机与无机两大类别。无机绝热材料,顾名思义,是由矿物质原料经过特定工艺加工而成,其形态多样,可呈现为散粒状、纤维状或是多孔状结构。这些材料以其独特的物理与化学性质,在建筑工程的绝热保温领域发挥着不可或缺的作用。

1)无机纤维状绝热材料

(1)石棉及其制品。

石棉,这一非金属矿物,深藏于中性或酸性火成岩矿脉之中。当松散石棉的表观密度达到 103 kg/m³ 时,其展现出的热导率低至 0.049 W/(m·K),使得其最高使用温度范围广泛,可覆盖 500~800 ℃。单独使用松散石棉的情况较为罕见,它常被加工成石棉纸、石棉板,或是与胶结物质结合,制成石棉块材等形态,以适应不同的应用需求。

(2)玻璃棉及其制品。

玻璃棉,源自玻璃原料或碎玻璃的熔融再造,是一种独特的纤维状材料。其表观密度灵活多变,通常在 40~150 kg/m³ 之间,并细分为短棉与超细棉两类。短棉,以其洁白如棉的外观著称,纤维长度介于 50~150 mm 之间,单纤维直径约为 12×10^{-3} mm,广泛应用于玻璃棉毡、沥青玻璃棉板的制作。而超细棉,则以其更为纤细的纤维直径(通常小于 4×10^{-3} mm)为特点,可制成普通及无碱、高硅氧等特殊类型的超细玻璃棉毡、板,不仅适用于围护结构及管道的保温,更能在低温保冷工程中发挥重要作用。

(3)矿棉及矿棉制品。

矿棉家族涵盖了矿渣棉与岩石棉两大成员。矿渣棉,巧妙利用工业废料矿渣作为主料,通过熔化、喷吹或离心工艺,化废为宝,制成柔软的棉丝状绝热材料。而岩石棉,则是以天然岩石为原料,经熔化吹制而成,同样具备出色的性能。矿棉以其轻质、不燃、卓越的绝热与电绝缘性能,加之成本效益显著,成为制作矿棉板、矿棉防水毡、管套等产品的理想材料。这些制品广泛应用于建筑物的墙壁、屋顶、天花板保温隔热与吸声领域,同时也为冷库等需要高效隔热的场所提供了可靠的解决方案。

2)无机散粒状绝热材料

(1)膨胀蛭石及其制品。

膨胀蛭石,源自天然蛭石的快速燃烧膨胀过程,体积可膨胀至原体积的 20~30 倍,形成一种松散的颗粒状材料。其堆积密度范围在 80~200 kg/m³ 之间,热导率 λ 则保持在 0.046~0.07 W/(m·K)之间,能够承受高达 1000~1100 ℃ 的高温,同时展现出优良的防蛀、耐腐蚀性能以及良好的吸水性。在建筑工程中,膨胀蛭石常用于填充墙壁、楼板及平屋面的保温夹层,显著提升建筑物的保温性能。此外,通过焙烧处理,膨胀蛭石还能与水泥、水玻璃等胶凝材料紧密结合,浇制成板,广泛应用于墙、楼板和屋面板等构件的绝热处理。其中,水泥制品以水泥和膨胀蛭石为主要原料,加入适量水配制而成;而水玻璃膨胀蛭石制品,则是将膨胀蛭石、水玻璃与适量氟硅酸钠精心配制所得。

(2)膨胀珍珠岩及其制品。

膨胀珍珠岩,作为一种高性能的绝热材料,是通过煅烧天然珍珠岩而获得的,其外观呈现为蜂窝泡沫状的白色或灰白色颗粒。该材料具有卓越的绝热性能,堆积密度跨度大,从 $40\sim500$ kg/m^3 不等,热导率 λ 稳定在 $0.04\sim0.07$ W/(m·K)之间,最高使用温度可达 800 ℃,最低则能至 -200 ℃,展现出广泛的温度适应性。膨胀珍珠岩以其质轻、低温绝热性能优越、吸湿性小、化学稳定性高、不燃、耐腐蚀、无毒且施工便捷等特点,在建筑工程中得到了广泛应用。它被广泛用于围护结构、管道保温、低温和超低温保冷设备以及热工设备等关键部位的绝热保温,同时也可加工成吸声制品,满足多样化的建筑需求。膨胀珍珠岩制品则是通过将膨胀珍珠岩与适量的胶凝材料(如水泥、水玻璃、磷酸盐、沥青等)混合,经过拌合、成型及养护(或干燥、固化)等工艺制成的,形式多样,包括板块、砖、管套等,以满足不同建筑场景的需求。

3)无机多孔类绝热材料

(1)泡沫混凝土。

泡沫混凝土,作为一种多功能的建筑材料,通过精心混合水泥、水与松香泡沫剂,并经过搅拌、成型、养护及硬化等工序制成。它独具多孔、轻质、保温、绝热及吸声等优异性能。此外,利用粉煤灰、石灰、石膏与泡沫剂的组合,还能制成粉煤灰泡沫混凝土,广泛应用于建筑物围护结构的保温隔热领域。

(2)加气混凝土。

加气混凝土,这一保温绝热性能卓越的建材,由水泥、石灰、粉煤灰与发气剂(铝粉)科学配制,再经成型与蒸汽养护精制而成。其表观密度小,热导率远低于黏土砖,使得 24 cm 厚的加气混凝土墙体在保温隔热效果上甚至优于 37 cm 厚的传统砖墙。不仅如此,加气混凝土还具备良好的耐火性能,为建筑安全增添了一份保障。

(3)硅藻土。

硅藻土,源自远古时期硅藻这一水生植物的遗骸沉积,其独特的结构由无数微小的硅藻壳组成,每个壳内密布着极其细微的孔隙。硅藻土以其高达 50%~80% 的孔隙率和低至 0.060 W/(m·K)的热导率,展现出卓越的保温绝热性能。其最高使用温度可达约 900 ℃,常作为填充料或用于制作硅藻土砖等产品。

(4)微孔硅酸钙。

微孔硅酸钙,作为一种创新的保温材料,其制备工艺融合了 65% 的硅藻土与 35% 的石灰,并加入两者总重量 5% 的石棉、水玻璃及水,经过精心拌合、成型、蒸压处理及烘干而成。该材料因其独特的性能,广泛应用于建筑物的围护结构及管道保温领域。

(5)泡沫玻璃。

泡沫玻璃,这一高级绝热材料,采用碎玻璃为主要原料,并辅以少量发泡剂(如石灰石、碳化钙或焦炭,占比1%～2%),经粉磨混合、装模后,在800 ℃高温下烧制而成。其内部形成了大量封闭且不相互连通的气泡,孔隙率高达80%～90%,气孔直径介于0.1～5 mm之间。泡沫玻璃以其低热导率、高抗压强度、强抗冻性及优异的耐久性而著称,可用于砌筑墙体、冷藏设备保温、浮漂制作及过滤材料等多种场合。其可锯割、易粘接的加工特性,更是为其广泛应用提供了便利。

4)有机绝热材料

有机保温绝热材料,依托于丰富的有机原料制成,虽在多孔结构下易于吸湿,受潮时可能腐烂,且在高温条件下易分解、变质或燃烧(故一般建议其在温度高于120 ℃的环境中避免使用),然而,这类材料以其堆积密度小、原料来源广泛及成本相对较低的优势,仍在特定领域内发挥着重要作用。

(1)泡沫塑料。

泡沫塑料,作为一种以多种树脂为基体,辅以发泡剂、催化剂、稳定剂等辅料,经加热发泡工艺制成的新型轻质材料,集保温、吸声、防震等特性于一身。其广泛应用于屋面、墙面保温、冷库绝热及夹芯复合板的制作。目前,我国市场上常见的泡沫塑料种类包括聚乙烯、聚氯乙烯及聚氨酯泡沫塑料等,其中硬质泡沫塑料因其在建筑工程中的卓越表现而备受青睐。

(2)植物纤维类绝热板。

植物纤维类绝热板,以天然植物纤维为核心成分,打造出一系列软质纤维板材,广泛应用于绝热领域。

①软木板:精选栓皮栎的外皮及黄菠萝树皮,经精细碾碎后,与皮胶溶液巧妙融合,加压成型,并在80 ℃的恒温干燥室内静置一昼夜而成。软木板以其轻质、低热导率、卓越的抗渗与防腐性能脱颖而出。

②木丝板:利用木材加工剩余物,通过机械化处理制成均匀木丝,再与硅酸钠溶液及普通硅酸盐水泥精心混合,经成型、冷压、养护及干燥等工序精制而成。其多用于天花板、隔墙板及护墙板的构建。

③甘蔗板:以甘蔗渣为原材料,经过蒸制、干燥处理,转化为一种轻质、吸声且保温性能优异的绝热材料。

④蜂窝板:由两块轻薄面板与一层厚实的蜂窝状芯材通过高强度粘接技术复合而成,亦称蜂窝夹层结构。其不仅强度卓越,热导率低,抗震性能亦佳,既可制成轻质高强度的结构板材,又能作为绝热性能优良的非结构板材及隔声材料。若以轻质薄膜塑料替代芯板,其隔声效果将更加显著。

(3)窗用绝热薄膜。

窗用绝热薄膜,亦称新型防热片,厚度为12～15 μm,专为建筑物窗户设计。该薄膜能够有效遮蔽阳光,保护室内物品免受紫外线侵害,减少冬季热量散失,实现节能与舒适并重的居住环境。使用时,只需将特制的防热薄膜贴附于玻璃之上,即可将大部分阳光反射回室外,反射率高达80%。同时,该薄膜还能显著降低紫外线的透过率,减轻其对室内家具与织物的损害,并有效缓解室内温度波动。

窗用绝热薄膜广泛应用于商业、工业、公共建筑、住宅、宾馆等各类建筑物的窗户内外表面,同时也可作为博物馆内艺术品与绘画作品的紫外线防护屏障。

二、吸声材料

吸声材料,作为一种高效的建筑材料,能够显著吸收通过空气传播的声波能量。它广泛应用于音乐厅、影剧院、大会堂及播音室等场所的内部墙面、地面及天棚等关键区域。通过优化声波在室内的传播路径与质量,吸声材料为这些空间带来了卓越的声响效果,确保了声音的清晰度与均衡性,从而提升了整体的听觉体验。

1. 吸声系数及其影响因素

1)吸声系数

当声波遭遇材料表面时,其能量发生分配:一部分声波发生反射,一部分则穿透材料继续传播,而剩余部分则被材料内部有效吸收。这一被吸收的能量(E)与初始入射的声能(E_0)之间的比值,被定义为吸声系数 α,它构成了衡量材料吸声性能优劣的核心指标。该关系可通过以下公式表达:

$$\alpha = \frac{E}{E_0} \tag{13-3}$$

式中:α——材料的吸声系数;

E——被材料吸收的(包括透过的)声能;

E_0——传递给材料的全部入射声能。

若入射声能中有 65% 被材料吸收,剩余 35% 被反射,则该材料的吸声系数即为 0.65。而当所有入射声能(100%)均被吸收,无任何反射时,吸声系数则达到最大值 1。通常,材料的吸声系数介于 0~1 之间,且该系数越高,表示材料的吸声效果越显著。值得注意的是,对于悬挂的空间吸声体而言,由于其独特的结构,有效吸声面积超出常规计算范围,因此可能出现吸声系数超过 1 的情况。

为了全面且准确地评估材料的吸声性能,我们采用特定频率下的吸声系数作为参考,这些频率包括 125 Hz、250 Hz、500 Hz、1000 Hz、2000 Hz 以及 4000 Hz,共计六个频段。若材料在这六个频率下的平均吸声系数大于 0.2,则该材料即可被归类为具有显著吸声性能的材料。

2)影响吸声系数的关键因素

(1)材料的表观密度。

对于同种类的多孔材料(例如超细玻璃纤维)而言,其表观密度的变化直接关联到吸声性能的表现。具体而言,当表观密度增加(即孔隙率相应减小)时,材料对低频声波的吸声能力会有所提升,但对高频声波的吸收效果则会出现一定程度的下降。

(2)材料的厚度。

多孔材料的厚度也是影响吸声效果的重要因素之一。增加材料的厚度,能够显著提升其对低频声波的吸声性能,而对于高频声波的吸声效果影响则相对较小,变化不明显。

(3)材料的孔隙特征。

孔隙的结构与特性对材料的吸声效果具有决定性作用。孔隙数量越多且越细小,通常意味着更好的吸声效果。相反,若孔隙过大,则可能导致吸声效果大打折扣。此外,值得注意的是,若材料的总孔隙主要由孤立的封闭气泡构成(如聚氯乙烯泡沫塑料),这类结构实际上阻碍了声波的进入,从吸声机制的角度来看,已不再属于典型的多孔性吸声材料范畴。再者,当多孔材料的表面被油漆覆盖或材料因吸湿导致孔隙被水分或涂料堵塞时,其吸声效果将显著下降,因为声波无法有效进入并在材料内部得到耗散。

2. 吸声材料及其结构形式

1)多孔吸声材料

多孔吸声材料种类繁多,常见的有木丝板、纤维板、玻璃棉、矿棉、珍珠岩、泡沫混凝土及泡沫塑料等。值得注意的是,弹性泡沫塑料因其气孔封闭特性,其吸声机制并非依赖孔隙内空气振动,而是通过材料自身的振动来直接消耗声能,实现高效的吸声效果。

2)薄板振动吸声结构

薄板振动吸声结构主要由胶合板、薄木板、硬质纤维板、石膏板、石棉水泥板或金属板等材料构成,通过将其边缘固定在墙或顶棚的龙骨上,并在其后保留一定的空气层而制成。在声波作用下,薄板与空气层中的空气共同振动,板与龙骨间产生的摩擦损耗将声能有效转化为热能,从而达到吸声目的。此结构尤其擅长吸收低频声波,其共振频率多集中在 80~300 Hz 范围内。

3)穿孔板组合共振吸声结构

穿孔板组合共振吸声结构采用穿孔的胶合板、硬质纤维板、石膏板、石棉水泥板、铝合金板或薄钢板等材料制成,同样固定于龙骨上,并在其背后设置空气层。该结构可视为多个独立共振吸声器的并联体,有效拓宽了吸声频带,特别适用于中频声波的吸收。穿孔板的各项参数,包括厚度、孔隙率、孔径、背后空气层厚度及是否填充多孔吸声材料等,均对整体吸声性能产生直接影响。此类结构在建筑领域应用广泛。

4)共振吸声结构

共振吸声结构由一封闭的较大空腔与一小开口组成。在外力振荡下,空腔内空气按特定共振频率振动,开口处空气分子在声波作用下如活塞般往复运动,通过摩擦消耗声能,实现吸声。若在腔口覆盖透气细布或疏松棉絮,可进一步拓宽吸声频率范围并提升吸声量。

5)悬挂空间吸声体

悬挂空间吸声体通过将吸声材料加工成平板、球形、圆锥形等多种形式,并悬挂于顶棚之上而成。这种设计不仅增大了有效吸声面积,还利用了声波的衍射效应,显著提升了吸声效果。

6)帘幕吸声体

帘幕吸声体采用透气纺织品制成,安装于距墙面或窗面一定距离处,背后设有空气层。该结构不仅装卸便捷,还兼具装饰功能,对中、高频声波展现出良好的吸声效果,为室内环境提供了更多样化的声学解决方案。

3. 常用的吸声材料

建筑吸声材料的品种很多,常用的吸声材料及其吸声系数见表 13-3。

表 13-3　部分常用吸声材料及其吸声系数

材料分类及名称		厚度/cm	表观密度/(kg/m³)	各种频率下的吸声系数					
				125 Hz	250 Hz	500 Hz	1000 Hz	2000 Hz	4000 Hz
无机材料	石膏板（有花纹）	—		0.03	0.05	0.06	0.09	0.04	0.06
	水泥蛭石板	4.0		—	0.154	0.46	0.78	0.50	0.60
	石膏砂浆（掺水泥玻璃纤维）	2.2	350	0.24	0.12	0.09	0.30	0.32	0.83
	水泥膨胀珍珠岩板	5		0.16	0.46	0.64	0.48	0.56	0.56
	水泥砂浆	1.7		0.21	0.16	0.25	0.40	0.42	0.48
	砖（清水墙面）	—		0.02	0.03	0.04	0.04	0.05	0.05
有机材料	软木板	2.5		0.05	0.11	0.25	0.63	0.70	0.70
	木丝板	3.0		0.10	0.36	0.62	0.53	0.71	0.90
	胶合板（三夹板）	0.3	260	0.21	0.73	0.21	0.19	0.08	0.12
	穿孔胶合板（五夹板）	0.5		0.01	0.25	0.55	0.30	0.16	0.19
	木花板	0.8		0.03	0.02	0.03	0.03	0.04	—
	木质纤维板	1.1		0.06	0.15	0.28	0.30	0.33	0.31
多孔材料	泡沫玻璃	4.4		0.11	0.32	0.52	0.44	0.52	0.33
	酚醛泡沫塑料	5.0	61	0.22	0.29	0.40	0.68	0.95	0.94
	泡沫水泥（外粉刷）	2.0	20	0.18	0.05	0.22	0.48	0.22	0.32
	吸声蜂窝板	—		0.27	0.12	0.42	0.86	0.48	0.30
	泡沫塑料	1.0		0.03	0.03	0.12	0.41	0.85	0.67
纤维材料	矿渣棉	3.13	210	0.10	0.21	0.60	0.95	0.85	0.72
	玻璃棉	5.0	80	0.06	0.08	0.18	0.44	0.72	0.82
	酚醛玻璃纤维板	8.0	100	0.25	0.55	0.80	0.92	0.98	0.95
	工业毛毡	3.0		0.10	0.28	0.55	0.60	0.60	0.56

三、隔声材料

声波传播到材料或结构时，因材料或结构的吸收会失去一部分声能，透过材料的声能总是小于入射声能。这样，材料或结构就起到了隔声作用。材料的隔声能力可以通过材料对声波的透射系数来衡量。

$$\tau = \frac{E_\tau}{E_0} \tag{13-4}$$

式中：τ ——声波透射系数；

E_τ ——透过材料的声能；

E_0——传递给材料的全部入射声能。

材料的透射系数越小,其隔声性能则越优越。在工程领域,常以隔声量这一指标来衡量构件隔绝空气声波的能力,该量与透射系数之间的关系可由公式 $R = -10 \lg \tau$ 精确表达。

依据声音传播的途径,人们需隔绝的声音可划分为空气声和固体声两大类。空气声源自空气的振动,而固体声则因固体的撞击或振动而产生。针对空气声的隔绝,声学中的"质量定律"提供了理论依据:墙或板的传声性能主要取决于其单位面积的质量,质量越大,振动越难,因此隔声效果越发显著。鉴于此,选用如黏土砖、钢板、钢筋混凝土等密实且重量较大的材料作为隔声材料,是提升空气声隔绝效果的有效策略。

至于固体声的隔声处理,最为有效的手段是采用不连续结构的设计方案。具体而言,就是在墙壁与承重梁之间、房屋框架与隔墙及楼板之间增设弹性衬垫,如毛毡、软木、橡木等材质,或在楼板上铺设弹性地毯。这些措施能够显著减少固体声的传播,提升整体隔声效果。

【性能检测】

一、材料准备

绝热材料、吸声材料、隔声材料样品。

二、实施步骤

(1)分组识别提供的绝热材料、吸声材料、隔声材料样品。
(2)分析各种样品的特点和应用范围。

任务四　建筑石材的选用

【工作任务】

深入了解建筑工程中广泛应用的天然石材与人造石材,并根据具体工程特性精准挑选最适宜的品种。

为准确选择适用于各类建筑工程的石材,需全面掌握常用石材的品种分类、独特性能及其适用的工程领域。

【相关知识】

石材领域广泛划分为天然石材与人造石材两大阵营。自古以来,天然石材便作为建筑基石被广泛应用,而伴随着科技进步的浪潮,人造石材作为一种创新装饰材料正蓬勃兴起,不断拓展其应用领域。

天然石材,源自大自然的馈赠,包括直接从岩体中开采的毛石及经过精心加工的石块、石板等制品,是历史悠久的建筑材料典范。众多举世闻名的古建筑皆以天然石材的坚固与美感为基石,彰显其强度卓越、装饰效果独特、耐久性强且资源丰富等优势,成为土木建筑工程不可或缺的核心材料。现代石材开采与加工技术的飞跃,更是推动了石材在现代建筑,特别是建筑装饰领域的广泛应用,展现了传统与现代的完美融合。

人造石材,则是人类智慧与技术的结晶,通过模拟天然石材的外观与性能而诞生。它不仅继承了天然石材的诸多优点,如高强度与良好的耐腐蚀性,更在重量、成本及施工便捷性上实现了显著提升,具备重量轻、强度高、耐腐蚀、经济实惠、施工灵活等诸多优势,正逐步成为建筑装饰领域的新宠。

一、岩石及造岩矿物

岩石乃是由复杂多样的地质作用所雕琢而成的天然矿物聚合体。这些构成岩石的矿物,我们称之为造岩矿物,它们是地壳中经由不同地质历程,孕育出的具有独特化学组成与物理特性的单质或化合物。迄今为止,自然界中已探明的矿物种类逾三千三百种,其中绝大多数属于固态无机物范畴。在这些矿物中,有三十余种被视作主要造岩矿物,它们各自展现出异彩纷呈的颜色与独特性质。单矿物构成的岩石,如以方解石为主的石灰岩,被归类为单成岩;而由两种或多种矿物共同构成的岩石,如长石、石英、云母丰富的花岗岩,则属于复成岩的范畴。

依据其形成所依托的地质条件,岩石被明确划分为岩浆岩、沉积岩与变质岩三大类别。

岩浆岩,亦称火成岩,乃是由炽烈岩浆或侵入地壳深处,或喷涌至地表,历经冷却凝固而形成的岩石。作为地壳构造的基石,岩浆岩占据了地壳岩石总量的约89%。根据产出环境的不同,岩浆岩可细分为侵入岩与火山岩(或称喷出岩):前者为岩浆在地壳内部冷凝而成;后者则是岩浆突破地壳束缚,喷发于地表,于海洋或大气中迅速冷却固化的产物。

沉积岩,则是在地壳表层环境下,经由风化、生物活动、火山活动等多种地质力作用,经历搬运、沉积、成岩等一系列自然过程而形成的岩石。鉴于其主要成因为水力沉积,沉积岩曾一度被冠以水成岩之名。尽管沉积岩仅占地壳岩石圈总体积的5%,但其分布范围却极为广泛,覆盖了陆地岩石总面积的75%及几乎全部的海底,是人类日常生活中最为常见的岩石类型。

变质岩,则是在高温、高压等变质作用的影响下,地壳中既存的岩石(无论是火成岩、沉积岩还是早期形成的变质岩)发生深刻变化,形成的具有全新矿物组合、结构特征与构造形态的新型岩石。这一过程不仅丰富了地壳岩石的多样性,也深刻影响着地球的演化历程。

二、建筑装饰常用石材与选用

1. 天然石材

建筑装饰领域所采用的天然石材种类繁多,其分类依据地质成因往往显得既专业又繁复,对一般公众而言难以明确区分。为此,在建筑装饰行业内,为了简化应用流程,通常将这些石材划分为花岗石、大理石与板石这三大主要类别。值得注意的是,此处的"花岗石""大理石"及"板石"与地质学上的"花岗岩""大理岩"及"板岩"虽名称相近,但概念上并不等同,前者在定义上更为宽泛与实用。为避免混淆,行业内常以"××石"来特指这些用于建筑装饰的石材,而地质学上的对应矿物则保持其"××岩"的称谓。

1) **花岗石**

在建筑行业中,花岗石这一概念被广义化,它涵盖了以花岗岩为代表的多种装饰性石材,不限于花岗岩本身,还包括了各类岩浆岩及其变质岩,如辉长岩、辉绿岩、橄榄岩、闪长岩、凝灰岩、蛇纹岩、角闪岩、玄武岩和辉石岩等,这些石材普遍质地坚硬。

中国花岗岩资源丰富,花色品种琳琅满目,依据色彩大致可划分为红、黑、白、灰、绿、黄、蓝七大色系,涵盖上千个具体品种。其中,红色系列以四川的"芦山红"(又称中国红)、"忠华红"(或称中华红)、"泸定红"(亦称中华红)为代表,涵盖肉红、橘红、深红至紫红等多种色调;黑色系列则以内蒙古的"封镇黑"(即内蒙黑)、福建的"福鼎黑"及河南的"夜里黑"闻名;白色与灰色系列,如山东的"莱州芝麻白"(亦称山东白麻、中国白麻)、广东的"广宁东方白麻"以及山东的"崂山灰"(又称中国灰),展现了从纯白到灰白的丰富层次(需注意的是,纯净白色的花岗岩较为罕见);绿色系列则以四川的"米易绿"(中国绿)和安徽的"岳西绿豹"为代表;黄色系列中的佼佼者包括新疆的"托里菊花黄";而蓝色系列,则以四川的"攀西蓝"和新疆的"天山蓝"为典型。

花岗石之所以深受青睐,源于其独特的物理与化学特性:

(1) 结构紧密,表观密度高(2600~2700 kg/m³),抗压强度与硬度均属上乘(莫氏硬度达 67),耐磨性能卓越。

(2) 主要矿物成分长石、石英、云母赋予其优异的化学稳定性,抗风化与耐腐蚀能力强大。

(3) 对酸性环境(如硫酸、硝酸)具有显著抵抗力。

(4) 表面经精心研磨后,光泽度极佳,装饰效果出众,是高端装饰材料的理想选择。

(5) 耐热性相对有限,石英在达到 573 ℃时可发生晶体转变,可能导致石材膨胀开裂。

2) **大理石**

在建筑领域,大理石同样是一个广义的术语,它涵盖了以大理岩为核心的一系列装饰性石材,这些石材主要由碳酸盐岩及其相关变质岩构成,以碳酸盐为主要成分,普遍具有较为柔软的质地。

中国作为大理石资源大国,其储量和品种数量均在全球名列前茅,市场上流通的大理石品种已逾 700 种,色彩斑斓,包括纯白、灰白、纯黑、黑白相间、浅绿、深绿、淡红、紫红、浅灰、橘黄、米黄等多种色系。其中,不乏享誉业界的经典品种,如北京的房山高庄汉白玉与房山艾叶青,山东的莱阳雪花白,四川的宝应白、宝应青花白、彭州大花绿,云南的云南米黄,贵州的金丝米黄、贞丰木纹石、贵阳纹脂奶油、毕节晶墨玉,浙江的杭灰,以及江苏的宜兴咖啡、宜兴青奶油、宜兴红奶油等。

大理石之所以备受青睐,得益于其独特的物理与化学特性:

(1) 结构紧密,表观密度高(2500~2700 kg/m³),抗压强度强,但硬度相对较低(莫氏硬度约为 3),耐磨性稍逊。因此,尽管大理石可用于地面铺设,但在人流密集区域需谨慎使用。

(2) 主要由方解石($CaCO_3$)和白云石[$CaMg(CO_3)_2$]构成，纯净的大理石呈现雪白色，如北京房山高庄的汉白玉大理石，而含杂质时则展现出黑、红、黄、绿等多种丰富色彩。

(3) 由于其矿物成分（方解石、白云石）的特性，大理石的耐磨性较弱，长期暴露于空气中，还会受到大气中腐蚀介质的影响，导致颜色褪去和表面点蚀。因此，除少数如汉白玉、艾叶青等品种适宜室外应用外，大多数大理石品种，特别是抛光板材，更适宜于室内装饰。

(4) 相较于花岗石，大理石更易于加工，雕刻性能优越，抛光后纹理自然流畅，宛如天然山水画，是室内装饰材料的上乘之选。

(5) 尽管大理石的耐热性优于花岗石，但在700～900 ℃的高温下仍会发生热分解，这一过程类似于石灰的生产过程。

3) 板石（叠层岩）

板石，亦常被称作叠层岩，通常指的是一类具有显著片理构造的变质岩类石材，这些石材如板岩、千枚岩、片岩及片麻岩等，均能被其天然的纹理轻易地劈裂成薄型板材。

片理构造，作为变质岩的一种独特结构特征，源自其内部片状、板状及柱状矿物（如云母、角闪石等）在定向压力的作用下发生重结晶，并沿着垂直于压力方向平行排列的现象。这一平行排列的层面，为石材的劈裂提供了天然的界限，使得岩石能够轻易地被分割成小型片状，这些片状石材便被称为片理。

2. 天然饰面石材的选用

1) 天然饰面石材的编号

为了简化选择流程，我国制定了《天然石材统一编号》（GB/T 17670—2008）标准。该编号系统由一个英文字母与四位数字共同构成，如"G3786""M3711""S1115"等。英文字母代表石材类型，分别为花岗石（granite）、大理石（marble）、板石（slate）英文名称的首字母大写。四位数字中，前两位遵循GB/T 2260—2007标准，对应各省、自治区、直辖市的行政区代码（如北京为"11"，山东为"37"，福建为"35"）；后两位则是由各地方自行编排的石材品种序号。

2) 饰面石材的甄选原则

在挑选饰面石材以进行装修设计时，需综合考量美学效果、安装条件以及一系列关键技术指标，包括但不限于石材的自重、标准尺寸、板材间接缝设计、风力适应性、材料的热膨胀系数，以及环境中空气与水流所含化学成分的潜在影响。

(1) 室外饰面石材的甄选。

室外饰面石材的选择应确保颜色符合设计要求，并具备出色的抗风化与抗老化性能，以维持长期稳定的装饰效果，并为建筑物提供持久的保护。花岗石因其卓越的物理力学性能，成为室外装饰的首选材料。同时，结晶良好、结构致密的大理石亦可应用于室外装饰，但需避免使用结构不均或含有易腐蚀成分（如黄铁矿）的大理石，如化石碎屑岩、角砾岩等，以防长期受水或含硫气体侵蚀。

(2) 室内饰面石材的甄选。

室内装饰石材依据用途可分为地面、墙面、柱面、大厅及卫生间等不同区域的板材。相较于室外，室内石材对抗风化、抗老化的要求稍低，但颜色应明快亮丽。大理石与花岗石均适用于室内装饰。对于地面及楼梯踏步等需高耐磨性的区域,应选用耐磨性强的石材。厨房、卫生间等易受潮及污染区域,则宜选择抗腐蚀、抗污染能力强的深色花岗石。此外,所有用于室内的饰面石材,均需关注其放射性水平,确保符合安全标准。

依据《建筑材料放射性核素限量》(GB 6566—2010)标准,天然石材按其放射性水平被划分为 A、B、C 三类。A 类产品使用无限制,适用于所有场所;B 类产品放射性略高于 A 类,限制用于 I 类民用建筑(如住宅、医院等)的内饰面,但可用于外饰面及其他建筑物的内外饰面;C 类产品放射性最高,仅适用于建筑物外饰面。对于放射性超过 C 类标准的石材,应限制在碑石、海堤、桥墩等人类活动较少的区域使用。一般而言,大理石的放射性较低,而花岗石的放射性则相对较高。

3. 人造石材

1)水泥型人造石材

水泥型人造石材采用硅酸盐水泥或铝酸盐水泥等作为胶凝剂,以砂石为粗细骨料,历经精心配料、充分搅拌、成型塑造、严格养护及精确切割等一系列工序精制而成。此类人造石材以其低成本优势,加上可按需求调配的丰富色彩及卓越的成型可塑性,成为室内外大面积应用的理想选择,典型案例包括各式水磨石。

2)聚酯型人造石材

聚酯型人造石材则以不饱和聚酯树脂为黏合剂核心,融合石英砂、大理石碎粒、方解石及精细石粉等优质集料,通过精确的配料、高效的搅拌、精密的成型、严格的固化、细致的切割及抛光等多道工序匠心打造。这类石材以其色彩与花色的均匀一致、卓越的光泽度而著称,广泛应用于茶几台面、餐桌面以及浴缸、洗脸盆等家居装饰领域,同时也常见于人造玉石、人造大理石、人造玛瑙石等高端装饰材料中。

3)复合型人造石材

复合型人造石材巧妙融合了无机胶结料与有机胶结料的双重优势,通过创新的组合方式实现性能与美学的双重飞跃。一种典型的制造工艺是将无机材料用于填料的粘接成型,随后将成型体沉浸于有机单体中,于特定条件下促进聚合反应的发生;另一种方法则是在经济实惠的水泥型基板上复合一层聚酯型薄层,从而构建出既具装饰美感又经济实用的复合板材。

4)烧结型人造石材

烧结型人造石材精选高岭土、长石、石英等天然矿物为原材料,经过精密的配料与成型、细致的干燥处理及高温烧结等严格工序精心打造而成。其产品种类繁多,如仿花岗岩瓷砖、仿大理石陶瓷艺术板等,不仅质感如陶如玉,其微晶玻璃制品更是强度超越花岗岩,光泽媲美玻璃,花纹之美宛若碧玉,色彩之丰富更是远胜陶瓷,展现出极高的装饰艺术价值与视觉享受。

【性能检测】

一、材料准备

天然石材和人造石材样品。

二、实施步骤

(1)分组识别提供的石材样品。
(2)分析各种石材的特点和应用范围。

任务五　建筑玻璃与建筑陶瓷的选用

【工作任务】
熟识建筑工程中常用的建筑玻璃与建筑陶瓷;根据工程特点正确选用合适的品种。

【相关知识】

一、建筑玻璃

玻璃,这一非结晶无机材料,主要由石英砂、纯碱、长石及石灰石等优质原料经过精心熔融、精确成型及冷却固化过程铸就而成。随着现代建筑设计的不断演进与需求提升,玻璃材料的研发亦步入了多功能化的崭新阶段。通过深加工工艺,玻璃制品已能够实现光线调控、高效隔热、优异隔声、显著节能以及提升建筑艺术装饰效果等多重功能。

因此,玻璃的角色已远远超越了传统的采光材料范畴,它已成为现代建筑中不可或缺的结构支撑与美化元素,既承载着结构性的功能,又展现出卓越的装饰性能。这一转变极大地拓宽了玻璃的应用领域,使其牢固地占据了现代建筑材料的重要地位。

建筑玻璃品种繁多,以下仅简要介绍其中几种。

1. 平板玻璃

平板玻璃,作为未经额外加工的平板形态玻璃制品,亦被广泛称为白片玻璃或净片玻璃。依据生产技术的差异,它可细分为传统工艺生产的普通平板玻璃(采用平拉法或垂直引上法,技术相对陈旧)与现代主流的浮法玻璃(采用先进的浮法工艺制造)。依据国家最新标准《平板玻璃》(GB 11614—2022),普通平板玻璃厚度涵盖 2 mm、3 mm、4 mm、5 mm 四种规格;而浮法玻璃则提供了更为丰富的选择,包括 2 mm、3 mm、4 mm、5 mm、6 mm、8 mm、10 mm、12 mm、15 mm、19 mm 十种厚度规格,充分满足不同应用需求。

平板玻璃以其卓越的透光性、适度的保温隔热性能、良好的隔声效果以及较强的机械强度著称,同时兼具耐擦洗、耐腐蚀、经济实惠及易于切割等特性。然而,其脆性特点也需注意,易受冲击与急剧温度变化导致破损。尽管普通平板玻璃与浮法玻璃在基础性能上相似,但后者得益于更为先进的生产工艺,表面更为平整光滑,光学畸变极低,整体品质更胜一筹。当前,我国浮法玻璃产量已占据平板玻璃总产量的绝大多数,超过 80%,随着生活品质的提升与工艺技术的持续进步,浮法玻璃全面替代普通平板玻璃已成为不可逆转的发展趋势。

在建筑领域,平板玻璃广泛应用于门窗、室内隔断、橱窗展示、橱柜、展台布置、玻璃搁架及家具玻璃门等多个方面。同时,它也是装饰玻璃、安全玻璃、节能玻璃等深加工玻璃制品的重要基材。针对建筑窗户,玻璃厚度的选择依据窗格尺寸及窗型设计而定,平开窗常选用稍厚规格(3～5 mm),推拉窗则可选较薄规格。对于建筑门用玻璃,有框门推荐6 mm厚度,而无框门则建议选用12 mm及以上厚度以确保安全稳固。室内隔断则多选用8～12 mm厚度的玻璃,以实现空间的有效划分与美化。

2. 压花玻璃

压花玻璃,亦称滚花玻璃,是一种通过压延工艺在玻璃表面形成精美花纹图案的特殊平板玻璃。其生产过程涉及将熔融态的玻璃带通过一对刻有复杂花纹图案的辊子进行连续压制,若仅一侧辊子带花纹,则产出单面压花玻璃;若两侧辊子均带花纹,则生成双面压花玻璃。压花玻璃的独特之处在于其透光不透视的特性,得益于表面凹凸不平的纹理,光线在通过时发生漫反射,使得从玻璃一侧难以清晰窥见另一侧的景象,营造出朦胧而神秘的视觉效果。此外,压花玻璃表面丰富的图案与花纹设计,也为室内空间增添了独特的艺术装饰魅力。

3. 磨砂与喷砂玻璃

磨砂玻璃与喷砂玻璃,统称为毛玻璃,两者虽工艺略有不同,却共享透光不透视的特性。磨砂玻璃以硅砂、金刚石等为介质,通过加水研磨平板玻璃表面而成;而喷砂玻璃则是利用压缩空气将细砂喷射至玻璃表面进行研磨。此类玻璃光线柔和,不刺眼,常作为卫生间、浴室及走廊等隐私区域的门窗材料,亦可用于黑板制作。

4. 雕刻玻璃

雕刻玻璃,艺术性与实用性并重,分为人工与电脑雕刻两种形式。人工雕刻以其精湛的刀法,深浅转折间尽显玻璃质感,赋予图案以生动立体感,令人叹为观止。此类玻璃作为家居装饰,不仅彰显个性与品位,更映射出主人的独特情趣与追求。

5. 镶嵌玻璃

镶嵌玻璃,以其随心所欲的组合方式,成为装饰玻璃中的自由艺术家。彩色、雾面、透明玻璃交织搭配,辅以金属丝条的巧妙分隔,创意无限,美感迭起,为家居空间增添无限遐想与陶醉。

6. 彩釉玻璃

彩釉玻璃,通过在玻璃表面施加一层彩色易熔釉料,并加热至熔融状态,使其与玻璃紧密结合,再经退火或钢化处理而成。该玻璃不仅化学稳定,装饰效果亦佳,是建筑物外墙装饰的理想选择。

7. 彩绘玻璃

彩绘玻璃,家居装修中的浪漫使者,以特制胶绘制图案,铅油勾勒轮廓,再覆以胶状颜料上色,图案丰富,色彩亮丽。其巧妙运用,能营造出和谐悦目的居住氛围,增添现代生活的浪漫情调。

8. 热熔玻璃

热熔玻璃,亦称水晶立体艺术玻璃,采用特制热熔技术,将平板玻璃与无机色料在高温下软化塑形,再经退火处理而成。必要时,还可进行雕刻、钻孔等精细加工,展现出独特的立体美感与艺术价值。

9. 钢化玻璃

钢化玻璃,通过加热后迅速冷却的工艺处理,使平板玻璃的机械强度提升至4～6倍。其耐冲击、安全性能卓越,破碎时碎片小且无锐角,被誉为安全玻璃。同时,它还具备良好的耐热耐寒性能及高透光率,广泛应用于高层建筑、车间等场合。

10. 热反射玻璃

热反射玻璃,又称镀膜玻璃,分为复合与透明两种类型。其表面涂覆的金属或金属氧化物薄膜赋予其优异的遮光与隔热性能。透光率可根据需求调整,有效降低室内温度,同时保持玻璃的透明性。

11. 防火玻璃

防火玻璃,作为夹层玻璃的一种,由多层平板玻璃与透明不燃胶黏层复合而成。在火灾初期,它保持透明,便于观察火情;随着火势加剧,胶黏层受热膨胀发泡,形成防火隔热层,有效保护人员与财产安全。

12. 玻璃空心砖

玻璃空心砖,由两块压铸成凹形的玻璃熔接或胶结而成,内部可填充空气或玻璃棉等材料。其优异的绝热、隔声性能与高达80%的透光率,使得光线柔和而美丽。砌筑方法与普通砖相似,广泛应用于建筑装饰领域。

13. 玻璃锦砖(马赛克)

玻璃锦砖,又名玻璃马赛克,与陶瓷锦砖异曲同工,但材质更为独特——乳浊状半透明玻璃。其小巧的尺寸、丰富的色彩与持久的鲜艳度,使之成为外墙装饰的优选材料。

14. 中空玻璃

中空玻璃,以其卓越的隔热、隔声性能著称于世。它由两片或多片玻璃以有效支撑隔开,并密封形成干燥气体空间。随着技术的进步,填充气体已升级为热导率更低的惰性气体等,进一步提升了其节能效果。中空玻璃广泛应用于住宅、办公楼、学校等建筑的门窗及玻璃幕墙系统。

二、建筑陶瓷

通常,我们将应用于建筑工程结构内外表面装饰以及卫生设施中的陶瓷制品统称为建筑陶瓷。这些制品在住宅、办公楼、宾馆及娱乐设施等建设中扮演着至关重要的装饰与设备材料角色。建筑陶瓷产品的范畴广泛,主要包括:陶瓷内墙面砖、外墙面砖、地砖等各类陶瓷砖;洗面器、水槽、淋浴盆等卫生陶瓷器具;琉璃砖、琉璃瓦以及琉璃建筑装饰构件等琉璃制品;输水管、落水管、烟囱管等陶瓷管道产品。

1. 瓷砖分类

瓷砖依据其生产方法可大致划分为干压砖与挤压砖两大类。根据吸水率的不同,瓷砖又可细分为瓷质砖(吸水率≤0.5%)、炻瓷砖(吸水率0.5%~3%)、细炻砖(吸水率3%~6%)、炻质砖(吸水率6%~10%)以及陶质砖(吸水率>10%)。

从表面处理方式来看,瓷砖分为釉面砖与无釉砖两大类。根据使用场景的不同,瓷砖还可分为内墙砖、外墙砖及地面砖等。此外,还有专为特定用途设计的防滑砖、仿古砖、花砖和腰线砖等。

2. 内墙釉面砖

目前市场上,内墙釉面砖以其釉面光滑、色泽柔和典雅而广受欢迎,主要应用于厨房、浴室、卫生间及医院等室内环境的墙面或台面装饰。这类瓷砖具备出色的热稳定性、防火、防潮、耐酸碱腐蚀、坚固耐用且易于清洁等特点。常见的内墙釉面砖多为陶质砖,其吸水率通常在16%~21%之间,但由于高吸水率易导致釉面开裂,因此不宜用于室外环境。

为了提升装饰效果,部分内墙釉面砖还融入了精美的装饰图案,如花砖和腰线砖,为室内空间增添一抹独特的韵味。

3. 外墙釉面砖

外墙釉面砖虽与内墙釉面砖在外观上有相似之处,但其吸水率显著降低,普遍低于10%,多归属于炻质砖范畴。这一特性赋予了外墙釉面砖更强的耐水性和抗冻性。历史上,为了区分内外墙及地面用的釉面砖,人们常将外墙釉面砖与地面釉面砖统称为"彩釉砖"。

4. 无釉地砖

无釉砖,因其表里如一的材质特性,亦称通体砖或彩胎砖。市场上常见的抛光砖、渗花砖、玻化砖、微晶砖及微粉砖等均属于无釉砖系列。无釉砖以其光洁的表面和镜面效果而著称,是地面铺设的理想选择。

(1)抛光砖:经过精细的机械研磨与抛光工艺处理,表面展现出耀眼的光泽。

(2)渗花砖:通过在胚体内渗入可溶性色料溶液,烧制后呈现出丰富多彩或独特花纹的装饰效果。

(3)玻化砖:作为全瓷砖的一种,玻化砖经过高温烧制而成,质地坚硬耐磨,可视为强化版的抛光砖,但价格相对更高。

5. 仿古砖

近年来,仿古砖以其古朴淡雅的装饰风格迅速走红市场。这种釉面砖的胚体材质多样,包括瓷制、炻瓷、细炻及炻质等;釉面以亚光为主,色彩则以黄色、咖啡色、暗红色、土色、灰色及灰黑色等复古色调为主。仿古砖不仅蕴含深厚的文化与历史内涵,还以其丰富的装饰手法成为欧美市场瓷砖的主流产品,并在中国市场迅速崛起,受到广泛青睐。

【性能检测】

一、材料准备

建筑玻璃与建筑陶瓷样品。

二、实施步骤

(1)分组识别提供的建筑玻璃与建筑陶瓷样品。
(2)分析各种建筑玻璃与建筑陶瓷的特点和应用范围。

【课堂小结】

本模块详尽阐述了木材、建筑塑料、涂料及胶黏剂、绝热与隔音材料、建筑石材、建筑玻璃以及建筑陶瓷的基础知识,包括其常见种类与广泛应用领域。

木材,作为历史悠久的三大建筑材料之一,因其生长周期长、砍伐影响生态平衡及易燃、易腐、各向异性等特性,在工程应用中应谨慎考量,力求以其他材料替代,以节约宝贵的木材资源。木材的材质因树种与取材部位而异,展现出显著的性能差异,其不同方位的抗拉、抗压、抗剪强度各异,这源于木材独特的构造特性。

木材的综合利用策略,如推广胶合板、纤维板、细木工板等板材,不仅满足了强度需求,还便于加工与装饰,美观实用。深入了解木材特性,有助于在选材、加工及施工过程中扬长避短。

塑料,由合成树脂、填料与助剂精心组合而成,依受热后性能变化分为热塑性与热固性两大类,按用途则细分为通用塑料与工程塑料。塑料以其轻质、高强度比、高热导率(但需注意其耐热性不佳、易燃、刚度小等特性)在众多领域展现优势。建筑塑料品种繁多,涵盖板材、片材、管材、异型材等,广泛应用于扣板、地板、门窗等多个方面。

建筑涂料依据其性状可分为水性(水溶性与乳液型)、溶剂型及粉末涂料几大类。内墙涂料以乳液型(即乳胶漆)为主流,特别是丙烯酸酯类乳液涂料备受欢迎,而部分传统水溶性涂料已被淘汰。外墙涂料则更为多样,包括乳液型、溶剂型、砂壁状及氟树脂涂料等。

绝热、吸声与隔声材料,在建筑工程中扮演关键角色。绝热材料以其卓越的节能降耗能力著称,多为轻质多孔或纤维状,其绝热性能受材料容重、温湿度、成分与结构等多重因素影响。绝热材料分为无机与有机两大类,前者进一步细化为纤维状、散粒状及多孔类材料。

吸声材料则专注于吸收声能、降低噪声,其性能由材料本身及其结构共同决定,涵盖多孔材料、薄板振动结构、穿孔板组合共振结构等多种类型。

建筑石材依据地质成因分为火成岩、沉积岩与变质岩,而在装饰领域,则主要划分为花岗石、大理石与板石。花岗石以其高强度、高硬度、耐磨、抗风化及耐酸性能著称,但耐热性略逊;大理石则强度高而硬度、耐磨性、耐酸性相对较低。根据 GB 6566—2010 标准,天然石材按放射性水平被划分为 A、B、C 三类,A 类产品放射性最低,适用范围最广。

建筑装饰玻璃同样种类繁多,压花、磨砂、雕刻、镶嵌、彩釉、彩绘及热熔玻璃等各具特色。

瓷砖则根据生产工艺、吸水率、表面釉层及使用部位等多维度进行分类,包括干压砖、挤压砖、瓷质砖、炻瓷砖、细炻砖、炻质砖、陶质砖,以及釉面砖、无釉砖、内墙砖、外墙砖、地面砖等多种类型。

【课堂测试】

1. 请阐述木材作为建筑材料的优势与局限性。
2. 木材的抗拉强度主要由哪些因素构成?
3. 列举并解释影响木材强度的主要因素。
4. 人造板材主要可以划分为哪几种类别?
5. 简要定义塑料,并说明其基本概念。
6. 请全面总结塑料的主要分类方式。
7. 涂料主要由哪些成分构成?
8. 关于天然花岗岩特性的描述,以下哪个选项是正确的?(   )

   A. 碱性材料　　　　　　　　B. 酸性材料
   C. 耐火性强　　　　　　　　D. 吸水率高

9. (多选)哪些因素会对吸声系数产生影响?(   )

   A. 材料的表观密度　　　　　B. 材料的厚度
   C. 材料的孔隙特征　　　　　D. 堆积密度

10. 下列哪一项不是影响热导率的主要因素?(   )

    A. 保温材料的容重　　　　　B. 温度与湿度条件
    C. 保温材料的组成与构造　　D. 光线强度